中国科学院大学研究生教材系列

半导体光子学

余金中 著

科学出版社
北京

内 容 简 介

光子学是与电子学平行的科学。半导体光子学是以半导体为介质的光子学,专门研究半导体中光子的行为和性能,着重研究光的产生、传输、控制和探测等特性,进一步设计半导体光子器件的结构,分析光学性能及探索半导体光子系统的应用。

本书分为13章,包括光子材料、异质结构和能带、辐射复合发光和光吸收、光波传输模式;超晶格和量子阱、发光管、激光器、探测器、光波导器件和太阳能电池等光子器件的工作原理;器件结构和特性以及光子晶体、光子集成等方面。

作者在中国科学院大学(原研究生院)兼职教学18年,本书以该课程的讲义为基础历时3年写成,力求对半导体光子学的基本概念、光子器件的物理内涵和前沿研究的发展趋势作深入的描述和讨论,尽可能地提供明晰的物理图像和翔实的数据与图表。

本书可以作为高校光电子、光学工程、通信、物理等专业的高年级本科生和研究生的教材,也适合在信息领域从事研发、生产和管理的人员阅读。

图书在版编目(CIP)数据

半导体光子学/余金中著.—北京:科学出版社,2015.5
中国科学院大学研究生教材系列
ISBN 978-7-03-044217-8

Ⅰ.①半… Ⅱ.①余… Ⅲ.①半导体-光子-研究生-教材 Ⅳ.①O47

中国版本图书馆CIP数据核字(2015)第090477号

责任编辑:钱 俊 裴 威/责任校对:赵桂芬
责任印制:吴兆东/封面设计:陈 敬

*科学出版社*出版
北京东黄城根北街16号
邮政编码:100717
http://www.sciencep.com
北京建宏印刷有限公司 印刷
科学出版社发行 各地新华书店经销
*
2015年5月第 一 版 开本:720×1000 1/16
2022年1月第七次印刷 印张:26 1/4
字数:527 000
定价:128.00元
(如有印装质量问题,我社负责调换)

序

通常，科技著作出版时总是请名人作序，余金中要我为此书作序，让一个平凡的人做一次不平常的事情。

要我作序的理由是，我们是同学、同行、同事，我对该书的内容和写作过程非常了解。从他接手研究生院上课到"半导体光子学"被评为中国科学院大学的精品课程，再到写这本书，我十分熟悉这个过程。我是该书的第一个读者，每章写完时，我阅读原文，或者他念给我听，之后我们一起讨论，他再修改。此书历时之长，其中写作的艰辛，我特别了解。

选修过这一课程的研究生来自全国不同的高校，有1800人之多，有近一半人没有学过"半导体物理"和"固体物理"。该书的读者定位是有大学物理基础的人，为此书中对一些物理概念作了必要的和简洁的介绍，因此本书具有一定的基础性。

自从爱因斯坦提出复合辐射发光理论以来，光子学经历了一百年的高速发展，人们对于光的产生、传输、探测、应用进行了深入的研究，该书对半导体中的这些过程和特性进行了深入浅出的讲述，因此本书具有深厚的科学内涵，有一定的专业性。

这是一本以精品课程的讲义为基础的科学著作，教学中学生们提过各类问题，课后我们常对一些难题进行讨论，吸取他们的意见和建议，力求准确地描述各种物理模型、效应、机理、结构和特性，因此本书具有可读性。

每章成稿时，我们在一起念和听，对于那些长的句子进行修改，力求通顺，具有口语化的特点。与此同时，有些段落比较啰嗦，不同章节中的内容也有些重复，这是其中的不足之处。

我了解余金中对科研和教学的热爱，理解他写作该书的艰辛。他常常连续工作十多个小时，周末也得不到休息；我家的书房铺满了打开的书籍和文献，还不许打扫和移动。现在终于脱稿了，他也该帮我做一些家务了。

作为第一个读者，谨以此短文为序。

王杏华
2015年3月12日

前　言

　　1958年中国科学技术大学成立之初，郭沫若校长就提出了"全院办学、所系结合"的办学方针。当时严济慈、华罗庚、钱学森、钱临照、王守武、郝柏林等一大批世界知名的科学家讲授基础课和专业课。作为1960年考入中国科学技术大学的第三届学生，我们是这一方针的受益者，严济慈院士讲授"电磁学"和"电动力学"，钱临照教授讲授"普通物理"，郝柏林教授讲授"固体物理"，王守武教授讲授"半导体物理"，这几位教授后来都成为中国科学院院士。他们高尚的品德、严谨的学风、渊博的知识影响了我们这一代人。他们的身体力行给我们做出了榜样，科学家到大学讲授基础课和专业课使科学知识得到了有效的传承。

　　1997年，时任中国科学院半导体研究所所长的郑厚植院士征询我的意见，能否到中国科学技术大学研究生院（北京）讲课。我大学毕业后考上王守武教授的研究生，1965～1967年是中国科学技术大学研究生部的学生，在那里留下了我成长的足迹和美好的回忆。我有心报答我的母校和恩师，因此我欣然接受这一任务。后来该研究生部改名为中国科学院研究生院，现在又改名为中国科学院大学。我在半导体研究所进行科研工作的同时，每年到研究生院讲授研究生的专业课程。起初开设的课程是"半导体量子器件物理"，由李国华研究员和王良臣研究员讲授电子学部分，由我教授光子学部分。后来由于课程内容的增加，我们将这一课程拆分为两门课，他们的课依然为"半导体量子电子器件物理"，没有光子学的内容，我教的课程定名为"半导体光子学"，这就是该课程的由来。

　　该课程初期以介绍半导体激光器和探测器的器件结构和原理为主，后来就扩充到以异质结物理、半导体中的载流子的复合与辐射、量子阱激光器和分布反馈激光器、光子晶体、光波导、光子集成等，但重点还是放在半导体中光的产生、传输、探测的物理内涵上。

　　事实上，关于这一课程的某些内容已经出版过专著。21世纪初中国科学院的路甬祥院长主持出版过一套科普丛书，要求半导体研究所也参加。经王启明院士的推荐，我将讲义中的主要部分写成《半导体光电子技术》一书，2004年由化学工业出版社出版。那是一本科普读物，将课程中内容较深的理论和公式删除了，只保留一些主要的原理和器件结构，在应用方面则加了一些内容，以便大家能够感兴趣。虽然有几所大学把该书列为教学和考博的参考书，发行和印数不少，但是内容比较简单，不适合深入学习和参考。

自 1997 年开始，我教授这一课程已有 18 年之久，累计学生人数 1800 多人。这些年来，半导体光子学发展很快，内容增加了许多，这门课程的内容也随之发生了很大变化，由初期的 7 章增加到现在的 13 章。许多同事和学生建议我能够将讲义整理成专著。因此，本书就是我在中国科学院大学授课讲义的基础上编写而来的，其内容要比《半导体光电子技术》多许多，物理内涵也深许多。

本书共 13 章，包括异质结概念、能带图、载流子辐射复合与吸收；超晶格和量子阱、激光器、探测器和光波导器件的原理、结构和特性；光子晶体、光伏太阳能电池、光子集成。在教学过程中，研究生的提问和同他们的讨论使本书的结构和章节几经修改，力求系统化、条理化、实用化。在叙述中力求由表及里、由简单到复杂、浅入深出，从而得出有内涵的物理图像。"浅入深出"是严济慈院士讲课时一再倡导的，也是本书作者所追求的。

在经历了 50 年的一线科学研究工作和 18 年的研究生教学之后，我深深感受到教学和科研相互依存的关系和相互推动的作用。为了科研，我们需要坚实的理论基础，为了教学，我们需要熟悉和掌握最新科学前沿的进展和动态。把科研和教学结合起来，既推动了科研，也深化了教学，此中感受，只有亲自经历才能够深刻体会。在信息量猛增的时代，在社会相对浮躁的时期，能够静下心来，读懂一些书，教好一门课，是一件有益而又快乐的事情。把经过 18 年教学检验的讲义整理成为一本专著，同样也是一件有益而又快乐的事情。

在写作本书时，作者力求将基本概念和基础知识交代清楚，试图让具有大学物理和电子信息等基础知识的读者都能够读懂。因此，本书可以作为高校光电信息、光电子、光学工程、应用物理等专业的研究生和高年级本科生的教材，也适合在高技术和信息领域从事研发、生产和管理的人员阅读。

感谢在"半导体光子学"的教学和本书写作过程中王启明院士、郑厚植院士、夏建白院士的鼓励，感谢半导体研究所俞育德研究员、李智勇研究员和李运涛副研究员，华中科技大学黄德修教授和夏金松教授，浙江大学王明华教授和叶辉教授，上海交通大学陈建平教授，南京大学徐骏教授，南昌大学江风益教授，大恒公司的宋菲君总工（教授），武汉邮电科学研究院肖希高工等的支持和帮助。感谢科学出版社的钱俊编辑为本书所做大量细致、繁琐的工作。

感谢中国科学院大学物理学院的胡金旭老师和材料学院的杨立梅老师、中国科学院半导体研究所研究生部祝素娜主任和陈东军老师在教学等方面的热心支持和帮助。同时还要感谢18年来选修这门课程的同学们,他们提出的各种问题和与其讨论的结果为本书的写作带来巨大帮助。

感谢中国科学院大学将本课程选为数字精品课程,并为本书的出版提供出版基金。

特别感谢我的夫人王杏华,为了支持这本书的写作,她做了许多实实在在的工作。我们在大学时是同班同学,学的专业都是半导体物理,参加工作后又都从事半导体物理的研究,有共同的专业兴趣和熟悉的专业语言,因此我们常常对光子学问题进行讨论,对有关物理概念和公式进行认真核对。她的贡献使本书增色不少。

限于作者的水平,本书内容难免有疏漏和不妥之处,恳请专家和读者批评指正。

余金中

2015年3月7日

目 录

序
前言
第1章 引言 ··· 1
  1.1 信息时代的前沿学科——光子学 ································· 1
  1.2 电子和光子的比较 ··· 4
  1.3 半导体电子学的发展历程 ··· 6
  1.4 半导体光子学的发展历程 ··· 11
  1.5 本书的内容 ··· 18
  参考文献 ··· 19
第2章 半导体光子材料 ··· 21
  2.1 引言 ··· 21
  2.2 半导体光子材料 ··· 22
    2.2.1 半导体光子材料的基本特性 ······························· 22
    2.2.2 半导体光子材料的晶体结构 ······························· 26
  2.3 半导体的晶格匹配和失配 ·· 28
    2.3.1 临界厚度 ·· 29
    2.3.2 晶格失配度 ··· 29
  2.4 半导体固溶体 ··· 32
  2.5 重要的半导体固溶体 ··· 35
    2.5.1 $Al_xGa_{1-x}As$ ··· 35
    2.5.2 $Ga_xIn_{1-x}P_yAs_{1-y}$ ··· 37
    2.5.3 $(Al_xGa_{1-x})_yIn_{1-y}P$ ··· 39
    2.5.4 Ge_xSi_{1-x} ··· 40
  2.6 半导体光子材料的折射率 ·· 42
  2.7 结束语 ·· 44
  参考文献 ··· 45
第3章 半导体异质结构 ··· 47
  3.1 引言 ··· 47
  3.2 半导体异质结概念 ·· 48
  3.3 能带的形成 ·· 49

3.4 半导体异质结构的能带图 ································ 50
   3.4.1 半导体的 E-k 关系能带图 ······················ 50
   3.4.2 安德森能带模型 ································ 52
3.5 几种异质结的能带图 ································ 56
   3.5.1 异型异质结的能带图 ···························· 56
   3.5.2 异型突变异质结 ································ 57
   3.5.3 缓变异质结 ···································· 61
   3.5.4 同型突变异质结 ································ 62
   3.5.5 双异质结 ······································ 63
3.6 异质结的电学性质 ···································· 64
   3.6.1 异质结的伏-安特性 ······························ 64
   3.6.2 异质结的电容-电压特性 ·························· 68
   3.6.3 异质结对载流子的限制作用 ······················ 69
   3.6.4 异质结的高注入比 ······························ 70
   3.6.5 异质结的超注入现象 ···························· 71
3.7 异质结的光学特性 ···································· 71
   3.7.1 异质结对光的限制作用 ·························· 71
   3.7.2 窗口效应 ······································ 72
3.8 结束语 ·· 72
参考文献 ·· 73

第4章 介质波导 ·· 75

4.1 引言 ·· 75
4.2 光的反射和折射 ······································ 76
   4.2.1 反射定律 ······································ 76
   4.2.2 折射定律 ······································ 76
   4.2.3 反射率和透射率 ································ 77
   4.2.4 布儒斯特定律 ·································· 79
   4.2.5 临界角和全反射 ································ 79
4.3 电磁场理论 ·· 80
   4.3.1 麦克斯韦方程 ·································· 80
   4.3.2 波动方程 ······································ 82
   4.3.3 平面波 ·· 83
   4.3.4 有损耗的介质中的平面波 ························ 85
4.4 辐射模、衬底模和波导模 ······························ 87
4.5 平板介质波导 ·· 88

4.5.1　全反射 ··· 89
　　4.5.2　波导条件 ··· 89
4.6　平板介质波导中的 TE 模 ································ 92
　　4.6.1　对称波导 ··· 92
　　4.6.2　偶阶 TE 模式 ···································· 93
　　4.6.3　奇阶 TE 模式 ···································· 96
4.7　矩形介质波导 ·· 97
4.8　古斯-汉欣位移 ·· 100
4.9　光的模式 ·· 101
4.10　结束语 ·· 103
参考文献 ·· 104

第 5 章　半导体中的光发射和光吸收　106

5.1　引言 ··· 106
5.2　辐射复合和非辐射复合 ·································· 107
　　5.2.1　辐射复合 ·· 108
　　5.2.2　非辐射复合 ······································· 111
5.3　光辐射和光吸收的关系 ································· 113
　　5.3.1　光辐射和光吸收的基本概念 ···················· 113
　　5.3.2　黑体辐射 ·· 114
　　5.3.3　爱因斯坦关系式 ································· 117
　　5.3.4　半导体中受激辐射的必要条件 ················· 119
　　5.3.5　净受激发射的速率 ······························· 120
　　5.3.6　两个能级间的光吸收系数 ······················· 120
5.4　跃迁几率 ·· 122
　　5.4.1　费米黄金准则 ···································· 122
　　5.4.2　矩阵元 ··· 123
5.5　半导体中的态密度 ······································ 125
5.6　半导体中的光吸收和光发射 ·························· 127
　　5.6.1　吸收系数 ·· 127
　　5.6.2　自发辐射和受激辐射速率 ······················ 128
5.7　半导体中的光增益 ······································ 129
5.8　结束语 ··· 134
参考文献 ··· 134

第 6 章　半导体发光二极管　136

6.1　引言 ··· 136

- 6.2 pn 结中的载流子分布 ··· 136
- 6.3 半导体 pn 结特性 ·· 139
  - 6.3.1 热平衡时的 pn 结特性 ································· 139
  - 6.3.2 外加偏压时的 pn 结特性 ······························ 141
- 6.4 半导体发光二极管材料 ······································ 144
- 6.5 发光二极管的工作原理 ······································ 147
- 6.6 LED 器件结构 ··· 149
- 6.7 高亮度发光二极管和超辐射发光二极管 ···················· 153
  - 6.7.1 高亮度发光二极管 ····································· 153
  - 6.7.2 超辐射发光二极管 ····································· 155
- 6.8 发光二极管的特性 ·· 158
  - 6.8.1 伏-安特性 ··· 158
  - 6.8.2 P-I 特性 ·· 159
  - 6.8.3 温度特性 ··· 160
  - 6.8.4 光谱特性 ··· 161
  - 6.8.5 调制带宽 ··· 162
  - 6.8.6 发光效率 η 和出光效率 η_{out} ························ 163
  - 6.8.7 相干特性 ··· 163
  - 6.8.8 近场和远场分布特性 ··································· 164
  - 6.8.9 调制特性和偏振特性 ··································· 164
- 6.9 结束语 ·· 164
- 参考文献 ·· 166

第 7 章 半导体激光器 ·· 167
- 7.1 引言 ·· 167
- 7.2 异质结对载流子和光波的限制 ································ 168
  - 7.2.1 异质结对载流子的限制 ································ 168
  - 7.2.2 波导对光波的限制 ····································· 171
  - 7.2.3 折射率波导和增益波导 ································ 173
- 7.3 半导体激光器的工作原理 ···································· 175
  - 7.3.1 半导体受激发射物质 ·································· 175
  - 7.3.2 粒子数反转 ··· 176
  - 7.3.3 谐振腔 ·· 176
  - 7.3.4 阈值条件 ··· 177
- 7.4 半导体激光器的基本结构 ···································· 180
  - 7.4.1 DH、LOC 和 SCH 激光器 ···························· 181

7.4.2 条型激光器 …… 183
7.5 半导体激光器的特性 …… 185
  7.5.1 P-I 和效率特性 …… 185
  7.5.2 阈值特性 …… 186
  7.5.3 效率特性 …… 188
  7.5.4 光谱和模式 …… 189
  7.5.5 近场图和远场图 …… 190
  7.5.6 温度特性 …… 191
  7.5.7 调制特性 …… 193
  7.5.8 退化和寿命 …… 194
7.6 结束语 …… 196
参考文献 …… 197

第8章 量子阱、分布反馈、垂直腔面发射激光器和半导体光放大器 …… 199
8.1 引言 …… 199
8.2 超晶格和量子结构 …… 200
  8.2.1 超晶格和量子结构的基本概念 …… 200
  8.2.2 量子结构的能带图和态密度 …… 202
  8.2.3 单量子阱和多量子阱 …… 203
  8.2.4 应变量子阱 …… 206
8.3 量子阱激光器 …… 207
  8.3.1 量子阱激光器的工作原理 …… 207
  8.3.2 应变量子阱激光器 …… 210
  8.3.3 量子阱激光器的特性 …… 211
8.4 分布反馈激光器和分布布拉格反射激光器 …… 213
  8.4.1 布拉格光栅 …… 214
  8.4.2 DFB 和 DBR 激光器的结构 …… 215
  8.4.3 光波耦合理论 …… 218
  8.4.4 四分之一波长相移的 DFB 激光器 …… 219
  8.4.5 DFB 激光器的特性 …… 221
8.5 垂直腔面发射激光器 …… 224
  8.5.1 多层介质膜反射器 …… 225
  8.5.2 VCSEL 激光器的结构 …… 226
  8.5.3 VCSEL 激光器的特性 …… 228
8.6 半导体光放大器 …… 229
  8.6.1 半导体光放大器的结构 …… 229

8.6.2 半导体光放大器的增益 ……………………………………… 231
8.6.3 半导体光放大器的噪声 ……………………………………… 232
8.7 结束语 …………………………………………………………………… 233
参考文献 ………………………………………………………………………… 234

第9章 光波导器件 …………………………………………………………… 237
9.1 光波导中的模式的计算方法 …………………………………………… 237
9.1.1 束传播法 …………………………………………………… 238
9.1.2 时域有限差分法 …………………………………………… 239
9.1.3 薄膜匹配法 ………………………………………………… 241
9.2 脊形波导的单模条件 …………………………………………………… 241
9.2.1 矩形截面脊形波导的单模条件 …………………………… 242
9.2.2 梯形截面脊形波导的单模条件 …………………………… 243
9.2.3 纳米波导的单模条件 ……………………………………… 243
9.3 硅基阵列波导光栅 ……………………………………………………… 245
9.3.1 罗兰圆和 AWG 的结构 …………………………………… 246
9.3.2 AWG 的工作原理 ………………………………………… 247
9.3.3 AWG 的特性 ……………………………………………… 249
9.4 微环谐振器 ……………………………………………………………… 251
9.4.1 微环谐振器的结构 ………………………………………… 251
9.4.2 微环谐振器的光学特性 …………………………………… 253
9.4.3 光滤波器 …………………………………………………… 256
9.5 光调制器/光开关 ……………………………………………………… 258
9.5.1 硅基波导的调制机理 ……………………………………… 259
9.5.2 硅基光开关/调制器的光学结构 ………………………… 263
9.5.3 光开关/调制器的电学结构 ……………………………… 266
9.5.4 硅基微纳光开关/调制器的特性 ………………………… 268
9.6 硅基光耦合器 …………………………………………………………… 269
9.6.1 硅基光耦合器的结构 ……………………………………… 269
9.6.2 模斑变换器 ………………………………………………… 271
9.6.3 棱镜耦合器 ………………………………………………… 272
9.6.4 光栅耦合器 ………………………………………………… 272
9.7 结束语 …………………………………………………………………… 276
参考文献 ………………………………………………………………………… 276

第10章 半导体光电探测器 ………………………………………………… 279
10.1 半导体中的光吸收 …………………………………………………… 279

10.1.1　吸收系数……………………………………………………280
　　10.1.2　带间本征光吸收……………………………………………283
　　10.1.3　自由载流子光吸收…………………………………………284
10.2　pn结光电二极管……………………………………………………286
10.3　pin光电二极管………………………………………………………288
10.4　雪崩光电二极管……………………………………………………290
10.5　RCE光电探测器……………………………………………………294
10.6　MSM光电二极管……………………………………………………297
10.7　半导体光电探测器的性能…………………………………………298
　　10.7.1　量子效率和响应度…………………………………………299
　　10.7.2　雪崩倍增因子 M……………………………………………300
　　10.7.3　暗电流和信噪比……………………………………………301
　　10.7.4　响应时间……………………………………………………305
10.8　结束语………………………………………………………………307
参考文献……………………………………………………………………308

第11章　太阳能电池……………………………………………………310
11.1　太阳能——最好的能源……………………………………………311
11.2　太阳能电池工作原理………………………………………………314
　　11.2.1　光伏效应……………………………………………………314
　　11.2.2　太阳能电池的电流-电压特性………………………………314
　　11.2.3　光伏效应同材料的关系……………………………………317
　　11.2.4　太阳能电池的效率…………………………………………318
11.3　硅太阳能电池………………………………………………………323
11.4　非晶硅薄膜太阳能电池……………………………………………327
　　11.4.1　非晶硅薄膜的结构和电子态………………………………327
　　11.4.2　非晶硅薄膜的光学特性……………………………………328
　　11.4.3　非晶硅和非晶锗硅电池……………………………………329
11.5　其他硅基太阳能电池………………………………………………331
　　11.5.1　非晶硅/微晶硅叠层电池……………………………………331
　　11.5.2　硅量子点电池和黑硅电池…………………………………332
11.6　聚光多结太阳能电池………………………………………………333
　　11.6.1　多结太阳能电池的结构……………………………………334
　　11.6.2　多结太阳能电池的特性……………………………………336
11.7　太阳能电池的发展趋势……………………………………………339
11.8　结束语………………………………………………………………342
参考文献……………………………………………………………………343

第 12 章 半导体光子晶体 ·· 345
12.1 光子晶体 ··· 346
12.1.1 光子晶体概念 ··· 346
12.1.2 光子晶体的特性 ······································ 347
12.2 光子晶体能带的计算 ·· 350
12.2.1 基于 Bloch 理论的平面波展开法 ······················· 351
12.2.2 时域有限差分法 ······································ 353
12.2.3 超元胞法 ·· 356
12.2.4 计算举例——负折射效应 ······························ 357
12.3 光子晶体的应用 ·· 358
12.3.1 光子晶体的能带同器件的关系 ·························· 358
12.3.2 光子晶体波导 ·· 360
12.3.3 光子晶体分束器和定向耦合器 ·························· 363
12.3.4 光子晶体滤波器 ······································ 364
12.3.5 光子晶体光开关/调制器 ······························· 365
12.3.6 光子晶体发光器件 ···································· 365
12.4 光子晶体的制备 ·· 369
12.5 结束语 ·· 371
参考文献 ··· 372

第 13 章 半导体光子集成 ·· 374
13.1 信息时代需要光子集成 ······································ 374
13.2 光子集成的平台 ·· 376
13.2.1 InP 平台和 Si 平台的比较 ····························· 376
13.2.2 SOI ··· 378
13.3 光子集成的关键技术 ·· 379
13.3.1 外延生长技术 ·· 379
13.3.2 微纳加工技术 ·· 381
13.3.3 键合技术 ·· 383
13.4 硅基光子集成 ·· 383
13.4.1 硅基光子集成方式 ···································· 383
13.4.2 硅基光波导器件阵列 ·································· 386
13.4.3 硅基光子集成的光源和探测 ···························· 391
13.5 光子集成的发展趋势 ·· 394
参考文献 ··· 397

索引 ·· 399

第 1 章 引　　言

1.1　信息时代的前沿学科——光子学

在科学史上,20世纪是值得大书特书的历史时期,是人类文明史中的辉煌时代。简单地划分一下,20世纪的前五十年中,物理学研究获得特别重大的突破,以爱因斯坦相对论为代表的理论研究和以居里夫妇的放射性探索为代表的科学实验为人类开辟了新的纪元。20世纪的后五十年中,应用科学的研究和开发获得特别重大的突破,晶体管、集成电路和激光器的发明大大加速了信息的传输速度和各种控制的精确度,彻底地改变了人类社会的工作模式和生活方式,人类从此进入了一个高速发展的时期。

图1-1是20世纪的著名物理学家们聚会时的一张合影,这是一张非常珍贵的照片。照片中留下了爱因斯坦、居里夫人、普朗克、洛伦兹、朗之万、威尔逊、德拜、布拉格、狄拉克、康普顿、德布罗意、玻恩、玻尔、薛定谔、泡利、布里渊等人的身影。凡是学过物理学的人都熟悉他们的名字,学习过以他们的名字命名的定理、定律或物理量单位。这从一个侧面说明,在他们所处的年代,物理学在基础理论方面获得了特别重大的进展,真正是群星灿烂、熠熠生辉。

麦克斯韦、玻尔兹曼、爱因斯坦、布拉格、狄拉克、康普顿、德布罗意、玻尔、薛定谔、泡利、布里渊等科学家创建的电磁学、量子力学和相对论等理论,使人们对物质世界的本质和运动规律有了深刻的理解和认识,使得人类对物质世界的利用和改造变得越来越快。这些基础科学和应用科学的研究引发了电子技术、能源技术和自动化技术等领域划时代的革命性飞跃。集成电路、激光器、计算机与光通信的发展把人类社会的物质文明推进到前所未有的高度,为新世纪的持续发展奠定了坚实雄厚的基础。作为信息与能量的载体,电子在科学技术的发展中作出了历史性的巨大贡献,科学家和工程师们常把20世纪称为"电子时代"。同样地,作为信息与能量的载体,光子必将在21世纪的科学技术的发展中作出历史性的巨大贡献。

1906年首次出现"光子学"(photonics)这一物理学名词,最早提出"光子学"的科学家就是举世闻名的物理学家爱因斯坦(Einstein)。1952年文献中开始使用"光子学"一词。1970年荷兰科学家Poldervaart将"光子学"定义为"研究以光子为信息载体的科学",之后,他认为"以光子作为能量载体的科学"也属于光子学的研究内容。1982年美国的 *Spectra* 杂志更名为 *Photonics-Spectra*,即由"光谱"更名为"光子学-光谱",这是最早以"光子学"为期刊名字的杂志,该刊物提出光子学是研究如何产生

图 1-1　20 世纪的著名物理学家们

前排(左起):朗缪尔、普朗克、居里夫人、洛伦兹、爱因斯坦、朗之万、居伊、威尔逊、理查森。中排(左起):德拜、克劳森、布拉格、克拉末斯、狄拉克、康普顿、德布罗意、玻恩、玻尔。后排(左起):皮卡德、亨利奥特、埃伦费斯特、赫尔岑、德康德、薛定谔、费沙费耳特、泡利、海森伯、福勒、布里渊

量子化的光子或其他辐射并加以利用的科学,光子学的应用范围包括能量的发生到通信与信息处理等。贝尔实验室 Ross 博士认为,"电子学是关于电子的科学",光子学则应是"关于光子的科学"。我国老一辈科学家钱学森院士提出,"光子学是与电子学平行的科学",它主要"研究光子的产生、运动和转化",还首次提出了"光子学-光子技术-光子工业"的发展模式。

显而易见,光子既是信息的载体,也是能量的载体。光子学就是研究作为信息载体和能量载体的光子的行为及其应用的科学;光子学研究光子与物质(包括光子自身、电子、原子、分子、各种生命活体等)的相互作用,在此基础上进一步发掘作为信息载体与能量载体的光子的功能和相关应用[1,2]。

广义而言,光子学是研究光子的产生、输运、控制、反应、探测、接收等过程及其应用的科学。理论上,光子学主要研究光子的量子特性,同各类物质(包括分子、原子、电子以及光子自身)的相互作用,各类效应及其规律;应用上,光子学研究利用光子进行信息传输和能量传输的各种器件和系统,以便在信息和能源等领域中获得广泛的应用[3-5]。

光子学是一门实用性极强的学科,已经形成了一系列的光子技术,如激光、光纤传输、光调制与光开关、光存储、光探测、光显示、太阳能的利用等技术。因此光子学不仅是一门基础科学,同时还是一门应用性极强的技术科学[6,7]。

作为一门新兴学科,光子学正处于成长时期,将进一步发展、充实、完善。事实上,光子学已经形成了光产业,激光器、探测器、调制器、光开关、光盘、显示器、太阳能电站及其各种光电系统等具有很大的市场,这些产品在工农业生产、国防建设、太阳能利用、仪器设备、家用电器等应用中发挥着巨大的作用,已经形成了一项市场很大的新兴产业,即光产业。人们越来越认识到,光产业在世界经济中的份额正在不断地扩大。

在光子学的发展过程中,已经形成诸多活跃的和重要的研究领域:信息光子学[8]、半导体光子学[9,10]、量子光子学[11]、分子光子学[12]、生物光子学[13]、非线性光子学[14]、导波(光纤)光子学[4,5]、超快光子学[15]等。它们构成光子学中的多个分支学科,并对光子学及光子技术起着推动和促进的作用。

20世纪,电子作为信息的载体和能量的载体构成信息领域和能源领域的主要特征和标志,人们常常将20世纪称为"电子时代"。进入21世纪之后,电子学和光子学互为支撑、互为补充、互为转换,构成21世纪信息社会的时代特征。21世纪信息大爆炸,信息的产生、传递、接收、应用变得更为广泛、深入,人们将21世纪称为"信息时代"。显而易见,电子学和光子学同为信息时代的重要支柱[16-18]。

继电子学之后,光子学与信息科学的交叉形成一门新兴的学科——信息光子学(information photonics)[8],光子学及光子信息科学技术具有许多不同于电子学的新效应、新特性,因而具有许多不同于电子学的优越性。作为专门研究信息的信息光子学,它涉及领域很广,它是由材料学、计算科学、通信学等许多学科相互交叉形成的一门新学科。在广播、通信、计算机、化工、医疗等应用领域中信息是载体,通过光的发射、传播、吸收、散射,可以探测并研究物理信息、化学信息、生物信息、医学信息等,因而可以实现许多应用。

近年来生物学和生命科学变得越来越热门,它们是光子学的又一个重要应用领域。光与生命具有不解之缘,自然界中有光才有生命。人类与光亲密相伴,光为人体提供了各种能源和信息。生物医学光学与光子学骤然兴起,并引发出一门新兴的学科——生物光子学(bio-photonics)[13],它是由光子学同生命科学相互交叉、相互渗透所形成的一门新兴的交叉学科。

生物光子学是利用光子研究生命的科学,主要以量子光学作为理论基础,以生命系统的弱光及超弱光子辐射作为实验手段,探测生物中的光子行为和特性,获得各种生物信息。生物光子学研究生物系统中以光子形式储存和释放的能量,探测生物系统中光子的行为和特性,探索光子携带的生物信息和功能信息,进而表征生物系统的结构与特征,揭示生物组织和生命体的自组织、自相似、自调节、自适应和遗传性状等的光物理本质,使生命科学直接深入到物质结构的深层次以及生命体相互作用的微观机制和物理本质,建立和发展以新陈代谢作用为主要特征和标志的生物光子学理论,同时还可以利用光子对生物系统进行加工与改造。

同信息光子学、生物光子学等相似,量子光子学、分子光子学、非线性光子学、超快光子学等光子学分支都有它们的研究领域和内容,我们不再对它们进行定义和深入的解释。

本书讲解的主要内容是半导体光子学,这是以半导体材料为介质的光子学,它专门研究光子在半导体材料中的行为和特性,着重研究光在半导体中的产生、传输、控制和探测等特性,进一步设计半导体光子器件的结构并分析其光学性能、探索半导体光子系统和应用,我们将对这些内容进行详细的描述和深入的讨论。

1.2 电子和光子的比较

物质由分子、原子组成,原子由原子核和电子组成,电子是构成原子的基本粒子之一,质量小、带负电、围绕原子核旋转。不同的原子拥有的电子数目不同,例如,每一个氧原子中含有 8 个电子,每一个硅原子中含有 14 个电子。原子中的电子围绕原子核旋转,能量低的电子离原子核较近,而能量高的电子离原子核较远。通常把电子在离核远近不同的区域内运动称为电子的分层排布。硅原子中的 14 个电子分为三层,依次为 2、8、4 个电子,其最外层为 4 个电子。原子中的外层电子的数量和运动状态对原子的电学性质具有决定性的作用。电子具有质量,其静止质量为 9.109×10^{-28} g;电子带有负电,其电荷 e 为 -1.602×10^{-19} C。

光子的英文为 photon,它的原始名称为是光量子(light quantum)。光子是电磁辐射的量子,传递电磁相互作用的规范粒子。光子的静止质量为零,不带电荷;光子的能量是量子化的,其大小为普朗克常数 h 同电磁辐射频率 ν 的乘积,$E=h\nu$,$h=(6.623773\pm 0.000180)\times 10^{-27}$ erg·s;光子在真空中的运行速度为光速 c,$c=299792458$m/s,一般取 $c=3\times 10^8$m/s;光子的自旋为 1,是玻色子。

电子和光子同时具有波动性和粒子性,表 1-1 对比了它们的双重特性。在粒子、时空、自旋和偏振取向、能量大小、波长范围(相应地为频率范围)、传播的方式和速度等特性上存在许多相同或不同之处。

表 1-1 电子和光子的双重性比较

特征	电子	光子
静止质量	m_0	0
运动质量	m_e	$h\nu/c^2$
电荷	e	0

续表

特征	电子	光子
特性	波动性 粒子性	波动性 粒子性
能量	连续	量子化
波长范围	>0.3mm	$0.3\text{mm}\sim 10^{-5}\text{nm}$
频率	$<10^{12}\text{Hz}$	$10^{12}\sim 10^{18}\text{Hz}$
粒子特性	费米子 服从费米-狄拉克统计	玻色子 服从玻色统计
时间特性	有时间不可逆性	有一定的类时间可逆性
空间特性	高度的空间局域性	不具空间局域性
传播特性	不能在自由空间传播	能在自由空间传播
传播速度	小于光速 c	光速 c
取向特性	两个自旋方向	两个偏振方向
理论	麦克斯韦方程	薛定谔方程

电子是费米子,服从费米-狄拉克统计;光子是玻色子,服从玻色统计。

费米子和玻色子都是基本粒子,是基本粒子的两大分类,有许多不同特点。费米子负责组成物质,玻色子负责传递各种相互作用。费米子的自旋量子数为半整数(1/2,3/2,…),每一个量子态只能有一个粒子,不可能同时有两个粒子,因而遵从泡利不相容原理。玻色子的自旋量子数为整数,每一个量子态可以被任意多个粒子占据,不遵从泡利不相容原理。它们的本质区别在于费米子的自旋为半整数,遵从泡利不相容原理;而玻色子则反之。费米子满足费米-狄拉克分布,玻色子满足玻色-爱因斯坦分布。

光子的传播速度是最快的,在真空中的传播速度为 c,电子的传播速度比光子慢许多,总是小于 c。电子和光子的运动规律分别采用麦克斯韦方程和薛定谔方程进行描述,求解麦克斯韦方程和薛定谔方程就能够得出它们的能量状态、运动速率等信息。

光同时具有波动性和粒子性,光的这种双重性质为其带来许多特征。它像水面上的波浪、空气中的声音一样在介质中传播,不过光的波长和频率完全不同于水波、声波,光波的波长短得多、频率高得多。通常认为,可见光的波长范围为 $400\sim 760\text{nm}$,其对应的频率范围为 $7.5\times 10^{14}\sim 3.95\times 10^{14}\text{Hz}$。实际上,光是一种电磁波,是波长很短、频率很高的电磁波。

在物理学中,"光"的含义已经扩展了,现在"光"不再只是人眼看得见的可见光,还应该包括远红外光、中红外光、红外光、紫外光、X光等,甚至是太赫兹($10^{12}\sim 10^{13}\text{Hz}$)

波。一方面,电学中的电波和光学中的光波都表现出波动特性,都遵循电磁波理论的规律。另一方面,电子和光子都表现出粒子特性。在光的产生过程中,处于高能级上的电子跃迁到低能级上,将多余的能量以光的形式释放出来,就其能量而言,光的产生是以一份份能量辐射的形态出现的,因此光呈现出某种能量单元的粒子特征,即为光量子,简称光子。

光波和光子是光的两种互为依存的形态,光量子本身是一种能量的载体。光子能量 $E=h\nu$,h 为普朗克常数,$h=(6.623773\pm0.000180)\times10^{-27}$ erg·s。可见,光的能量是量子化的。

同电子一样,光子也是粒子。然而光子和电子在物理属性上有许多差别。首先,电子是具有电荷的,电子带负电,其电荷大小为 $e=-(4.802233\pm0.000071)\times10^{-10}$ 静电单位。光子是电中性的,不带电。在电场的作用下,电子会沿着与电场相反的方向运动,并形成电流。电子和光子的传输速度也是不一样的。半导体中电子和空穴的迁移率会由于半导体材料的不同而不同。在电场的作用下,带电的电子和空穴会发生漂移运动,它们的速率会由于材料和电场的不同而有所变化。光子不带电,在传输过程中,原则上不受电场的影响,也不受 RC(电阻电容)延迟效应的影响,光子在半导体中的传输速率为 c/n,n 为折射率。虽然该速率比真空中的光速小,但是比电子的传输速率高许多。一般而言,半导体中的电子传输 100μm 距离所需时间为纳秒(10^{-9}秒)量级。光子在半导体中传输 100μm 距离所需时间为皮秒(10^{-12}秒)量级,约为电子速度的 1000 倍。此外,电子具有质量,其大小为 $m=(9.107208\pm0.000246)\times10^{-28}$ g,而光子却没有质量。

相对而言,人们对光的波动性质认识得比较深刻,光在各类介质中传播的过程中表现出明显的波动特性,在分析和描述光的衍射、折射、反射等过程时,可以采用波动方程进行非常合理的解释,其理论和分析相对比较完善。在光的产生、传递、吸收等过程中,光子的能量都是量子化的,光同物质相互作用的过程中,例如在光激发、散射、吸收等过程中,充分地表现出量子特性。至今人们对光的粒子性质的认识处在发展阶段,还在不断地完善。随着科学的深入发展,随着超快技术的发展,光的量子传输特性表现得更加明显,光的量子描述更多,光子学便应运而生。

1.3 半导体电子学的发展历程

表 1-2 列出了半导体电子学和半导体光子学的发展历程,可以将它们进行比较。史前人类就从雷电闪光、钻木取火中见识了光,因此人类是先认识光然后才认识电。人们最初只是从感官的角度认识光和电,真正的科学研究还是近两百年的事情。对电学和光学的研究几乎是同时的,但是对电子学的研究要比光子学早一些。

表 1-2 半导体电子学和光子学的发展历程

电子学	光子学
1897 年汤姆孙(Thomson)发现电子	1906 年爱因斯坦(Einstein)提出光子学说
1910 年文献中开始出现"电子学"	1952 年文献中开始出现"光子学"
1947 年发明晶体管	1960 年发明激光器
1958 年首次提出集成电路概念	1969 年首次提出集成光学概念
1961 年集成电路进入商用	1978 年制成光电子集成样品
1964 年提出摩尔定律:集成度(芯片上集成的晶体管数量)每年翻一番。现改为每两年翻一番	1976 年光纤通信进入商用,1993 年出现波分复用,光纤通信中的摩尔定律为通信容量每年翻一番
2010 集成电路的特征尺寸趋于物理极限 $0.05\mu m$,一根头发丝截面大小的芯片上将集成 3 000 000 个晶体管,能完成一台 PC 机的功能	2010 年一根光纤能复用 10000 个不同的波长。光纤束的总信息传输容量 10^{12} bit/s 量级,相当于 129 亿人通电话或 5 亿部电视节目的信息量

从物理学的角度看,光子学是研究光子的产生和运动特性、光子同物质的相互作用及其应用的一门前沿学科;从工程技术的角度看,光子学是研究作为信息和能量载体所被赋予的特性、运动行为及其应用的一门工程技术[6,7]。

细细划分,又进一步出现信息光子学、固体光子学等。在信息领域,光子学是将光子看作信息载体,研究光子的产生和运动特性,这种专门研究光子的信息功能和应用的新型科学便是信息光子学。以固体材料为介质,研究光子载体在固体介质中的产生、运动、控制、操作,研究光子同固体物质的相互作用及其应用,这种专门研究固体中的光子性能的新型科学便是固体光子学。半导体光子学是固体光子学中最为重要的部分,它专门研究半导体中光子的特性和运动规律。

依照导电性能的大小,自然中的材料分为导体、半导体和绝缘体三大类。半导体的电导率介于金属和绝缘体之间,在一定的温度范围内,半导体材料的载流子的浓度随温度升高而增加,相应地,其电导率随温度升高而升高,亦即电阻率随温度升高而下降。

电阻率小于 $10^{-3}\Omega\cdot cm$ 的材料为导体,如金属材料等。电阻率大于 $10^{6}\Omega\cdot cm$ 的材料为绝缘体,如陶瓷、橡胶、塑料等。介于两者之间的为半导体。室温下半导体的电阻率在 $10^{-3}\sim 10^{6}\Omega\cdot cm$。温度升高时半导体的电阻率指数地减小。因此,半导体材料是一类具有负的电阻温度系数的物质。

半导体材料很多,按化学成分可分为元素半导体和化合物半导体两大类。锗和硅是最常用的元素半导体;化合物半导体包括Ⅲ-Ⅴ族化合物(GaAs、AlAs、InP、GaP、、GaN、InN 等)、Ⅱ-Ⅵ族化合物(CdS、ZnS 等)、氧化物(锰、铬、铁、铜的氧化物),以及由Ⅲ-Ⅴ族化合物和Ⅱ-Ⅵ族化合物组成的固溶体($Ga_x Al_{1-x} As$、$In_x Ga_{1-x} As_y P_{1-y}$、$In_x Ga_{1-x} N$ 等)。除上述晶态半导体外,还有非晶态的玻璃半导体、有机半导体等。

人们发现和应用导体和绝缘体比较早,之后才逐渐认识半导体。然而,一旦人们认识到了它们的特殊性和实用性,半导体技术的发展比导体和绝缘体快得多。最初研究的半导体材料是二氧化铜、锗,之后是硅,再之后是 GaAs、AlAs、$Ga_xAl_{1-x}As$、InP、GaP、$In_xGa_{1-x}As_yP_{1-y}$、GaN、InN 等Ⅲ-Ⅴ族半导体。Si 是地壳中含量最多的元素之一,占总量的 27.6%,SiO_2 材料几乎遍地都是。这些埋藏在世界各地的半导体为电子学和光子学的发展提供了非常广泛的材料来源。

1947 年 12 月美国贝尔实验室的三位科学家 W. Schockley、J. Bardeen 和 W. H. Brattain(肖克莱、巴丁和布拉顿)组成的研究小组,研制出一种点接触型的锗晶体管(图 1-2),晶体管的问世是 20 世纪的一项重大发明,是微电子革命的先声,这一发明标志着电子时代的开始。由于晶体管的这一划时代的发明,1956 年他们一起获得物理学诺贝尔奖。经过十年的研究和发展,1957 年 J. S. Kilby 博士研制出第一个电子集成电路,从此才开始"电子时代"。

图 1-2　1947 年美国贝尔实验室的 W. Schockley(坐者)、
J. Bardeen(左)和 W. H. Brattain(右)发明晶体管

1965 年摩尔在的一篇论文中首先提出了集成电路的发展规律,这便是以摩尔博士的名字命名的"摩尔定律":芯片上集成的晶体管数量每年会翻一番,即集成电路的集成度每年提高一倍[19]。"集成度每年提高一倍"是摩尔定律的雏形。的确,集成电路的集成度是呈指数增加的,不过后来增加一倍的周期也在不断地修正。

早期为每经过一年之后,在同一块集成电路上集成晶体管的数量将会翻一番。后来这一速率变得缓慢了,集成度需要两年实现翻一番。1975 年摩尔在另一篇论文中将芯片中集成的晶体管数量翻番的周期确定为两年[20]。2005 年摩尔又表示"我认为摩尔定律并非是精确的",但实际上摩尔定律还是比较精确的。因此现在通行的摩尔定律的提法是,集成电路的集成度每两年提高一倍。集成电路中的晶体管的体积非常小,英特尔公司1971年推出的首款芯片4004采用10μm工艺,相当于人类头发直径的1/10。目前采用22nm制造工艺,是人类头发的直径的1/4000。如果能联想到晶体管的体积如此之小,一个芯片上的晶体管数目又如此之多,我们就不难理解摩尔定律所描述的集成度每两年提高一倍是非常了不起的事情了。

表1-3表明,20世纪的后五十年中,电子器件尺寸缩小为最初的$1/10^8$,电子器件功耗缩小为最初的$1/10^7$,集成度提高10^8倍,门电路延迟时间缩短为最初的数万分之一,计算机速度增加10^{10}倍。进入21世纪之后,发展速度更加快速。硅片加工尺度的发展历程如图1-3所示。将表1-3和图1-3结合起来看,就构成了半导体电子技术的发展史。

表1-3 1950～2000年的五十年间半导体电子器件的发展历程

指标参数	1950年	2000年	五十年的变化
电子器件尺寸	晶体管发明不久,尚无可靠产品,微小型电子管体积>0.6cm³	VLSI中每个器件平均体积$<10^{-8}$cm³	缩小为最初的$1/10^8$
电子器件功耗	>50mW	<10nW	缩小为最初的$1/10^7$
集成度	无	>10^8个器件	提高10^8倍
门电路延迟时间	~μs	~0.1ns	缩短为最初的数万分之一
计算机速度	~10^2次/秒	~10^{12}次/秒	增加10^{10}倍

注:该表引自王守觉院士的学术报告。

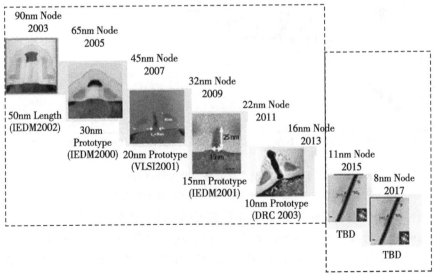

图1-3 硅片加工尺度的发展历程示意图

图中照片上方和下方的数字为各个年份的实验室和生产线所达到的加工尺寸

从图 1-3 可以看出,到 2013 年时实验室的最小加工尺寸已经达 16nm,2017 年时最小加工尺寸达到 8nm。在光刻精度达到 160nm 之后,利用掩膜版的光学方法本身再也无法进一步缩小最小光刻尺寸了。这就是说,现在光学光刻的精度已经差不多达到了理论的极限。新的工艺手段诸如软 X 射线曝光和电子束曝光的工艺产生了,因此出现了 45nm、22nm 的工艺线。

图 1-3 中左上方的虚线长方形框是可以实现 2D(二维)集成的器件尺寸,而右方的虚线长方形框是可以实现 3D(三维)集成的器件尺寸。到 2020 年,纳米管和纳米线将集成在硅衬底上,之后器件的尺寸将进一步缩小。

图 1-4 为摩尔定律的示意图,它形象地标出了半导体集成电路的集成度随着年份的增长的情况,同时该图还标明了一些计算机芯片的型号。1971 年美国 Intel 公司研制成功第一块微处理芯片 4004 型,它在同一芯片上集成了 2300 个晶体管,开始生产真正的集成电路。现在制造一个微处理器就含有两亿支晶体管,同一芯片上晶体管的数目达到几十亿(10^9)支。有人形象地说,现在每年生产的晶体管数目比美国加利福尼亚州一年内下的雨滴还多,比全世界的蚂蚁总数还多。这些说法有些夸张,但是非常形象,集成电路的晶体管确非常密集、数量非常多。

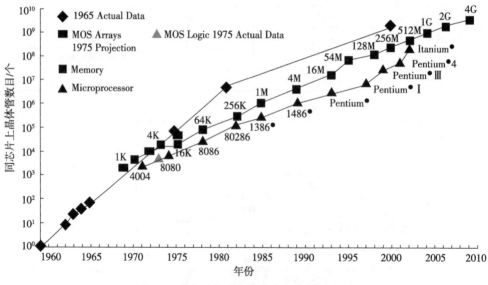

图 1-4　大规模集成电路的摩尔定律示意图

图中的英文和数字为历年来研制开发的微处理器的名称

在图 1-4 中,我们同时还标出了计算机 CPU 芯片名称,包括 386、486、奔腾Ⅱ(PentiumⅡ)、奔腾 4(Pentium 4)和安腾 2(Itanium 2)等,它们对应的集成度分别为 10^5、7×10^5、7×10^6、3×10^7 和 2×10^8。从 1977 年到 2006 年的三十年中,集成度已经提高了近 10 万倍。如果从 1957 年第一块集成电路算起的话,集成度提高了 1 亿多倍。

电子学和光子学的波段和频率范围如图 1-5 和表 1-4 所示。电子学的波段包括无线电波和微波，无线电波波长为＞30cm，微波的波长范围为 0.3mm～30cm；相应地，无线电波和微波的频率范围分别为＜10^9 Hz 和 $10^9 \sim 10^{12}$ Hz。光子学的波段宽得多，覆盖了远红外、中红外、近红外、可见光、紫外光，其波长范围为 30μm～0.3nm；相应地，其频率范围分别为 $10^{13} \sim 10^{15}$ Hz。近年来又扩充到太赫兹波，波长范围为 300～30μm，频率范围为 $10^{12} \sim 10^{13}$ Hz。显而易见，光子学研究的波长范围集中在更短一些的波段，对应的频率范围要比电子学的频率范围宽得多。

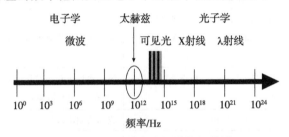

图 1-5　电子学和光子学的频谱图

表 1-4　电子学和光子学研究的波段和频率范围

学科	电子学 electronics		光子学 photonics					
波段 regime	无线电波 radio	微波 microwave	太赫兹 THz	远红外 FIR	中红外 MIR	近红外 NIR	可见光 visible	紫外光 UV
频率/Hz frequency	＜10^9	$10^9 \sim 10^{12}$	$10^{12} \sim 10^{13}$	10^{13} $\sim 1.5 \times 10^{13}$	1.5×10^{13} $\sim 1.5 \times 10^{14}$	1.5×10^{14} $\sim 3.9 \times 10^{14}$	3.95×10^{14} $\sim 7.5 \times 10^{14}$	＞7.5×10^{14}
波长 wavelength	＞30cm	0.3mm $\sim$30cm	300～30μm	20～30μm	2.0～20μm	0.76 $\sim$2.0μm	0.4 $\sim$0.76μm	＜0.4μm

1.4　半导体光子学的发展历程

从学科体系和历史沿革上看，光子学是近代光学和电子学的融合，它研究相干光波的产生及其与物质的相互作用。光子学的发展得益于固体物理学、材料科学、微电子学、计算科学、微机械加工技术、近代化学等学科和技术的发展，集"光"、"机"、"电"、"计"、"材"之大成，即集光学、微机械、电子学、计算科学、材料学之大成，形成一门前沿的新学科。光子学是 20 世纪 60 年代激光器发明之后信息科学领域中发展迅速、日新月异的高科技前沿领域，是电子学在光波波段的延伸。它的发展又为其他学科提供了支撑，极大地促进了相邻学科的交叉与发展[8,16,21]。

表 1-5 列出了半导体光子学及技术的发展史，包括光电子技术由量子理论、受激

发射理论到激光器发明,再到半导体激光二极管的发展历程,这些发明和创造凝聚了几代科学家和工程技术人员的许多心血。让我们再次感受到理论研究的预知性、器件发展的技术性和高新技术的实用性。

表 1-5 光电子技术发展史简表

年份	科学家	科学发明
1905	德国爱因斯坦(Albert Einstein)	提出光的粒子和波动二重性
1916	德国爱因斯坦(Albert Einstein)	提出光子受激发射和吸收理论
1954	美国汤斯(Charles H. Townes)、苏联巴索夫(Nikolai G. Basov)和普洛霍洛夫(Aleksander M. Prokhorov)	第一次实现氨分子微波量子振荡器(maser)
1958	美国汤斯(Charles H. Townes)和肖洛(Arthur L. Schawlow)	第一次提出利用腔长远大于波长的 F-P 谐振腔(法布里-珀罗谐振腔)实现激光器的思想
1960	美国梅曼(Theodore H. Maiman)	成功研制出世界第一台红宝石激光器
1962	苏联巴索夫(Nikolai G. Basov)、美国博纳德(M. G. Bernard)和杜恩克(D. Dumke)	给出半导体中实现受激发射的必要条件:准费米能级差大于发射光子的能量
1962	美国霍耳(R. N. Hall)、奈斯恩(N. L. Nathan)、霍洛尼亚克(N. Holonyak)	成功制出半导体 GaAs 同质结激光二极管
1963	美国克罗默(H. Kroemer)和苏联阿尔费洛夫(Zh. I. Alferov)	提出异质结构用于半导体激光器
1970	美国潘尼希(M. B. Panish)和日本林严雄(I. Hayashi)、苏联巴索夫(Nikolai G. Basov)	不同实验室分别独立地实现 AlGaAs 双异质结激光器室温连续工作
1970	美国江崎(L. Esaki)和朱肇祥(Steven Chu)	提出量子阱和超晶格概念
1972	美国科克尼克(H. Kogelnik)和香克(C. V. Shank)	采用电磁场的耦合波理论分析了分布反馈(DFB)激光器原理
1973	日本中村道治(Nakamura)	成功研制出第一支 DFB 激光器
1977	美国迪普伊(Dupuis)和达普斯(Dapuus)	成功研制出量子阱激光器
1977	日本索达(Soda)和伊贺(Iga)	研制出垂直腔面发射(VCSEL)激光器
1991	美国空军研究所索若夫(Sorof)	成功研究出脊形波导的单模条件
2004	美国 Ientel 公司	研制出 1Gbit/s 的 SOI 光调制器
2009	德国斯图加特大学卡斯珀(E. Kasper)	研制出 49Gbit/s 硅基长波长锗探测器
2011	美国 Intel 公司	研制出 100Gbps 的光子收发模块
2014	中国科学院半导体研究所	研制出 70Gbit/s 的 SOI 光调制器

伟大的物理学家爱因斯坦(Albert Einstein,1879～1955)是相对论的创始人,同时也是光子学的奠基人。1905 年,当他还是一个 26 岁的年轻人时,他建立了狭义相对论,得出许多重要的划时代的结论。物体速度增加时,其质量增大;任何物体的速

度不能超过光速；物体质量 m 与能量 E 满足质能关系式 $E=mc^2$，c 为光速。1906 年爱因斯坦提出光子学，这是最早出现"光子学"这一物理学名词。这些理论已被人们理解、接受、应用。其实，也就是早一年，即 1905 年 3 月，他发表了题为《关于光的产生和转化的一个启发性观念》的科学论文，论证了光的量子性质，揭示了光同时具有波动性和粒子性，得出了光电效应的基本定律。爱因斯坦关于光的波粒二象性的认识奠定了量子理论的基础。1916 年爱因斯坦 37 岁时，他发表了另一篇有历史意义的科学论文《关于辐射的量子理论》，提出了受激辐射和受激吸收的理论，成为现代光子学的理论依据。他为此荣获了 1921 年诺贝尔物理学奖。

特别值得指出的是，爱因斯坦是以相对论而闻名于世的。但是他却是因为提出光子受激发射和吸收的理论而获得诺贝尔物理学奖的，而不是以相对论的创始人获得诺贝尔奖的。这从另一个侧面证明了他对科学和技术的伟大贡献，同时还显示出了光子学理论基础的重要性。

在量子理论和辐射理论出现之后，世界经历了第一次和第二次世界大战。在战时基础科学的发展和新发明的提出被抑制了，很多学科停滞不前。第二次世界大战之后，世界由战乱进入一个相对稳定的发展时期，于是孕育了激光器的诞生。1954 年，美国的汤斯(Charles H. Townes)、苏联的巴索夫(Nikolai G. Basov)和普洛霍洛夫(Aleksander M. Prokhorov)创造性地继承和发展了爱因斯坦的理论，提出了利用原子、分子的受激辐射来放大电磁波的新概念，并于 1954 年利用受激发射实现微波的放大(microwave amplification by stimulated emission of radiation, maser)，第一次研制出氨分子微波量子振荡器。这一前期的研究工作促使了以后的激光器的发明。

1958 年，汤斯和他的年轻合作者肖洛(Arthur L. Schawlow)提出，利用器件尺寸远大于波长的法布里-珀罗(Fabry-Perot)谐振腔来实现激光器，这一创新思想开创了激光器研究的新局面。1960 年 5 月，美国休斯公司的一位 33 岁的年轻人梅曼(Theodore H. Maiman)(图 1-6)成功地研制出了世界上第一台红宝石固态激光器，发射波长 694.3nm[22]。此后各种材料、各种结构的激光器相继出现，从而出现了光电子科技苑中百花争艳的新景观。值得指出的是，激光器的发明仅仅比晶体管的发明晚 17 年。这从另一个侧面说明，在科学史上微电子学和光子学的发展几乎是同时的，它们的发展和进步也是相互促进的。

图 1-6 1960 年美国休斯公司的梅曼成功地研制出了世界上第一台红宝石固态激光器

在光电子领域中,半导体光电子技术占有非常重要的地位[9,10]。事实上,在研究固体激光器和气体激光器的同时,人们就开始研究如何利用半导体材料来实现激光输出。显然,初期的研究是在半导体同质结上进行的。不过人们很快把目光转向半导体异质结材料。1963年,美国的克罗默(H. Kroemer)和苏联科学院的阿尔费洛夫(Zh. I. Alferov)提出,把一个窄带隙的半导体材料夹在两个宽带隙半导体之间,形成异质结构,从而提高辐射复合的效率。1967年美国IBM公司的伍德尔(J. M. Woodall)成功地用液相外延的方法将半导体Ⅲ-Ⅴ族固溶体AlGaAs生长在GaAs衬底上。

1970年,美国贝尔实验室的潘尼希(M. B. Panish)和日本学者林严雄(I. Hayashi)(图1-7)成功地将器件的阈值电流密度降至$2.3\times10^2 A/cm^2$,从而首次实现了半导体激光器在室温下连续工作[23]。与此同时,苏联约飞研究所的阿尔费洛夫等也报道了类似的结果,这既是一种激烈的科技竞争,也是科技界的合作与进步。自此之后,科研人员相继解决了器件老化等问题,到1976年AlGaAs激光二极管的寿命已长达百万小时,1978年便应用于光通信系统。与此同时,一类更适用于光纤通信波段($1.3\mu m$、$1.55\mu m$)的半导体Ⅲ-Ⅴ族固溶体GaInAsP激光器也逐渐成熟,并取代AlGaAs在光通信中占主流地位[4]。

图1-7 美国贝尔实验室的潘尼希和日本学者林严雄成功地研制出室温下连续工作的半导体激光器

1972年美国的科克尼克(H. Kogelnik)和香克(C. V. Shank)采用电磁场的耦合波理论分析了分布反馈(DFB)激光器原理,1973年日本人中村道治(Nakamura)成功研制出第一支分布反馈(distributed feedback,DFB)激光器。DFB激光器、分布布拉格反射式(distributed Bragg reflector,DBR)激光器和量子阱(quantum well,QW)激光器等光发射器件可以获得稳定的单模输出,大大提高了半导体激光器的光学性能,既丰富了半导体激光器的种类,又为许多实际应用提供了选择的灵活性。20世纪后二十年中,半导体激光器波长覆盖了红外和可见光波段。近年来,半导体激光器波长已扩展到蓝绿光(InGaN 激光器,波长~450nm)和紫光。半导体激光器输出功率可达几百瓦,甚至几千瓦,准连续工作输出功率可达几万瓦或更高。

发射和接收是光学信号传递过程中的两个方面,激光的发射与接收构成一个整体,因此半导体探测器也同样具有非常重要的作用。先是研制出了 Si 光电二极管,之后 Ge 光电二极管、InGaAs 光电二极管(包括 PIN 光电二极管、雪崩光电二极管等)、MSM(金属-半导体-金属光电二极管)等相继问世。可以说,有什么波长的激光发射,便有对应的光电二极管应运而生。现在,弱至 10^{-9} W 的光信号也能检测出来。

在半导体大规模集成电路的研究、开发和生产如火如荼发展的同时,人们对光子集成和光电集成也一直具有极大的兴趣,投入非常多的研究精力。然而这些研究的进展一直很缓慢,不能令人满意。究其原因,光电子集成受限于电子材料和光子材料的兼容性、外延生长的局限性、微纳加工的高难度、同 CMOS 工艺的兼容性等。就在光电子集成的研究停滞不前的时候,在光子学领域中一向不被人们看好的硅被人们发掘出来,这使大家认识到,硅不但是非常优异的电子材料,同时还是非常优秀的光子材料[24]。近年来,硅基光子器件的研究吸引了人们越来越多的注意[24-28],并且已经形成了一门新的学科分支——硅光子学[21,29]。

图 1-8 列出了近年来硅光子器件的发展进程。2004 年 Intel 公司首次报道了 1GHz 硅光调制器,接着该公司于 2005 年研制出硅基 Raman 激光器,2005 年美国康奈尔大学研制出微米尺寸大小的硅调制器,2006 年 Intel 公司同美国加州大学圣芭芭拉分校研制出世界上第一个混合型的硅基激光器,其辐射复合区为 AlGaInAs 多量子阱,光场扩展到硅波导层中,并经该层中的光栅选模,经过量子放大,最终形成激光输出。该工作的发表引起光学界的高度重视,它从一个侧面证明硅光子学和硅基光子器件具有很好的发展前景,将在信息传输、交换、互连等领域实现重要的应用。2007 年 Intel 公司将硅光调制器的速率提高到 40GHz。2008 年日本 NTT 公司报道了超高 Q 值的耦合微腔。2008 年 IBM 公司报道了纳米光开关,从而证明可以将光开关尺寸做得非常小,是能够在硅基上进行光子器件的集成。2009 年德国斯图加特大学 Kasper 教授等将硅基上的 Ge 探测器的响应速率提高至 49GHz,这是至今报道的 MBE 方法外延生长制备的最高响应速率,从而表明可以同时在硅衬底上制备出能够接收长波长光信号的高频探测器。2010 年美国 Intel 公司研制出 50Gbps 硅基收发模块,这将硅基光子器件的应用大大迈进了一步,硅基收发功能能够在同一模块上完成,成为可以直接使用的光子器件模块,这使得应用前进了一大步。2011 年美国 Intel 公司研制出 100Gbps 的光子收发模块。2014 年中国科学院半导体研究所研制出 70Gbps 的 SOI 光调制器[30]。这些新的研究成果正在推动着光子集成不断向前发展。

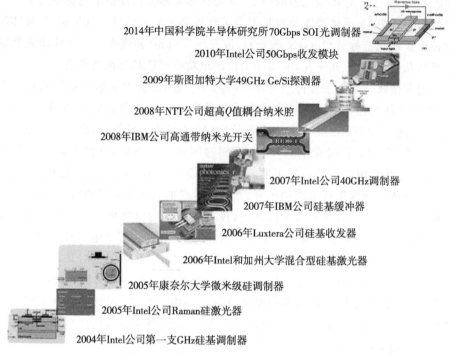

图 1-8 近年来硅光子器件的发展示意图

在光子学领域,同样也有一个光学"摩尔定律",其进程如图 1-9 所示。它通过通信的发展历程来显示电子技术和光子技术的发展过程。1887 年美国安装开通人类第一条长途电话线,使纽约同芝加哥之间能够长途通话,开创了语音长途通信的先河。20 世纪 20 年代开始使用时分技术,可以用一根电线同时通 12 路电话,当时通信速度仅仅为每秒几十比特的量级。到了 20 世纪 60 年代,同轴电缆使得通信速度大大加快,通信速度可以达到每秒几百比特的量级。随着卫星的发射,卫星通信和微波通信将信息传输速率提高到每秒几万比特的高速率。到了 21 世纪,光纤通信实现了每秒 10 万亿比特的高速率。图 1-9 的右上部分示意表示出了光通信的发展历程。可以看出,在广泛应用波分复用(WDM)技术后,无论是通信速率还是通信容量上都实现了重大的突破。

自从 20 世纪 70 年代光纤通信开始应用以来,无论是材料、器件还是系统都发展得非常迅速。这既得益于半导体激光器、探测器、光纤的进步和应用,也得益于集成电路的迅速发展。它们的综合效应就是整体的提高。时分复用(ETDM)和波分复用(WDM)的发展,进一步加快了光电信号的传输速率和容量。

将图 1-4 同图 1-9 进行比较,我们不难发现它们具有非常类似的特性,两者都是随时间呈指数的关系增长。事实上,信息技术的发展是建立在材料科学技术、电子集成和光子技术基础上的,只有在高性能的材料上才可能制造出高性能的电子和光子

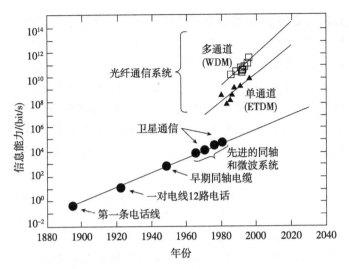

图 1-9 通信的发展历程示意图

器件,才可能设计制造出高性能的系统。

通常认为,20世纪光学领域中的三大发明:激光器、光纤、半导体光子器件。半导体光子器件包括半导体激光二极管、探测器和OEIC(光电子集成)等。此前的半导体光子器件大都是在Ⅲ-Ⅴ族半导体材料上制备的,因此人们比较多地研究和使用GaAs、AlGaAs、InP、InGaAsP、GaN、InGaN、AlGaN等直接带隙材料。现在这种情况正在发生改变,硅成为倍受重视的新型光子材料,它的光学性质、光子器件和在光通信、光计算等领域中的应用越来越受到重视了。

21世纪是信息时代,时代的特征是信息量大爆炸、信息处理迅速快捷、信息传输高速可靠。信息时代的量化的标志为三个"T"(T为Tera,10^{12}):光通信传输速率1Tb/s,计算机运算速率1Tb/s,光盘存储密度1Tb/in^2(in为英寸)。

要实现三"T",必须大力发展信息科学,包括材料科学、微电子学、计算机科学、光子学等许多学科的发展。简而言之,它涵盖了"光、机、电、计、材"各个学科,是现代光学、微机电、微电子、计算机和材料科学等多学科的高度交叉和集成。在这些学科中,最基础、最根本的是材料科学,它的发展与进步为其他学科的发展提供了最坚实的基础、最广阔的领域、最好的性能和最实际的应用。各种材料中半导体是发展得最快的电子材料和光子材料,它的纯度、单晶质量、微细加工技术都是最好的,因而为半导体光子学的发展提供了坚实的材料基础。

随着高科技的发展,光纤传输速率大于1Tb/s的高速率、大容量通信已实现。2001年在美国召开的光纤通信会议(2001'OFC)上,日本和法国的研究人员就报道了高达10Tb/s的光纤通信系统。运算速率高达亿次的计算机早已问世,但它们多是并行运转的,然后再综合运算。如果要实行串行运算,就需要将信息的处理速度、传输速率提高得更快。现今的处理速度常常受到电子瓶颈的限制。信息存储是信息资料保存、处理的重要环节,虽然磁盘存储技术和半导体存储技术有了长足的进步,但仍显不足;用"光"作为"读"和"写"的工具,可以在光盘上存储足够大的信息量,进而实现 $1Tb/in^2$ 以上的高密度存储,这将为我们提供更大的数据库。

为了真正实现信息社会的三"T"目标,必须在材料上寻求更纯、更快、更便宜、更可靠的半导体材料和器件,同时在微电子、光电子、光子等技术和集成等方面作更多的深入研究与开发。因此,信息社会呼唤新的光子材料和器件,半导体光子学是一种很好的选择,这就是为什么半导体光子学和半导体光子技术应运而生的原因。

半导体产业中,以硅为平台的 CMOS 产品占据绝对的统治地位,自 20 世纪 70 年代以来的三十多年中每年以 20% 的速率持续增长,直到 1996 年增速才有一些减慢。2006 年半导体产业的销售额从 2003 年的 1630 亿美元增长至 2190 亿美元。通信产业是最具活力的产业,2003 年与通信相关的销售额占总额的 23%,而与半导体光子器件(激光器、图像传感器等)相关产品的销售额相关占 5.5%。这些资料从另一个侧面说明了电子产业以及光子产业的重要性,它们不但决定了人类生活的物质基础,而且影响着人类社会生活的方式和质量。

1.5 本书的内容

半导体光子学的研究、开发和应用正在快速发展,已经成为国内外科技界的热门研究课题。国外有关半导体光电子学、半导体激光器、半导体探测器的专著很多[31-38],国内也出版过许多本[9,10,39-42]。

本书作者在中国科学院大学讲授"半导体光子学"课程十多年,因此就以课程的主要内容为基础,试图编写一本系统介绍半导体光子学的书籍。本书从物理基础出发,以能带论、波导理论为基础,深入、全面地介绍半导体异质结的能带结构、平板波导和条形波导的单模条件、半导体中的光发射和光吸收、半导体材料中的辐射复合的原理等,使读者对半导体中的光子产生、吸收、传输过程以及半导体材料的光学性质有深入的了解,为进一步学习和研究半导体光子器件的结构、工作原理、性能等提供基础。在此基础上,将详细深入地介绍各种典型的半导体光子器件,包括发光二极管、超辐射发光二极管、分布反馈激光器、量子阱激光器、面发射激光器、PIN 探测器、APD 探测器、光开关、光调制器、阵列波导光栅、太阳能电池等,对这些器件的工作原理、器件结构、光电性能等进行深入的分析,使读者能够深入了解半导体光子器件的物理内涵。同时,我们尽量对前沿领域的科学课题,例如光子晶体等,也将有一些介绍。

本书在系统介绍半导体异质结材料的光学性质的基础上,论述半导体光子学的物理基础、工作原理、实际应用,还会介绍光子学的研究历史、现状、发展趋势,重点介绍半导体光子器件的结构特征、光电特性、表征技术和应用方法。全书由 13 章组成，有 200 多张图表，提供了详细的技术资料，包括半导体异质结构和量子结构的材料改性和光学特性、发光管和激光器、探测器和阵列、太阳能电池、硅基和 SOI 基光波导、高速光调制和开关及阵列、光子晶体的模拟和制作以及应用、电子器件和光子器件的集成、光子器件和光子学的发展趋势。

作者从事半导体光子学研究 50 年，从事半导体光子学教学 18 年，比较了解当前的研究动态和发展方向。作者希望本书具有一定的学术性、前沿性、资料性、可读性，能够为进一步深入研究半导体光子学提供可靠的学术资料，既为大学的高年级学生、研究生和刚接触半导体光子学的研究人员提供入门知识，又为半导体光子学领域中的科技人员提供详细的文献资料与深入的科技内涵，为进一步的半导体光子学研究提供宽阔的知识平台，从而推进半导体光子学的研究向纵深发展。

参 考 文 献

[1] Loudon R. The Quantum Theory of Light. 3rd ed. Oxford: Oxford University Press, 2000
[2] Yariv A. Optical Electronics in Modern Communication. 5th ed. Oxford: Oxford University Press, 1997
[3] Chuang S L. Physics of Optoelectronic Devices. New York: John Wiley & Sons, 1995
[4] Kaminow I P, Li T. 光纤通信. 甘民乐, 厉鼎毅译. 北京: 北京邮电大学出版社, 2006
[5] Marcuse D. Theory of Dielectric Optic Waveguide. 2nd ed. New York: Academic Press, 1991
[6] 王启明, 魏光辉, 高以智. 光子学技术. 北京: 清华大学出版社, 暨南大学出版社, 2002: 5-10
[7] 王启明. 技术卷//路甬祥. 现代科学技术大众百科. 杭州: 浙江教育出版社, 2001: 167-269
[8] 宋菲君, 羊国光, 余金中. 信息光子学物理. 北京: 北京大学出版社, 2006
[9] 余金中. 半导体光电子技术. 北京: 化学工业出版社, 2003
[10] 黄德修. 半导体光电子学. 成都: 电子科技大学出版社, 1994
[11] 斯通. 量子场物理学. 北京: 世界图书出版公司, 2010
[12] 堀江一之, 牛木秀治, 威尼克 F M. 分子光子学. 张镇西译. 北京: 科学出版社, 2004
[13] 祝宁华, 何杰, 李运涛, 等. 纳米生物医学光电子学前沿. 北京: 科学出版社, 2013
[14] 阿戈沃. 非线性光纤光学原理及应用. 贾东方, 葛春风, 等译. 北京: 电子工业出版社, 2010
[15] 苍宇, 魏志义, 张杰. 物理, 2001, 30(11): 681-684
[16] 余金中, 王启明. 半导体光电, 1998, 19(3): 141-149
[17] 余金中. 半导体光电, 2000, 21(5): 305-309
[18] 余金中. 硅基光电子集成技术的进展//王大珩. 现代光学与光子学的进展·第二集. 天津: 天津科学出版社, 2006: 89-118
[19] Moore G E. Electronics, 1965, 38(8): 114
[20] Moore G E. Electronics, 1965, 38(8): 117
[21] 余金中. 硅光子学. 北京: 科学出版社, 2011

[22] Lengyel B A. Lasers: Generation of Light by Simulated Emission. New York: John Wiley & Sons, 1962: 22-28
[23] HayashiI, Panish M B. J. Appl. Phys., 1970, 41: 150
[24] Kasper E. 硅锗的性质. 余金中译. 北京：国防工业出版社，2002
[25] 余金中. 半导体光电，1999, 20(5): 294-300
[26] 余金中. 半导体杂志，1998, 23(1): 21-32
[27] 余金中. 硅基异质结构材料和器件//王占国，陈立泉，屠海令. 中国材料工程大全. 第十一卷. 信息功能材料工程. 第4篇. 北京：化学工业出版社, 2006
[28] 余金中. 激光与光电子进展, 2006, 12: 68-71
[29] Pavesi L, Lockwood D J. Silicon Photonics. Berlin: Springer, 2004
[30] Xiao X, Xu H, Li X, et al. Opt. Exp., 2013, 21(4): 11804-11814
[31] Kressel H, Butler J K. Semiconductor Lasers and Heterojunction LEDs. San Diego: Academic Press, 1977
[32] Casey H C Jr, Panish M B. Heterostructure Lasers. San Diego: Academic Press, 1978
[33] Chuang S L. Physics of Optoelectronic Devices. New York: Wiley, 1995
[34] Thomson G H B. Physics of Semiconductor Laser Devices. New York: Wiley, 1980
[35] Chow W W, Koch S. Semiconductor Laser Fundamentals. Berlin: Springer, 1999
[36] ColdrenL A, Corzine S W. Diode Lasers and Photonic Integrated Circuits. New York: Wiley, 1995
[37] Chuang S L. Physics of Optoelectronic Devices. New York: Wiley, 1995
[38] Kasap S O. Optoelectronics and Photonics. New Jersey: Prentice Hall, 2001
[39] 虞丽生. 半导体异质结物理, 北京：科学出版社, 2006
[40] 江剑平. 半导体激光器. 北京：电子工业出版社, 2000: 262-267
[41] 蔡伯荣，陈铮，刘旭. 半导体激光器. 北京：电子工业出版社, 1995
[42] 夏建白，朱邦芬. 半导体超晶格物理. 上海：上海科学技术出版社, 1995

第 2 章 半导体光子材料

2.1 引 言

依照物质的形式划分,自然界的物质可分为固体、液体、气体等。依照物质导电的难容易程度划分,物质分为导体、半导体和绝缘体。金、银、铜、铁、锡、铝等金属的导电、导热性能都比较好,它们为导体。金刚石、人工晶体、琥珀、陶瓷等不导电,它们为绝缘体。介于导体和绝缘体之间的一类材料是半导体。

半导体材料很多,按化学成分可分为元素半导体和化合物半导体两大类。硅和锗是最常用的元素半导体;Ⅲ-Ⅴ族化合物(砷化镓、磷化镓等)、Ⅱ-Ⅵ族化合物(硫化镉、硫化锌等)、氧化物(锰、铬、铁、铜的氧化物等),以及由Ⅲ-Ⅴ族化合物和Ⅱ-Ⅵ族化合物组成的固溶体($Al_xGa_{1-x}As$、$Ga_xIn_{1-x}P_yAs_{1-y}$等)是化合物半导体。

半导体是一类电阻率界于金属与绝缘材料之间的材料。确切地说,室温下半导体的电阻率在 $10^{-5} \sim 10^7 \Omega \cdot cm$。半导体的电阻率对温度非常敏感,随着温度的改变发生很大的变化,温度升高时半导体的电阻率指数地减小。事实上,在某些温度范围内,半导体中的载流子(电子和空穴)的浓度随温度升高而增加,这导致它们的电阻率下降。

半导体可以是晶态半导体、非晶态的玻璃半导体、有机半导体等。目前研究和应用得最多的是晶态的半导体。对于晶态的半导体来说,半导体材料通常具有很规则的晶体结构、固定的晶格常数,同时具有固定的能带结构和确定的带隙宽度。在一定的温度下,这些性能是固定的,重复性非常好,能够获得稳定的物理特性和化学特性,不会因为制造产地或制造商的不同而不同,因此可以非常放心地加以应用。

半导体材料可以依照电子学和光子学的要求分为电子材料和光子材料。前者具有很好的电学特性,包括可控的载流子浓度、高的载流子迁移率、稳定的导电和导热特性、长的工作寿命等。后者具有很好的光学特性,包括高的发光效率或探测灵敏度、很高的载流子注入浓度、低的光学损耗、稳定的工作寿命等[1-7]。显然电子材料和光子材料对电学性能和光学性能的要求是很不同的。

众所周知,元素半导体是非常好的电子材料。特别是 Si 已经广泛用于集成电路等器件和系统中。半导体光子材料的种类似乎更丰富一些,例如 GaAs、AlAs、$Al_xGa_{1-x}As$、InP、GaP、$Ga_xIn_{1-x}P_yAs_{1-y}$、InN、GaN、AlN、Si、Ge 等都是很好的光子材料。GaAs、$Al_xGa_{1-x}As$、InP、$Ga_xIn_{1-x}P_yAs_{1-y}$、$In_xGa_{1-x}N$ 等在发光二极管、激光器等器件应用中发挥重要作用,Si、Ge、$In_xGa_{1-x}As$ 等在光波导、探测器等器件应用中显示重要作用。它们一起完成光的产生、传输和探测等各种功能,构成完整的光学系统。

由不同质地的元素半导体或化合物半导体材料构成的多元固溶体将改变它们的带隙、折射率、热导率、载流子的有效质量等物理特性,通过组分的变化能够获得所需的带隙宽度和折射率大小,从而满足材料工程和能带工程的需求,并且进一步能够提供几乎完全的载流子限制作用和几乎完全的光学限制作用,这些限制作用就构成了发射光、探测光和传输光的物理基础。

在本书中,如果没有特别的指明,我们研究和讨论的是固态的半导体晶体材料。只有一些比较特殊的情况下使用多晶、非晶的半导体,我们将专门注明。

本章在介绍了半导体材料的基本性质、晶体结构、晶格匹配和失配之后,我们将着重讨论半导体固溶体,特别是详细介绍了一些重要的半导体三元、四元固溶体的物理特性,通过图表和公式提供许多重要的数据资料,使读者对它们既有定性的、又有定量的了解。对学习半导体光子学来说,这些显然是非常必要的。

2.2 半导体光子材料

2.2.1 半导体光子材料的基本特性

直接带隙的半导体材料的发光效率是间接带隙材料的发光效率的 $10^4 \sim 10^5$ 倍,因此至今的半导体发光管和激光器大都是采用直接带隙材料制成的,例如 GaAs、InP、GaN 等。这些材料的禁带宽度是一定的,对应的发射波长也是一定的。为了覆盖可见光和红外、紫外的波段,GaAs、AlAs、InP、GaP、InAs、GaN、InN、AlN 等 Ⅲ-Ⅴ 族半导体能够构成许多种三元、四元化合物**半导体固溶体**,例如 $Al_x Ga_{1-x} As$、$Ga_x In_{1-x} P_y As_{1-y}$、$Al_x Ga_{1-x} P_y As_{1-y}$、$In_x Ga_{1-x} N$、$Al_x Ga_{1-x} N$ 等。这就是说,三元、四元化合物半导体固溶体为我们提供了"组分"这一变量,也就是提供了调控禁带宽度大小和折射率大小的变量。在波长选择、器件结构设计上提供了非常多的方便。在 20 世纪 60~90 年代,光电子材料集中在 $Al_x Ga_{1-x} As$、$Ga_x In_{1-x} P_y As_{1-y}$、$Al_x Ga_{1-x} P_y As_{1-y}$ 上,90 年代以后,对 $In_x Ga_{1-x} N$、$Al_x Ga_{1-x} N$ 和 ZnO 等的研究也越来越多。

研究光子学,显然以可见光为中心,并且扩展至红外、紫外波段。图 2-1 给出了光的频率和波长,(a)为 10 纳米到毫米波整个范围的波长及其对应的振荡频率,为了进一步了解可见光范围的细节,我们将(a)中的可见光波段加以放大并示于(b)中,更详细地显示出各种颜色的波长范围。

可见光的波长范围是 760~390nm,其中波长为 760~622nm 的光为红色,622~597nm 的光为橙色,597~577nm 的光为黄色,577~492nm 的光为绿色,492~390nm 的光为紫光,构成了彩虹的红、橙、黄、绿、青、蓝、紫。波长大于 760nm 的光为

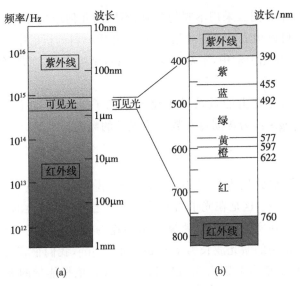

图 2-1 光波的波长和频率

红外光,人眼看不见。波长为 760nm~2μm 的光为近红外光,2μm~1mm 的为远红外光。相应地,波长比 390nm 更短的光为紫外光,人眼也看不见。

光波的波长 λ 同频率 ν 的关系为

$$\lambda = \frac{c}{\nu} \tag{2-1}$$

式中,c 为真空中光的传播速度 $c=299\,792\,458\mathrm{m/s}$,即每一秒钟光波传播了近 30 万千米,光波的速度是人类至今认识到的最快的速度。

由(2-1)式可以得出,波长为 1mm~10nm 的光波所对应的频率范围是 $3\times 10^{11} \sim 3\times 10^{16}$ Hz;而对于波长为 760~390nm 的可见光来说,其频率范围是 $3.95\times 10^{14} \sim 7.69\times 10^{14}$ Hz。通常光通信所用的波长为 1.3μm 和 1.55μm,其对应的频率分别为 2.31×10^{14} Hz 和 1.94×10^{14} Hz。可以看出,这些光波的振荡频率的量级为 10^{14} Hz,这是非常高的。

在介质中光波的振荡频率 ν 不会改变,但传播速度却比空气中的慢了,其传播速度 v、波长 λ 同介质的折射率 n 之间的关系为

$$v = \frac{c}{n} = \lambda\nu = \frac{\lambda_0}{n}\nu \tag{2-2}$$

式中,λ_0 为光波在真空中的波长;λ 为光波在介质中的波长;n 为折射率;$\lambda=\lambda_0/n$。

光波在介质中的传播速度是在真空中的传播速度的 $\frac{1}{n}$ 倍,同样地,光波在真空中和介质中的波长两者也是相差 n 倍。因此,折射率 n 是一个描述材料光学性质的重要参数。它表示材料对光波传播的影响程度,可以用来改变光程(光程等于光波实际行走的路程 L 乘以折射率 n),还会使入射光发生折射、反射或绕射。不同介质材料

的折射率差 Δn 也不相同。采用不同的介质、不同的几何结构和尺寸,利用折射率的差别等介质特性,可以构成各种波导结构,因而介质材料的折射率 n 是光电子技术中常用的一个参数。在光子学中,不常用介质常数这个物理量,而是经常使用折射率来描述其光学特性。

量子理论认为,光是由能量被量子化了的光子组成的,其能量大小为 $h\nu$,$h=6.623773\times10^{-27}$ erg·s,为普朗克常数,ν 为光子的频率。由于 $\nu=c/\lambda$,因此有

$$E=h\nu=\frac{hc}{\lambda}=\frac{1.2398}{\lambda} \tag{2-3}$$

上式中已将 h,c 等常数代入公式中,能量 E 的单位为 eV,波长 λ 的单位为 μm。$1\text{eV}=1.60\times10^{-12}$ erg。这是在光子的能量和波长之间相互转换的一个常用公式。

值得指出的是,在实际应用中,常常是由传输的波长来确定半导体材料的组分。例如,光通信系统常用的激光波长为 1.55μm 和 1.3μm,我们很容易地换算出光子能量的大小。其对应的能量分别为 0.8eV 和 0.95eV。依据能量的大小就可以寻求到带隙宽度对应于该能量的半导体材料。光盘存储常用的激光波长为 650nm,对应的能量为 1.91eV。依照能量同波长的关系,我们显然对禁带宽度为 0.3~3eV 的半导体材料特别地感兴趣,因而通过大量实验研制出一批性能好的Ⅲ-Ⅴ族、Ⅱ-Ⅵ族半导体及其各种组分的固溶体光子材料。

硅是地球上含量最多的元素之一,占地球上总量的 27.6%。硅的提纯技术的发展使其成为目前世界上可以得到的最纯的物质,纯度可以高达 99.9999999%,杂质浓度可以低至 10^{13}cm^{-3} 量级,这意味着在百亿个硅原子中仅仅有一个杂质原子。硅的单晶生长技术的进步使得我们可以获得各种不同掺杂的高质量的单晶,进一步使其成为应用最广的半导体材料。由于地球上硅的蕴藏量高、可提纯的纯度高、掺杂浓度可控、CMOS工艺非常成熟,使得硅基微电子学发展很快,实用性很强。然而,硅是间接带隙材料,其发光效率非常低,光学非线性也很低,因此无法用硅制备发光器件或光逻辑元件。

事物总有两面性,硅的带隙宽度为 1.12eV,相应的,其吸收边为 1.107μm。因此硅对可见光是吸收的,对光通信波段的红外光是透明的。利用它在不同波段的吸收和透明这两个特性,可以在可见光波段制备出硅探测器,在光通信红外波段制备硅基波导器件。这样一来,在光子学中,硅不再是软肋,而是很有用的光子材料。

表 2-1 列出一些半导体材料的特性,包括半导体材料的晶体结构、晶格常数 a、热胀系数、禁带宽度(带隙)E_g(单位为 eV)、能带类型、电子迁移率 μ_e 和空穴迁移率 μ_h、介电常数 ε 和电子亲合势 χ。从该表中的数据可以看出,最常用的半导体的晶体结构为闪锌矿结构(GaAs、InP 等)、金刚石结构(Si、Ge 等)、六角晶系的纤锌矿结构(GaN、ZnO 等)。这些半导体材料中,有许多是直接带隙材料,例如 GaAs、GaN、InP 等,也有许多间接带隙的半导体材料,例如 Si、Ge、GaP 等。因此在进行器件结构设

计时要特别重视它们对发射光或探测光的影响。这些材料的带隙宽度大都在 1eV 左右,例如 Ge 的禁带宽度为 0.66eV,Si 的禁带宽度为 1.12eV,GaAs 的禁带宽度为 1.43eV。电子迁移率最高的材料是 InSb,高达 80000cm^2/(V·s),电子迁移率最低的材料是 ZnS,只有 140cm^2/(V·s)。Si、GaAs 等的电子和空穴的迁移率都具有比较高的数据,这也是它们为什么是最常用的电子材料和光子材料的原因之一。

表 2-1 半导体光子材料的物理参数

族类	材料	晶体结构	晶格常数 /nm	热胀系数 /(10^{-6}/℃)	E_g /eV	能带类型	迁移率/[cm^2/(V·s)] μ_e	μ_h	ε	χ /eV
Ⅳ	Si	D	0.5931	2.33	1.12	间接	1350	4800	12.0	4.01
	Ge	D	0.5658	5.75	0.66	间接	3600	1800	16.0	4.13
Ⅲ-Ⅴ	AlAs	ZB	0.5661	5.2	2.15	间接	280	—	10.1	—
	AlSb	ZB	0.5136	3.7	1.60	间接	900	400	10.3	3.6
	GaP	ZB	0.5451	5.3	2.25	间接	300	150	8.4	3.0~4.0
	GaAs	ZB	0.5654	5.8	1.43	直接	8000	300	12	3.63~4.07
	GaSb	ZB	0.6094	6.9	0.68	直接	5000	1000	14.8	4.06
	InP	ZB	0.5869	4.5	1.27	直接	4500	100	12.1	4.40
	GaN	WZ	$a_0=0.3189$ $c_0=0.5185$	沿 a_0:5.59 沿 c_0:7.75	3.457	直接	900	10	沿 a_0:10.4 沿 c_0:9.5	4.20
	InN	WZ	$a_0=0.3544$ $c_0=0.5718$	4.0	1.4	直接	4400	—	15	—
	AlN	WZ	$a_0=0.3111$ $c_0=0.4978$	沿 a_0:5.3 沿 c_0:4.2	6.2	直接	300	14	9.14	2.05
	InAs	ZB	0.6058	5.3	0.36	直接	30000	450	12.5	4.90
	InSb	ZB	0.6479	4.9	0.17	直接	80000	450	15.9	4.59
Ⅱ-Ⅵ	ZnS	WZ	0.3814	6.2~6.5	3.58	直接	140	5	8.3	3.9
	ZnSe	ZB	0.5667	7.0	2.67	直接	530	28	9.1	4.09
	ZnTe	ZB	0.6103	8.2	2.26	直接	530	130	10.1	3.53
	CdS	WZ	0.4137	4.0	2.42	直接	350	15	10.3	4.0~4.79
	CdSe	WZ	0.4298	4.8	1.70	直接	650	—	10.6	3.93~4.95
	CdTe	ZB	0.4770	—	1.45	直接	1050	90	9.6	4.28

注:D 为金刚石结构,ZB 为闪锌矿结构,WZ 为纤锌矿结构。

值得指出的是,上述图表中的带隙宽度通常给出的是室温下纯材料的带隙宽度。如果温度不同或者有杂质存在,其数据会有些改变,低温下带隙宽度大一些,升温后常常会小一点,这就是不同文献中数据出现一些差别的原因。以 GaN 为例,在温度为 293~1237K 的范围内,其带隙宽度同温度的关系为

$$E_g(T) = 3.556 - 9.9\frac{10^{-4}T^2}{T+600} \tag{2-4}$$

式中，E_g 的单位为 eV。可见，温度上升时，GaN 的带隙宽度会减小。

2.2.2 半导体光子材料的晶体结构[8]

图 2-2 给出了 Si、GaAs 和 ZnSe 的晶体结构，Si 为金刚石结构，它是由 Si 原子紧密堆集而成。图 2-2(a) 中的黑球和白球代表同一种原子，它们分别构成面心立方晶格，两个面心立方晶格沿着对角线方向相互位移四分之一对角线的长度，就构成金刚石结构。图 2-2(b) 中的黑球和白球各代表一种原子，它们分别构成两个面心立方，这两个面心立方相互位移四分之一对角线的长度后，就套构成闪锌矿结构。因此，金刚石结构和闪锌矿结构都是两个面心立方套构而成，只不过前者的两个面心立方是由完全相同的原子组成，后者两个面心立方是由完全不同的原子组成的。

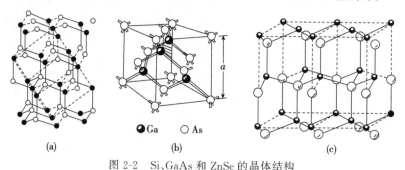

图 2-2 Si、GaAs 和 ZnSe 的晶体结构
(a) Si-金刚石结构；(b) GaAs-闪锌矿结构；(c) ZnSe-纤锌矿结构

晶体中周期性最小的重复单元称之为原胞。Si 的原胞是一种面心立方结构，即一个正方形的立方体的每个角落和每个面的正中心各有一个原子。GaAs 为闪锌矿结构，其原胞是由 Ga 原子和 As 原子各自组成的面心立方原胞沿对角线穿插 1/4 距离而构成的。这种结构有六个等价的 {100} 晶面、六个等价的 {110} 晶面和八个等价的 {111} 面。非常有趣的是，{100} 面是由同一种原子组成的，或者全部是 Ga，或者全部是 As，因此每个 {100} 面都是带电的，两个相临的 {100} 面必定是由带正电的 Ga^{+3} 面和带负电的 As^{-3} 面组成，它们依靠库仑作用力相互吸引，非常紧密，通常无法分开它们，只有使用金刚刀进行切割才能将晶体沿此晶面切割开来。

{110} 面中同时具有 Ga^{+3} 离子和 As^{-3} 离子，而且它们的数量是相同的，因此 {110} 面显示出电学中性。由于是电中性的，两个相临近的 {110} 面之间的吸收力很小，因而很容易地沿此晶面将晶体分开，就像我们日常所见的云母片那样将其剥离分开。这种利用外加力量将晶体沿某一特定晶面分离开来的现象称为**解理**，由其形成的晶面称为**解理面**。解理面非常平坦、光亮，有较高的反射率，解理面之间相互平行，因此两个相互平行的解理面就能够构成一个非常好的法布里-珀罗(F-P)谐振腔。

图 2-3 给出了许多种半导体材料的带隙宽度及对应的波长同晶格常数的关系。值得指出的是,横坐标的单位为 0.1nm。左边纵坐标为带隙宽度 E_g,单位为 eV,右边纵坐标为波长,是依照 $\lambda_g = 1.24/E_g$ 计算出来的带边波长,单位为 μm。

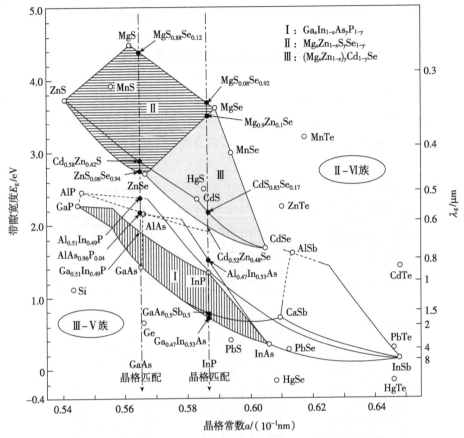

图 2-3 半导体的带隙宽度及对应的波长同晶格常数的关系

GaAs 和 InP 的晶格常数分别为 0.5654nm 和 0.5869nm,在这两个数据之上,画出了两条垂直的点划线。凡是在这两条点划线上的材料分别同 GaAs 或 InP 的晶格常数相同,因此就是非常好的晶格匹配。例如以 GaAs 为衬底,以 $Al_xGa_{1-x}As$ 为外延层,可以实现相当完美的晶格匹配。同样地,以 InP 为衬底,以 $Ga_xIn_{1-x}P_yAs_{1-y}$ 为外延层,也能够实现相当完美的晶格匹配。这就说明,选定了某种材料作衬底之后,可以依照其晶格常数的大小画出一条垂线。凡是位于该线上的材料都同该衬底具有相同的晶格常数,因而它们之间晶格匹配。在材料研究和晶体外延生长中,晶格匹配是非常重要的。

还需要指出的是,通过改变组分 x 或 y 的方式,可以在同一衬底上,外延生长不同带隙宽度的半导体材料。这就是说,通过改变组分可以改变半导体材料的带隙宽度,这就为器件结构的设计提供了一个变量,使用起来非常方便。例如在 GaAs 衬底上

外延生长 $Al_xGa_{1-x}As/GaAs$ 异质结构、在 InP 衬底上外延生长 $Ga_xIn_{1-x}P_yAs_{1-y}/InP$ 异质结构，制造出各种激光器。可以说，20 世纪 60 年代和 70 年代半导体 850nm、1.3μm 和 1.55μm 三个波段激光二极管的研制成功，首先是以材料研究和晶格匹配的外延生长的突破性进展为基础的，这从器件应用的角度说明了晶格匹配的重要性。

2.3 半导体的晶格匹配和失配

两种半导体的晶格常数分别为 a_1、a_2，它们组成异质结时，会因 a_1 和 a_2 的差别引起晶格失配问题。图 2-4 表示不同晶格常数的半导体异质结材料在外延生长前后的晶格匹配和失配情况，在这些图中，衬底的晶格常数 $a_s=a_1$，外延层的原有的晶格常数 $a_e=a_2$。

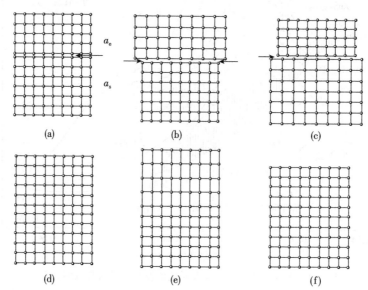

图 2-4 不同晶格常数的半导体异质结材料在外延生长前后的晶格匹配和失配情况示意图

以 $In_xGa_{1-x}As/InP$ 异质结为例，InP 为衬底，$In_xGa_{1-x}As$ 为在其上生长的外延层，并且 $In_xGa_{1-x}As$ 是由Ⅲ-Ⅴ族化合物半导体 InAs 和 GaAs 组成的三元合金，合金中 InAs 的组分占 x，而 GaAs 占 $(1-x)$，x 的数值为 0~1。也就是说，$In_xGa_{1-x}As$ 为 $(InAs)_x(GaAs)_{1-x}$ 的缩写表示。例如 $x=0.53$ 时的 $In_{0.53}Ga_{0.47}As$ 中，InAs 和 GaAs 各占 53% 和 47%。

进一步研究表明，$x=0.53$ 时的 $In_{0.53}Ga_{0.47}As$ 外延层的晶格常数 a_e 同衬底 InP 的晶格常数 a_s 完全一样，这里的脚码 e 和 s 分别表示外延层和衬底的意思，分别是英文 epitaxy 和 substrate 的第一个字母。$In_{0.53}Ga_{0.47}As$ 和 InP 两种材料的晶格常数 a_e 和 a_s 完全相同，其失配度为 0，我们将此种情形称为晶格匹配。

图 2-4 画出了两种半导体异质结材料的三种情形。图 2-4(a)、(b)和(c)为外延生长之前衬底和将要生长的异质材料外延层的晶格常数的比较,依次为 $a_1=a_2$、$a_1<a_2$ 和 $a_1>a_2$。图 2-4(d)、(e)和(f)为外延生长之后三种情形对应的晶格常数的变化,分别同图 2-4(a)、(b)和(c)相对应。

图 2-4(d)中,外延层的晶格常数同衬底完全相同,晶格完全匹配,没有晶格失配,因此不存在异质结界面。$In_{0.53}Ga_{0.47}As/InP$ 就是这种晶格完全匹配的典型例子。图 2-4(e)中,衬底的晶格常数小于外延层的晶格常数,$a_1<a_2$,外延层的横向平面在 x、y 两个方向上承受着压应力,外延层的纵向 z 上承受着张应力。这些应力的作用使得晶格发生形变,x、y 两个方向的晶格常数变小,以便同衬底的晶格常数 a_1 一致,而 z 向上的晶格常数变大,比原来的 a_2 还大,以便承受 x、y 方向的晶格常数变小带来变化。这样一来,就在外延层的内部积蓄了应力。

2.3.1 临界厚度

如果外延层很薄,足以承担这种应力,则可以在异质结的界面处维持晶体完整性而不出现位错。然而,外延层厚度增大到一定程度时,其应力随着增大到无法维持的程度时,即外延层厚度超过其临界厚度时,就会出现晶格弛豫,应变能被释放出来,引进一定密度的位错。所谓**临界厚度**就是外延层中刚刚要出现位错时的外延层厚度,小于临界厚度时,外延层不会出现新的位错;大于临界厚度时,外延层肯定出现新的位错。

应力较小时,应力就积蓄在外延层的界面附近,不足以产生应变。如果应力较大,外延层内部不足以维持平衡,应力就引起应变。一方面将应力释放出来,外延层的晶格常数回归到原来的数据,另一方面释放出的应力引起应变,形成位错等晶体缺陷,在异质结界面处有可能引进高密度的缺陷、位错线、甚至位错网等。在发光器件中,这些位错都是非辐射复合中心,能够大大降低器件的发光效率,这是需要尽量避免的。

2.3.2 晶格失配度

两种材料的**晶格失配度**为它们的晶格常数差同平均晶格常数之比[9],即

$$\frac{\Delta a}{\bar{a}} = \frac{2|a_1-a_2|}{|a_1+a_2|} \approx \frac{|a_1-a_2|}{a_1} \tag{2-5}$$

两种半导体材料晶格常数 a_1、a_2 不同时异质界面处会出现悬链,它们会引进界面态。界面态的密度依赖于界面的晶面取向。界面态的密度不但依赖于两种材料的晶格常数的差别,还取决于异质结界面的晶体取向。

研究结果证明,闪锌矿($GaAs$、InP 等)和金刚石结构(Si、Ge 等)的不同晶面上的界面态密度分别为

$$(100)面:\Delta N=4\left(\frac{1}{a_2^2}-\frac{1}{a_1^2}\right) \quad (2\text{-}6)$$

$$(110)面:\Delta N=2\sqrt{2}\left(\frac{1}{a_2^2}-\frac{1}{a_1^2}\right) \quad (2\text{-}7)$$

$$(111)面:\Delta N=\frac{4}{\sqrt{3}}\left(\frac{1}{a_2^2}-\frac{1}{a_1^2}\right) \quad (2\text{-}8)$$

表 2-2 列出了几种半导体异质结构的晶体参数,包括晶格常数 a、晶格失配度和界面态密度[10-13]。可以看出,只有晶格常数非常接近的两种晶体组合成异质结时,才能使晶格失配度降至最小,实现晶格匹配,同时界面态密度也会很小。

表 2-2　几种半导体异质结构的晶格失配度和界面态密度

异质结	晶格常数 a/nm	晶格失配度/%	界面态密度 $\Delta N/\text{cm}^{-2}$		
			(100)面	(110)面	(111)面
Ge/GaAs	0.5658/0.5654	0.08	2.0×10^{12}	1.4×10^{12}	1.2×10^{12}
AlAs/GaAs	0.5661/0.5654	0.08	2.0×10^{12}	1.4×10^{12}	1.2×10^{12}
GaP/Si	0.5451/0.5431	0.35	9.7×10^{12}	6.9×10^{12}	5.6×10^{12}
GaAs/ZnSe	0.5654/0.5667	0.25	5.8×10^{12}	4.1×10^{12}	3.4×10^{12}
ZnSe/ZnTe	0.5667/0.5477	7.1	1.7×10^{14}	1.1×10^{14}	9.8×10^{13}
Ge/Si	0.5658/0.5431	4.2	1.2×10^{14}	8.3×10^{13}	6.7×10^{13}

综合式(2-6)~式(2-8)和表 2-2 可以看出,金刚石结构和闪锌矿结构中,界面的态密度沿着(111)、(110)、(100)的方向递增,异质结构的(111)面上,异质结的界面态密度最小,(110)面上次之,(100)面上异质结的界面态密度最高。以 AlAs/GaAs 为例,即使它们是晶格常数十分相近的异质结构,晶格失配度仅仅只有 8×10^{-4},它们在(111)、(110)和(100)三个界面上的界面态密度分别为 $1.2\times10^{12}\text{cm}^{-2}$、$1.4\times10^{12}\text{cm}^{-2}$ 和 $2.0\times10^{12}\text{cm}^{-2}$,都高达 10^{12}cm^{-2} 的量级,并且在(100)上的界面态密度是最高的。

因此可以说,(100)是最不应该用来作为外延生长面的。闪锌矿的(011)面是解理面,其面上的Ⅲ族和Ⅴ族的原子数目正好相等,电学上呈中性,面与面之间不存在电学吸引力,因而非常容易解理。

在制作半导体激光器的过程中,制作法布里-珀罗(F-P)腔是极为重要的技术,最初采用研磨办法制作谐振腔时,成功率很低。(100)面同(110)面相互垂直,以(100)面作为外延生长的生长面,可以方便地用(011)面作解理面,在研究了晶体结构和解理特性之后,人们发现只要在(100)面上沿着⟨011⟩方向轻轻地加一点应力,衬底或者外延片就很容易地解理出(011)面,一对(011)面和(0$\bar{1}$1)面就构成了非常实用的法布里-珀罗(F-P)腔。在优先考虑端面解理的前提下,人们不得不以牺牲晶格匹配和增加界面态密度为代价,最终以方便解理制作法布里-珀罗(F-P)腔为优先的最佳折衷选择,采用{100}为外延生长面,能够非常容易地沿着{011}面进行解理。

载流子(电子和空穴)流经异质界面时,就可能通过界面态产生非辐射复合,从而降低发光的内量子效率。事实上,这种非辐射复合对光电器件的性能影响很大,甚至迫使其无法工作。降低晶格失配、减少界面态便成了非常的重要的问题。

在异质结的界面处,界面态会引起的非辐射复合的速率同界面态密度 N_{IS}、电子的热运动速度 v_{th}、电子的俘获截面 G_N 成正比的关系,在界面态的能量范围内对各种非辐射复合进行积分,其速率可以表达为

$$S = \int G_N v_{th} N_{IS} dE \tag{2-9}$$

对于(100)异质结界面来说,如果每一个悬链对应一个界面态,进行积分后可以将上式简化为

$$S = \frac{8 v_{th} G_N}{\bar{a}^2}\left(\frac{\Delta a}{a}\right) \tag{2-10}$$

式中,$\bar{a} = \frac{1}{2}(a_1 + a_2)$;$\Delta a = |a_1 - a_2|$。可以看出,由界面态引起的非辐射复合速率与晶格失配度($\Delta a/\bar{a}$)成正比,还与电子的热运动速度 v_{th} 及电子的俘获截面 G_N 成正比。为了减少非辐射复合,应当尽量降低界面态的复合速度,即晶格失配度越小越好。

在常规的双异质结半导体激光器中,有源区厚度 d 很薄,注入到有源区的载流子会直接通过电子同空穴的复合产生复合辐射光,同时也会通过体内缺陷、界面态的非辐射复合产生声子发热。在有源区内,载流子的寿命由体内的辐射复合寿命 τ_r、非辐射复合寿命 τ_{nr} 和界面态上的非辐射复合寿命 $\tau_{is} = \frac{d}{2S}$ 三部分所决定。所以,有源区中载流子的有效寿命 τ_{eff} 同 τ_r、τ_{nr} 和 τ_{is} 的关系为

$$\frac{1}{\tau_{eff}} = \frac{1}{\tau_r} + \frac{1}{\tau_{nr}} + \frac{1}{\tau_{is}} = \frac{1}{\tau_r} + \frac{1}{\tau_{nr}} + \frac{2S}{d} \tag{2-11}$$

半导体光电器件中,内量子效率 η_i 为载流子的有效寿命 τ_{eff} 同载流子的辐射复合寿命 τ_r 之比,因此内量子效率 η_i 可以表达为

$$\eta_i = \frac{\tau_{eff}}{\tau_r} = \left(1 + \frac{\tau_r}{\tau_{nr}} + \frac{2S\tau_r}{d}\right)^{-1} \tag{2-12}$$

实际器件中,非辐射复合寿命 τ_{nr} 比辐射复合寿命 τ_r 长得多,$\tau_{nr} \gg \tau_r$,因而上式括弧中的第二项可以省略不计,(2-12)式可以简化为

$$\eta_i \approx \left(1 + \frac{2S\tau_r}{d}\right)^{-1} \tag{2-13}$$

如果希望器件的内量子效率 η_i 达到 50%,又假定辐射复合寿命 $\tau_r = 2.5$ ns,有源区厚度 $d = 0.5 \mu m$,可以推算出界面复合速率 S 应当 $\leqslant 10^4$ cm/s。依据这一要求,可以由式(2-10)推算出

$$\frac{\Delta a}{\bar{a}} < 10^{-3} \tag{2-14}$$

这是一个具有重要实际应用价值的表达式,其物理意义在于,**为了降低界面态的非辐射复合速率,两种不同半导体异质结材料的晶格必须尽可能地匹配,其晶格失配度应小于千分之一。**

值得指出的是,这一表达式几乎成了外延生长的一条准则,凡是要外延生长出晶格匹配的外延层,其衬底和外延层的晶格常数必须符合这一规律:晶格失配度小于千分之一或者接近千分之一。这也是近 20 年来在外延生长中广泛采用各种过渡层的原因。利用中间过渡层,使异质结的晶格失配度以梯度的形式逐渐变化,尽量地减少晶格失配的影响。在许多器件的设计和制造中应用这种过渡层、解决了一些大失配度的材料的外延生长问题;与此同时,这种过渡层也增加了外延生长的复杂性和成本。

2.4 半导体固溶体

在半导体光子材料中,半导体固溶体是一类非常重要的光子材料。由于半导体固溶体是由多种元素组成的,通过改变不同元素的组分就可以改变它们的带隙宽度和折射率大小,为我们提供了非常方便的变量,能够实现材料改性的目的。现在常常将这种人工研究、制备大自然中并不存在的新材料的过程称为材料工程,有时也称为能带工程。材料工程为我们提供具有新特性、新用途的新型材料,生长半导体固溶体并制备光子器件就是材料工程。

固溶体指的是两种或两种以上的固体材料互溶在一起构成的新型固体结构,其中单晶结构的固溶体更为重要。固溶体晶体中,一种位置被两种或两种以上的不同元素(或基团)占据,形成组分完全互溶的新型晶体。首先,它是新的晶体,在一定结晶构造位置上,其组成的元素的离子或原子互相置换,但不改变整个晶体的结构及对称性。其次,在微观结构上,结点的形状、大小可能随成分的变化而改变。固溶体分为三种:替代式固溶体、填隙式固溶体和缺位式固溶体。在半导体固溶体中,我们通常研究的都是替代式固溶体,如 $Al_xGa_{1-x}As$、$Ga_xIn_{1-x}P$、$Ga_xIn_{1-x}As$、$Ga_xIn_{1-x}P_yAs_{1-y}$ 等。

三或四种元素构成Ⅲ-Ⅴ族三元或四元固溶体,我们通常用 $A_xB_{1-x}C$、AC_yD_{1-y} 或 $A_xB_{1-x}C_yD_{1-y}$ 表示。A、B 为Ⅲ族元素,C、D 为Ⅴ族元素。$A_xB_{1-x}C$ 就表示组分比例为 x 的Ⅲ-Ⅴ族化合物 AC 同组分比例为 $1-x$ 的Ⅲ-Ⅴ族化合物 BC 一起构成互溶的固溶体$(AC)_x(BC)_{1-x}$,简化地表示为 $A_xB_{1-x}C$。以 $Al_{0.3}Ga_{0.7}As$ 为例,它是由 30% 的 GaAs 和 70% 的 AlAs 一起构成互溶的固溶体。

研究表明,三种元素构成的Ⅲ-Ⅴ族三元固溶体时,同一族的不同原子的共价半径越接近越容易构成组分均匀融合的固溶体。随着不同原子的共价半径之差的增大,固溶体的不能够混合的倾向也随着增大。

固溶体的晶格常数也随着固溶体的组分的大小而改变。三元固溶体 $A_xB_{1-x}C$ 的晶格常数通常随着组分线性地变化，可以采用线性插入的 Vagard 定律计算出来。

$$a = a_1 + |a_2 - a_1|x \tag{2-15}$$

式中，a_1 和 a_2 分别为组成固溶体的两种Ⅲ-Ⅴ组化合物半导体的晶格常数；a 为它们互溶后构成的固溶体的晶格常数。当然，这是一种最简便估算固溶体的晶格常数的方法，实际的晶格常数可能同计算值有些偏离，但是通常偏离量不大。因此采用式 (2-15) 是计算固溶体的晶格常数的常用方法。

进一步研究表明，三元半导体固溶体的电子亲合势、介电常数、折射率等许多物理参数同组分基本上都呈线性关系，带隙宽度、折射率等许多物理参数同组分也非常接近线性关系，然而它们的带隙宽度、有效质量同组分呈二次方的关系，但是弯曲参数都比较小。

三元固溶体 $A_xB_{1-x}C$ 的带隙宽度同组分 x 的依赖关系通常可以表达为一元二次方程的关系[14,15]。

$$E_g = a + bx + cx^2 \tag{2-16}$$

式中，a、b 和 c 为常数。a 为 $x=0$ 时化合物 BC 的带隙宽度，例如 $Al_xGa_{1-x}As$ 的 $x=0$ 时 GaAs 的带隙宽度 1.424eV。b 和 c 分别为带隙宽度同组分的线性关系和二次方关系的系数。三元Ⅲ-Ⅴ族半导体化合物固溶体的带隙宽度同组分之间呈比较弱的二次曲线关系，大都接近线性关系。表 2-3 列出了 300K 下 12 种Ⅲ-Ⅴ族三元固溶体的带隙宽度同组分的一元二次方程的依赖关系。

表 2-3 300K 下Ⅲ-Ⅴ族三元固溶体的带隙同组分的依赖关系

编号	化合物固溶体	直接带隙宽度 E_g/eV	间接带隙宽度 E_g/eV	
			E_X	E_L
1	$Al_xIn_{1-x}P$	$1.351 + 2.23x$	—	—
2	$Al_xGa_{1-x}As$	$1.424 + 1.247x$ ($0 < x < 0.45$) $1.424 + 1.247x + 1.147(x-0.45)^2$ ($0.45 < x < 1.0$)	$1.900 + 0.125x + 0.143x^2$	$1.708 + 0.642x$
3	$Al_xIn_{1-x}As$	$0.360 + 2.012x + 0.698x^2$		
4	$Al_xGa_{1-x}Sb$	$0.726 + 1.129x + 0.368x^2$	$1.020 + 0.492x + 0.077x^2$	$0.799 + 0.746x + 0.334x^2$
5	$Al_xIn_{1-x}Sb$	$0.172 + 1.621x + 0.43x^2$		
6	$Ga_xIn_{1-x}P$	$1.351 + 0.643x + 0.786x^2$		
7	$Ga_xIn_{1-x}As$	$0.360 + 1.064x$		
8	$Ga_xIn_{1-x}Sb$	$0.172 + 0.139x + 0.415x^2$		
9	GaP_xAs_{1-x}	$1.424 + 1.150x + 0.176x^2$		
10	GaP_xSb_{1-x}	$0.726 - 0.502x + 1.2x^2$		
11	InP_xAs_{1-x}	$0.360 + 0.891x + 0.101x^2$		
12	$InAs_xSb_{1-x}$	$0.18 - 0.41x + 0.58x^2$		

半导体氮化物 $Ga_xIn_{1-x}N$、$Ga_xAl_{1-x}N$ 的晶体结构不同于 $Al_xGa_{1-x}As$、$Ga_xIn_{1-x}As$、$Ga_xIn_{1-x}P$ 等,它们是纤锌矿结构,六角晶系;而 $Al_xGa_{1-x}As$ 等是闪锌矿结构,立方晶系。$Ga_xIn_{1-x}N$ 和 $Ga_xAl_{1-x}N$ 带隙宽度同组分的依赖关系为

$$E_g(Ga_xIn_{1-x}N) = E_g(GaN)x + E_g(InN)(1-x) - bx(1-x) \tag{2-17}$$

$$E_g(Ga_xAl_{1-x}N) = E_g(GaN)x + E_g(AlN)(1-x) - bx(1-x) \tag{2-18}$$

可以看出,它们同组分也是呈二次方的关系,不过其带隙宽度还取决于外延生长的外延层是否发生了应变。表 2-4 列出了式(2-17)和式(2-18)的 $Ga_xIn_{1-x}N$ 和 $Ga_xAl_{1-x}N$ 三元固溶体的带隙宽度同组分的依赖关系中的比例常数 b 的数据。

表 2-4 $Ga_xIn_{1-x}N$ 和 $Ga_xAl_{1-x}N$ 三元固溶体的带隙宽度同组分的依赖关系中的比例常数

材料	b	适用范围
$Ga_xIn_{1-x}N$	3.2(应变的 $Ga_xIn_{1-x}N$)	$x<0.20$
	3.8(未应变的 $Ga_xIn_{1-x}N$)	$x<0.20$
$Ga_xAl_{1-x}N$	0.25(应变的 $Ga_xAl_{1-x}N$)	$x<0.25$

半导体材料的热导率是光子材料的一个重要性质,表 2-5 列出了几种半导体材料的热导率。Si 的热导率为 $1.5W/(cm·K)$,是比较高的导热材料,因此在半导体激光器的封装过程中常常用金属化的 Si 片作热沉,它既能够很好地散热,又具有其他半导体发光材料相近的热胀系数,不会因为应力的作用而产生新的缺陷,有利于延长器件的工作寿命。氮化物(GaN、AlN 等)的热导率都很高,十分有利于这些材料制成的发光器件在较高的温度下依然能够正常工作。

表 2-5 半导体材料的热导率

材料	Si	Ge	GaAs	AlAs	GaP	GaN	AlN	3C-SiC	3H-SiC	金刚石
热导率/[W/(cm·K)]	1.5	0.6	0.46	1.1	0.5	1.5	2.5	3.2	3.6	20

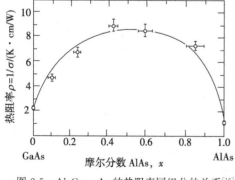

图 2-5 $Al_xGa_{1-x}As$ 的热阻率同组分的关系[16]

三元Ⅲ-Ⅴ族半导体固溶体的热阻率也依赖于它们的组分,三元Ⅲ-Ⅴ族半导体的热阻率比构成它的二元Ⅲ-Ⅴ族半导体的热阻率高,通常在 $x=0.5$ 处热阻率有一最大值。图 2-5 为 $Al_xGa_{1-x}As$ 的热阻率同组分的关系,x 在 0.4~0.6 区间时,它的热导率比二元Ⅲ-Ⅴ族化合物半导体的热阻率提高了 4 倍。这就表明固溶体会使得热阻率大为上升,在制造半导体激光器

时,热阻率的上升会阻碍散热,不利于降低温度,也就不利于器件的稳定工作和延长工作寿命。因此,在设计制造光电子器件时,要兼顾材料的电学、光学和热力学的各种特性。

2.5 重要的半导体固溶体[17,18]

2.5.1 $Al_xGa_{1-x}As$[19]

在众多异质结中,$Al_xGa_{1-x}As$是研究得最深入、应用最广的半导体固溶体,因而有必要对其特性作较详细的介绍。一方面可以利用本节的方法对别的异质结进行类似的分析;另一方面可以利用本节的内容正确设计光子器件的结构,解释器件特性的内在原因,从而得到明确的物理图像。

图2-6给出了GaAs的能带结构,该图画出了能量E同动量波矢k之间沿[100]和[111]方向变化的关系。可以看出,GaAs为直接带隙半导体,其$E_g=|\Gamma_6-\Gamma_8|$。室温下,高纯GaAs的禁带宽度为1.424eV,掺有杂质时,带隙出现收缩而减小。室温下带隙同载流子的关系为

$$E_g(\text{eV})=1.424-1.6\times10^{-8}(P^{\frac{1}{3}}+n^{\frac{1}{3}}) \quad (2-19)$$

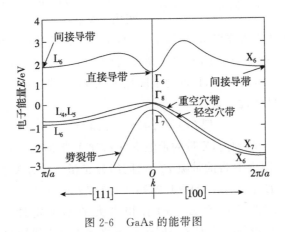

图2-6 GaAs的能带图

温度也直接影响E_g的大小,随着温度的升高,带隙宽度会变小。GaAs的带隙宽度同温度的依赖关系为

$$E_g(T)=1.519-5.405\frac{10^{-4}T^2}{204+T} \quad (2-20)$$

该式同式(2-4)描述的GaN的带隙宽度同温度的依赖关系非常相似,只是系数不同而已。AlAs是一种间接带Ⅲ-Ⅴ族化合物材料,其物理特性同GaAs十分相近。表2-6列出了GaAs和AlAs的Γ带、L带、X带的禁带宽度。

表 2-6　GaAs 和 AlAs 的 Γ 带、L 带、X 带的禁带宽度

带隙	GaAs	AlAs
E_g^Γ	1.424eV	3.018eV
E_g^L	1.708eV	2.25～2.35eV
E_g^X	1.900eV	2.168eV

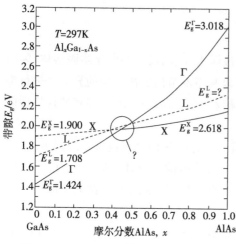

图 2-7　$Al_xGa_{1-x}As$ 带隙同组合 x 的关系

$Al_xGa_{1-x}As$ 固溶体，或称 $Al_xGa_{1-x}As$ 合金，是由组分为 x 的 $(AlAs)_x$ 和组分为 $1-x$ 的 $(GaAs)_{1-x}$ 均匀地重新组合、形成一种新型半导体材料合金。x 值介于 0～1。$Al_xGa_{1-x}As$ 的禁带 E_g 会随着组合 x 的变化而变化，而且 Γ 带、L 带、X 带变化的速率互不相同，Γ 带随 x 的增大而增大的速率较快，X 带的增长速率相对慢一些，在 $x=0.45$ 附近，Γ 带同 X 带发生交叉。因而 $x<0.45$ 时，E_g 由 Γ 带决定，是直接带隙，而 $x>0.45$ 时，E_g 由 X 带决定，是间接带隙。图 2-7 给出了这些变化关系。

进一步的能带分析研究得出，室温下 $Al_xGa_{1-x}As$ 固溶体的三个能带（Γ 带、L 带和 X 带）的带隙宽度随组分 x 的变化关系如式(2-21)～式(2-24)所示。从图 2-7 可以看出，在 $x=0\sim0.45$ 范围内，Γ 带的带隙比 L 带和 X 带的带隙小，同时 Γ 带的带隙 $E_g^\Gamma(x)$ 同组分 x 呈线性关系

$$E_g^\Gamma(x)=1.424+1.247x \tag{2-21}$$

在 $0.45<x<1.0$ 范围内，X 带的带隙 $E_g^X(x)$ 比 Γ 带的 $E_g^\Gamma(x)$ 和 L 带的 $E_g^L(x)$ 小，同时这一组分范围内 Γ 带的带隙 $E_g^\Gamma(x)$ 同组分 x 呈二次方关系

$$E_g^\Gamma(x)=1.424+1.247x+1.147(x-0.45)^2 \tag{2-22}$$

虽然 AlAs 的 L 带的带隙 $E_g^L(x)$ 有相当大的不确定性，通常人们还是将 $Al_xGa_{1-x}As$ 的间接 L 带的带隙 $E_g^L(x)$ 同组分 x 之间表示为线性的关系

$$E_g^L(x)=1.78+0.642x \tag{2-23}$$

X 带的带隙 $E_g^X(x)$ 同组分之间表示为二次方的关系

$$E_g^X(x)=1.900+0.125x+0.143x^2 \tag{2-24}$$

将式(2-21)～式(2-24)、表 2-6 和图 2-7 联合起来，就可以全面地理解 $Al_xGa_{1-x}As$ 固溶体的三个能带如何随着组分 x 进行变化的，在以后进行器件设计时，我们可以通过选择组分来选择带隙宽度，决定能带的结构，从而有效地实现能带工程。

众所周知，载流子的有效质量是描述它们本身特性的重要参量，并且同能带结构

的形状紧密相联。表 2-7 中集中列出了 GaAs、AlAs 和 $Al_x Ga_{1-x} As$ 的载流子有效质量。事实上,表中的 $Al_x Ga_{1-x} As$ 表达式是采用线性插入法计算出来的。实验也证实,这一近似表达式是正确的。

表 2-7 GaAs、AlAs 和 $Al_x Ga_{1-x} As$ 的载流子有效质量

	GaAs	AlAs	$Al_x Ga_{1-x} As$
m_p	$0.48 m_0$	$0.79 m_0$	$(0.48 + 0.31x) m_0$
m_n^Γ	$0.067 m_0$	$0.15 m_0$	$(0.067 + 0.083x) m_0$
m_n^L	$0.55 m_0$	$0.67 m_0$	$(0.55 + 0.12x) m_0$
m_n^X	$0.85 m_0$	$0.78 m_0$	$(0.85 - 0.07x) m_0$

从以上关系式可以看出,通过改变 x 值,可以获得所需的禁带宽度 E_g,相应地可以获得所需的发射波长 λ。这就是说,三元 $Al_x Ga_{1-x} As$ 合金引进了一个可调节的变量——组分 x 值,它为器件结构的设计提供了极大的方便,成为光电子器件的基础。

除了三元合金 $Al_x Ga_{1-x} As$ 外,类似的三元合金还有 $Ga_x In_{1-x} P$、$Al_x In_{1-x} P$、$AlAs_x Sb_{1-x}$、$InAs_x Sb_{1-x}$、$Ga_x In_{1-x} As$、$Al_x In_{1-x} As$、$AlAs_x Sb_{1-x}$、$GaAs_x Sb_{1-x}$、$In_x Ga_{1-x} N$ 等,在此不一一细述了。对这些材料有兴趣的读者可以查相关的文献。

2.5.2 $Ga_x In_{1-x} P_y As_{1-y}$[20,21]

四元固溶体是另一类重要的固溶体,特别是 Ga、In、P、As 四种元素组成的 $Ga_x In_{1-x} P_y As_{1-y}$ 四元合金,在光纤通信用的长波长激光器中起着特别重要的作用。

事实上,$Ga_x In_{1-x} P_y As_{1-y}$ 含有两个Ⅲ族元素和两个Ⅳ族元素,可以看作 GaAs、InAs、GaP、InP 四种Ⅲ-Ⅴ族化合物组成的合金。对于每一给定的 x、y 来说,这四种化合物都可能存在,并且均匀地溶合在一起,形成新的固溶体。它们的晶格常数、介电常数、能带结构、禁带宽度和载流子有效质量等参数都依赖于 x 值、y 值的大小。

图 2-8 给出了 300K 下 $Ga_x In_{1-x} P_y As_{1-y}$ 的带隙 E_g 同组分 x 和 y 的关系三维示意图。该图的四方柱形的四面分别为

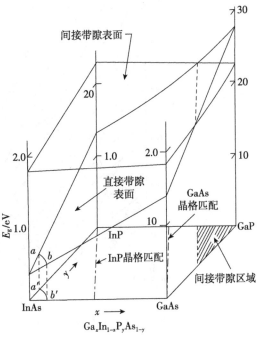

图 2-8 300K 下 $Ga_x In_{1-x} P_y As_{1-y}$ 的三维带隙 E_g 同组分 x 和 y 的关系示意图

四种三元Ⅲ-Ⅴ族固溶体的带隙-组分关系图,即前面、左面、后面、右面依次是 $Ga_xIn_{1-x}As$、InP_yAs_{1-y}、$Ga_xIn_{1-x}P$ 和 GaP_yAs_{1-y} 的带隙-组分关系图。立柱表示带隙宽度 E_g 的大小,单位为 eV。图中透明区域表示直接带隙,立体表面上的阴影区域表示间接带隙,投影到底部平面上的斜线区域同样地也是表示间接带隙。这样的表述为我们建立起清晰的带隙-组分间的立体物理图像。

然而应用图 2-8 是很困难的。于是人们采用等高线投影的方法,将三维的立体图像投影到二维平面上表示出来。这就是我们在图 2-9 中看到的 300K 下 $Ga_xIn_{1-x}P_yAs_{1-y}$ 的 x 和 y 组分平面图,图中画出了四个物理量(带隙宽度 E_g、晶格常数 a、组分 x 和 y)的相互关系。实线为等高的带隙曲线,曲线上的数字就是以 eV 为单位的带隙大小。虚线为晶格常数匹配线,虚线下端的数字就是它们的晶格常数,凡是在同一虚线上的三元或四元Ⅲ-Ⅴ族化合物半导体固溶体都具有相同的晶格常数,因此这些固溶体彼此是晶格匹配的。例如,连接左上角 InP 的短画虚线的晶格常数为 0.587nm,位于该线上的 $Ga_xIn_{1-x}P_yAs_{1-y}$ 都同 InP 晶格匹配。

从图 2-9 可以看出,以 GaAs 为衬底,同其晶格匹配的 $Ga_xIn_{1-x}P_yAs_{1-y}$ 的 E_g 在 1.4~2.0eV。若以 InP 为衬底,与其晶格匹配的 $Ga_xIn_{1-x}P_yAs_{1-y}$ 的 E_g 的变化范围

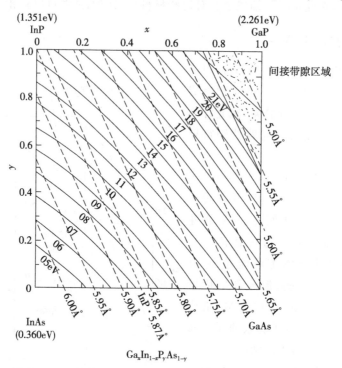

图 2-9　300K 下 $Ga_xIn_{1-x}P_yAs_{1-y}$ 的带隙宽度 E_g、晶格常数 a、
组分 x 和 y 等四个物理量的相互关系平面图

图中实线为直接带隙等高线,虚线为晶格常数等高线,阴影部分为间接带隙部分[22]

是 0.74~1.35eV。相应地,依照式(2-3)$\lambda=1.2398/E_g$ 的关系式可以计算出这些材料的发射波长 λ 的范围是 1.7~0.9μm,这正是光纤通信用的波长范围,因此具有重要的应用价值。

由于这一四元素Ⅲ-Ⅴ族化合物半导体固溶体被研究得很深入,积累了大量的禁带宽度 $E_g(x,y)$ 同 x、y 值的关系的实验数据,于是推算出同 InP 衬底晶格匹配的 $Ga_xIn_{1-x}P_yAs_{1-y}$ 的带隙宽度的经验公式为

$$E_g(x,y)=0.36+0.629x+0.879y+0.436x^2+0.18y^2-0.06xy \\ +0.322x^2y+0.03xy^2+0.819(1-x)(1-y)xy \quad (2-25)$$

E_g 的单位为 eV,x 和 y 在 0~1。依照这个公式可以计算出比图 2-9 更为精确的数值,这有利于器件的设计和制造。

2.5.3 $(Al_xGa_{1-x})_yIn_{1-y}P$

$(Al_xGa_{1-x})_yIn_{1-y}P$ 也是一种非常重要的四元Ⅲ-Ⅴ族化合物半导体固溶体,它由三种Ⅲ族元素 Al、Ga、In 和一种Ⅴ族元素 P 构成。在整个固溶体中,AlGa 合金占整个Ⅲ族材料的比例为 y,In 占整个Ⅲ族材料的比例为 $1-y$。Al 和 Ga 在 AlGa 合金中所占比例分别为 x 和 $1-x$。也就是说,Al、Ga 和 In 占整个Ⅲ族材料的比例分别为 xy、$(1-x)y$ 和 $1-y$。

图 2-10 中的明亮部分为直接带隙,阴影部分为间接带隙。虚线为同 GaAs 晶格

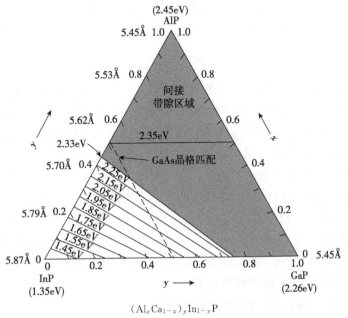

图 2-10 300K 下 $(Al_xGa_{1-x})_yIn_{1-y}P$ 的带隙宽度 E_g
同材料组分 x 和 y 的相互关系平面图

匹配的组分直线,凡是在该直线上的材料的晶格常数都同 GaAs 的晶格常数相同。其直接带隙的范围是 1.24~2.25eV。可以采用带隙宽度大于 1.6eV 的 $(Al_xGa_{1-x})_yIn_{1-y}P$ 制作可见光激光器和发光二极管。事实上,现在大家广为使用的各种激光笔、各种娱乐显示器件就是这种材料制成的。因此 $(Al_xGa_{1-x})_yIn_{1-y}P$ 也是一种重要的半导体发光材料。

2.5.4 Ge_xSi_{1-x}[23]

近年来硅成为热门的光子材料,相应地对硅基异质结材料的研究也变得热门了。人们在极力寻求硅基上能够发射、传输和探测光的硅基异质结构材料,于是 SiGe、SiGeC、SiGeSn 等固溶体成了新型的光电子材料。

Si 和 Ge 都是Ⅳ族元素半导体材料,能够形成组分完全均匀分布的固溶体 Ge_xSi_{1-x}。Si、Ge 和固溶体 $Si_{1-x}Ge_x$ 的晶体都为金刚石结构。25℃下,高纯的 Si 的晶格常数的实验值为 $a_{Si}=0.54310$nm[24],Ge 晶的晶格常数 a_{Ge} 的实验值为 0.56573~0.56579nm[25,26]。$Si_{1-x}Ge_x$ 固溶体的晶格常数为

$$a(x)=0.5431+0.01992x+0.002733x^2 \qquad (2-26)$$

上述数据是 $Si_{1-x}Ge_x$ 合金的体材料的晶格常数,是 $Si_{1-x}Ge_x$ 合金完全弛豫后的数值,不存在有应力,因而没有应变。如果 $Si_{1-x}Ge_x$ 是生长在 Si 或 Ge 衬底上的薄膜材料,则会产生应变,相应地会引起晶格常数的变化。

如上所述,Si 和 Ge 的晶格常数分别为 0.54310nm 和 0.56575nm,这两个数据相差较大,它们在一起构成异质结时的具有较大的晶格失配。它们的晶格失配度为

$$\Delta=\frac{a_{Si}-a_{Ge}}{\bar{a}}=\frac{2(a_{Ge}-a_{Si})}{a_{Ge}+a_{Si}}=4.18\% \qquad (2-27)$$

因此 Ge 和 Si 一起构成异质结构时产生应变。如果外延层的厚度足够厚,应力足够大,在界面附近会产生位错,释放出所积累的应力,这时异质结给就发生弛豫。

Ge_xSi_{1-x} 的晶体结构介于 Si 和 Ge 的晶体结构之间,同样地,Ge_xSi_{1-x} 的能带结构也是介于 Si 和 Ge 的能带结构之间。相应地,这种 $Si_{1-x}Ge_x$ 二元合金的带隙和物理性质会在 Si 和 Ge 之间连续可变。

Si 和 Ge 的能带结构为间接带能带结构,Si 的导带底出现在[100]方向的 X,而 Ge 的导带底出现在[111]方向(0,0,0.8)处的 L。$Si_{1-x}Ge_x$ 的能带结构介于 Si 和 Ge 的能带结构之间。当 $x<0.85$ 时,$Si_{1-x}Ge_x$ 合金表现出类 Si 的晶体特性,同时也表现出类 Si 的能带结构;而 $x>0.85$ 时,$Si_{1-x}Ge_x$ 合金表现出类 Ge 的晶体特性,其能带结构也就表现出类 Ge 的能带结构了。

Ge_xSi_{1-x} 体材料的禁带宽度可以表达为[27]

$$E_g^{(\Delta)}(x)=1.155-0.43x+0.0206x^2 \quad (0<x<0.85) \qquad (2-28)$$

$$E_g^{(L)}(x)=2.010-1.27x \quad (0.85<x<1) \qquad (2-29)$$

Si 和 Ge 之间的晶格失配度高达 4.18%,因此无论是在 Si 衬底、Ge 衬底还是 Ge_ySi_{1-y} 衬底上外延生长 Ge_xSi_{1-x} 薄层时,该外延层都要经受双轴应力的作用。例如,在 Si 衬底上外延生长 Ge_xSi_{1-x},由于 Ge_xSi_{1-x} 的晶格常数比 Si 的晶格常数大,在平行于衬底平面的 x 和 y 两个方向上,外延层将会受到压缩应力的作用;与此同时,在垂直于外延层的 z 方向上,外延层要经受拉伸应力的作用。无论是何种应力的作用都将改变外延层的能带结构和禁带宽度。

图 2-11 给出了不同衬底上生长的 $Si_{1-x}Ge_x$ 外延层发生应变后的禁带宽度 E_g。图中的空方框和黑圆点都是实验结果,而各种曲线,包括实线、虚线和点划线都是理论计算得的结果。图中的阴影区域是对重空穴 $\left(\pm\dfrac{2}{3}\right)$ 和轻空穴 $\left(\pm\dfrac{1}{2}\right)$ 两种跃迁进行理论计算所得的结果。

为了便于比较,图中还示出了未发生应变的 $Si_{1-x}Ge_x$ 体材料的禁带宽度。可以看出,无论是在 Si 衬底、Ge 衬底还是 $Si_{1-y}Ge_y$ 衬底上生长 $Si_{1-x}Ge_x$ 层,应变 $Si_{1-x}Ge_x$ 的禁带宽度都比 $Si_{1-x}Ge_x$ 体材料的禁带宽度 E_g 小。

表 2-8 列出了低掺杂、无应变的本征体材料 Si 和 Ge 的一些物理参数,包括电子迁移率 μ_e、空穴的迁移率 μ_h、电子的横向有效质量 m_t^* 和纵向有效质量 m_l^*、重空穴的有效质量 m_{hh}^* 和轻空穴的有效质量 m_{lh}^* 以及自旋-轨道分裂的空穴的有效质量 m_{so}^*。在有效质量的数据中,都是以自由空间中的电子的有效质量 m_0 为单位。

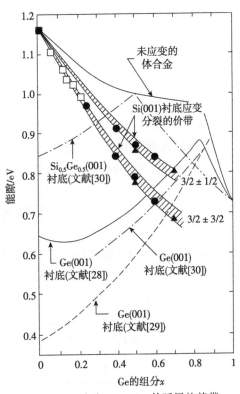

图 2-11 应变 $Si_{1-x}Ge_x$ 外延层的禁带宽度 E_g 同 Ge 组分 x 值的关系[28-30]

表 2-8 本征体材料 Si 和 Ge 中载流子的迁移率和有效质量

体材料	μ_e / [cm²/(V·s)]	μ_h / [cm²/(V·s)]	m_t^* / m_0	m_l^* / m_0	m_{hh}^* / m_0	m_{lh}^* / m_0	m_{so}^* / m_0
Si	1450	505	0.191	0.916	0.537	0.153	0.234
Ge	3900	1800	0.082	1.59	0.284	0.044	0.095

有效质量的大小依赖于材料的能带结构,不但与能带的抛物线的变化趋势有关,还依赖于 k 空间中的方向,因而出现了横向有效质量 m_t^* 和纵向有效质量 m_l^*。

电子的迁移率在 x 值为 0.85 的前后发生转折性变化，这是由于 $x=0.85$ 处是 $Si_{1-x}Ge_x$ 合金的晶体结构和能带结构的转折点[31]。在晶体结构上，$Si_{1-x}Ge_x$ 合金在 $x<0.85$ 时为类 Si 晶体结构，在 $x>0.85$ 时转变为类 Ge 晶体结构；在能带结构上，由 Si 的六个等效的极值 x 点转变为 Ge 的八个等效的极值 L 点。在这个转变的过程中，电子和空穴的有效质量都变小了，而它们的迁移率都相应地增大了。显然，这是由于电子的有效质量的大小为迁移率数据带来重要影响的结果。

Si、Ge 和 $Si_{1-x}Ge_x$ 的价带的情形比导带复杂得多，通常的价带是三度简并的，因此有三种不同的空穴，它们的行为也互不相同。随着重空穴与轻空穴简并度的增加，它们的有效质量将下降，这成为影响空穴的迁移率大小的重要因素。

由于 SiGe 固溶体同 Si 或者 Ge 的失配度都很大大，人们就致力于寻找晶格匹配的新型硅基固溶体，于是硅基 SiGeC 固溶体和 SiGeSn 固溶体引起了人们的注意，加入少量的 C 或者 Sn 能够部分地改善晶格匹配。然而，在外延生长过程中无论 C 还是 Sn 都比较难于加入进固溶体，因此就难以获得预想的效果。这些研究还在进行之中，期待有新的进展。

2.6 半导体光子材料的折射率

在研究导体的光电特性时，其折射率是构成波导结构、实施光限制、全反射等的重要参数，为此有必要了解不同材料的折射率大小。

表 2-9 列出了八种 Ⅲ-Ⅴ 族化合物的带隙大小 E_g 和在该能量下所测得的折射率。由于折射率的大小依赖于光子能量的大小，也即依赖于光波的波长，因此我们这里列出的数据都是在各自的禁带宽度这一特定能量下的折射率。

表 2-9 二元化合物半导体材料的带隙和折射率

化合物	AlP	AlAs	AlSb	GaP	GaAs	GaSb	InP	InAs
E_g/eV	2.45	2.15	1.6	2.25	1.43	0.68	1.27	0.36
n	3.027	3.178	>3.4	3.452	3.590	3.82	3.45	~3.5

特别值得指出的是，禁带宽度 E_g 大的材料的折射率通常比 E_g 小的材料的折射率小，这种禁带宽度 E_g 大、折射率 n 却小的特征正是我们设计半导体光电器件常常需要的。

对于几种化合物半导体构成的固溶体来说，它们的折射率 n 的大小同禁带宽度 E_g 之间并没有固定的依赖关系，但折射率 n 同材料的禁带宽度 E_g 之间的变化趋势却是明显的。总的说来，不同化合物的禁带宽度 E_g 和折射率 n 随组分的变化趋势正好相反，即 E_g 大的化合物的折射率 n 反而较小。例如 AlAs 的 E_g 为 2.15eV，比 GaAs 的 $E_g=1.43eV$ 大，AlAs 的 $n=3.178$，比 GaAs 的 $n=3.590$ 小。正是这种不同材料

的 E_g 大、n 小的特性,为半导体光电子器件设计提供了非常好的基础。E_g 大的材料能对 E_g 小的材料提供载流子限制作用,n 小的材料能对 n 大的材料提供光学限制。可以说大自然真的是十分慷慨,使一些半导体材料同时兼有 E_g 大、n 小的性质,为人类提供了完美的选择。或者可以说,正是科学家们通过严格的科学实验,寻求到了性能符合要求的异质结材料的配对。

图 2-7 已经示出过 $Al_xGa_{1-x}As$ 的禁带宽度 E_g 随着组分 x 值的增大而增大的关系。与其形成对照关系的是,图 2-12 示出的是 $Al_xGa_{1-x}As$ 的折射率 n 随组分 x 值的增大而减小的变化关系[32,33]。

简单的计算中,常常采用线性的插入法(Vagard 定律)计算出固溶体的折射率。如果已知异质结的两种材料的组分差为 Δx,就可以获得相应的折射率差 Δn。实际上,这些计算同实验值会有一些偏差。$Al_xGa_{1-x}As$ 的折射率 n 与 AlAs 组分 x 之间不是理想的线性关系,而是一种抛物线的关系。实验测得的 n 随 AlAs 组分 x 值的依赖关系为

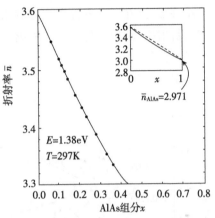

图 2-12 $Al_xGa_{1-x}As$ 的折射率同组分的关系

$$n = 3.590 - 0.710x + 0.091x^2 \qquad (2-30)$$

图 2-12 所示的是 $Al_xGa_{1-x}As$ 在其带隙宽度对应的能量处的折射率。图 2-13

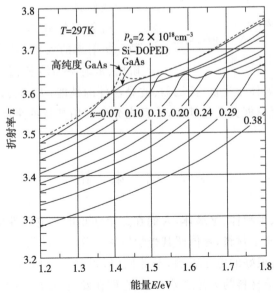

图 2-13 不同 x 组分的 $Al_xGa_{1-x}As$ 的折射率 n 与光子能量的关系[34]

为不同 x 组分的 $Al_xGa_{1-x}As$ 的折射率 n 与光子能量的关系。可以看出,即使是同样的材料,在不同的能量处,即对应不同的波长,其折射率是不同的。还需要注意的是,即使化合物的组分相同,如果是不同的 n 或 p 型,或者掺杂的杂质浓度不同,或者其电离的程度不同,它的折射率也会不同。在 GaAs 的带隙宽度为 1.424eV 处,纯 GaAs 的折射率最大,掺杂的 p-GaAs($p_0=2\times10^{18}cm^{-3}$)的折射率比纯 GaAs 的折射率小许多,这在波导器件中十分有用。通过改变半导体材料中的载流子浓度,可以改变其折射率,利用这种载流子等离子体色散效应,可以设计出光调制器、光开关等新型光子器件。

根据实验结果,可以将 $Ga_xIn_{1-x}As_yP_{1-y}$ 的折射率 n 表示为

$$n(y)=3.4+0.256y-0.059y^2 \tag{2-31}$$

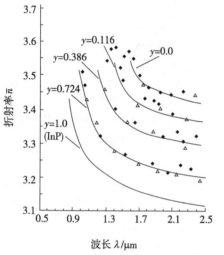

图 2-14 $Ga_xIn_{1-x}P_yAs_{1-y}$ 的折射率同波长的关系

图 2-14 具体示出了不同 y 值的 $Ga_xIn_{1-x}P_yAs_{1-y}$ 的折射率 n 同波长的关系。对于同一波长来说,折射率 n 随着 y 值的增加而减小,而对于同一 y 值的 $Ga_xIn_{1-x}P_yAs_{1-y}$ 来说,折射率 n 随着波长的增长而减小。同 $Al_xGa_{1-x}As$ 中的情形类似,$Ga_xIn_{1-x}P_yAs_{1-y}$ 的禁带宽度 E_g 和折射率 n 随着组分的变化显示出了分别向相反的方向变化的特性,这一优异特性正好符合光电子器件的设计要求,大自然再次给予我们恩惠。

折射率的确是一个很重要的光学参数。折射率的大小、异质结构中的折射率阶梯、折射率随波长、载流子浓度、温度等的变化都会影响半导体激光器、探测器、波导器件的性能,尤其会影响激光的波长和模式。因此,我们要掌握其变化规律,并且充分地利用其特性来满足器件的设计、制造和应用的要求。

2.7 结 束 语

物质分为导体、半导体、绝缘体,人们在这里注重的是电学性质。我们在本书中集中研究的半导体光子材料,是依照其光学性质划分出来的另一大类材料。

的确,半导体是很好的电子材料,与此同时,很多半导体也是很好的光子材料。光子材料不同于电子材料的关键之处在于,它们在发射、传输和探测光等方面具有优异的性能。发光的半导体必须是直接带隙的材料,因此比电子材料具有更为严格的

限制。直接带隙的Ⅲ-Ⅴ族半导体材料就成为了光子材料的主角。然而,无论是直接带隙的半导体还是间接带隙的半导体都能够探测光和传输光。光子材料并不限于发光材料,因此,光子材料是多种多样的,甚至比电学材料研究得更多、更深入。事实上,许多优秀的电子材料同时也是优秀的光子材料,Si、Ge、GaAs等都是如此。

光子材料既包括元素半导体,更广泛地应用Ⅲ-Ⅴ族化合物半导体,还使用Ⅱ-Ⅵ族化合物半导体,特别是使用多元Ⅲ-Ⅴ族化合物半导体固溶体,包括三元固溶体$Al_xGa_{1-x}As$和四元固溶体$Ga_xIn_{1-x}P_yAs_{1-y}$。固溶体是由两种或两种以上的半导体材料均匀融合而成的新型材料,它们兼有各种组成半导体材料的特性,Ⅲ族或Ⅴ族元素的组分在0和1之间变化。通过改变组分,能够对能带结构、带隙宽度、折射率大小等物理参数进行调节和控制。也就是说,半导体固溶体材料是我们获得新型半导体光子材料的重要来源。

非常有趣的是,大部分半导体固溶体的带隙宽度和折射率大小同组分的关系是近似线性或者是比较弱的二次方关系。如果知道固溶体材料是由两种半导体组成的,利用线性插入法(Vagard定律)就能够估算出它们相应的参数。这对于设计、制造光子器件来说是非常方便有效的。我们在本章中列举了大量的图、表和公式,为读者提供了许多有益的数据,也有利于对半导体固溶体特性的理解。

特别需要指出的是,半导体固溶体的带隙宽度和折射率大小随组分变化的关系是相反的,即半导体固溶体的带隙宽度随组分变大的同时,其折射率刚好是变小。例如$Al_xGa_{1-x}As$的带隙宽度随x值的增大而增大,而其折射率随x值的增大而减小。$Ga_xIn_{1-x}P_yAs_{1-y}$的带隙宽度和折射率同组分x和y的变化关系也遵循同样的规律,固溶体材料的带隙宽度越大,其折射率越小。在设计激光器、探测器和光波导时,固溶体的带隙宽度和折射率大小反向变化的关系为我们提供了几乎完全的载流子限制和几乎完全的光学限制。可以说,这是大自然提供给人类的恩赐,使我们能够同时兼有优异的电学性质和光学性质。这些将在第3章至第6章中作进一步的阐述。

参 考 文 献

[1] Sharma B L, Purohit R K. Semiconductor Heterojunctions. Oxford: Pergamon Press, 1974

[2] 余金中. 硅光子学. 北京:科学出版社,2011:1-111

[3] 余金中,王杏华. 物理,2001:169-174

[4] 康昌鹤,杨树人. 半导体超晶格材料及其应用. 北京:国防工业出版社,1995:1-25

[5] 虞丽生. 半导体异质结物理. 北京:科学出版社,2006:4-28

[6] Kasper E. 硅锗的性质. 余金中译. 北京:国防工业出版社,2002:1-150

[7] Frensley W R. Heterostructure and quantum well physics//Finspruch N G, Frensley W B. Heterostructures and Quantum Devices. San Diego: Academic Press, 1994:1-24

[8] Long D. Energy Banks in Semiconductors. New York: Interscience Publishers, 1968

[9] Kressel H. J. Electron Mater. , 1975, 4: 1081

[10] Dornhaus R, Nimtz G. Springer Tracts in Modern Physics, 1983, 98: 164

[11] Nimtz G, Schlicht B. Springer Tracts in Modern Physics, 1983, 98: 56

[12] Landolt-Bornstein: Numerical Data and Functional Relationship in Science and Technology-New Series. Vol. 17a. Berlin: Springer-Verlag, 1982

[13] Sharama R L, Purohit R K. Semiconductor Heterojunctions. London: Pergamon Press, 1974

[14] van Vechten J A, Bergstresser T K. Phys. Rev. B, 1970, 1: 3351

[15] Berolo O, Woolley J C, van Vechten J A. Phys. Rev. B, 1973, 8: 3794

[16] Afromowitz M A. J, Appl. Phys. , 1973, 44: 1292

[17] Casey H C Jr, Panish M B. Heterostructure Lasers. Part B. San Diego: Academic Press, 1978: 1-70

[18] Onlton A. Festkorperprobleme XIII-Advance in Solid State Physics. London and New York: Pregamon Press, 1973: 59

[19] OnltonA, Chicotka R J. J. Appl. Phys. , 1970, 41: 4205

[20] OnltonA, Chicotka R J. Int. Conf. Lumininescence, 1972

[21] OnltonA, Lumin J. 1972, 7: 95

[22] Moon R L, Antypas G A, James L W. J. Electron. Mater. , 1974, 3: 635

[23] Kasper E. NATO ASI Ser. B Phys. , 1987: 170

[24] Mathews J W, Blakeslee A E. J. Cryst. Growth, 1974, 27: 118

[25] Kasper E, Herzog H J. Thin Solid Films, 1977, 44: 357

[26] Bcmard J E, Zunger A. Phys. Rev. B, 1991, 44: 1663

[27] Weber J, Alonso M L. Phys. Rev. B, 1989, 40: 5683

[28] People C G. Phys. Rev. B, 1986, 34: 2508

[29] van de Walle C G, Martin R M. Phys. Rev. B, 1986, 34: 5621

[30] Eberl K, Wegscheider W. Handbook of Semiconductors. Vol. 3

[31] Rieger M, Vogl P. Phys. Rev. B, 1993, 48: 14276

[32] Sell D D, Casey H C Jr, Wecht K W. J. Appl. Phys. , 1974, 45: 2650

[33] Fern R E, Onton A. J. Appl. Phys. , 1971, 42: 3499

[34] Casey H C Jr, Sell D D, Panish M B. Appl. Phys. Lett. , 1974, 24: 63

第 3 章 半导体异质结构

3.1 引　　言

以前的半导体电子学书籍中,描述和讨论的材料主要是元素半导体,通常不大提及半导体异质结构。在半导体光子学中,人们广泛应用半导体异质结构,我们必须对它们的结构和物理性质有深刻的理解。

同质结是材料质地相同的结构,而异质结是一类新型的材料,通常是指由两种或两种以上不同带隙宽度的单晶材料组成的复杂晶体结构。严格地说,异质结是两种不同的异质材料之间的界面。异质结构是指含有异质结的结构,它可以是由两层异质的材料组成的,也可以是包括多层、甚至几百层异质的材料组成的复杂异质结构。在中文书籍中,"异质结"这一术语不再只是表示异质结的"结",不再只是表达异质材料之间的界面,而是广义的异质结构。

前一章中我们着重描述半导体光子材料的基本特性、晶体结构、晶格匹配、固溶体的物理特性同组分的关系等。在此基础上,本章将介绍半导体异质结概念,包括同型异质结、异型异质结、突变异质结、缓变异质结,之后将重点讨论半导体异质结构的能带模型、能带图和电学与光学特性。

当原子和原子相互接近而形成晶体时,它们具有共有化运动的特性,从而形成能级密集的准连续能带。采用能带理论能够形象地解释金属、半导体和绝缘体的电学特性,也能够描述和解释材料的光学特性。在描述异质结特性时,带隙随组分而改变、界面处存在导带差和价带差、费米能级发生改变、载流子将会重新分布,异质结内部的载流子、物理参数等都发生新的变化,这给分析异质结带来许多困难,因此异质结构的能带理论显示出更为重要的作用。

已经为半导体异质结构提出了多种能带模型,现在比较普遍采用的能带模型是安德森能带模型。假设异质结界面处没有界面态和偶极态,异质结维持总体的电中性,各层的介电常数为常数,在这些假设的条件下,安德森提出了一种界面处存在导带差和价带差的异质结能带模型。采用这种能带模型,能够很好地绘制出半导体异质结构的能带图,从而深入说明异质结的电学和光学特性。

由于带隙差的存在,宽带隙材料能够为窄带隙材料提供载流子限制作用,同时,由于异质结不同层间折射率差的存在,低折射率材料能够为高折射率材料提供光学限制作用,这样就使异质结构有许多特殊的电学和光学性质,包括伏-安特性、整流效应、载流子限制作用和光学限制作用、高注入比、超注入效应、窗口效应等。本章着重描述安德森能带模型和异质结的物理特性,这些基础知识将为深入了解半导体异质结构的物理本质和研究半导体光子器件的工作原理打下坚实的理论基础。

3.2 半导体异质结概念[1,2]

为了深入了解半导体异质结构,我们有必要了解同半导体异质结相关的基本概念。

同质结(homojunction):指的是材料的质地相同的结,通常特指禁带宽度相同、但因掺杂型号不同、或虽然掺杂型号相同但浓度不同的同一种半导体材料组成的晶体界面。如 n-Si/p-Si,n-Si/n^+-Si,n-GaAs/p-GaAs,p-GaAs/p^+-GaAs 等。必须郑重指出的是,它们实际上是由同一种材料构成的,只是掺杂型号不同、或型号相同但是掺杂浓度不同引起的结。事实上,在当今的硅集成电路中,全部都是同质结。

异质结(heterojunction):由两种带隙宽度不同的单晶材料组成的晶体界面。如 $Al_xGa_{1-x}As$/GaAs、Ge_xSi_{1-x}/Si。这些异质结中,有两种半导体材料,它们的带隙宽度是不同的,材料 1 和材料 2 的带隙宽度分别为 E_{g1} 和 E_{g2},并且一定是 $E_{g1} \neq E_{g2}$,它们在一起构成晶体结构,其两种材料间的界面就为异质结。

突变异质结:在异质结界面附近,两种材料的组分发生突变,有明显的空间电荷区边界,其厚度仅为若干原子间距,我们将这类组分发生突变的异质结称为突变异质结。

缓变异质结:在异质结界面附近,材料的组分逐渐变化,存在有一过渡层,其空间电荷浓度也逐渐向体内变化,厚度可达几倍电子的扩散长度或几倍空穴的扩散长度,我们将这类组分逐渐变化的异质结称为缓变异质结。

同型异质结:这里的"型"指的是材料的导电类型。异质结构中,两种材料的带隙宽度虽然不同,但是它们的导电类型是相同的,可以同是 n 型,也可以同是 p 型。我们将这类导电类型相同的异质结称为同型异质结,例如 N-Al_xGa_{1-x}As/n-GaAs 和 p-$In_xGa_{1-x}As_yP_{1-y}$/P-InP 等。

异型异质结:异质结构中,两种材料的带隙宽度不同的同时,它们的导电类型也是不同的,我们将这类导电类型不同的异质结称为异型异质结,例如 n-$In_xGa_{1-x}As_yP_{1-y}$/P-InP 和 P-Al_xGa_{1-x}As/n-GaAs。

在这些描述中,我们已经有意地采用大写的 N 和 P 来表示宽带隙的半导体材料,而用小写的 n 和 p 来表示窄带隙的半导体材料。与此同时,我们有意地将衬底写在"/"之后,例如,P-Al_xGa_{1-x}As/n-GaAs 表示衬底为 n-GaAs,在其上的外延层为 P-Al_xGa_{1-x}As。这样一来,在本书的表达式中,常常是衬底写在最后,而衬底上面依次外延生长的外延层逐个地写在前面,其顶层就出现在开头了。这些有关 n 和 p 的大小写、"/"的使用以及外延层次的顺序是大家认可的习惯表达方法。

异质结构(heterostructure)[3,4]:在半导体电子学中,无论是材料生长、器件设计还是应用,人们最感兴趣的是 pn 结构,即 pn 界面附近的载流子的浓度和传输特性。

因此在分析问题时大都笼统地提 pn 结。在异质材料构成的异质结构中,它们的带隙宽度、载流子浓度和传输速率、光折射率的大小、每种材料的厚度等都对电子和光子的特性产生影响,因此有必要特别提出"异质结构"这一概念。异质结构是指含有异质结的结构,不只是异质结的界面。

异质结构是由两层或两层以上的异质材料构成的结构,材料可能只有两种,也可能包含许多种。相对于异质结,异质结构更多的是强调"结构",因而也要复杂得多。在英文中,"junction"和"structure"是完全不同的两个词汇。但是在中文中,"结"和"结构"附加在"异质"之后常常被大家统称为"异质结"了。我们遵循大家的习惯,继续使用"异质结"这一词。不过通常是表示"异质结构(heterostructure)"。

3.3 能带的形成

物质由分子、原子组成。在气体中,分子之间或原子之间距离较远,它们各自是孤立的,彼此之间的相互影响不大。孤立原子的外层电子的能量呈分立形式的能级,而且气体中各个原子的外层电子只受它本身的原子的作用,气体中不同原子的外层电子处在同一能级上,因此气体中原子外层电子的能级是**简并**的。在量子力学中,原子中的电子可以有两种不同自旋量子数的状态,如果其能量处在确定的同一能级状态,则该能级状态是两种不同的自旋状态的简并态。

如果孤立的原子逐渐靠近,原子间的距离就不断地缩小,最终构成固体。固体由原子组成,原子又包括原子实和最外层电子,它们均处于不断的运动状态。原子中的电子分列在内外许多层轨道上,每层轨道对应确定的能量。当原子和原子相互接近而形成晶体时,不同原子的电子轨道有了一定的交叠。由于这种交叠,晶体中原子的外层电子不再局限于原来的固定的原子,而是能够从一个原子转移到邻近的原子上去,这样电子就可以在整个晶体中运动。晶体中的电子的这一重要的特性叫做电子的共有化运动[5,6]。

原子结合成晶体时,原子就完成周期性的排列,它们的原子核就会构成周期性的势场。固体中外层电子不仅仅受原来所属原子的作用,还要受到其他原子的作用,固体中的原子核整体上构成周期势场。因此除了受最邻近的原子实的势场的吸引外,还会受整个周期势场的作用。由于最外层的价电子同时受到原来所属原子和其他原子的共同作用,已经很难区分究竟属于哪个原子,实际上是被晶体中所有原子所共有,这就是**共有化**。

在解释金属的导电性特性时,F. Bloch 和 L. N. Brillouin 提出一种单电子近似理论。为了简化起见,首先假定固体中的原子实固定不动,并按一定规律作周期性排列,形成固定的原子实周期势场,同时还存在其他电子的平均势场,因此每个电子都是在原子实的周期势场和其他电子的平均势场的共同作用下运动,这就把复杂的问题简化成单电子问题。能带理论就是一种单电子近似理论。原子间距减小时,孤立原子的每个能级将演化成由密集能级组成的准连续能带。共有化程度越高的电子，其相应能带也越宽。孤立原子的每个能级都同固体中的一个能带相对应，所有这些能带被称为允许带。

图 3-1(a)表示出几个原子形成能带的过程。它们相距较远时，原子之间的相互作用可以忽略不计，每个原子都是孤立的，它们具有完全相同的能级结构和相同的能量数值，即简并态。如果将这几个原子看作一个系统，那么每一个电子能级都是简并的。如果将这些原子逐渐靠近，它们之间的相互作用就会增强。原子的最外层电子的波函数将会发生交叠。由于原子之间靠近后的相互作用，孤立原子的电子能级就会解除简并。原来具有相同值的能级会分裂为不同值的几个能级。随着这几个原子的间距越来越小，电子波函数的交叠就越来越大，因而分裂出来的能级之间的能量间距也就越来越大。

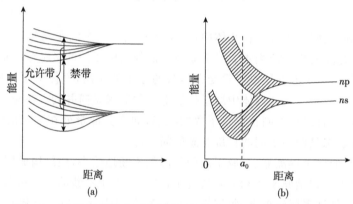

图 3-1　(a)能带的形成；(b)金刚石结构中 s 态和 p 态的重新组合

正如图 3-1(a)所示，N 个原子结合在一起构成固体时，原来具有相同值的能级会分裂为 N 个不同值的能级。固体中的原子数目 N 非常大，分裂出来的能级就会非常密集，从而形成一个由 N 个密集的能级组成的准连续的能带，我们将这种几乎完全连续的能带称之为允许能带，通常就叫做能带。在允许能带之间的能级上不允许电子存在，我们将能带之间不能够存在电子的部分称之为禁止能带，简称禁带或带隙。

上述讨论除了适用于晶体外，还适用于某些液体和非晶态固体。但不适用于气体，这是因为气体中的原子间距很大，可以将每个原子看作孤立的原子，原子上的外层电子都具有简并的分立能级，不会形成能带。

3.4　半导体异质结构的能带图[7-9]

3.4.1　半导体的 E-k 关系能带图

半导体的能带结构通常有两种表达方式：能量 E 同波矢 k 的关系，能量 E 同位

置 x 的关系。前者常常用于分析直接带、间接带、简并带结构、电子和空穴的有效质量、同声子相关的效应、俄歇能谱等；后者常常用于器件结构的设计和工作原理的分析。它们都在半导体物理中发挥着重要的作用。

半导体的 E-k 关系能带图比较复杂，同布里渊区中的晶向有关，将以不同方向（例如⟨100⟩、⟨110⟩、⟨111⟩）上能量 E 随波矢 k 的变化关系来表达。图 3-2 给出了 GaAs、GaP 和 InP 三种常用的Ⅲ-Ⅴ族半导体材料的能带图[10]，即 $E(k)$ 同波矢 k 的关系图。图中上半部分为导带，下半部分为价带。可以看出，GaAs 和 InP 的导带的极小值都在在 Γ_6 线上，它们的价带的极大值都在 Γ_8 线上，GaAs、InP 的导带极小值和价带极大值在相同的 $k=0$ 处。在 $k=0$ 的原点 Γ 处，带隙宽度正好等于 Γ_6 同 Γ_8 之差，$E_g = \Gamma_6 - \Gamma_8$，这类导带极小值和价带极大值在相同的 $k=0$ 处的材料为直接带隙材料。

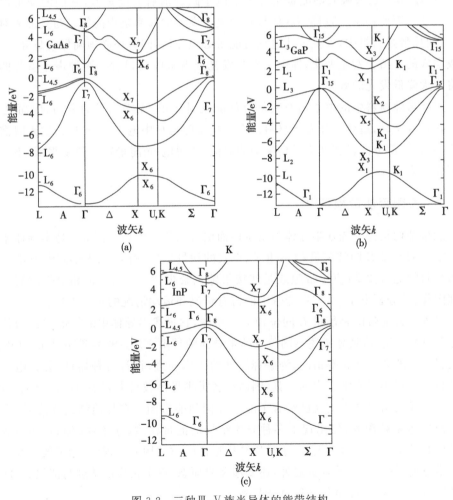

图 3-2　三种Ⅲ-Ⅴ族半导体的能带结构
(a)GaAs；(b)GaP；(c)InP

GaP 的导带的极小值在 X_1,价带的极大值在 Γ_{15},分别在不在同的 k 值处,带隙宽度等于 X_1 同 Γ_{15} 之差,$E_g = X_1 - \Gamma_{15}$,这类导带极小值和价带极大值出现在不同的 k 处的材料为间接带隙材料。

凡是导带的极小值和价带的极大值同在布里渊区的 Γ 原点处的材料就是直接带隙材料,而导带的极小值和价带的极大值不能够同时位于布里渊区的 Γ 原点处的材料就是间接带隙材料。

受温度变化的影响,或者受外加电场的作用,半导体中的电子可以从价带向上跃迁到导带,也可以从导带向下跌落到价带。在发生这些跃迁或者复合时,都会涉及能量或动量的变化和转换。同时还一定要遵守能量守恒定律和动量守恒定律。

直接带隙材料中,无论是电子-空穴对的复合发光还是吸收外来的能量产生电子-空穴对,其释放或吸收的能量正好等于电子跃迁前后的能量差,它们的动量没有发生改变。因此在这类直接半导体材料中复合发光的效率是很高的。与其形成对照的是,间接带隙材料中,发生上述过程时能量必须守恒,同时还必须确保动量守恒,电子或空穴的 k 值会发生变化,即声子参与发光或者吸收的过程。这种声子参与的过程将大大降低发光的效率。

直接带隙材料中的电子同空穴复合就能发射光子,无需声子的参与,因而电-光能量转换效率高,适合于作发光材料。而间接带隙材料中电子-空穴复合发光时需要声子参与,即部分能量转变为晶格振动的热能,使得电-光能量转换效率很低,不适宜于制作发光器件。

3.4.2 安德森能带模型[11]

能带结构是为了描述半导体本质特性而引进的物理模型。图 3-2 是半导体中电子或空穴的能量 E 同波矢量 k(或电子、空穴的动量)之间的关系的能带图,它能清晰表明材料的能带类型(直接带隙或是间接带隙)、禁带宽度 E_g、导带和价带的简并等物理图像,是分析电子、空穴在能带中的占有情况和运动情况的有力工具。

另外一种能带图是能量 E 同位置 x 关系图,它描述半导体中的能带 E 随着位置 x 的不同的变化,清晰地描述不同位置的半导体的带隙 E_g、导电类型(p 或 n)以及 pn 结或界面处的能带变化等情况,为解释器件的工作原理、设计各种器件、分析电学和光学特性等提供了非常有力的工具,因而在各类半导体教科书和手册中广泛地采用。

早在异质结出现之前就已经有了能带理论和能带图。在异质结出现之后,人们对其研究越来越深入,便出现了多种异质结构的能带模型,安德森(Anderson)能带模型便是其中之一。事实上,由于异质结构远比同质结构复杂得多,除了要涉及不同的禁带宽度、导电类型等参数之外,还要涉及界面态、掺杂物质的浓度与能级、空间电荷区等许多参数,因而事情变得复杂起来。

但凡模型,总是在一些简化的基础上提出有关物理量之间的相互关系,它能够最基本地表达所要研究的物理量的本质和特性。

安德森模型作了如下三点假设:

(1)在异质结界面处,不存在界面态和偶极态;

(2)在异质结界面两边的空间电荷层(或耗尽层)中,空间电荷的符号相反、大小相等,因此维持总体的电中性;

(3)异质结界面两边的材料的介电常数分别为 ε_1 和 ε_2,并且 $\varepsilon_1 \neq \varepsilon_2$,在异质结界面处的电位移矢量连续,即 $\varepsilon_1 E_1 = \varepsilon_2 E_2$,但电场不连续,即 $E_1 \neq E_2$。

事实上,安德森能带模型描述的是理想的突变异质结:两种材料从异质结界面到材料的体内都依然保持材料各自体内的各种物理特性和化学特性,在它们的边界处突然变为另外一种材料,在异质结的界面处没有界面态,两者之间没有偶极层和夹层。因此安德森能带模型是理想的半导体异质结构的能带模型。

以窄带隙的 p-GaAs 和宽带隙的 N-Al$_x$Ga$_{1-x}$As 为例来描述异质结的能带图。如图 3-3 所示,未形成异质结之前,它们有各自不同的费米能级 E_{F1} 和 E_{F2},彼此是无关联的。以真空中的能级为基准,就绘制出它们分立的能带图。当它们结合在一起形成异质结构时,如果没有任何外加的电场或者其他势场,重新组合后就会形成新的平衡,它们的费米能级处处相同。以费米能级为基准,重新绘制的能带图就如图 3-4 所示。

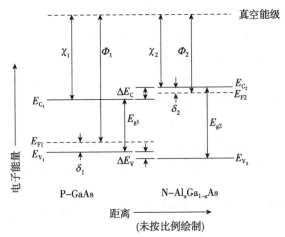

图 3-3　p-GaAs 和 N-Al$_x$Ga$_{1-x}$As 未形成异质结之前的能带图

可以看出,两种一异质材料形成异质结时的能带结构发生了许多变化。

(1)出现了空间电荷区;

(2)空间电荷区中的能带发生弯曲;

(3)异质结界面处导带和价带不再是连续的,出现了导带差 ΔE_C 和价带差 ΔE_V;

(4)图中的导带差 ΔE_C 是以"尖峰"的形式出现的,而价带差 ΔE_V 是以断开的形式出现的,不再像同质 pn 结中那样表现出平滑的过渡。

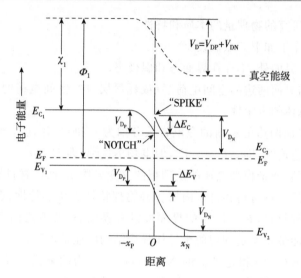

图 3-4　N-Al$_x$Ga$_{1-x}$As/p-GaAs 异质结的能带图

形成异质结前，两种材料的导带底 E_C、价带顶 E_V 和费米能级 E_F 的位置分别由电子亲和势 χ、禁带宽度 E_g 和功函数 Φ 所决定。

电子亲和势 χ 是电子由导带底 E_C 跃至自由空间能级 E_0 处所需的能量，$\chi = E_0 - E_C$。**功函数** Φ 是电子由费米能级 E_F 跃迁至自由空间能级 E_0 处所需的能量，$\Phi = E_0 - E_F$。

当两种材料相互连在一起接组成异质结时，它们就将处于平衡态，整个异质结构的费米能级应该处处相同。为了维持各自原有的电子亲和势 χ 和功函数 Φ 不变，就会形成空间电荷区，因而在异质结的两边出现自建电场，相应的势垒高度为 eV_D，e 为电子电荷，V_D 为接触电势，eV_D 的大小等于费米能级的差别

$$eV_D = E_{F1} - E_{F2} = \Delta E_F \qquad (3-1)$$

进一步分析发现，异质结构的界面处，无论是导带还是价带都有不连续性，导带底和价带顶的这种不连续性分别为 ΔE_C 和 ΔE_V，因此，我们很容易地推算出如下几点：

(1) 异质结的带隙差 ΔE_g 等于两种材料的带隙宽度之差，也就是等于导带差 ΔE_C 同价带差 ΔE_V 之和

$$\Delta E_g = E_{g2} - E_{g1} = \Delta E_C + \Delta E_V \qquad (3-2)$$

(2) 两种材料的电子亲和势分别为 χ_1 和 χ_2，它们的导带差 ΔE_C 等于两种材料的电子亲和势之差

$$\Delta E_C = \chi_1 - \chi_2 = \Delta \chi \qquad (3-3)$$

(3) 价带差 ΔE_V 等于带隙差 ΔE_g 减去导带差 ΔE_C，也亦等于带隙差 ΔE_g 减去电子亲和势之差 $\Delta \chi$

$$\Delta E_V = \Delta E_g - \Delta E_C = \Delta E_g - \Delta \chi \qquad (3-4)$$

特别值得强调的是，在异质结的界面处，能带图不再像同质结的能带图那样平滑过渡，而存在有 ΔE_C 和 ΔE_V 两个突变的阶梯，这为载流子的输运提供了限制势垒。例如，在图3-4的 N-Al_xGa_{1-x}As/p-GaAs 异质结上加正向的偏置电压，电子将从右边的 N-Al_xGa_{1-x}As 注入到左边的 p-GaAs，空穴将由左边的 p-GaAs 注入到右边的 N-Al_xGa_{1-x}As。除了像同质结那样经受 pN 结势垒的作用之外，电子和空穴还分别增加了导带差 ΔE_V 和价带差 ΔE_V 的作用。也就是说，异质结的带隙差会给电子、空穴的输运带来非常大的影响，既可能提高电子和空穴的注入，也因为形成的势垒起到阻挡的作用，从而对载流子实行限制。这些带隙差所带来的势垒作用将大大改变异质结构的电学性质。

我们还应该注意到，N-Al_xGa_{1-x}As/p-GaAs 异质结的功函数 Φ 和电子亲合势 χ 满足如下关系：

材料1(p-GaAs)的电子亲合势大于材料2(N-Al_xGa_{1-x}As)的电子亲合势

$$\chi_1 > \chi_2 \tag{3-5}$$

材料1(p-GaAs)的电子亲合势同带隙之和小于材料2(N-Al_xGa_{1-x}As)的电子亲合势同带隙之和

$$\chi_1 + E_{g1} < \chi_2 + E_{g2} \tag{3-6}$$

在形成异质结之前，在这类异质结中，窄带隙材料 GaAs 的导带底 E_{C1} 低于宽带隙材料的导带底 E_{C2}，与此同时，窄带隙材料 GaAs 的价带顶 E_{V1} 高于宽带隙材料 Al_xGa_{1-x}As 的价带顶 E_{V2}

$$E_{C1} < E_{C2}, \quad E_{V1} > E_{V2} \tag{3-7}$$

在众多异质结构中，如果形成异质结之前它们的带边满足式(3-7)，窄带隙材料的导带底 E_{C1} 低于宽带隙材料的导带底 E_{C2}，与此同时，价带顶 E_{V1} 高于和价带顶 E_{V2}，则它们构成的异质结是通常称为 **I 型异质结**。式(3-5)~式(3-7)是两种材料能够成为 I 型异质结的前提条件。I 型异质结是一类经常使用的异质结，能够提供很好的载流子的注入和限制的作用，这将在后面的章节中作进一步的说明。

在图3-4中，材料1(p-GaAs)的功函数大于材料2(N-Al_xGa_{1-x}As)的功函数

$$\Phi_1 > \Phi_2 \tag{3-8}$$

这一关系式对形成异质结后的能带图的费米能级位置有影响，但是它不是决定是否为 I 型异质结的前提条件。

安德森模型的确为我们提供了一个非常简洁的物理模型。然而这个模型过于理想，完全没有考虑界面态等不利因素的存在和影响，结果有时不能够十分准确地解释一些实际遇到的问题。有人提出异质结两边的本征费米能级在界面处发生突变，其大小由两边的载流子的有效质量决定，据此计出的导带差同实验结果相符合[12]。还有人假定界面偶极子极小，在此基础上提出另外一种能带模型[13]，但是由该模型计算出的结果同实验数据偏差较大。研究人员还会在继续探讨新的能带模型，然而，现

在安德森模型的确比较好地描述了异质结的主要特性。即使将来会对它进行一些修正，但是它仍将被广泛采用。

3.5 几种异质结的能带图

3.5.1 异型异质结的能带图

事实上，各种材料的电子亲合势、功函数和带隙宽度十分不同，有着多种多样的关系。在不同的关系下，就会建立起不同的异质结能带图。

图 3-5 示意表示出 4 种不同的 pn 异质结的能带图。在图 3-5(a)中，窄带隙材料的电子亲合势 χ_1 同其带隙宽度 E_{g1} 之和大于宽带隙材料的电子亲合势，更大于窄带隙材料的电子亲合势，$\chi_1 + E_{g1} > \chi_2 > \chi_1$，而窄带隙材料的功函数 Φ_1 大于宽带隙材料的功函数 Φ_2，$\Phi_1 > \Phi_2$。在这种情况下，它们共同构成图 3-5(a)所示的 pN 异型异质结的能带图。

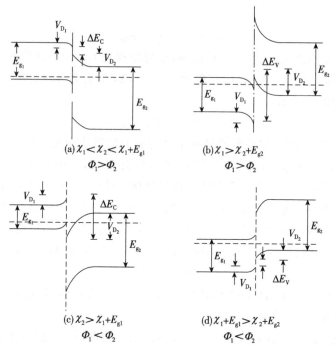

图 3-5 4 种异型异质结的能带图

从上述图中可以看出，由于它们的功函数 Φ、电子亲合势 χ、带隙宽度 E_g 之间的大小区别，导致它们的电学型号、费米能级的位置、导带差和价带差以及能带弯曲的方向各不相同，这也决定了它们的电学和光学特性各不相同。我们可以认为，异质结构的引入，相当于给我们增加了一个新的变量，可以用来设计 pn 结的带隙变化和势垒高度,因而能够比同质结更方便地调控电子和空穴的注入、限制和其他物理过程,这为光子学的发展带来了极大的便利。

3.5.2 异型突变异质结[14]

异型突变异质结中,两种材料的组分和掺杂型号都是突变的,也就是说,两种材料各自是均匀的,具有各自的确定的材料组分、不同的掺杂型号和掺杂浓度,它们结合在一起时就构成一个突变结。

由于带隙宽度不同、型号不同和载流子浓度的不同,在构成异质结的那一刻,就在异质结的界面两边形成接触势垒,电子和空穴受此势垒的作用发生载流子的漂移,在结的两边形成两个符号相反的电荷区。在这个势垒区内,自由电子和空穴的浓度都远远低于体内的载流子的浓度。因此可以假设势垒区内的载流子都已经耗尽,这就是人们常常使用的耗尽近似模型。

在异质结界面附近,耗尽层形成空间电荷区,该空间电荷产生一个阻止载流子进一步扩散的自建电场 $\vec{E}$。在这个空间电荷区中多子是耗尽的,最终自建电场引起的漂移电流足以同扩散电流相平衡,因此,没有外加电压作用时,流经异质结的电流为零。

图 3-6 示出突变的 p-GaAs-N-Al$_x$Ga$_{1-x}$As 异质结的能带和耗尽层中的电荷分布、电势等的变化情况。(a)为 p-GaAs-N-Al$_x$Ga$_{1-x}$As 的能带图,(b)为异质结界面两边的空间电荷区的电荷分布,(c)为耗尽层中的电场分布,(d)为耗尽层中的自建势

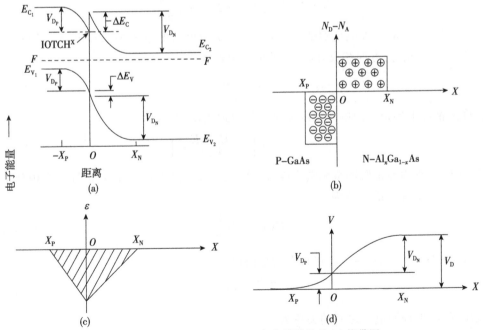

图 3-6 p-GaAs-N-Al$_x$Ga$_{1-x}$As 突变异质结的(a)能带图;
(b)耗尽层中的电荷分布;(c)电场分布;(d)自建势垒

垒随位置的变化。

流经异质结界面的电流由自建电场 E 的作用下的漂移电流和不同载流子浓度梯度引起的扩散电流两部分组成。电子和空穴的漂移电流分别为

$$i_{ns}=\sigma_n E=ne\mu_n E \tag{3-9}$$

$$i_{ps}=\sigma_p E=pe\mu_p E \tag{3-10}$$

n 和 p 分别为电子和空穴的浓度；σ_n 和 σ_p 分别为电子和空穴的电导率；μ_n 和 μ_p 分别为电子和空穴的迁移率。

从泊松(Poisson)方程出发，利用 $\nabla \cdot \vec{D}=\nabla \cdot (\varepsilon \vec{E})=\rho$，我们可以推导出扩散电流正比于载流子浓度的梯度，电子和空穴的扩散电流分别为

$$i_{nd}=eD_n\frac{dn}{dx} \tag{3-11}$$

$$i_{pd}=eD_p\frac{dp}{dx} \tag{3-12}$$

D_n 和 D_p 分别为电子和空穴的扩散系数。流经异质结界面的电子总电流等于电子的漂移电流 i_{ns} 同扩散电流 i_{nd} 之和

$$i_n=i_{ns}+i_{nd}=ne\mu_n E+eD_n\frac{dn}{dx} \tag{3-13}$$

同样地，流经异质结界面的空穴总电流为

$$i_p=i_{ps}+i_{pd}=pe\mu_p E+eD_p\frac{dp}{dx} \tag{3-14}$$

在稳态、没有外加电压的情况下，流经异质结界面的电子的漂移电流 i_{ns} 同扩散电流 i_{nd} 大小相等、方向相反，因此总的电子电流为零，$i_n=0$

$$i_n=i_{ns}+i_{nd}=ne\mu_n\left[E+\frac{D_n}{n\mu_n}\frac{dn}{dx}\right]=0 \tag{3-15}$$

在许多情况下导带中的电子浓度 n 可以简单地表示为

$$n=N_C\exp\left[\frac{-(E_C-E_F)}{kT}\right] \tag{3-16}$$

E_C 和 E_F 分别为导带底能级和费米能级。将式(3-16)代入式(3-15)，推导得出内建电场 $E(x)$ 同位置 x 的关系为

$$E(x)=\frac{1}{e}\frac{dE_C}{dx} \tag{3-17}$$

代入 $\nabla \cdot \vec{D}=\nabla \cdot (\varepsilon \vec{E})=\rho$ 可以将上式化简得

$$\frac{dE(x)}{dx}=\frac{\rho}{\varepsilon} \tag{3-18}$$

众所周知，电场同电压之间的关系为

$$E(x)=-\frac{dV(x)}{dx} \tag{3-19}$$

将上式代入式(3-18)就可得

$$\frac{d^2V(x)}{dx^2}=-\frac{\rho}{\varepsilon} \tag{3-20}$$

这就是泊松(Poisson)方程。求解泊松方程可以得出异质结的自建电压的大小为

$$V_p(x)=\left(\frac{e}{2\varepsilon_1}\right)N_A(x_p+x)^2,\quad -x_p\leqslant x<0 \tag{3-21}$$

$$V_N(x)=V_D-\left(\frac{e}{2\varepsilon_2}\right)N_D(x_N-x)^2,\quad 0<x\leqslant x_N \tag{3-22}$$

参见图 3-6,在 $x=0$ 处,上两个表达式交合到同一点,彼此大小相等,$V_D(0)=V_p(0)=V_N(0)=V_{Dp}$,自建势垒 V_{Dp} 等于总的自建势垒 V_D 减去 N 边的自建势垒 V_{DN}

$$V_D(0)=V_{Dp}=\left(\frac{e}{2\varepsilon_1}\right)N_A x_p^2=V_D-\left(\frac{e}{2\varepsilon_2}\right)N_D x_N^2 \tag{3-23}$$

总自建电势可以表达为 $V_D=V_{Dp}+V_{DN}$。通过一些数学运算,我们可以推导得

$$V_D(x)=\left(\frac{e}{2\varepsilon_1}\right)N_A x_p^2+\left(\frac{e}{2\varepsilon_2}\right)N_D[x_N^2-(x_N-x)^2],\quad 0<x\leqslant x_N \tag{3-24}$$

这样一来,我们得到总自建电势的大小为

$$V_D=\left(\frac{e}{2\varepsilon_1}\right)N_A x_p^2+\left(\frac{e}{2\varepsilon_2}\right)N_D x_N^2 \tag{3-25}$$

如图 3-6 所示,N_A 和 N_D 分别为 p 型窄带隙材料的受主杂质浓度和 N 型宽带隙材料的施主杂质浓度。由于势垒区内的载流子都已经耗尽,p 边和 N 边的耗尽层的宽度分别为 $-x_p$ 和 x_N,则空间电荷区的总宽度 d 为

$$d=-x_p+x_N \tag{3-26}$$

p 边和 N 边的电荷密度分别为 $-eN_A$ 和 eN_D。依据电中性条件,耗尽层两边的电量大小相等、符号相反

$$|-ex_p N_A|=|ex_n N_D| \tag{3-27}$$

没有外加电场时,异质结两边的空间电荷区的电荷符号相反、大小相等,由此电中性条件通过式(3-21)~式(3-24)可以推导出

$$-\chi_p=\left[\frac{2}{e}\cdot\frac{N_D\varepsilon_1\varepsilon_2 V_D}{N_A(\varepsilon_1 N_A+\varepsilon_2 N_D)}\right]^{\frac{1}{2}} \tag{3-28}$$

$$\chi_N=\left[\frac{2}{e}\cdot\frac{N_A\varepsilon_1\varepsilon_2 V_D}{N_p(\varepsilon_1 N_A+\varepsilon_2 N_D)}\right]^{\frac{1}{2}} \tag{3-29}$$

ε_1 和 ε_2 分别为两种材料的介电常数。因此空间电荷区的总宽度为

$$d=-\chi_p+\chi_N=\left[\frac{2\varepsilon_1\varepsilon_2(N_A+N_D)^2 V_D}{eN_A N_D(\varepsilon_1 N_A+\varepsilon_2 N_D)}\right]^{\frac{1}{2}} \tag{3-30}$$

异质结上总的内建接触电势 V_D 等于 p 区的电势 V_{Dp} 和 N 区的电势 V_{DN} 之和

$$V_D=V_{Dp}+V_{DN} \tag{3-31}$$

简单的分析得出,异质结界面两边的内建电势 V_{Dp} 和 V_{DN} 之比为

$$\frac{V_{DN}}{V_{Dp}} = \frac{\varepsilon_1 N_A}{\varepsilon_2 N_D} \qquad (3-32)$$

可以看出，在两种半导体材料中，内建电势的大小依赖于界面两边的掺杂浓度和介电常数。如果电荷区是完全耗尽的，则 N 边和 p 边的自建电势之比 V_{DN}/V_{Dp} 同 p 边受主杂质的浓度 N_A 与介电常数 ε_1 的乘积 $\varepsilon_1 N_A$ 成正比，同 N 边施主杂质的浓度 N_D 与介电常数 ε_2 的乘积 $\varepsilon_2 N_D$ 成反比。还可以看出，通过改变受主杂质和施主杂质的掺杂浓度，能够改变耗尽层的总厚度，也可以改变 p 边或 N 边的自建势垒的大小以及它们的空间电荷区厚度。

进一步推导，我们得出图 3-4 中各个能级同异质结位置的关系的数学表达式。在 p 区的耗尽层外的左边和耗尽层内价带边的大小分别为

$$E_{V1} = V_{DN} + V_{Dp} + \Delta E_V, \quad -\infty < x < -x_p \qquad (3-33)$$

$$E_{V1} = V_{DN} + V_{Dp} + \Delta E_V - \frac{eN_A}{2\varepsilon_1}(x_p + x)^2, \quad -x_p \leqslant x < 0 \qquad (3-34)$$

在 N 区的耗尽层内和耗尽层外右边的价带大小分别为

$$E_{V2} = V_{DN} - \frac{eN_D}{2\varepsilon_2}[x_N^2 - (x_N - x)^2], \quad 0 < x \leqslant x_N \qquad (3-35)$$

$$E_{V2} = V_{DN} + V_{Dp} + \Delta E_V, \quad x_N < x < \infty \qquad (3-36)$$

我们同样可以推导出导带在 p 边和 N 边四个区域中导带的表达式

$$E_{C1} = E_{V1} + E_{g1} = V_{DN} + V_{Dp} + E_{g2} - \Delta E_C, \quad -\infty < x < -x_p \qquad (3-37)$$

$$E_{C1} = V_{DN} + V_{Dp} + E_{g2} - \Delta E_C - \frac{eN_A}{2\varepsilon_1}(x_p + x)^2, \quad -x_p \leqslant x < 0 \qquad (3-38)$$

$$E_{C2} = E_{V2} + E_{Dp} - E_{g2} - \frac{eN_D}{2\varepsilon_2}[x_N^2 - (x_N - x)^2], \quad 0 < x \leqslant x_N \qquad (3-39)$$

$$E_{C2} = E_{V2} + E_{g2}, \quad x_N < x < \infty \qquad (3-40)$$

以上式(3-33)～式(3-40)依次表达了 p 边中性区、p 边耗尽区、N 边耗尽区和 N 边中性区四个区域中的价带顶和导带底的能量表达式，它们同图 3-6 的能带图相对应。将这八个公式同图 3-4 联立起来看，从中我们能够深刻理解耗尽层中的能带弯曲、导带边与价带边随位置 x 的变化以及它们的大小。

由于异质结中两种半导体材料的禁带宽度不同，它们引起导带和价带的不连续以及 ΔE_C 和 ΔE_V。对于 GaAs-Al$_x$Ga$_{1-x}$As 异质结来说，在 $x<0.45$ 的范围内，带隙的不连续性主要表现在导带中[15]

$$\Delta E_C / \Delta E_g = 0.85 \pm 0.03 \qquad (3-41)$$

$$\Delta E_V / \Delta E_g = 0.15 \pm 0.03 \qquad (3-42)$$

在 Al$_x$Ga$_{1-x}$As 为直接带隙半导体的 $x<0.45$ 范围内，GaAs-Al$_x$Ga$_{1-x}$As 的导带差为带隙差的 85% 左右，而价带差只有带隙差的 15% 左右。在常用的光电半导体材料中，异质结的带隙差通常表现在导带中，即导带差占带隙差的大部分，而价带差

只占带隙差的较小部分。

一般而言,只要知道异质结的带隙差,就可以用式(3-41)和式(3-42)计算出导带差和价带差,虽然计算的数据同实际测量出的结果有差别,但是比较接近,常常用来设计直接带的有源区和间接带限制层组分的大小。

3.5.3 缓变异质结[16]

实际的异质结构中,由于生长方式、生长和器件制作过程中的加热等原因,半导体中的组分和杂质会发生互溶或互扩散,界面附近的组分和杂质浓度都不可能是真正的突变,组分和杂质都会有不同程度的渐变,即由一边的某一组分逐步地过渡到另一边的组分,在异质结的界面处有一过渡层存在[17]。事实上,我们的实际器件大都不是真正的突变结,总有一定程度的缓变。这种缓变结构的存在,就不可能用简单的突变结模型来描述它们的性质,有必要在突变异质结的基础上进行一些修正。

图 3-7 给出了具有不同过渡层的 p-GaAs-N-Al$_{0.3}$Ga$_{0.7}$As 的导带边能带图。可以看出,没有过渡层时,异质结的界面处的导带发生突变,因此有非常尖锐的带边尖峰,其大小等于 ΔE_c。如果有过渡层,尖峰就会缩小,过渡层越宽,尖峰就越小。

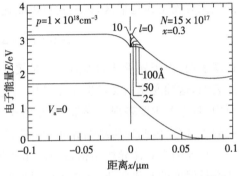

图 3-7 缓变 p-GaAs-N-Al$_{0.3}$Ga$_{0.7}$As 异质结的能带图

最终过渡层足够厚时尖峰消失。图 3-8 给出了渐变异质结的带边尖峰随位置的变化。该图只画了导带的变化情况,没有画出价带边的变化情况。p-GaAs-N-Al$_{0.4}$Ga$_{0.6}$As

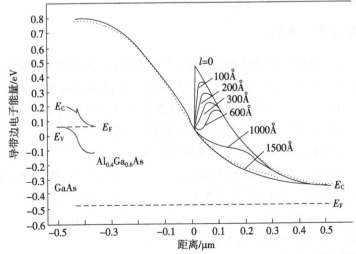

图 3-8 p-GaAs-N-Al$_{0.4}$Ga$_{0.6}$As 渐变异质结的带边尖峰随位置的变化图

异质结中,随着过渡层宽度的增加,异质结由突变结过渡到缓变结。

图 3-7 中 AlAs 的组分为 0.3,图 3-8 中为 0.4,因此图 3-8 中的 ΔE_C 比图 3-7 中更大一些。可用看出,过渡层的宽度 $l=0$ 时,是一个突变结,存在一个非常尖锐的尖峰。$l=60$nm 时还有一个平坦的峰包,$l=100$nm 时峰包小了许多,到 $l=150$nm 时尖峰就消失了,说明已经成为一个非常明显的缓变结了。

有人提出用双曲正切函数来描述导带差的这种渐变[18]

$$\Delta E_C(x) = \frac{\Delta E_C}{2}\left[1+\tanh\left(\frac{x-x_0}{l}\right)\right] \tag{3-43}$$

式中,x_0 为过渡层中心的坐标;l 为过渡区宽度。ΔE_C 为总的导带差。如果 ΔE_C 的渐变主要发生在宽带区,则上式可以简化为

$$\Delta E_C(x) = \Delta E_C \cdot \tanh\left(\frac{x}{l}\right) \tag{3-44}$$

这就表明,由于异质结的界面组分是缓变的,使得其能带图也为缓变的。进一步分析还表明,这种变化主要发生在导带中。究其原因,在常用的Ⅲ-Ⅴ族半导体异质结材料中,带隙差主要表现在导带中(参见式(3-41)和式(3-42)),异质结的导带差占带隙差的大部分,因此异质结的界面对导带的影响比对价带的影响更大一些。

早期的半导体异质结构是用液相外延技术生长出来的,由于溶液饱和度的控制和生长温度的起伏变化,生长出的异质结界面常常是缓变的。随着材料科学的发展,现在已经广泛使用 MBE(分子束外延)、MOCVD(金属有机物化学气相沉积)、UHV/CVD(超高真空化学气相沉积)等先进的生长方法来制备异质结构了,它们都能够获得很陡峭的界面,我们可以认为这些异质结是突变结。在今后的论述中,我们通常将器件结构中异质结界面当作突变结来处理。这样既将科学问题简化了,容易分析,又十分接近实际,能够合理地解释相关物理问题。

3.5.4 同型突变异质结

图 3-9 给出 4 种同型异质结的能带图,这些异质结的掺杂型号是相同的,或者都是 n 型,或者都是 p 型。每一个能带图中都标明了它们的功函数 Φ、电子亲合势 χ、带隙宽度 E_g 之间的大小关系。可以看出,虽然它们的具有相同电学型号,但是它们的禁带宽度等参数不同,因此构成几种不同能带结构的同型异质结。

从物理上分析同型异质结比异型异质结困难一些。异型异质结中界面两边都是耗尽的,我们通过分析它们的少子的情况来认识耗尽层的厚度、能带弯曲的变化等物理性质。然而同型异质结中,导电类型是一样的,决定它的性质不再是少数载流子,而是多数载流子。也就是说,异型异质结中,少子起主要作用。同型异质结(nN 和 pP)中,其性质主要是由多数载流子决定。

由于异质结两边的导电型号相同,两侧不再像异型异质结那样出现两个耗尽层

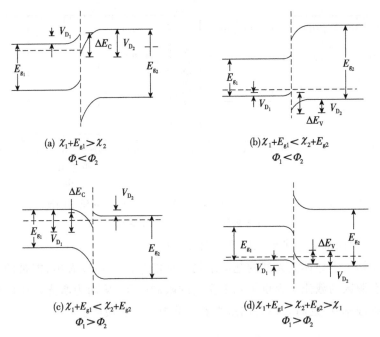

图 3-9　4 种同型异质结的能带图
(a)n/N；(b)p/P；(c)n/N；(d)p/P

构成的电偶极区。由于宽带隙一侧的施主(nN 结 N 侧)或受主(pP 结的 P 侧)电离产生足够的空间电荷，窄带隙一侧就出现多子的积累。因此，同型异质结是由宽带一侧的耗尽层和窄带一侧的载流子积累层构成的电偶极区。

以图 3-9(c)为例，$\Phi_1 > \Phi_2$，$\chi_1 + E_{g1} < \chi_2 + E_{g2}$。该结构中，n 区的电子积累层厚度小于 N 区的耗尽层厚度，电子越过导带尖峰到达窄带 n 区的电子浓度和速度分布类似于热阴极的热电子发射。

3.5.5　双异质结

在一种窄带隙材料的两边各有一层宽带隙材料，形成两个异质结，这就构成双异质结构，是半导体发光、波导、探测等光子器件中常用的结构。图 3-10 给出了 N-$Al_{0.3}Ga_{0.7}As$/p-GaAs/P-$Al_{0.3}Ga_{0.7}As$ 双异质结的能带图。(a)为没有偏压时的能带图，(b)为加上 1.43V 正偏压时的能带图，偏压的能量大小等于 GaAs 的带隙宽度，正好使得 Np 结实现完全的偏置。也就是说，在这样的偏置下，如果 pn 结是同质 GaAs 的 pn，那么它的内建势垒被完全拉平。

事实上，在窄带隙半导体 GaAs 的两边，各有一层宽带隙半导体 $Al_{0.3}Ga_{0.7}As$。左边是异型的 Np 异质结，右边是同型的 pP 异质结，这三层一起构成双异质结。两边的宽带隙半导体 $Al_{0.3}Ga_{0.7}As$ 的组分是一样的，因此这是一个对称的双异质结。可以看出，无论是异型 Np 异质结还是同型 pP 异质结，在异质结的界面处都有带隙

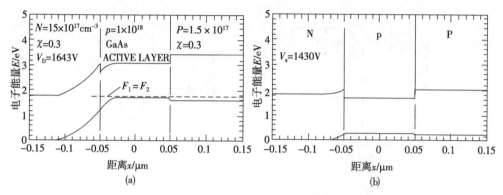

图 3-10 N-Al$_{0.3}$Ga$_{0.7}$As/p-GaAs/P-Al$_{0.3}$Ga$_{0.7}$As 双异质结的能带图
(a)零偏压;(b)加了 1.43V 正偏压

的不连续性,因而都有导带差 ΔE_C 和价带差 ΔE_V。

双异质结是半导体激光器的基本结构。从能带图中可以看出,能带的不连续性为中间的有源区的载流子提供了几乎完全的限制作用,从而为激光器中的粒子数反转提供了物理基础,这将在以后的激光器章节中进一步说明。

3.6 异质结的电学性质

异质结构具有带隙差 ΔE_g 和折射率差 Δn 这两种本质性质,它们为异质结带来一系列重要的特性和效应。异质结的电学性质包括高注入比、超注入效应、几乎完全的载流子限制作用,异质结的光学性质包括几乎完全的光限制作用、导波效应、窗口效应等,这些特性和效应构成了半导体光电子技术的物理基础。

3.6.1 异质结的伏-安特性[19]

为了理解半导体异质结的伏-安特性,我们先熟悉一下半导体同质结的伏-安特性。半导体体材料中电子和空穴随能量的分布满足费米-狄拉克分布函数。能级 E 上电子的占有几率为

$$f(E) = \frac{1}{1+e^{\frac{E-E_F}{kT}}} \tag{3-45}$$

能级 E 上空穴的占有几率为

$$1 - f(E) = \frac{1}{1+e^{\frac{E_F-E}{kT}}} \tag{3-46}$$

费米能级 E_F 的位置决定了导电的类型。本征半导体费米能级 E_F 基本上是处在禁带中央附近,n 型半导体的费米能级处在导带底附近;p 型半导体的费米能级处在价带顶附近。

高掺杂 n 型杂质时,费米能级进入到了导带,自由电子特别多,则为简并的 n 型半导体;假若费米能级进入到了价带,自由空穴特别多,则为简并的 p 型半导体。

室温情况下,常用的半导体满足 $|E-E_F|>3kT$,费米分布退化为经典的玻尔兹曼(Boltzmann)分布

$$f(E)=e^{-\frac{E-E_F}{kT}} \tag{3-47}$$

对于非简并半导体,虽然载流子浓度不是很大,但是载流子仅占据导带底或者价带顶附近的一些状态,电子或者空穴的能量同费米能级之差往往能够满足 $|E-E_F|>3kT$ 的条件,这些情况下载流子的分布满足玻尔兹曼分布函数。这样一来,对它们的数学计算变得简单了许多。

费米-狄拉克(Fermi-Dirac)分布函数和玻尔兹曼(Boltzmann)分布函数都是热平衡状态下的统计分布函数。因此这两种分布函数及其相应的费米能级等概念只能适用于热平衡状态。

在非平衡状态时,半导体中没有统一的费米能级。非平衡载流子浓度的大小不能直接采用费米能级来表示,但是可以引入**准费米能级**来表示,即认为导带中的电子系统和价带中的空穴系统分别处于准热平衡状态。这时系统中的电子准费米能级与空穴准费米能级之差就反映了外界作用(譬如电压)的大小。

高掺杂的 pn 结中,自建电势大小为 V_D。如果用 n_{n0}、p_{n0} 和 n_{p0}、p_{p0} 分别表示 n 区和 p 区的电子和空穴浓度,p 区的少子电子的浓度 n_{p0} 同 n 区中的多子浓度 n_{n0} 之间的关系符合玻尔兹曼分布

$$n_{p0}=n_{n0}e^{-\frac{eV_D}{kT}} \tag{3-48}$$

同样地,n 区的少子空穴的浓度 p_{n0} 同 p 区中的多子空穴浓度 p_{p0} 的关系也符合玻尔兹曼分布

$$p_{n0}=p_{p0}e^{-\frac{eV_D}{kT}} \tag{3-49}$$

没有外加电压时,pn 结处于平衡态,自建电场引起的漂移电流和载流子梯度分布引起的扩散电流相互抵消,因此没有外加偏置电压时就没有电流流经 pn 结。外加偏置电压 V_a 时就引进电场,在电场的作用下,电子和空穴就会进行漂移运动,流经 pn 结的电流不再为零,p 界面的电子电流和 n 界面的空穴电流分别为

$$\text{p 界面的电子流密度}=e(\Delta n)_p\frac{D_n}{L_n} \tag{3-50}$$

$$\text{n 界面的空穴流密度}=e(\Delta p)_n\frac{D_p}{L_p} \tag{3-51}$$

D_n 和 L_n 电子在 p 区的扩散系数和扩散长度;D_p 和 L_p 空穴在 n 区的扩散系数和扩散长度。流经 pn 结的电流密度可以写成

$$j=e\cdot\left[(\Delta n)_p\frac{D_n}{L_n}+(\Delta p)_n\frac{D_p}{L_p}\right] \tag{3-52}$$

外加电压V_a时,平衡态下的费米能级不在适用,n区和p区的准费米能级分别为E_F^-和E_F^+,则n区的电子密度和P区的空穴浓度分别为

$$n = N_n e^{-\frac{E_- - E_F^-}{kT}} \tag{3-53}$$

$$p = N_p e^{-\frac{E_F^+ - E_+}{kT}} \tag{3-54}$$

外加偏压V_a之后,p界面的电子浓度和n界面的空穴浓度为

$$(n)_p = n_{n0} e^{-\frac{e(V_D - V_a)}{kT}} = n_{p0} e^{\frac{eV}{kT}} \tag{3-55}$$

$$(p)_n = p_{p0} e^{-\frac{e(V_D - V_a)}{kT}} = p_{n0} e^{\frac{eV}{kT}} \tag{3-56}$$

将外加偏压V_a前后的表达式相减得出非平衡载流子浓度为

$$(\Delta n)_p = (n)_p - (n)_{p0} = n_{p0} e^{\frac{eV_a}{kT} - 1} \tag{3-57}$$

$$(\Delta p)_n = (p)_n - (p)_{n0} = p_{n0} e^{\frac{eV_a}{kT} - 1} \tag{3-58}$$

代入式(3-52)得出pn结的伏-安特性

$$J = e \cdot \left[\frac{D_n n_{p0}}{L_n} + \frac{D_p p_{n0}}{L_p} \right] (e^{\frac{eV_a}{kT}} - 1) = J_0 \cdot (e^{\frac{eV_a}{kT}} - 1) \tag{3-59}$$

以上是同质结的伏-安特性,$J_0 = e \cdot \left[\frac{D_n n_{p0}}{L_n} + \frac{D_p p_{n0}}{L_p} \right]$。可以看出,同质结的伏-安特性具有明显的整流特性,外加正偏压时,电流随着外加电压的增加而指数地增长,外加反偏压时,电流几乎为零。

半导体异质结构中,带隙差(导带差和价带差)必定对伏-安特性产生影响。为了简便起见,我们在下述假设条件下分析其伏-安特性[20]。

(1) 如图3-6(c)所示,异质结构中耗尽层是带电的空间电荷区,耗尽层外是中性的,异质结构的界面是突变的;

(2) 半导体中载流子的浓度满足费米-狄拉克分布,为简单起见,可以采用玻尔兹曼分布函数,如式(3-53)和式(3-54)所示;

(3) 假定注入的少子载流子浓度比多子载流子浓度小;

(4) 在耗尽层中,不发生载流子的复合,因此流经耗尽层的电子电流和空穴电流都为常数。

在这些假设的前提下,我们可以进一步推导异质结的伏-安特性。

在异质结的界面处,电流可以由P区注入至N区,也可由N区注入至P区,它们的电流密度大小分别为

$$J_{p \to N} = A_2 \exp\left(-\frac{eV_{Dn}}{kT}\right) \tag{3-60}$$

$$J_{N \to p} = A_1 \exp\left(-\frac{\Delta E_C - eV_{DP}}{kT}\right) \tag{3-61}$$

外加电压为0时,这两个方向流通的电流大小相等,方向相反,因此

$$J_{p\to N}=J_{N\to p} \tag{3-62}$$

即

$$A_1\exp\left(-\frac{\Delta E_C-eV_{DP}}{kT}\right)=A_2\exp\left(-\frac{eV_{Dn}}{kT}\right) \tag{3-63}$$

外加正向电压 V_a 时，V_a 在结两边的压降分别为 V_{a1} 和 V_{a2}，则

$$V_a=V_{a1}+V_{a2} \tag{3-64}$$

在上述表达式中，考虑到外加电压后在界面处的电压变化，就应该用外加电压后的电压降 V_D-V_a 代替原来的自建电压 V_D，$V_{D1}-V_{a1}$ 代替原来的 V_{D1}，$V_{D2}-V_{a2}$ 代替原来的 V_{D2}。将这些变化代入原来的 $J_{p\to N}$ 和 $J_{N\to p}$，则由 p 区的流向 N 区的电流密度为

$$\begin{aligned}J&=J_{p\to N}-J_{N\to p}=A_2\exp\left[-\frac{e(V_{D2}-V_{a2})}{kT}\right]-A_1\exp\left[-\frac{\Delta E_C-e(V_{D1}-V_{a1})}{kT}\right]\\&=A_2\exp\left(-\frac{eV_{D2}}{kT}\right)\left[\exp\left(\frac{eV_{a2}}{kT}\right)-\exp\left(-\frac{eV_{a1}}{kT}\right)\right]\end{aligned} \tag{3-65}$$

式中 A_1 和 A_2 为系数。当 p 区中少数载流子电子主要是以扩散机理产生电流时，令 $A=A_2$，则 A 可表达为

$$A=\frac{ex_eD_{n1}N_{D2}}{\sqrt{D_{n1}\tau_{n1}}} \tag{3-66}$$

并且有

$$A\exp\left(\frac{-eV_{D2}}{kT}\right)=\frac{ex_eD_{n1}n_{p_0}}{\sqrt{D_{n1}\tau_{n1}}} \tag{3-67}$$

式中，x_e 为电子跨越界面的传输系数，它的大小等于 P 区的 $-x_P$ 处的电子浓度同 N 区 x_N 处的电子浓度之比，即越过界面到达相应位置电子浓度比。D_{n1} 为 p 区中的电子扩散长度，τ_{n1} 为其寿命。

在表达电流密度 J 的式(3-65)中，大括号中的第一项在外加正向偏压时起主要作用，第二项在外加反向偏压下起主要作用。可以看出，无论是外加正向偏压还是反向偏压，pN 突变异质结的 V-I 特性都同外加电压呈指数关系，这同同质 pn 结的情形是完全不同的。

上述讨论是针对 I 型异型突变异质结进行的。外加电压时，缓变异质结的势垒同突变结的情形十分相似。因此，上述讨论同样适用于缓变异质结，即异型缓变异质结的正向和反向 V-I 特性都呈指数关系。

同型异质结中，可以用上述相同的方法求出外加正向电压 V_a 时的 V-I 特性：

$$J\approx B\exp\left(-\frac{eV_{D2}}{kT}\right)\left[\exp\left(\frac{eV_{a1}}{kT}\right)-\exp\left(-\frac{eV_{a2}}{kT}\right)\right] \tag{3-68}$$

式中，$B=ex_eN_{D2}(kT/2\pi m_e)^{\frac{1}{2}}$。由于外加电压的压降主要出现在窄带隙区，$V_{a1}\gg V_{a2}\approx 0$，因此有

$$J = B\exp\left(-\frac{eV_{D2}}{kT}\right)\left[\exp\left(\frac{eV_{a1}}{kT}\right) - 1\right] \tag{3-69}$$

可以看出,同型异质结中,虽然其导电型号相同,但同样地因禁带宽度的差别引起电流与外加电压 V_{a1} 呈指数的关系,同型异质结也具有明显的整流效应。

同型的同质结中,nn^+、pp^+ 同质结中只显示电阻性质。因此同型异质结和同型同质结两者的伏-安特性之间具有根本的区别。

需要指出的是,以上讨论主要是针对 I 型异质结进行的,因此对有关异质结伏-安特性描述的使用范围有所限定。对于 II 型异质结和 III 型异质结的伏-安特性,需要就具体能带结构进行具体的讨论。即便如此,在本书中,我们主要研究 I 型异质结,上述讨论应该是普遍适用的。

3.6.2 异质结的电容-电压特性[21-24]

p 边和 N 边的耗尽层的宽度分别为 $-x_p$ 和 x_N,则空间电荷区的总宽度 d 等于它们之和(参见式(3-26))。依据电中性条件,耗尽层两边的电量大小相等、符号相反(参见式(3-27)):$-ex_P N_A = ex_n N_D$。

无外加电场时,异质结两边的空间电荷区的电荷符号相反、大小相等,电荷的大小为

$$|Q| = -ex_P N_A = ex_n N_D \tag{3-70}$$

对于 p-N 异质结来说,如果外加电压为 V_a,它在 p 边和 N 边的分压分别为 V_{a1} 和 V_{a2}。则总的偏压 V_a 可以表示为

$$V_a = V_{a1} + V_{a2} \tag{3-71}$$

有了外加电压 V_a 的作用后,空间电荷区的宽度就会发生改变。将原来的 V_D 改为 $V_D - V_a$,式(3-28)和式(3-29)可以改写为

$$-\chi_p = \left\{\frac{2\varepsilon_1\varepsilon_2}{e} \cdot \frac{(V_D - V_a)(N_{D2}^+ - N_{A2}^-)}{(N_{A1}^- - N_{D1}^+)[\varepsilon_1(N_{A1}^- - N_{D1}^+) + \varepsilon_2(N_{D2}^+ - N_{A2}^-)]}\right\}^{\frac{1}{2}} \tag{3-72}$$

$$\chi_N = \left\{\frac{2\varepsilon_1\varepsilon_2}{e} \cdot \frac{(V_D - V_a)(N_{A1}^- - N_{D1}^+)}{(N_{D2}^+ - N_{A2}^-)[\varepsilon_1(N_{A1}^- - N_{D1}^+) + \varepsilon_2(N_{D2}^+ - N_{A1}^-)]}\right\}^{\frac{1}{2}} \tag{3-73}$$

总的耗尽区的宽度 W 为异质结两边的耗尽层宽度之和

$$W = -\chi_p + \chi_N$$

$$= \left\{\frac{2\varepsilon_1\varepsilon_2}{e} \cdot \frac{(V_D - V_a)[(N_{A1}^- - N_{D1}^+) + (N_{D2}^+ - N_{A2}^-)]^2}{(N_{A1}^- - N_{D1}^+)(N_{D2}^+ - N_{A1}^-)[\varepsilon_1(N_{A1}^- - N_{D1}^+) + \varepsilon_2(N_{D2}^+ - N_{A2}^-)]}\right\}^{\frac{1}{2}} \tag{3-74}$$

电荷的绝对值大小为

$$|Q| = -ex_P(N_{A1}^- - N_{D1}^+) = ex_n(N_{D2}^+ - N_{A1}^-) \tag{3-75}$$

将耗尽层的厚度式(3-72)和式(3-73)代入上式,我们就求得电荷的绝对值大小

$$|Q| = \left[\frac{2e\varepsilon_1\varepsilon_2}{e} \cdot \frac{(V_D - V_a)(N_{A1}^- - N_{D1}^+)(N_{D2}^+ - N_{A2}^-)}{\varepsilon_1(N_{A1}^- - N_{D1}^+) + \varepsilon_2(N_{D2}^+ - N_{A2}^-)}\right]^{\frac{1}{2}} \tag{3-76}$$

外加电压改变 dV_a 时单位面积上电荷的增加量为 $d|Q|$,由此引起的单位面积上的电容随电压的变化为 $d|Q|/dV_a$。由此我们可以推导得出单位面积上电容为

$$\frac{C}{a} = \left|\frac{dQ}{dV_a}\right| = \left|\frac{d|Q|}{d(V_D - V_a)}\right| \quad (3\text{-}77)$$

将式(3-76)代入上式,我们进一步可以求得

$$\frac{C}{a} = \left\{\frac{e\varepsilon_1\varepsilon_2}{2} \cdot \frac{(N_{A1}^- - N_{D1}^+)(N_{D2}^+ - N_{A2}^-)}{(V_D - V_a)[\varepsilon_1(N_{A1}^- - N_{D1}^+) + \varepsilon_2(N_{D2}^+ - N_{A2}^-)]}\right\}^{\frac{1}{2}} \quad (3\text{-}78)$$

可以看出,单位面积上电容的平方同自建电压与外加偏压之差 $V_D - V_a$ 成反比,还有赖于异质结两边的掺杂杂质的电离浓度的大小。

求解 $1/C^2$ 同外加电压的关系,我们很容易发现在电容极大时,$1/C^2 = 0$,$V_a = V_D$,即外加电压 V_a 正好等于内建电势 V_D 时电容为无穷大。如果异质结两边的费米能级和带隙宽度是已知的,根据关系式 $V_D = (E_{F2} - E_{F1})/e = [E_{g1} + (\Delta E_c - \delta_2) - \delta_1]/e$,可以得出 ΔE_c 的大小。事实上,由于 E_{F2} 和 E_{F1} 的数值是依赖于具体测量的掺杂浓度和温度,其数据会因样品的不同而异,因此利用上式计算出 V_D 是很困难的。即便如此,有些研究工作还是采用这个方法测量了 Ge-Al_xGa_{1-x}As、GaAs-Al_xGa_{1-x}As 的不连续性。他们的结果的确证明了 GaAs-Al_xGa_{1-x}As 异质结的带隙差主要表现在导带中[24-25]。

3.6.3 异质结对载流子的限制作用[26]

图 3-11 详细给出了外加正偏压后双异质结的能带图。从该图可以看出,在 p-GaAs 有源区的两边,导带中都具有一定的势垒高度,在 N-p 结的 A 处有对电子限制的势垒 $\Delta E_c(A)$,而 p-P 结的 P 处有一更大的势垒 $\Delta E_c(B)$。

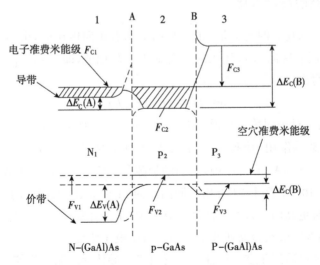

图 3-11 外加正偏压后双异质结的能带图

事实上,外加正偏压之后,该偏压被分配到两个异质结上,其主要是降低 Np 异质结界面处的势垒高度,使电子由宽带隙的 N-$Al_{0.3}Ga_{0.7}As$ 注入到窄带隙的 p-GaAs。电子进入该层后,将很快占有 p-GaAs 中的导带中的能级。在其右侧的 p-GaAs-P-$Al_{0.3}Ga_{0.7}As$ 界面处有一导带差 $\Delta E_c(B)$,它将对电子起到阻挡的作用,电子难以越过这个势垒进入宽带隙的 P-$Al_xGa_{1-x}As$。这样就使得电子被限制在 p-GaAs 层中。同样地,空穴由右侧的 P-$Al_xGa_{1-x}As$ 注入到窄带隙的 p-GaAs 中,在 N-P-$Al_xGa_{1-x}As$/p-GaAs 处有一价带差 $\Delta E_V(A)$,对空穴起到阻挡的作用,这样就使得空穴被限制在 p-GaAs 层中。

因此,当电子由左边的 N-$Al_xGa_{1-x}As$ 区注入到 p-GaAs 有源区中时,它们被 N-p 和 p-P 两个异质结界面处的两个势垒所限制,电子几乎完全地限制在 p-GaAs 有源区中。同时,p-GaAs 区厚度 d 往往较薄,常常只有 $0.15\mu m$ 或者更薄,这一厚度远小于 GaAs 中电子的扩散长度 L_d,因此注入的电子很快地在 p-GaAs 中形成均匀的分布。同理,由右边 P-$Al_xGa_{1-x}A$ 注入到 p-GaAs 中的空穴也受到有源区两边价带的两个势垒的限制,注入的空穴也均匀地分布在 p-GaAs 有源区中。当然,有源区中的载流子也会有一部分泄漏到两边的宽带隙材料中,泄漏的多少取决于 ΔE_c、ΔE_V 和温度 T。只要 ΔE_c 和 ΔE_V 足够大,例如 0.1eV,远大于室温时的 $kT(\sim 0.026eV)$,这些泄漏就可以忽略不计。因此我们可以说,双异质结构为我们提供了几乎完全的载流子限制作用。

有关异质结对载流子的限制作用,可以用一些数学表达式精确地表示出来,我们将在激光器一章中进一步说明,这里就不再详细讨论了。

3.6.4 异质结的高注入比[27]

载流子的注入比 r 的定义是,在 p-N 结上加有正向电压时,由 N 区向 p 区注入的电子流 $J_{N\to p}$ 同 p 区向 N 区注入的空穴流 $J_{p\to N}$ 的比值,即 $r=J_{N\to p}/J_{p\to N}$。

理论分析得出

$$r=D \cdot \exp(\Delta E_g/kT) \tag{3-79}$$

式中,D 为常数。对于同质结来说,$\Delta E_g=0$,$r=D$。而对于异质结来说,上式右边的指数项起着重要的作用,使得注入比大为增加,r 随着 ΔE_g 呈指数上升。例如在 p-GaAs/N-$Al_{0.3}Ga_{0.7}As$ 异质结中,它们的带隙差 $\Delta E_g=0.33eV$,由此计算出的注入比 r 高达 7.4×10^5,提高了 74 万倍。同同质的 pn 结相比,在同样的正向电压下,pN 异质结可以获得更高的注入电子浓度也就是说,虽然外加偏压是一样的,只是采用了异质结构,我们就能够获得高达几十万倍的自由电子浓度。

同样的原理也适用于空穴的注入。这就是半导体异质结激光器可以提高注入效率、降低阈电流密度、提高量子效应的重要原因之一。

3.6.5 异质结的超注入现象[28]

通常情况下,N 区的多子是电子,其浓度比少子(空穴)的浓度大得多。同样地,p 区的多子是空穴,其浓度比 p 区的少子(电子)的浓度大得多。

然而在异质结中会发生一些不同于常规的情形。在 N-Al$_x$Ga$_{1-x}$As/p-GaAs 上加有正偏压后,电子和空穴都会在电场的作用下漂移。正如图 2-11 所示,在 N-Al$_x$Ga$_{1-x}$As/p-GaAs 中,位于 N 区的导带上的电子的能量比 p 区的导带底的能量还高,在外加电压的作用下,电子注入到 p 区的导带中,在 N-p 结 p 区一侧载流子堆积得很多,结果 p 区的少子(电子)的浓度比 N 区的多子(电子)的浓度还多,以至于达到简并化的程度。这种异质结构引起的半导体层中注入的少子浓度大于该层多子浓度的现象叫做超注入现象。

超注入现象是异质结构特有的一种物理现象,它改变了常规的多子和少子的比例,是多子不再多,少子的浓度却比多子浓度更高,比邻近的材料的多子浓度更高。这样一来,p 区的电子比 N 区的电子还多,同时比 p 区的空穴多。

超注入是一种非常有用的物理现象,利用它可以实现高注入,是提供能量的输入和粒子数反转的重要手段,在半导体激光器等光子器件中起着重要的作用,因此,超注入现象是光电子器件的重要物理基础之一。

3.7 异质结的光学特性[29]

3.7.1 异质结对光的限制作用

如果两种介质的折射率分别为 n_1 和 n_2,$n_1 < n_2$。当光波从介质 2 入射到折射率小一些的介质 1 的界面上时,如果入射角大于某一特定角度 θ,$\theta = \sin^{-1}(n_1/n_2)$,则光波会被全反射到介质 2 中,不会进入介质 1。值得庆幸的是,带隙小的 GaAs 的折射率 n_2 正好比带隙宽的 Al$_x$Ga$_{1-x}$As 的折射率 n_1 大。如果 GaAs 被夹在两层 Al$_x$Ga$_{1-x}$As 中间,构成 Al$_x$Ga$_{1-x}$As/GaAs/Al$_x$Ga$_{1-x}$As 的双异质结构,这恰好能构成平板介质波导,中间的 GaAs 的折射率高,两边的 Al$_x$Ga$_{1-x}$As 层的折射率低,使光波只在中间的 GaAs 层中传播,光波被几乎完全地限制在中间的波导层中。我们把这一效应称为几乎完全的光限制作用。

图 3-12 给出了双异质结的折射率分布图和光强分布图。为了简单起见,这里仅仅示出了对称双异质结的阶梯式折射率分布图,窄带隙材料的折射率 n_2 比较大,两边的限制层的组分是一样的,它们具有相同的折射率 n_1,因此它们是对称的。特别值的得指出的是,半导体材料中,宽带隙半导体材料的折射率小一些,而窄带隙半导体材料的折射率大一些。这正是我们希望利用的,利用带隙差来限制载流子的分布,

利用折射率差来限制光场。

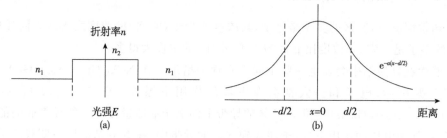

图 3-12　双异质结的(a)折射率分布图和(b)光强分布图

从图 3-12(b)可以看出,光场大都被限制在有源区中,只有小部分泄漏到两边。只要折射率差 Δn 足够大,就能够将大部分光场限制在中间的波导层中。只有一小部分的光场泄露到两边的限制层中。并且泄露的光场随着偏离界面的距离的增大而指数地降低,$I=I_0 \cdot \exp[(-\alpha x)]$,$\alpha$ 为材料的吸收系数。泄漏的多少取决于折射率阶梯 Δn 的大小,Δn 越大,则限制作用越强,泄漏的光波就越小。

异质结对光波的限制是一种非常有用的物理现象,利用它可以对光波进行限制,是实现光波导的重要手段,在半导体激光器、探测器、光调制器/光开关等半导体光子器件中起着重要的作用,因此,异质结的光限制作用是光电子器件的另一个重要物理基础。

3.7.2　窗口效应

两种半导体材料在一起构成异质结时,由于禁带宽度不同,它们对光波的吸收波长也就不同。半导体只吸收波长小于带隙吸收边($\lambda_g=1.24/E_g$)的光波,而对于波长比 λ_g 长的光波来说,它就是透明的。

假定异质结材料的禁带宽度分别为 E_{g1} 和 E_{g2},并且 $E_{g2}>E_{g1}$,因此有 $\lambda_{g2}<\lambda_{g1}$。凡是波长比 λ_{g2} 长的光波就能穿过材料 2 而不被吸收,也就是说,材料 2 对于波长比其吸收边 λ_{g2} 长的光波是透明的。无论是材料 1 发出的波长为 λ_{g1} 的光还是其他波长大于 λ_{g2} 的外来入射光,都能畅通无阻地透过宽带隙的半导体材料层 2,我们把异质结构的这种作用称为窗口效应。它被用来制作异质结太阳能电池的窗口层、激光器端面保护层、探测器的透光层,对于提高器件性能和延长器件寿命起到了重要的作用。

3.8　结　束　语

人们对于半导体材料的认识是一个从简单到复杂、从低级到高级的发展过程。初期是以自然中存在的氧化物 CuO 等开始的,很快转向人工提纯的元素半导体 Ge、

Si 等,特别是对 Si 的研究、开发和制造为我们带来晶体管、开关管、大规模集成电路等电子器件,极大地改变了世界。随着对材料科学的深入研究和对光子器件需求的日益增加,一类新型的半导体材料出现了,这就是半导体异质结,包括元素半导体异质结和Ⅲ-Ⅴ族、Ⅱ-Ⅵ族半导体异质结。它们已经成为当今最活跃、最热门的新型材料领域。

本章详细解释异质结能带的目的在于,异质结构为我们提供了一个新的可变参量——带隙。在多种元素组成的半导体合金中,包括 $Ge_{1-x}Si_x$ 和 $Al_xGa_{1-x}As$ 等Ⅲ-Ⅴ、ZnO 等Ⅱ-Ⅵ族化合物半导体固溶体(或称合金),通过改变材料组分 x 可以改变带隙 E_g 的大小,再通过带隙 E_g 的差别来剪裁能带结构,从而设计半导体的物理特性,进而研制出新型的半导体器件结构,最终实现我们所需要的电学或光学的特性。

安德森提出了一种描述异质结能带的模型。该模型是在假设异质结界面处没有界面态和偶极态、异质结维持总体的电中性、各层的介电常数为常数等假设条件下建立起来的。采用安德森能带模型,能够很好地绘制出半导体异质结构的能带图,从而深入说明异质结的电学和光学特性。

异质结构的电学特性不同于同质结构的电学特性和光学特性,包括伏-安特性、整流效应、载流子限制作用、高注入比、超注入效应、和光学限制作用、窗口效应等。这些知识为深入了解半导体异质结构物理和研究半导体光子器件工作原理打下坚实的理论基础。

利用异质结构能够人为地设计、制造出我们所需要的带隙宽度,人工获得具有各种物理参数的新型材料,这就是现在我们科技界常常提及的能带工程,它是一种对材料物质实现人工改性的现代科学技术,它的确为我们带来了许多新材料、新性能、新器件、新应用。我们将在下面几章中深入讨论异质结构的光波导特性、发射和吸收光特性,并进一步设计制造出光子器件。

参 考 文 献

[1] 余金中,王杏华. 物理,2001:169-174
[2] 叶良修. 半导体物理学. 上册. 北京:高等教育出版社,1984:457-478
[3] Frensley W R. Heterostructure and quantum well physics//Finspruch N G, Frensley W B. Heterostructures and Quantum Devices. San Diego: Academic Press, 1994:1-24
[4] 康昌鹤,杨树人. 半导体超晶格材料及其应用. 北京:国防工业出版社,1995:1-25
[5] 黄昆,谢希德. 半导体物理学. 北京:科学出版社,1962:1-11
[6] 叶良修. 半导体物理学. 上册. 北京:科学出版社,1984:41-51
[7] 夏建白,朱邦芬. 半导体超晶格物理. 上海:上海科学技术出版社,1995:16-41
[8] 虞丽生. 半导体异质结物理. 北京:科学出版社,2006:29-64
[9] Casey H C Jr, Panish M B. Heterostructure Lasers. San Diego: Academic Press, 1978:187-253

[10] Chelikowsky J R, Cohen M L. Phys. Rev., 1982, B54: 556
[11] Anderson R J. IBN Journal, 1960: 283
[12] 田牧. 固体电子学研究与进展, 1983, 3: 7
[13] Teroff J. Phys. Rev., 1984, B 30: 4874
[14] Sharma R L, Purohi P K. Semiconductor Heterojnction. Oxford: Pregamon Press, 1974
[15] Dingle R. Festkorper-probleme XV-Advances in Solid State Physics. Stuttgart: Pergamon-Vieweg, 1975
[16] Casey H C Jr, Panishi M B. Heterostructure Lasers. San Diego: Academic Press, 1978: 231-235
[17] Womac J F, Rediker R H. J. Appl. Phys., 1972, 43: 4129
[18] Cheung D S, Chiang S Y, Pearson G I. Solid-State Electron, 1975, 18: 263
[19] Casey H C Jr, Panishi M B. Heterostructure Lasers. San Diego: Academic Press, 1978: 237-244
[20] Sze S M. Physics of Semiconductor Devices. New York: Wiley, 1963: 96
[21] Anderson R L. IBM J. Res. Der., 1960, 4: 283
[22] Anderson R L. Solid-State Electronics, 1962, 5: 341
[23] Dobrynin S N. Sov. Phys. Semicon., 1972, 6: 874
[24] Howarth D S, Feuchi D L. Appl. Phys. Lett., 1973, 23: 365
[25] Dingle R. Festkorper-Probleme XV-Advances in Solid State Physics. Stuttgart: Pergramon-Vieweg, 1975: 21
[26] 黄德修. 半导体光电子学. 成都: 电子科技大学出版社, 1989: 58-61
[27] 虞丽生. 半导体异质结物理. 北京: 科学出版社, 2006: 65-68
[28] Alferov Zh I. J. Lumin., 1969, 1: 935
[29] Kasap S O. Optoelectronics and Photonics. New Jersey: Prentice Hall, 2001: 186

第4章 介质波导

4.1 引　　言

半导体是一类光学介质,光在半导体中的光学特性既依赖于半导体的材料特性,例如折射率等参数,也依赖于几何尺寸和器件结构,例如平板波导、矩形或脊形波导等。光具有双重性——波动性和粒子性。既可以利用几何光学、波动光学来描述它,也可以利用量子力学的方式来描述它。在这一章中,我们先讨论介质中光的反射、折射和传输,之后着重研究半导体中的光波导。因此,这一章中,主要是利用光的波动特性来描述它的物理本质。对于光的粒子特性,将在光的下面几章中讨论。

光在两种介质的界面处会发生反射和折射,反射角等于入射角,折射角的大小依赖于两种介质的折射率。当入射角和折射率符合一定条件时,就会发生全反射。由于光波的透射、反射(包括全反射)、折射的存在,光波在介质芯层中会出现辐射模、衬底模和导波模。如果设计制造出适当的平板介质波导和条形介质波导,就有可能获得导波模,甚至是单模。

光波是一种电磁波,可以利用麦克斯韦方程和波动方程来研究它。通常而言,光波是很复杂的电磁波,是波导的结构、空间位置、折射率、波长(频率)、相位、时间等的函数,求解麦克斯韦方程和波动方程的难度很大。我们将在研究均匀介质中平面波的基础上,进一步研究对称的平板波导中的光波图像,求解出电磁场的数学表达式,特别是给出横电场偶阶模和奇阶模的数学表达式。即使不能够求出数值解,我们也将在一定边界条件下给出图解。

求解麦克斯韦方程和波动方程,能够明晰地表达出在介质波导中传输的模场分布情况。特别是对三层结构中的电场和磁场的求解,为我们理解半导体双异质结中的电磁场分布提供了非常清晰的物理图像,对于认识半导体异质结激光器、探测器和光开关与光调制器等光子器件的工作原理,起到了理论基础的作用。与此同时,求解麦克斯韦方程和波动方程还让我们认识到介质中的电导率和介电常数同折射率和吸收系数之间的关系,这就把电学参数同光学参数联系起来。通过这些分析和讨论,我们力求获得明晰的物理图像,从而能够对光在波导中的传输特性有更深入的了解。

本章中在介绍光的反射和折射、辐射模、衬底模和波导模等基本概念之后,我们采用从简单到复杂的方式,依次讨论无穷大均匀介质中的平面波、平板介质波导、横电场模(TE模)和横磁场模(TM模)。最后再介绍矩形波导、古斯-汉欣(Goos-Hänchen)位移和光的模式。在这一章中,我们使用了140个数学公式和19

张插图,是本书中公式和插图较多的一章,希望透过这些公式和插图建立起明晰的物理图像,阐述物理参数之间的相互依赖关系。对半导体波导中光的特性的学习将帮助我们深入理解半导体光子学的物理本质。

限于篇幅,我们只能用一章对半导体中的光波导进行非常扼要的介绍。有关导波光学的书籍很多[1-8],对各种波导进行了详尽的描述和分析,读者可以阅读原著以便进一步深入理解。

4.2 光的反射和折射[9]

光在介质中传播时,如果介质是均匀的,光波将以直线的形式向前传播。

4.2.1 反射定律

光入射到两种介质的界面上时会发生反射和折射,光的入射和反射服从如下规律。

(1)入射光线、反射光线、法线都在同一平面内;

(2)入射光线和反射光线分居法线两侧;

(3)反射角等于入射角,简单地说就是入射光和反射光同平面、居两侧的角相等。

如图 4-1 所示,一束光入射到界面上时,将分为反射光和折射光,图中的入射、反射和折射分别在脚码中用 e、r 和 g 表示。入射光和反射光满足反射定律,入射角等于反射角

$$\theta_e = \theta_r \tag{4-1}$$

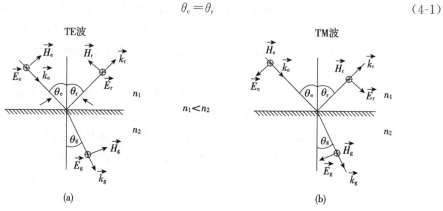

图 4-1 TE 模和 TM 模光波在界面处的反射和折射

4.2.2 折射定律

光从介质 1 斜着入射到介 2 时,光的传播方向发生改变的现象叫做光的折射。它们服从如下规律。

(1) 入射光线、法线、折射光线在同一平面内;
(2) 折射光线和入射光线分别位于法线两侧;
(3) 它们遵循折射定律

$$n_1 \sin\theta_e = n_2 \sin\theta_g \tag{4-2}$$

式中,n_1 和 n_2 分别为介质 1 和 2 的的折射率;入射角和折射角分别为 θ_e 和 θ_g。折射的程度与两种介质的折射率有关。光线垂直入射时是一种特例,此时入射角为零,入射光线、法线、反射光线和折射光线都在同一直线上。

如果空间中没有自由电荷,没有传导电流,在此均匀介质中传播的平面波时,它的三种简单的模式分别为 TE 波、TM 波、TEM 波。平面波的波前是一无穷大的平面,该平面上光波的相位是完全相同的。TE 波为横电场波,是 transverse electrical wave 的缩写。TM 波为横磁场波,是 transverse magnetic wave 的缩写。TEM 波是横电磁场波(transverse electrical and magnetic wave)的缩写。TE 波的电矢量与传播方向垂直,传播方向 k 上没有电矢量。TM 波的磁矢量与传播方向垂直,传播方向 k 上没有磁矢量。TEM 波的电矢量和磁矢量都垂直于传播方向 k,传播方向 k 上既没有电矢量、也没有磁矢量。

图 4-1(a)中 TE 模的入射光、反射光和折射光的电场都是垂直光波的传播方向的,同时又垂直入射面。可以认为,这种电矢量既垂直传播方向、又垂直入射面的光波为 TE 模。类似地,图 4-1(b)中 TM 模的磁矢量既垂直于传播方向、又垂直于入射面。如果光波的电磁矢量都垂直传播方向、同时又都不在入射面中,在传输方向上没有任何电磁分量,则这种光波为横电磁场(TEM)模。

4.2.3 反射率和透射率

图 4-1(a)为 TE 波在界面处的反射和折射的情况。入射波的电场垂直于传播方向,在该图中同纸面正交,指向纸内。反射后的反射波电场依然垂直于传播方向,依然同纸面正交,但指向纸外。折射波的电场也垂直于传播方向,指向纸内。同样地,我们可以利用图 4-1(b)分析 TM 波中 TM 波的各个电场和磁场分量的偏振情况。

图 4-2 给出了光波在界面处的反射和折射,该电磁波的电场和磁场不再垂直于或平行于入射面,而是在入射面的垂直方向上和平行方向上都有分量。依据图 4-2 的几何关系,我们可以推导出反射光的电场 E_r 同入射光的电场 E_e 之比为

$$\frac{E_r}{E_e} = \frac{n_1 \cos\theta_e - n_2 \cos\theta_g}{n_1 \cos\theta_e + n_2 \cos\theta_g} \tag{4-3}$$

该比值就是 TE 电场的反射系数 r_{TE}。由于 $\sin^2\theta + \cos^2\theta = 1$,同时利用(4-2)式,可以推导出 $\cos\theta_g = \sqrt{1 - \frac{n_1^2}{n_2^2}\sin^2\theta_e}$,代入式(4-3),可得 TE 电场的反射系数 r_{TE} 为

$$r_{TE} = \frac{E_r}{E_e} = \frac{n_1 \cos\theta_e - n_2 \cos\theta_g}{n_1 \cos\theta_e + n_2 \cos\theta_g} = \frac{n_1 \cos\theta_e - \sqrt{n_2^2 - n_1^2 \sin^2\theta_e}}{n_1 \cos\theta_e + \sqrt{n_2^2 - n_1^2 \sin^2\theta_e}} \tag{4-4}$$

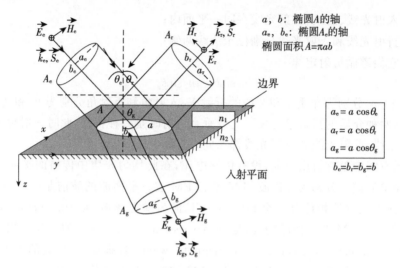

图 4-2　光波在界面处的反射和折射

采用类似的推导方法,可得 TE 电场的透射系数 t_{TE} 为

$$t_{TE} = \frac{E_g}{E_e} = \frac{2n_1 \cos\theta_e}{n_1 \cos\theta_e + \sqrt{n_2^2 - n_1^2 \sin^2\theta_e}} \tag{4-5}$$

同样地,我们可以求得 TM 电场的反射系数 r_{TM} 和透射率系数 t_{TM} 分别为

$$r_{TM} = \frac{E_r}{E_e} = \frac{n_2 \cos\theta_e - \frac{n_1}{n_2}\sqrt{n_2^2 - n_1^2 \sin^2\theta_e}}{n_2 \cos\theta_e + \frac{n_1}{n_2}\sqrt{n_2^2 - n_1^2 \sin^2\theta_e}} \tag{4-6}$$

$$t_{TM} = \frac{E_g}{E_e} = \frac{2n_1 \cos\theta_e}{n_2 \cos\theta_e + \sqrt{n_2^2 - n_1^2 \sin^2\theta_e}} \tag{4-7}$$

由于光强 I 同电场 E 之间呈平方的关系(参见后面的式(4-67)):$I = \frac{\varepsilon_0 \varepsilon_r \cdot c}{2} \cdot E^2$,我们据此推导出光强的反射率和透射率分别为

$$R = \frac{I_r}{I_e} = \frac{\frac{\varepsilon_0 \varepsilon_r c}{2} E_r^2}{\frac{\varepsilon_0 \varepsilon_r c}{2} E_e^2} = \frac{E_r^2}{E_e^2} = r^2 \tag{4-8}$$

$$T = \frac{n_2 \cdot \cos(\alpha_g)}{n_1 \cdot \cos(\alpha_e)} \cdot t^2 \tag{4-9}$$

请注意,我们在本书中采用反射系数和透射系数表达电场的反射和透射特性,而用反射率和透射率表达光强的特性。"系数"和"率"之间具有平方的关系,不应该混淆。今后我们通常采用透射率、反射率表达光波的性质。

空气和 GaAs 的折射率分别为 1 和 3.6。代入式(4-8)和式(4-9),求出 T_{TE} 和 R_{TE} 同入射角度 θ_e 的关系。图 4-3 给出了空气和 GaAs 的两种介质的界面处 TE 模和 TM 模的反射率 R_{TE} 和透射率 T_{TE} 同入射角度 θ_e 的关系。可以看出,TE 模的反射率 R_{TE} 随着入射角度 θ_e 的增大而增大,对应地其透射率 T_{TE} 随着入射角度 θ_e 的增大而减小。与此同时,TM 模的反射率 R_{TM} 随着入射角度 θ_e 的增大而减小,到达布儒斯特角时反射率为零,之后随着入射角度的进一步增大,反射率也迅速增大。透射率遵循相应的 $T=1-R$ 的关系。

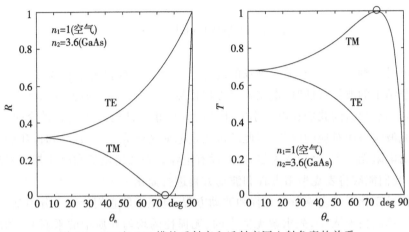

图 4-3 TE 和 TM 模的反射率和透射率同入射角度的关系

4.2.4 布儒斯特定律

光在介质界面上反射和折射,通常反射光和折射光都是部分偏振光,只有当入射角为某特定角度时反射光才是线偏振光,其振动方向与入射面垂直,此特定角度称为布儒斯特角或起偏角,用 θ_b 表示

$$\theta_b = \arctan \frac{n_1}{n_2} \tag{4-10}$$

当入射角 θ_e 等于布儒斯特角 θ_b 并满足关系式 $\tan\theta_e = n_1/n_2$ 时,反射光与折射光互相垂直,入射角 θ_e 同折射角 θ_g 之和等于 $90°$,$\theta_e + \theta_g = \theta_b + \theta_g = 90°$。反射光为线偏振光,偏振方向垂直于入射面。该式称为布儒斯特定律(Brewster law),θ_b 为起偏振角或布儒斯特角。

4.2.5 临界角和全反射

两种介质中,如果它们折射率分别为 n_1、n_2,并且 $n_1 < n_2$。高折射率为光密媒质,低折射率为光疏媒质,光波到达界面处时将会反射和折射。如果光由光密媒质 n_2 进入光疏媒质 n_1,随着入射角 θ_e 的增加,折射角也会增大。如果入射角 θ_e 进一步的增加,最终使得折射角增为 $90°$,此时折射光沿两种介质之间的界面行进,该入射角 θ_e 称为**临界角** θ_c。显然,临界角 θ_c 同折射率之间满足如下关系式

$$n_2\sin\theta_c = n_1\sin 90° = n_1 \tag{4-11}$$
$$\sin\theta_c = n_1/n_2 \tag{4-12}$$

要实现全反射就需要满足如下的条件:①光必须由光密介质射向光疏介质;②入射角必须大于临界角 θ_c。若光波的入射角大于临界角,光线到达界面后经过反射后全部返回光密媒质,没有折射,此现象称为全内反射,简称**全反射**(TIR)。

4.3 电磁场理论[1-6]

光波是一种电磁波,有关电磁场的理论已经在许多教科书中有详尽的描述。在讨论异质结中的波导特性时,麦克斯韦方程依然是起点。由于我们的兴趣在于光波,其波长短、频率高,同我们在电子学中涉及的频率相差甚远。在我们讨论的介质中,没有与光波频率相对应的电荷,因此通常假定电荷密度为零。与此同时,我们通常假定介质的电阻无穷大、电导率为零,因此没有电流。在假定电荷和电流都为零的前提条件下,我们能够将麦克斯韦方程和波动方程进行简化。

即使是简化了的麦克斯韦方程和波动方程,真正求解它们依然十分困难。为此,我们从简单的情况入手,先求解无穷大的、无损耗的均匀介质中的平面波,利用分离变量的方法求出平面波的解析表达式。这使我们认识了平面波电场同时间的余弦振荡关系和同位置的偏振依赖关系。可以说,无损耗的的平面波是我们认识电磁波的起点。

事实上,任何介质都会对光波有吸收,因而有损耗。在引进损耗之后,平面波继续保持它们的频率和偏振特性,但是他们的强度会随着距离的增加而衰减。

在波导层中,光波会在界面处发生反射和折射。如果各层的介质是均匀的、光密介质两边是相同的光疏介质,构成简单的、对称的介质波导。我们从这种简单的对称波导出发,利用数学表达式和图解的方式,研究横电场(TE)的偶阶模和奇阶模,从而对波导中的各种模式有了进一步的认识[10]。

显然,光子器件的结构远不是对称的平板波导,实际的结构要比平板波导复杂得多。然而,各种条形结构的波导中,可以采用等效折射率的方式将复杂问题简单化,分解为水平和垂直两个方向上的平板波导,从而利用等效折射率的方法对其波导特性进行分析。

总之,我们在本章的分析,能够为理解半导体光子器件中的波导行为提供一些物理图像,以便我们借助它们能够深入理解异质结中光波的产生、传输的行为。

4.3.1 麦克斯韦方程[11]

介质中传播的电磁场可用麦克斯韦(Maxwell)方程来描述

$$\nabla \times \vec{E} = -\frac{\partial \vec{B}}{\partial t} \tag{4-13}$$

$$\nabla \times \vec{H} = \vec{J} + \frac{\partial \vec{D}}{\partial t} \tag{4-14}$$

$$\nabla \cdot \vec{B} = 0 \tag{4-15}$$

$$\nabla \cdot \vec{D} = \rho \tag{4-16}$$

上式中，$\vec{E}$、$\vec{H}$、$\vec{B}$、$\vec{D}$、$\vec{J}$ 和 ρ 分别为电场、磁场、磁感应、电位移矢量、电流密度矢量和电荷密度。另外，根据电荷守恒定律有

$$\nabla \cdot \vec{J} = -\frac{\partial \rho}{\partial t} \tag{4-17}$$

电场同电位移矢量、磁场同磁感应以及电流密度矢量同电场之间的相互关系分别为

$$\vec{D} = \varepsilon_0 \varepsilon_r \vec{E} \tag{4-18}$$

$$\vec{B} = \mu_0 \mu_r \vec{H} \tag{4-19}$$

$$\vec{J} = \sigma \vec{E} \tag{4-20}$$

式中，ε_0 和 μ_0 分别为为自由空间的介电常数和磁导率；ε_r 和 μ_r 为相对介电常数和相对磁导率；σ 为电导率。

实际介质材料中，ε_r、μ_r 等参数同光波波长有关，即存在色散效应。然而，在低场强情况下，这种非线性效应很小，为了简便的缘故，我们假定

(1) ε_r、μ_r 为常数。

(2) $\mu_r = 1$。

(3) 光波的电磁场的频率非常高，而通常加到半导体上的电学信号的频率很低，这两者是不同的电磁场。对于光波来说，可以认为介质的电阻率无穷大，因而其对应的传导电流 $J = 0$。

(4) 如上所述，没有光波所对应的电荷变化，介质内也没有如此高频的电荷积累，因此可以认为电荷密度 $\rho = 0$。

在这些假设下，麦克斯韦方程可以简化为

$$\nabla \times \vec{E} = -\frac{\partial \vec{B}}{\partial t} = -\mu_0 \frac{\partial \vec{H}}{\partial t} \tag{4-21}$$

$$\nabla \times \vec{H} = \frac{\partial \vec{D}}{\partial t} = \varepsilon_0 \varepsilon_r \frac{\partial \vec{E}}{\partial t} \tag{4-22}$$

$$\nabla \cdot \vec{H} = 0 \tag{4-23}$$

$$\nabla \cdot \vec{E} = 0 \tag{4-24}$$

特别值得指出的是，在求解麦克斯韦方程时，容易对电流和电荷的存在产生误

解。通常认为,在有源器件中,例如在半导体激光器和探测器中,我们在器件上加有正偏压或者负偏压,在器件中有电流的流动或者电荷的积累。然而在求解麦克斯韦方程时,我们却特意设定电流和电荷都为零。事实上,我们可以将半导体光子器件中外加的偏压和光波分别开来处理。对于光子器件来说,其偏压的最高频率为 10^9 Hz 量级,而异质结激光器的发射波长为微米数量级,例如 $1.55\mu m$ 对应的频率为 1.94×10^{14} Hz。偏压下的电磁场信号同光波两者之间相差 5 个数量级,具有很大的频率之差,因此可以将光子器件中的电场和磁场分别表示为偏压电场 $\vec{E}_b$ 和光学电场 $\vec{E}_o$、偏压磁场 $\vec{H}_b$ 和光学磁场 $\vec{H}_o$。

$$\vec{E} = \vec{E}_b + \vec{E}_o \tag{4-25}$$

$$\vec{H} = \vec{H}_b + \vec{H}_o \tag{4-26}$$

对于线性互不相干的系统来说,麦克斯韦方程可以采用分离变量的方法进行运算。式(4-21)和式(4-22)是电流和电荷都为零的前提下的表达式,应用到光学电磁场,可以将麦克斯韦方程式(4-21)和式(4-22)改写为只含光学电磁场

$$\nabla \times \vec{E}_o = -\frac{\partial \vec{B}_o}{\partial t} = -\mu_0 \frac{\partial \vec{H}_o}{\partial t} \tag{4-27}$$

$$\nabla \times \vec{H}_o = \frac{\partial \vec{D}_o}{\partial t} = \varepsilon_0 \varepsilon_r \frac{\partial \vec{E}_o}{\partial t} \tag{4-28}$$

在半导体的波导结构中,我们通常求解光学电磁场的解,无须顾及偏压下产生的电磁场。因此可以省略光学角码 o,式(4-27)和式(4-28)又重新回到式(4-21)和式(4-22)。

还需指出的是,在上述麦克斯韦方程中,我们使用电导率 σ、介电常数 ε_0 和 ε_r,然而在光学中,我们经常使用的是折射率 n,我们将推导出电导率 σ、介电常数 ε_0 和 ε_0 同折射率 n 和吸收系数之间 α 的关系。

4.3.2 波动方程[12-14]

利用矢量分析方法并且利用式(4-24)可得

$$\nabla \times \nabla \times \vec{E} = \nabla(\nabla \cdot \vec{E}) - \nabla^2 \vec{E} = -\nabla^2 \vec{E} = \nabla \times \left(-\mu_0 \frac{\partial \vec{H}}{\partial t}\right)$$

$$= -\mu_0 \frac{\partial}{\partial t}(\nabla \times \vec{H}) = -\mu_0 \varepsilon_0 \varepsilon_r \frac{\partial^2 \vec{E}}{\partial t^2} \tag{4-29}$$

同样可得到

$$\nabla^2 \vec{H} = \mu_0 \varepsilon_0 \varepsilon_r \frac{\partial^2 \vec{H}}{\partial t^2} \tag{4-30}$$

此两式通常称为波动方程。上述方程中，∇^2 为拉普拉斯算符，可以表达为

$$\nabla^2 = \frac{\partial^2}{\partial x^2} + \frac{\partial^2}{\partial y^2} + \frac{\partial^2}{\partial z^2} \tag{4-31}$$

如果将电场矢量 $\vec{E}$ 表示为笛卡儿坐标的三个分量，则有

$$\vec{E} = E_x \vec{i} + E_y \vec{j} + E_z \vec{k} \tag{4-32}$$

$\vec{i}$、$\vec{j}$、$\vec{k}$ 为三个方向上的单位矢量。波动方程是矢量方程，通过分离变量的方法可以进一步简化为三个独立的标量方程

$$\nabla^2 E_x = \mu_0 \varepsilon_0 \varepsilon_r \frac{\partial^2 E_x}{\partial t^2} \tag{4-33}$$

$$\nabla^2 E_y = \mu_0 \varepsilon_0 \varepsilon_r \frac{\partial^2 E_y}{\partial t^2} \tag{4-34}$$

$$\nabla^2 E_z = \mu_0 \varepsilon_0 \varepsilon_r \frac{\partial^2 E_z}{\partial t^2} \tag{4-35}$$

同样，也可以列出 $\vec{H}$ 的三个标量波动方程。

4.3.3 平面波

在通常的条件下求解麦克斯韦方程和波动方程是比较困难的。为此，人们常常采用简化的方法，先在极其简单的情况和边界条件下，求解方程的表达式，然后再适当增加一些新的边界条件，逐步逼近实际的介质结构，从而获得电磁场的解析表达式或者图像[7,15,16]。

我们首先研究一下均匀介质中的平面波。假定介质是完全均匀的，其空间无穷大，传输的是最为简单的沿着 z 轴向前传播的平面波。当 z 为某一值时，在垂直传播方向上，有一横向的无穷大的 x-y 平面。对应 z 为某一值的平面，无论 x 和 y 为任何值，电磁场的强度和相位都是相同的，这样的电磁波就是平面波。

假定电磁波的传播方向为 z 向，电磁波的偏振方向为 x 向，则电场在 y 和 z 两个方向上没有分量，只在 x 向上有分量

$$\vec{E} = E_x(x,y,z,t)\vec{a_x} \tag{4-36}$$

$$E_y(x,y,z,t) = E_z(x,y,z,t) = 0 \tag{4-37}$$

式中，$\vec{a_x}$ 为 x 方向上的单位矢量。

平面波中，同一平面上的电磁场是一致的，与 x 和 y 无关，$\frac{\partial}{\partial x} = \frac{\partial}{\partial y} = 0$。电磁波随时间的关系是以正弦方式振荡的，角频率为 $\omega = 2\pi\nu$。则电场可以表示为

$$E(x,y,z,t) = E_x(x,y,z,t) = E_x(z,t) = E_x(z)\exp(j\omega t) \tag{4-38}$$

在这一式中，我们已经利用了 E_y 与 x、y 无关，$\frac{\partial}{\partial x} = \frac{\partial}{\partial y} = 0$，空间上只与 z 有关。

将上式代入波动方程,则有

$$\frac{\partial^2 E_x}{\partial z^2} = -\mu_0 \varepsilon_0 \varepsilon_r \omega^2 E_x = -\beta^2 E_y \quad (4\text{-}39)$$

$$\beta^2 = \mu_0 \varepsilon_0 \varepsilon_r \omega^2 \quad (4\text{-}40)$$

求解这一波动方程,可得

$$E_x(z,t) = [A\exp(-j\beta z) + B\exp(j\beta z)]\exp(i\omega t) \quad (4\text{-}41)$$

式中,A 和 B 为常数。如果只研究 z 轴方向传播的电磁波,则上式可以表达为

$$E_x(z,t) = A\cos(\omega t - \beta z) \quad (4\text{-}42)$$

相应地,磁场只在 y 方向上有磁场分量,可以表达为

$$H_y(z,t) = (\varepsilon_0 \varepsilon_r \omega \frac{A}{\beta}) \cos(\omega t - \beta z) \quad (4\text{-}43)$$

上述 E_x、H_y 两式还可以表达为

$$E_x(z,t) = A\cos\left[2\pi\left(\nu t - \frac{z}{\lambda}\right)\right] \quad (4\text{-}44)$$

$$H_y(z,t) = \left(\varepsilon_0 \varepsilon_r \omega \frac{A}{\beta}\right)\cos\left[2\pi\left(\nu t - \frac{z}{\lambda}\right)\right] \quad (4\text{-}45)$$

式中,λ 为波长;$2\pi\left(\nu t - \frac{z}{\lambda}\right)$ 为相位。

图 4-4 给出了平面波的电磁场的物理图像。电场只在 x 方向上有分量,磁场只在 y 方向上有分量。由于没有损耗,电场和磁场的振幅保持不变,没有衰减。

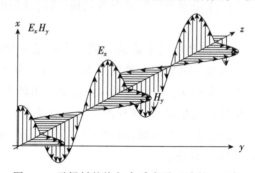

图 4-4 无损耗的均匀介质中平面波的电磁场

1. 相速度

在 E_x 和 H_y 的表达式中,不再出现坐标 x、y,即 z 为某一值的同一平面上,无论 x、y 为何值,电磁波的相位是相同的。这种等相位面为平面的光波叫平面波,其中传播常数 β 为

$$\beta = \frac{2\pi}{\lambda} = \frac{2\pi \bar{n}}{\lambda_0} = \bar{n} k_0 \quad (4\text{-}46)$$

式中,λ_0 为该光波在真空中的波长;$\bar{n}$ 为介质的折射率;k_0 为真空中的传播常数。

$$k_0 = 2\pi/\lambda_0 \quad (4\text{-}47)$$

令 $\omega t - \beta z = 0$,则可求出平面波在介质中的相速度(即等相位面的传播速度)

$$v = \frac{dz}{dt} = \frac{\omega}{\beta} = \frac{2\pi\nu}{2\pi/\lambda} = \lambda\nu \tag{4-48}$$

将上述 $\beta^2 = \mu_0\varepsilon_0\varepsilon_r\omega^2$ 代入上式,则平面波的相速度为

$$v = (\mu_0\varepsilon_0\varepsilon)^{-\frac{1}{2}} = \frac{1}{(\mu_0\varepsilon_0)^{\frac{1}{2}}} \cdot \frac{1}{\varepsilon_r^{\frac{1}{2}}} = \frac{c}{\bar{n}} \tag{4-49}$$

2. 介质的折射率同介电常数的关系

由式(4-49)可以推导出,真空中光速同介电常数和磁导率的关系为

$$c = (\mu_0\varepsilon_0)^{-\frac{1}{2}} \tag{4-50}$$

折射率同介电常数的关系为

$$\bar{n} = \varepsilon_r^{\frac{1}{2}} \tag{4-51}$$

c 为真空中的光速,$\bar{n}$ 为介质的折射率。该式表明,介质的折射率等于介电常数开方。式(4-51)明确地表达出光学常数同电学常数之间的关系,这就将光和电的特性紧密地联系在一起了。在 $\beta = 2\pi\bar{n}/\lambda_0$ 的表达式中,已经没有电学参量 ε_r,而是用光学折射率 $\bar{n}$ 来描述介质中的传播常数了。

4.3.4 有损耗的介质中的平面波

上述推导中已经作了一个假定,式(4-14)中的介质中的电导率 σ 为零,假定介电常数为实数,亦即对应的折射率 $\bar{n}$ 为实数。也就是说,在上述推导中假定介质中不存在光损耗。

然而实际的介质并非如此。事实上,光在介质中会因各种原因被吸收、散射,引起相应的损耗,因此在求解麦克斯韦方程和波动方程时要加进相关项。

重新考虑式(4-22)和式(4-27),加入有 σ 的项,我们得出平面波的磁场满足如下方程

$$\frac{\partial H_y}{\partial z} = \sigma E_x + \varepsilon_0\varepsilon_r\frac{\partial E_x}{\partial t} \tag{4-52}$$

由于有 σ 的存在,式(4-33)改写为

$$\frac{\partial^2 E_y}{\partial z^2} = j\omega\mu_0(\sigma + \omega\varepsilon_0\varepsilon_r)E_y = \Gamma^2 E_y \tag{4-53}$$

在这个方程中,Γ 是复数传输常数

$$\Gamma = [j\omega\mu_0(\sigma + \omega\varepsilon_0\varepsilon_r)]^{1/2} E = \gamma + j\beta \tag{4-54}$$

式(4-53)的解为

$$E_x(z,t) = [A\exp(-\Gamma z) + B\exp(\Gamma z)]\exp(i\omega t) \tag{4-55}$$

将 Γ 的表达式(4-54)代入上式,就可以得出

$$E_x(z,t) = \{A\exp(-\gamma z)\exp[i(\omega t - \beta z)] + B\exp(\gamma z)\exp[i(\omega t + \beta z)]\} \tag{4-56}$$

省略掉向 $-z$ 方向传播的项,我们可以将上式简化为

$$E_x(z,t) = A\exp(-\gamma z)\cos(\omega t - \beta z) \quad (4-57)$$

相应地,磁场只在 y 方向上有磁场分量,可以表达为

$$H_y(z,t) = [(\sigma + j\omega\varepsilon_0\varepsilon_r)/\Gamma]E_x \quad (4-58)$$

将 Γ 的表达式(4-53)代入上式,就可以得出:

$$H_y(z,t) = (\Gamma/j\omega\mu_0)A\exp(-\gamma z)\cos(\omega t - \beta z) \quad (4-59)$$

从 $E_x(z,t)$ 和 $H_y(z,t)$ 的这两个表达式中可以看出,都包含有 γ 的指数衰减项。电磁场沿着 z 轴方向传输是的图像如图 4-5 所示。

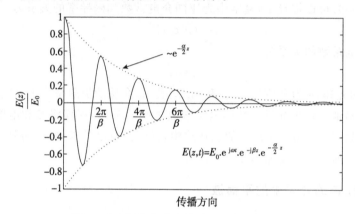

图 4-5 有损耗介质中的平面波的电场分布

类似于前面对无损耗介质中电场表达式的分析,我们可以将有损耗时的 Γ 表达为

$$\Gamma^2 = j\omega\mu_0(\sigma + j\omega\varepsilon_0\varepsilon_r) = -\bar{n}^2 k_0^2 \quad (4-60)$$

$\bar{n}$ 为介质中的复折射率,包含实数 n 和虚数 k 两部分

$$\bar{n} = n - j\bar{k} \quad (4-61)$$

因而介电常数

$$\varepsilon_r = \bar{n}^2 = n^2 - \bar{k}^2 - j2n\bar{k} \quad (4-62)$$

$$2n\bar{k} = \frac{\sigma}{\omega\varepsilon_0} \quad (4-63)$$

$$\Gamma = \gamma + j\beta = j(n - j\bar{k})k_0 \quad (4-64)$$

通过推导、比较,可以很容易得出

$$\beta = \frac{2\pi n}{\lambda_0} \quad (4-65)$$

$$\gamma = \frac{2\pi\bar{k}}{\lambda_0} \quad (4-66)$$

电磁波传输过程中,单位面积上的平均功率等于玻印亭(Poynting)矢量

$$P = |\vec{S}| = \frac{1}{2}\text{Re}(\vec{E} \times \vec{H}^*) \quad (4-67)$$

代入电场和磁场的表达式,可以得出

$$P = I = I_0 \exp(-2\gamma z) = I_0 \exp(-\alpha z) \tag{4-68}$$

式中,α 为材料的吸收系数。当光强为 I_0 的光波传播一定距离后,其光强呈指数关系下降。比较上述两式,则得出吸收系数同电磁场的衰减系数的关系为

$$\alpha = 2\gamma \tag{4-69}$$

可以看出,光波的吸收系数为电场衰减系数的两倍。将 $r = \dfrac{2\pi \bar{k}}{\lambda_0}$ 代入上式,则得

$$\alpha = \frac{4\pi \bar{k}}{\lambda_0} \tag{4-70}$$

以上我们分析推导了平面波在介质中传输的情况,导出了各种电学、光学参数之间的关系,打下了光学波导分析的理论基础。下一节介绍模式的一些基本概念,之后在 4.5 节中给出平板介质波导的边界条件,从而推导出平板介质波导中电磁场的表达式。

4.4 辐射模、衬底模和波导模[17]

在这一节中,我们介绍有关辐射模、衬底模和波导模的一些基本概念。

如果平板波导由衬底、薄膜和覆盖层三层组成,它们的折射率分别为 n_s、n_f 和 n_c。s、f 和 c 分别表示衬底(substrate)、薄膜(film)和覆盖层(cap)。我们来讨论一下三种不同折射率时的模式情况。

辐射模:在图 4-6(a)中,如果 $\theta < \theta_{fs}$、$\theta < \theta_{fc}$,θ_{fs} 和 θ_{fc} 分别为薄膜-衬底间和薄膜-覆盖层间的全反射临界角。如果薄膜中两个界面处光的入射角小于临界角,则光束在这两个界面上均不可能发生全反射。因此,必然有一部分光波折射到衬底或覆盖层,之后离开界面辐射出去。在这样的条件下,光波在中间的薄膜层中传输时横向上没有受到限制。这种不能够全反射的泄漏光的模式称为辐射模。图 4-6(d)就是这种辐射模的电场分布图。

衬底辐射模:图 4-6(b)中,$\theta_{fc} < \theta < \theta_{fs}$,此时薄膜中光的入射角 θ 大于薄膜-覆盖层间的临界角 θ_{fc},但是小于薄膜-衬底间的全反射临界角 θ_{fs}。薄膜中的光束射到薄膜同覆盖层之间的界面上时能够发生全反射。只要入射角大于临界角,光波就会被反射回来,再射向薄膜同衬底之间的界面。由于入射角 θ 小于薄膜-衬底间的全反射临界角 θ_{fs},光波在薄膜同衬底间的界面处不能够发生全反射,光波就会折射进入衬底,并从衬底辐射出去。这种在薄膜同衬底间的界面处发生泄漏光的模式称为衬底辐射模。图 4-6(e)就是这种衬底辐射模的电场分布图。可以看出,显虽然电场在薄膜同覆盖层之间的界面处被限制住了,但是在薄膜-衬底间的界面处泄漏了,因此衬底辐射模就光场从衬底一侧泄漏的电磁场模式。

导模：图 4-6(c)给出的是 $\theta > \theta_{fs}$、$\theta > \theta_{fc}$ 时的情形。薄膜中光束的入射角 θ 既大于薄膜-衬底间的全反射临界角 θ_{fs}，还大于薄膜-覆盖层间的全反射临界角 θ_{fc}。在薄膜两边的界面处，光波都会发生全反射。只要薄膜中光的入射角 θ 足够大，大于两个界面处的临界角，光波就会在薄膜中来回反射，并且以折线的形式沿着波导的方向前进。我们将这种模式称为导波模，简称导模。

图 4-6(f)就是这种导波模的电场分布图。可以看出，电场被限制在薄膜中，光波在薄膜中传播，衬底和覆盖层的折射率都小于薄膜的折射率，使得光波被引导着前进。我们以后讨论的各种波导结构都是基于这一原理的。因而，导波模具有重要的实用意义。

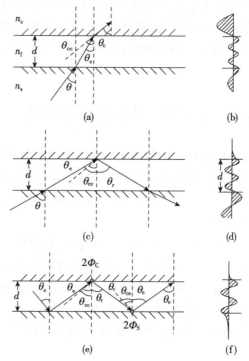

图 4-6 平板波导中的(a)辐射模、(b)辐射模的模场分布、(c)衬底模、(d)衬底模的模场分布、(e)波导模、(f)导模的模场分布

4.5 平板介质波导[18]

为了理解光波在波导中传输的物理本质，我们先讨论一下光波在对称的平板介质波导中传输特性。正如图 4-7 所示，介质材料 2 夹在介质材料 1 的中间，构成一种三明治的结构，它们的折射率分别为 n_1 和 n_2，并且 $n_2 > n_1$。如果二维平面方向上是无穷大的，垂直平面的方向上有一个薄薄的材料 1 芯层，折射率为 n_2，厚度为 d，芯层的两边都是折射率为 n_1 的相同材料，我们把这种结构称为对称的平板介质波导。通

常将中间的高折射率薄层叫做波导层或芯层,将两边的低折射率层叫做限制层。

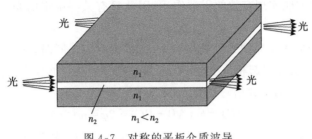

图 4-7　对称的平板介质波导

4.5.1　全反射

由于波导层的折射率高,是光密媒质,限制层的折射率低,是光疏媒质,光波在波导层中传输时,在到达波导层同限制层之间的界面处时,光波将会反射和折射。波导层中的光由光密媒质 n_2 到达两种介质的界面时,入射角 θ 大于临界角 θ_c 时,光波就会全反射,没有折射。

如前所述,产生全反射的条件是,光必须由光密介质射向光疏介质;入射角必须大于临界角 θ_c。波导层是光密媒质,两边的限制层是光疏媒质。若光束的入射角大于临界角,光线到达界面后全部经过反射后返回光密媒质,该光束光会入射到波导层的另一个界面。在另一个界面上,若光束的入射角也大于这个界面的临界角,同样地再经历一次全反射。光束就这样在两个界面处反复地经历全反射,从而沿着波导层的方向前行。显然,入射角大于临界角 θ_c 的任何光束都会在波导层中传播。

4.5.2　波导条件

参见图 4-8,平面波在介质平板波导中传播。图中电场 E 指向纸面内部,平行于 y 轴、垂直于 z 轴。波导芯层和限制层的界面引起反射,光波就会以锯齿的形式沿着波导 z 轴前进,结果就是电场 E 沿着 z 方向传播。图中还给出了垂直于传播方向的同相位波前。该束光先后在 B 点和 C 点发生反射。在 C 处发生反射后波前同原始光束的波前发生覆盖。光波就会同其自身发生干涉。

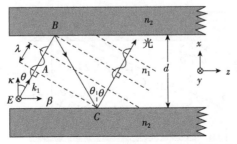

图 4-8　对称的平板介质波导中光波的反射和传输

A 和 C 两处的波前必须是同相的,否则这两个波前会相互抵消。只有具有一定反射角度的光波才能实现有效的干涉作用,因此只有某些确定的光波才能够在波导中存在。

A 和 C 两处的相位差同光程长度 $AB+BC$ 相对应。同时,在 A 和 C 两点都发生了全内反射,每次都引起相位变化 φ。如果要维持光波在波导中传播,A 和 C 两点的相位差必须是 2π 的整数倍

$$\Delta\varphi(AC)=k_2(AB+BC)-2\varphi=m(2\pi) \tag{4-71}$$

式中,m 为整数,$m=0,1,2,\cdots$;$k_2=kn_2=2\pi n_2/\lambda_0$。$\lambda_0$ 为光波在真空中的波长;n_2 是波导芯层的折射率;$k=2\pi/\lambda_0$ 是光波在真空中的波矢;k_2 是波导芯层中的波矢。

依据图 4-8 的几何尺寸可以很容易计算出

$$AB+BC=BC\cos(2\theta)+BC=BC[(2\cos^2\theta-1)+1]=2d\cos\theta \tag{4-72}$$

将上式代入式(4-71),沿着波导传播的光波必须满足

$$k_2[2d\cos\theta]-2\varphi=m(2\pi) \tag{4-73}$$

显而易见,只有 θ 和 φ 为一定值时才能满足上式。φ 既依赖于入射角度 θ,也依赖于光波的偏振状态。对于每个整数 m 来说,都应该有一个容许的角度 θ_m 和对应的相位 φ_m。将上式除以 2,我们就得到波导的条件为

$$\frac{2\pi n_2 d}{\lambda}\cos\theta_m-\varphi_m=m\pi \tag{4-74}$$

$$\varphi_m=\frac{2\pi n_2 d}{\lambda}\cos\theta_m-m\pi \tag{4-75}$$

该式表明,第 m 阶模的相移 φ_m 同第 m 个入射角 θ_m 之间具有(4-75)所示的函数关系。

无论入射角度大或小,式(4-75)是实现光传输的波导条件。如果两束同相位的平行光 1 和 2 在波导中传输,它们的反射角度和相位如图 4-9 所示。它们最初是同相位的,我们称它们为同相波。光线 1 在 A 和 B 两处经历了两次反射,之后它再次同光线 2 平行地传输。光线 1 经历了 B 处的反射之后,如果它同 B' 处的光线 2 的相位相同,光线 1 和光线 2 不会彼此相消。如果相位不相同,两条光线就会相互抵消而变弱或消失。

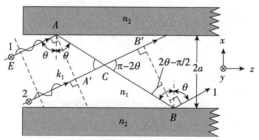

图 4-9 两束光的反射相位示意图

如果光线 1 在 A 处反射之前的相位和光线 2 到达 A' 时的相位是相同的。光线 1 到达 B 经历了第二次反射之后，其相位为 $k_2 AB - 2\varphi$。光线 2 在 B' 时的相位为 $k_2 A'B'$。它们之间的相位差为正好满足式(4-75)时，这两束光线不会相消，也就是说，他们满足波导条件。

我们可以定义光波沿波导方向的传播常数 β_m 为

$$\beta_m = k_2 \sin\theta_m = \left(\frac{2\pi n_2}{\lambda}\right)\sin\theta_m \tag{4-76}$$

与此同时，还可以定义光波的横向传播常数 K_m 为

$$K_m = k_2 \cos\theta_m = \left(\frac{2\pi n_2}{\lambda}\right)\cos\theta_m \tag{4-77}$$

式(4-76)表明，只有一些以特定的角度 θ_m 入射的光，才可能满足波导条件。我们把那些满足波导条件的角度依次编为 $m = 0,1,2,3,\cdots$。对应的角度分别写为 θ_m。每一个 m 值对应不同的入射角，因此依照式(4-76)和式(4-77)也就对应不同的传输常数。

如果图 4-9 的两束光线能够发生干涉，沿 x 轴方向的电场图案是驻波，而沿 z 轴方向的电场图案是行波，其传输常数为 β_m。两束光线在 C 处相遇，位于波导中心上面的 x 处。两束光线的光程差等于 $AC' - AC$ 和光束 1 在 A 处全反射的相位变化 φ_m 之和。由图中的几何尺寸关系，我们可以推导出光线 1 和 2 之间的相位差为

$$\Phi_m = (k_2 AC - \varphi_m) - k_2 A'C = 2k_2\left(\frac{d}{2} - x\right)\cos\theta_m - \varphi_m \tag{4-78}$$

将波导条件代入上式，可以将它简化为

$$\Phi_m = \Phi_m(x) = m\pi - \frac{2x}{d}(m\pi + \varphi_m) \tag{4-79}$$

在 C 点，光线 1 和 2 在 x 轴上的分量正好相反，它们在相位上具有相反的 $k_2 x$ 项，光线 1 和 2 的电场分别为

$$E_1(x,z,t) = E_0 \cos(\omega t - \beta_m z + k_m x + \Phi_m) \tag{4-80}$$

$$E_2(x,z,t) = E_0 \cos(\omega t - \beta_m z - k_m x) \tag{4-81}$$

这两束光线相互干涉，结果得出

$$E(x,z,t) = 2E_0 \cos\left(k_m x + \frac{1}{2}\Phi_m\right)\cos\left(\omega t - \beta_m z + \frac{1}{2}\Phi_m\right) \tag{4-82}$$

上式中，由于有 $\cos(\omega t - \beta_m z)$ 项，同时间有余弦的关系，因此式(4-82)沿着坐标 z 轴方向是行波，而沿着 x 轴方向以 $\cos\left(k_m x + \frac{1}{2}\Phi_m\right)$ 的方式对其幅度进行调制。在 x 轴方向的表达式中没有时间变量，因此电场在横向上同时间没有关系。每个不同的整数 m 对应不同的 k_m 和 Φ_m，对应每个 m 可以获得沿 x 轴方向的清晰的电场图像。

通过这些描述和推导，可以将波导中传输的光波表达为波导的位置和时间的

函数

$$E_m(x,z,t) = E_m(x)\cos(\omega t - \beta_m z) \tag{4-83}$$

式中,$E_m(x)$ 是 m 为确定的整数时电场沿 x 轴的电场分布,而在 z 轴方向上整个电场 $E(x,z,t)$ 是向前传输的行波。

图 4-10 给出了对称平板介质波导中 $m=0,1,2$ 三个不同模式的电场分布图。$m=0$ 时,电场的峰值在波导层中的中心,只有一个峰值,这就是单模。虽然有部分电场泄漏到限制层中,但是泄漏出去的电场比较少,并且随着偏离波导界面距离的增加而呈指数衰减的趋势。$m=1,2$ 时,分别有两个和三个峰值,泄漏到限制层中的电场也随着模式数目的增加有所增加。

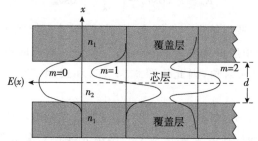

图 4-10 对称平板介质波导中 $m=0,1,2$ 三个不同模式的电场分布图

在某个方向上模式的阶数等于波导层中电场在该方向的分量同其坐标轴交叉的个数;电场的峰值的数目(对应地是光强的峰值的数目)等于模式的阶数加上 1。0 阶模有 1 个峰值,1 阶模有 2 个峰值,2 阶模有 3 个峰值,如此类推。

以上描述的是对称的平板波导。在半导体波导结构中,最简单的平面波导是由衬底、薄膜、覆盖层三层介质构成的。中间的波导薄膜较薄,波导层的厚度与传输的光波的波长同一量级。

通常的波导中各层介质是均匀的,各层介质折射率均为常数,这类波导称为均匀波导。图 4-2~图 4-10 所示的都是均匀波导。通过改变材料组分或者改变掺杂浓度,使得波导层或者限制层的折射率随空间坐标而变,这就是非均匀波导。

利用反射和折射等几何光学的方法,我们研究了平板波导中的光场,主要是研究了它们的等相位特性。对于光场同位置、时间、折射率分布、波导结构等的关系,还不能够表达得十分清晰。为此,我们有必要通过求解麦克斯韦方程和波动方程的方法,对光的电磁场有更深入的认识。这将在下面的章节中进行讨论。

4.6 平板介质波导中的 TE 模[19]

4.6.1 对称波导

为了便于分析,我们先从三层平板波导入手,即一个折射率高的介质芯层夹在两个折射率低的介质层中间(参见图 4-7~图 4-9),并且它们的折射率相同,因而是对称的平板波导。

设波导芯层的厚度为 d,坐标原点设在中心处,则波导芯层位于 $\pm\dfrac{d}{2}$ 之间。设平板在 y 向无穷大,电磁场不是 y 的函数,与 y 无关,则有 $\dfrac{\partial}{\partial y}=0$。

从麦克斯韦方程出发,并利用 $\dfrac{\partial}{\partial y}=0$,则有 TE 模在传播方向 z 轴上没有分量,$E_z=0$。与此同时,电场沿 y 轴偏振,在 x 轴没有电场分量,相应地 y 轴也没有磁场分量,$E_x=H_y=0$,因此电场只有 E_y 存在,且只是 x 的函数,与 y 无关。利用分离变量法对波动方程求解,便可得到对称平板介质波导的电场为

$$E_y(x,z,t)=E_y(x)\exp[j(\omega t-\beta z)] \tag{4-84}$$

其中 $E_y(x)$ 满足

$$\frac{\partial^2 E_y(x)}{\partial x^2}+(\bar{n}_2^2 k_0^2-\beta^2)E_y=0 \tag{4-85}$$

该方程的解为

$$E_y(x)=A_e\cos Kx+A_o\sin Kx \tag{4-86}$$

式中,A_e、A_o 为常数,其脚码 e 和 o 分别表示偶数(even)和奇数(odd),由坡印亭矢量给出,K 表示为

$$K^2=\bar{n}_2^2 k_0^2-\beta^2 \tag{4-87}$$

4.6.2 偶阶 TE 模式

在图 4-8 中,在 $|x|<\dfrac{d}{2}$ 范围内

$$E_y(x,z,t)=A_e\cos(Kx)\exp[j(\omega t-\beta z)] \tag{4-88}$$

式中,$K^2=\bar{n}_2^2 k_0^2-\beta^2$ 已在上面给出过。

利用麦克斯韦方程 $\dfrac{\partial E_y}{\partial t}=-\mu_0\dfrac{\partial H_z}{\partial t}$ 可以导出

$$H_z(x,z,t)=-\frac{jK}{\omega\mu_0}A_e\sin(Kx)\exp[j(\omega t-\beta z)] \tag{4-89}$$

为了建立波导模式,光场在有源区外必须衰减,因此在 $|x|<\dfrac{d}{2}$ 的区域中,$E_y(x)$ 的表达式中的 K 必须是虚数,而不是实数,所以 $\bar{n}_2^2 k_0^2<\beta^2$。

有源区之外的电场分量则可以表达为

$$E_y(x,z,t)=A_e\cos\left(\frac{Kd}{2}\right)\exp\left(-r|x|-\frac{d}{2}\right)\cdot\exp[j(\omega t-\beta z)] \tag{4-90}$$

同样可以推导出磁场为

$$H_z(x,z,t) = \left(-\frac{x}{|x|}\right)\left(j\frac{r}{\omega\mu_0}\right)A_e\cos\left(\frac{Kd}{2}\right)\cdot\exp(-r|x|-\frac{d}{2})\cdot\exp[j(\omega t-\beta z)] \tag{4-91}$$

式中，

$$r^2 = \beta^2 - \bar{n}_1^2 k_0^2 \tag{4-92}$$

从 K^2、r^2 的表达式可以看出，如果要保持有源区的传播、同时在有源区外衰减的波导模式传播，则必须满足如下要求

$$\bar{n}_2^2 k_0^2 > \beta^2, \quad \beta^2 > \bar{n}_1^2 k_0^2 \tag{4-93}$$

将式(4-93)的两个式子合并，可以获得

$$\bar{n}_2 > \bar{n}_1 \tag{4-94}$$

式(4-94)就是前面介绍过的光波导的条件。在垂直传输方向的 $|x|>\frac{d}{2}$ 的区域内光场呈指数衰减，这种场称为消失场。这种衰减不是由于波导芯层外限制层的介质光学吸收所引起的，而是由在界面处 n_1、n_2 的折射率差引起光的完全内反射所引起的。

在异质结界面处，电场和磁场的切向分量 E_t 和 H_t 应当是连续的，即

$$E_{1t} = E_{2t} \tag{4-95}$$

$$H_{1t} = H_{2t} \tag{4-96}$$

在 $x=\pm\frac{d}{2}$ 处，波导内的 E、H 表达式和波导外的 E、H 表达式应当彼此相等。界面处内侧和外侧的磁场的切向分量 $H_y\left(\frac{d}{2},z,t\right)$ 应该彼此相等

$$\begin{aligned} H_y\left(\frac{d}{2},z,t\right) &= -\frac{jK}{\omega\mu_0}A_e\sin\left(\frac{Kd}{2}\right)\exp[j(\omega t-\beta z)] \\ &= -\frac{j\nu}{\omega\mu_0}A_e\cos\left(\frac{Kd}{2}\right)\exp[j(\omega t-\beta z)] \end{aligned} \tag{4-97}$$

左右相约，该式可以化为

$$\tan\left(\frac{Kd}{2}\right) = \frac{r}{K} = \frac{(\beta^2-\bar{n}_1^2 k_0^2)^{\frac{1}{2}}}{(\bar{n}_2^2 k_0^2-\beta^2)^{\frac{1}{2}}} \tag{4-98}$$

令 $\frac{Kd}{2}=X$，$\frac{rd}{2}=Y$，则上式改写为

$$\tan X = \frac{r}{K} = \frac{\frac{rd}{2}}{\frac{Kd}{2}} = \frac{Y}{X} \tag{4-99}$$

进一步可以将上式化为

$$X\tan X = Y \tag{4-100}$$

将式(4-87)和式(4-92)相加，可得

$$K^2 + r^2 = (\bar{n}_2^2 k_0^2 - \beta^2) + (\beta^2 - \bar{n}_1^2 k_0^2) = (\bar{n}_2^2 - \bar{n}_1^2)k_0^2 \tag{4-101}$$

将上式两边各乘以 $\left(\dfrac{d}{2}\right)^2$，则得

$$\left(\frac{Kd}{2}\right)^2 + \left(\frac{rd}{2}\right)^2 = (\bar{n}_2^2 - \bar{n}_1^2)\left(\frac{k_0 d}{2}\right)^2 \tag{4-102}$$

若令

$$R = (\bar{n}_2^2 - \bar{n}_1^2)^{\frac{1}{2}}\left(\frac{k_0 d}{2}\right) \tag{4-103}$$

则(4-102)式化为

$$X^2 + Y^2 = R^2 \tag{4-104}$$

这就是一个半径为 R 的圆。将上式同式(4-100)联立得

$$\begin{cases} X^2 + Y^2 = R^2 \\ Y = X\tan X \end{cases} \tag{4-105}$$

求解式(4-105)的解析解很困难，可以采用图解的方式得出各项参数的范围，如图 4-11 所示。该图表明，对于偶阶模来说，只有同时满足式(4-105)中的两个公式才可以有解。图 4-11 画出了 $X = m\pi$ 对应的曲线，$m = 0, 2, 4, \cdots$。这就是对应 0、2 和 4 阶模的解。只有同时在正切曲线和圆线之内的区域才能够有对应的偶阶模式存在。

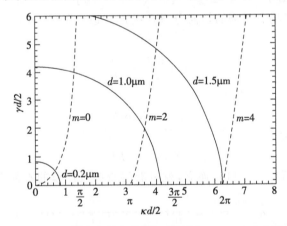

图 4-11 偶阶 TE 模式本征方程图解(该图为 $\lambda_0 = 0.9\mu m$ 时的情形)

在上述公式中，平板介质波导的 $\bar{n}_1$、$\bar{n}_2$ 折射率差对模式的影响很大。我们定义波导的数字孔径为

$$NA = (\bar{n}_2^2 - \bar{n}_1^2)^{\frac{1}{2}} \tag{4-106}$$

平板波导中的模式数目与 R 成正比，即与 $(\bar{n}_2^2 - \bar{n}_1^2)^{\frac{1}{2}}\left(\dfrac{k_0 d}{2}\right)$ 成正比。这就是说，随着 $\bar{n}_2$ 的增大、$\bar{n}_1$ 的减小、d 的增大和 λ_0 的减小，模式数目在增加。

对于偶阶 TE 模来说，只有 $R < \pi$ 时，才有可能只有 0 阶和 1 阶的模式工作。

$$R = (\bar{n}_2^2 - \bar{n}_1^2)^{\frac{1}{2}}\frac{k_0 d}{2} = (NA)\frac{2\pi}{\lambda_0}\frac{d}{2} < \pi \tag{4-107}$$

2 阶模的模式截止厚度为

$$d = \frac{\lambda_0}{(\bar{n}_2^2 - \bar{n}_1^2)^{\frac{1}{2}}} = \frac{\lambda_0}{NA} \tag{4-108}$$

例如要想获得 2 阶模的模式,波导层的厚度必须小于 λ_0/NA。值得指出的是,这一厚度只是低的偶阶模的截止厚度。小于这一厚度时,1 阶模和 0 阶模都可能存在。因此式(4-108)还不是基模的截止厚度。

4.6.3 奇阶 TE 模式

我们可以对奇阶 TE 模式进行偶阶 TE 模类似的分析,有源层内的电磁场为

$$E_y = A_0 \sin(Kx) \exp[j(\omega t - \beta z)] \tag{4-109}$$

$$H_x = \frac{jK}{\omega\mu_0} A_0 \cos(Kx) \exp[j(\omega t - \beta z)] \tag{4-110}$$

在有源层之外电磁场为

$$E_y = \frac{x}{|x|} A_0 \sin\left(\frac{Kd}{2}\right) \exp\left[-r\left(|x| - \frac{d}{2}\right)\right] \cdot \exp[j(\omega t - \beta z)] \tag{4-111}$$

$$H_x = \left(-\frac{jK}{\omega\mu_0}\right) A_0 \sin\left(\frac{Kd}{2}\right) \exp\left[-r\left(|x| - \frac{d}{2}\right)\right] \cdot \exp[j(\omega t - \beta z)] \tag{4-112}$$

利用边界上电场和磁场的切向分量连续这一边界条件,可以得到 TE 奇阶模的本征方程为

$$\cot\frac{Kd}{2} = -\frac{r}{K} \tag{4-113}$$

或者表达为

$$Y = -X\cot X \tag{4-114}$$

同样还有

$$X^2 + Y^2 = R^2 \tag{4-115}$$

将式(4-114)和式(4-115)连立,就可获得奇阶 TE 模的本征方程的图解,如图 4-12 所示。

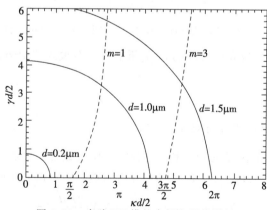

图 4-12 奇阶 TE 模的本征方程的图解

我们将图 4-11 和图 4-12 合并,将偶阶模和奇阶模的两张图画在同一张图上,如图 4-13 所示。可以看出,只有 $R < \frac{\pi}{2}$ 时,才有可能以基横模($m=0$)的方式工作。

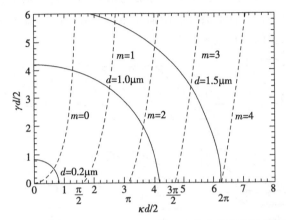

图 4-13 TE_0、TE_1、TE_2、TE_3 和 TE_4 的本征方程的图解

$$R = (\bar{n}_2^2 - \bar{n}_1^2)^{\frac{1}{2}} k_0 \frac{d}{2} = (NA) \frac{2\pi}{\lambda_0} \frac{d}{2} < \frac{\pi}{2} \tag{4-116}$$

$$d < \frac{\lambda_0}{2(NA)} \tag{4-117}$$

式(4-117)为三层对称介质波导中基模的截止条件,波导芯层的厚度必须小于 $\lambda_0/[2(NA)]$。该式表明,波长一定时,基模的截止厚度由数字孔径 $NA = (\bar{n}_2^2 - \bar{n}_1^2)^{\frac{1}{2}}$ 的大小决定,它依赖于波导芯层同限制层的折射率差。$\bar{n}_2$ 和 $\bar{n}_1$ 相差大时,容易实现全反射,对光的限制作用大,泄露到波导芯层之外的光场就会小;但是 $\bar{n}_2$ 和 $\bar{n}_1$ 相差大时,数字孔径也变大,依照式(4-117)计算出的基模的截止厚度就薄,要实现单模传输的厚度就更薄。这在器件制作上带来许多困难。实际的器件设计和制作是在限制作用和截止厚度之间进行折衷平衡,以便既保证足够好的光学限制作用,又容易制造器件。

4.7 矩形介质波导[8,20-24]

我们已经详细地讨论了平板介质波导。给出了平板介质波导中电磁场的数学表达式和对应的图像,特别是详尽地研究对称平板介质波导中 TE 偶阶模和奇阶模。我们了解到,在折射率分布满足一定的全反射条件和波导芯层足够薄的空间结构中,可以获得模式为基模的电磁场。

然而,对称平板介质波导只在垂直该平面的 x 方向上有折射率差,因而在 x 方向上对电磁场有限制的作用;而在薄膜的 y-z 平面中,对光没有任何限制。这既不是非常理想的模型,也不是我们常常采用的实际波导结构。在各种半导体光子器件中,

除了在 x 方向上对光有限制以外,在 y 方向上也对光有限制。例如半导体激光二极管、光开关、光调制器等器件中,常常采用各种矩形介质波导。

图 4-14 给出了七种条形介质波导的结构示意图。它们依次是(a)凸起条形波导、(b)掩埋条形波导、(c)脊形波导、(d)截止条形波导、(e)增益条形波导、(f)掩埋条形波导、(g)侧边暴露的条形波导。

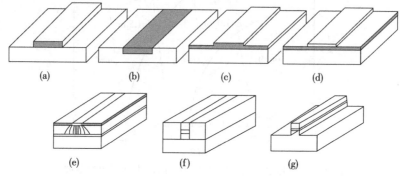

图 4-14 七种条形介质波导结构示意图

铌酸锂玻璃波导器件中,常常采用图 4-14(b)所示的掩埋条形波导,利用离子注入等技术制备出其条形,其波导就掩埋在平坦的基片中。半导体激光器多采用图 4-14 中(f)的掩埋条形波导,少数还采用(g)侧边暴露的腐蚀条形波导和(e)增益条形波导。半导体光波导器件(例如光开关、光调制器、分光器、滤波器、阵列波导光栅(AWG)等)常常采用(c)的脊形波导。这些波导结构的细节将在相关器件的章节中作进一步的说明。

平面光波导只是实际光波导的初级近似,而矩形波导则十分接近实际的半导体光导波。图 4-15 示出的矩形波中,芯区截面为矩形,折射率为 n_1,周围介质折射率依次为 n_2、n_3、n_4 和 n_5。例如 InGaAsP 半导体激光器中,矩形的芯区截面为 InGaAsP,周围与其直接相连的四个区域都为 InP。虽然这四个区域的掺杂的杂质和浓度可能各不相同,但是为了简单起见,我们还是假定它们基本上是一样的,因此它们的折射率全部采用 n_2。

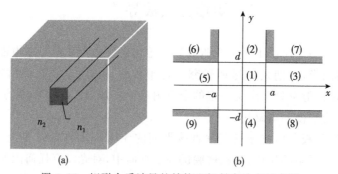

图 4-15 矩形介质波导的结构和折射率分布示意图

求解矩形波导的电磁场是很复杂、很困难的,通常都用近似方法求解[25-27]。在分析矩形波导时,常常使用等效折射率法。等效折射率法的两个假设条件如下。

(1)介质波导中的传输模式远离截止模式,光场不会进入图 4-15 中的(6)~(9)四个区域。在波导的矩形区域中,电磁场沿着 x 和 y 两个方向都是单一振荡的函数。在 x 和 y 两个方向上,它们的单位波矢分别满足

$$k_{1x}=k_{3x}=k_{5x}=k_x \tag{4-118}$$

$$k_{1y}=k_{2y}=k_{4y}=k_y \tag{4-119}$$

(2)虽然矩形波导的芯区的折射率大于环绕它的(2)~(4)区的折射率,但是差别不是特别大。

$$\frac{n_1}{n_i}-1 \ll 1, \quad i=2,3,4,5 \tag{4-120}$$

在这些假设条件下,我们可以将矩形波导的电磁场分解为 x 和 y 两个方向上的两个模式 E_{mn}^x 和 E_{mn}^x,m 和 n 分别为电磁场在两个方向上的模式阶数,也是它们在两个方向上沿 x 轴和 y 轴变化的节点个数。

根据上述假定,可以将折射率分布简化为图 4-16 的模型。将图 4-15 所示的矩形介质波导分解为 x 和 y 两个方向上的平板介质波导,我们可以将它们分别称为水平的平板波导和垂直的平板波导。(a)为矩形介质波导垂直方向 x 轴的折射率分布;(b)为水平方向 y 轴的折射率分布。也就是说,图 4-16(a)是垂直的平板波导,图 4-16(b)是水平的平板波导。

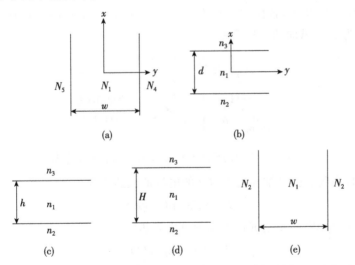

图 4-16 (a)和(b)矩形波导的折射率分布示意图;
(c)~(e)脊形波导的折射率分布示意图

从图 4-16(a)可以看出,垂直方向的平板波导的有效折射率分别为 N_1、N_2 和 N_3,进一步假定 N_1 的值可由下式求出

$$N_1 = \left[n_1^2 - \left(\frac{k_y}{k_0} \right)^2 \right]^{1/2} \tag{4-121}$$

有了有效折射率的数据,我们可以将前几节中的分析和推导应用到这里,从而得出电磁场的数学解析表达式和画出电磁场的大小随着空间位置变化的物理图像来。

脊形波导的情形更为复杂一些。我们还是采用分解简化的办法,将脊形区和脊形外的平坦区划分开来。脊形区的高度为 H,脊形之外的高度为 h。正是这种高度差为有效折射率带来了差别。图 4-16(e) 给出了水平方向 y 轴的折射率分布。脊形区域中的有效折射率 N_1 大于脊形外的有效折射率 N_2,因此就构成了一个垂直方向的平板波导。我们又一次使用上述有关平板介质波导的分析和讨论的结果。

在半导体激光器、探测器和光波导器件中,最常出现的就是掩埋的矩形波导和脊形波导。虽然它们没有平板波导那么简单,但是可以利用简化的模型,等效成为两个或者多个平板波导组成的结构,从而将复杂的问题化解为简单的问题。我们也就能够获得数值解或者图像解。

4.8 古斯-汉欣位移

通常认为,波导中的全反射发生在界面的入射点上,实际上并非如此。Goos 和 Hänchen 曾用实验证明,入射光束和反射光束分别为 E_{yi}、E_{yr},当光束入射到折射率分别为 n_1、n_2 两种介质的界面上 Z_0 时,其反射点并不是该 Z_0 处,而是偏离入射点一段距离,如图 4-17 所示,这段位移称为古斯-汉欣(Goos-Hänchen)位移[28]。图中横向的位移量为 $2z_g$,纵向的穿透深度为 x_g。

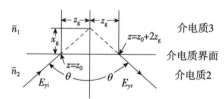

图 4-17 介质的界面处 Goos-Hänchen 位移示意图

对于 TE 模我们已经推导出入射光的电场的表达式为

$$E_{yi} = E_i \exp(-j\beta z) \tag{4-122}$$

反射光发生了 2ϕ 相移,反射光的电场的可以表达为

$$E_{yr} = E_{yi} \exp(j2\phi) \tag{4-123}$$

如果两束光的入射角度稍微有一点差别,它们对应的传输常数也就有所差别,$\beta \pm \Delta\beta$。在 $x=0$ 处,入射光的电场改写为

$$E_{yi} = E_i \{ \exp[-j(\beta+\Delta\beta)z] + \exp[-j(\beta-\Delta\beta)z] \} \tag{4-124}$$

$$E_{yi} = 2E_i \cos(\Delta\beta z) \exp(-j\beta z) \tag{4-125}$$

由于传输常数发生了微小变化 $\Delta\beta$，相位也发生变化

$$\phi(\beta+\Delta\beta)=\phi(\beta)+(\partial\phi/\partial\beta)\Delta\beta=\phi+\Delta\phi \tag{4-126}$$

将相位变化代入上面的反射光的电场表达式，可以得到

$$E_{yi}=E_i\{\exp[-j(\beta+\Delta\beta)z]\exp[j(2\phi+2\Delta\phi)]+\exp[-j(\beta-\Delta\beta)z]\exp[j(2\phi-2\Delta\phi)]\} \tag{4-127}$$

该式可以化为

$$E_{yr}=E_i\exp[-jβz-2\phi)]\{\exp[j(\Delta\beta z-2\Delta\phi)]+\exp[-j(\Delta\beta z-2\Delta\phi)]\} \tag{4-128}$$

进一步可以化简为

$$E_{yr}=2E_i\cos\Delta\beta(z-2\Delta\phi/\Delta\beta)\exp[-j(\Delta\beta z-2\Delta\phi)] \tag{4-129}$$

在 $x=0$ 处，为了使入射电场 E_{yr} 同反射电场的幅度相等，式（4-128）和式（4-129）必须相等。相对入射波在横向 z 上有位移 $z=z_0$，反射波的 z 变成了 $z_0+2\Delta\phi/\Delta\beta$，这同横向的相移 $2\Delta\phi/\Delta\beta$ 相对应。参见图 4-17，横向位移的大小可以用 z_g 来描述

$$z_g=\partial\phi/\partial\beta \tag{4-130}$$

正如图 4-17 所示，光波的穿透深度为

$$x_g=z_g/\tan\theta \tag{4-131}$$

由 (4-126) 式可以求得 ϕ 对 β 的偏微分

$$z_g=\partial\phi/\partial\beta=(k^2+\gamma^2)^{-1}[k(\partial\gamma/\partial\beta)-\gamma(\partial k/\partial\beta)] \tag{4-132}$$

由式 (4-127) 可以求得 k 和 γ 同 β 的关系，从而得出

$$k\partial\gamma/\partial\beta=k\beta/\gamma \tag{4-133}$$

$$\gamma\partial k/\partial\beta=-\gamma\beta/k \tag{4-134}$$

现在位移的大小可以写为

$$z_g=\beta/\gamma k=(1/\gamma)\tan\theta \tag{4-135}$$

$$\beta/k=\tan\theta=z_g/x_g \tag{4-136}$$

$$x_g=1/\gamma \tag{4-137}$$

由于存在古斯-汉欣位移，光在波导中传输时，波导不是被限制在 d 的范围内，波导的厚度应该包括波导层的厚度 d 加上两边的穿透深度 x_{g1} 和 x_{g2} 之和。

$$d_{\text{eff}}=d+x_{g1}+x_{g2} \tag{4-138}$$

d_{eff} 被称为波导的有效厚度。显而易见，波导的有效厚度变宽了。因此，在实际设计光子器件结构时，应当对此加以考虑。

4.9 光 的 模 式

普通的光在波长、相位、偏振方向等方面是没有固定的规律的。然而，如果光源

的物质是确定的,发光的温度是固定的,在一定的边界条件下,电磁波在谐振腔内形成驻波,光强呈稳定分布,因而波长是确定的,相位是相关的、确定的,这种稳定的光场分布称为光的模式。

在传播方向和垂直传输方向的横向上,光的电磁场都会有确定的分布,光波在传播方向上的分布情况称为纵模,光波在垂直谐振腔方向上的分布情况称为横模,对于半导体波导器件来说,常常将垂直 pn 结平面波导方向的电磁场或光场的分布称为垂直横模,而平行 pn 结平面方向的电磁场或光场的分布称为水平横模。

求解麦克斯韦方程,得出电磁波定态解,它可能是由许多不同频率的电磁场组成的。依据坐标轴的三个方向,可用一组整数(m,n,q)表征,它们为模式指数。电磁场可以表达为

$$\vec{E}(x,y,z,t) = \sum_{m,n,q=0,0,0}^{\infty,\infty,\infty} \vec{E}_{mnq}(x,y,z,t)$$
$$= \sum_{m,n,q=0,0,0}^{\infty,\infty,\infty} E_{mnq}\vec{X}_m(x)\vec{Y}_n(y)\cos\left(\frac{q\pi}{L}z\right)\cos(2\pi\nu_{mnq}t) \qquad (4\text{-}139)$$

从该式可以看出,电磁场是位置和时间的函数,同时间呈余弦振荡的关系。如果一束光包含多个波长,还有不同的相位,这种电磁波肯定是多模的。有些光束比较简单,它仅仅只含有一些低阶的模式,我们常常可以将它表达为

$$\vec{E}_{mnq}(x,y,z) = E_{mnq}\vec{X}_m(x)\vec{Y}_n(y)\cos\left(\frac{q\pi}{L}z\right)\cos(2\pi\nu_{mnq}t) \qquad (4\text{-}140)$$

式中,$m,n,q=0,1,2,3,4,\cdots$。

事实上,m 和 n 分别为电磁场同 x 轴和 y 轴相互交叉的数目。图 4-18 给出了横电场 TE_0、TE_1 和 TE_2 的模场分布。可以看出,在波导的芯层中,TE_0、TE_1 和 TE_2 同 x 轴交叉的数目分别为 0、1 和 2。

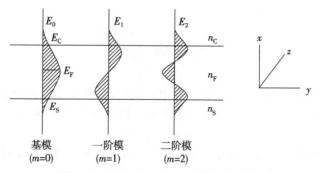

图 4-18　TE_0、TE_1 和 TE_2 的模场分布

图 4-19 给出了 4 个低阶模在空间的模场分布和远场图照片,它是光强在空间 x 和 y 轴两个方向上的分布。事实上,光强 I 同电场的平方 E^2 成正比,在远场图上分别可以观测到 1、2、2、4 个光斑。显然,TE_{00} 是单模,只有一个光斑,同时也只有一个波长。TE_{10} 和 TE_{01} 分别有两个水平横模和两个垂直横模,还分别有两个不同的波

长,TE_{11}有四个模式,水平横模和垂直横模同时各有两个和四个不同的波长。我们将在激光器的有关章节中对模式进一步讨论。

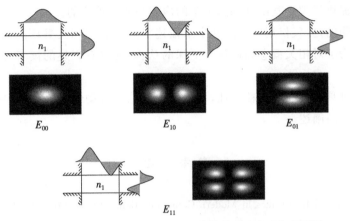

图 4-19 TE_{00}、TE_{10}、TE_{01}和TE_{11}的模场分布和远场图照片

4.10 结 束 语

半导体材料是一类特殊的介质,其折射率同材料本身、掺杂、几何结构和尺寸等因素相关。光在半导体介质中的传播非常依赖于材料特性和结构,遵循介质波导的普遍规律的同时,也有其自身的特性,例如通过固溶体的组分改变折射率、提高注入载流子浓度来改变光波的相位、开关等。

我们在这一章中依次介绍了光波的反射和折射、临界角和全反射、布儒斯特角、平面波、辐射模、衬底模和波导模、TE 模和 TM 模,推导出介质的介电常数同吸收系数的平方关系、单模的截止条件、古斯-汉欣(Goos-Hänchen)位移和波导有效厚度以及模式等物理概念。特别强调的是,横模、单模等概念和物理图像是本章的重点,研制出具有一定模式、波长、功率的发光器件,同时人为地调制光波、控制传输并探测光波携带的信息和能量,这些就是光子学需要进行研究和开发的目标。

介质波导是一门很深的学问,需要认真学习和深入思考才能够理解。人类最初是将光看成光线,以几何直线的方法探寻光线的前进过程。之后人们认识到光波也是电磁波,可以用麦克斯韦方程和波动方程对它进行描述,这在揭示光的波动性上是一次大的飞跃。然而光波的电磁场分析和求解是极其复杂困难的。因此我们先从无限大均匀介质中平面波入手,再引进平板波导,在特定方向和平面中利用分离变量的方法,求出最简单的电磁场的解析表达式,再逐渐地加入一些限定边界条件,给出特定条件下的解析解或者图解。最后再讨论我们将来常用的矩形和脊形波导,从而构成循序渐进的认识方式,逐渐深入地了解半导体波导的本质,最终落实到波导中的模式以及如何获得单模和如何传输光波上,这些构成本书以下章节中的主要内容。

半导体光子器件中，常常采用波导结构，特别是矩形波导和脊形波导。这些知识是下面几章的基础知识，为我们进一步讨论光发射、探测，特别是光在半导体波导结构中的传播提供了理论基础，因此，本章的内容是非常重要的。

需要说明的是，仅仅用一章的文字来描述"导波光学"相关书籍的大量内容也是不可能的。为了对相关概念和计算有更深的认识，建议有兴趣的读者可以阅读文献[1-8]。

光波同时具有波动性和粒子性，本章集中讨论了波动性，没有涉及粒子性，这将在下一章中专门阐述。

参 考 文 献

[1] Yariv A. Optical Electronics in Modern Communication. 5th ed. Oxford: Oxford University Press, 1997

[2] Okamoto K. Fundamentals of Optical Waveguides. San Diego: Academic Press, 2000

[3] Chuang S L. Physics of Optoelectronic Devices. New York: John Wiley & Sons, 1995

[4] Marcuse D. Theory of Dielectric Optic Waveguide. 2nd ed. New York: Academic Press, 1991

[5] 斯奈德 A W, 洛夫 J D. 光波导理论. 周幼威等译. 北京: 人民邮电出版社, 1991

[6] 秦秉坤, 孙雨南. 介质波导及其应用. 北京: 北京理工大学出版社, 1991

[7] 宋菲君, 羊国光, 余金中. 信息光子学物理. 北京: 北京大学出版社, 2006: 195-259

[8] 方俊鑫, 曹庄琪, 杨傅子. 光波导技术物理基础. 上海: 上海交通大学出版社, 1988: 54-68

[9] Kasap S O. Optoelectronics and Photonics. New Jersey: Prentice Hall, 2001: 50-82

[10] Casey H C Jr, Panishi M B. Heterostructure Lasers. San Diego: Academic Press, 1978: 20-109

[11] Magid L M. Electromagnetic Fields, Energy, and Waves. New York: Wiley, 1972

[12] Marcuse D. Light Transmission Optics. New York: Van Nostrand Reinhold, 1972

[13] Kapany N S, Burke J J. Optical Waveguide. New York: Academic Press, 1972

[14] Marcuse D. Theory of Dielectric Optical Waveguide. New York: Academic Press, 1974

[15] Goodman J W. Introduction to Fourier Optics. New York: McGraw-Hill, 1968

[16] Casey H C Jr, Panishi M B. Heterostructure Lasers. San Diego: Academic Press, 1978: 20-109

[17] 谢建平, 明海, 王沛. 近代光学基础. 北京: 高等教育出版社, 2006: 246-285

[18] Kasap S O. Optoelectronics and Photonics. New Jersey: Prentice Hall, 2001: 50-106

[19] Colin R E. Field Theory of Guided Waves. New York: McGraw-Hill, 1960: 470

[20] 余金中. 半导体光电子技术. 北京: 化学工业出版社, 2003: 48-53

[21] Marcatil E A J. Bell Syst. Tech. J., 1969, 48(7): 2071-2103

[22] Kumar A, Thyagarajan K, Ghatak A K. Opt. Lett., 1983, 8: 63-65

[23] Knox R M, Toulios P P. Symposium on Submillimeter Waves, 1970: 497-516

[24] Tamir T. Integrated Optics. Berlin: Springer-Verlag, 1975: Chapter2
[25] Macartili E A J. Bell Syst. Tech. J. , 1969, 48: 2071-2102
[26] Kumar A, Thyagarajan K, Ghatak A K. Opt. Lett. , 1983, 8: 63-65
[27] Knox R M, Toulios P P. Symposium on Submillimeter Waves, 1970: 497-516
[28] Goos F, Hänchen H. Ann. Phys. Lpz. , 1947, 1: 333-346

第5章 半导体中的光发射和光吸收

5.1 引　言

　　电磁波同物质相互作用时,有可能引起受激发射,也会引起受激吸收。当物质中处于高能态的电子跃迁到低能态时,就会以发光或者发热的形式将多余的能量释放出来。同样地,外来的光照射到物质上时,处于低能态的电子就会吸收外来光的能量跃迁到高能态,发生光吸收。光发射和光吸收是近百年来人们十分热衷于研究的物理现象,对于推动光子学的深入研究和光产业的高速兴起产生了巨大的影响[1-4]。

　　光发射包括自发发射和受激发射。前者是自发的、无序的物理过程,后者是一个光子同电子相互作用时,光子激发电子的能量发生变化,发射出一个新的同样的光子,起激发作用的原光子和被引诱而发射的新光子的能量、波长、相位等具有一致性。

　　在光吸收过程中,物质对光的吸收是有选择性的,只吸收能量大于带隙宽度的短波长光,对于能量小于带隙宽度的长波长光是透明的。

　　1916年爱因斯坦最早发表了有关辐射复合发光的论文,由于这一论文的杰出贡献,他在1921年获得诺贝尔物理学奖。爱因斯坦在理论上提出了受激发射、自发发射和光吸收等过程的几率之间的关系,即爱因斯坦关系式,为研究半导体的光发射和探测奠定了理论基础。爱因斯坦关系式表明,受激发射的几率和光吸收的几率是相等的,同时二者都与自发发射相关联。由此我们可以求出吸收系数、自发发射速率和受激发射的速率。

　　我们前几章采用几何光学、电动力学的方法研究了光的波动性,把光看作电磁波,以麦克斯韦方程和波动方程为出发点,再加上一些边界条件,求出它们的解析解或者图解。事实上,仅仅以光的波动性为出发点的方法已经不能够完全解释光的特性了。于是我们就需要利用光的粒子性,采用量子力学的方法来分析和讨论光的发射和吸收了。借助量子力学的方程求解两个能级之间的电子跃迁、光子发射和吸收,分析它们同能级高低、介质特性的依赖关系,进一步研究光发射速率和光吸收速率等参数的各种关系式,在此基础上认识光的发射和探测的本质。虽然求解两个能级之间的光辐射和光吸收是有较大的难度,但是能级十分确定、能级上的态密度也十分确定,因此能够获得一些解析的方程和表达式。

　　然而半导体是一类特殊的材料,它们不同于气体,其电子和空穴的能量不再是分立的能级,而是准连续的能带。因此电子是在两个能带间跃迁,大大扩充了载流子发生复合的范围和不确定性,这为其激射的光谱带来新的特征。半导体中的能量转换也是特别的,除了可以采用光泵浦或者电子束激发的方法外,最常用的方法是通过pn结上加偏压的方式,将电子由低能态抽运到高能态,外加偏压的pn结的能带结构会发生变化,相应地电子和空穴的态密度与占有情况也会发生变化。因此,对半导体中光的发射和吸收的研究就变得复杂和困难了。我们有必要进一步了解载流子在能带中的分布状况,再依照发光或者吸收的选择法则对其进行相应的积分,从而把复杂的问题简化为以带边能量为表达式的问题,最终给出明晰的发光和吸收的物理图像。

这一章中,将在学习爱因斯坦关系式之后,深入讨论黄金规则、光发射速率和光吸收速率、自发发射速率、受激发射的必要条件、阈值条件、态密度和增益谱,这些知识将为讨论发光二极管、激光器、探测器的工作原理提供必要的基础。

5.2 辐射复合和非辐射复合

在固体、气体、液体等各种形态的物质中,电子处于各种能级的位置。我们最关心的是处于原子外层的电子的情况。即使在热平衡的情况下,电子依然会受热激发的作用,有可能从低能态跃迁到高能态,同时也可能从高能态跃迁到低能态,将多余的能量以发热或发光的形式释放出来。热平衡时,这些互逆的过程同时存在,相互抵消,共同平衡。如果有光照、电注入、升温等外来的能量的加入,就会激发电子跃迁到更高的能级上去,与此同时,它们也会以发光或发热的各种形式力求将多余的能量释放出来,于是就发生各种辐射复合和非辐射复合的过程。

图5-1给出了电子在能级(或能带)间的跃迁引起的光发射和光吸收等过程,图5-1(a)为受激吸收,电子吸收外来的光子的能量跃迁至高的能级;(b)为受激发射,外来的光子诱发处于高能级的电子跃迁至低能级,发射出光子;(c)为自发发射,无需外来光子的影响,处于高能级的电子自发地跃迁至低能级;(d)为发热,吸收外来的光子的能量,产生声子,引起温升。该图简洁地表示出各种复合的过程,实际的情况要复杂得多。

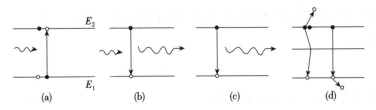

图5-1 电子在能级间的跃迁
(a)受激吸收;(b)受激发射;(c)自发发射;(d)发射声子

在图5-1中,我们只画出了两个或者三个能级,在半导体中应该是两个能带以及禁带中的某些能级。因此,涉及的是导带和价带之间以及它们同杂质能级之间的电子同空穴的复合。在带内的电子也会在同一能带中的不同能级间跃迁,产生或者吸收声子。图 5-2 给出了电子在半导体能带间的向上和向下的两个跃迁过程。我们在以后的章节中将会进一步认识到,受激发射的过程构成激光器的工作原理基础,受激吸收的过程构成探测器的工作原理基础。

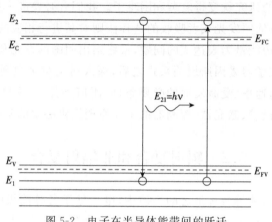

图 5-2　电子在半导体能带间的跃迁

5.2.1　辐射复合

半导体中,位于高能态的电子,向下跃迁、同位于低能态的空穴复合,将多余的能量释放出来。如果是以发射光子的形式释放能量,则为辐射复合(radiative recombination);如果不能够发射光子,而是产生声子,则为非辐射复合(non-radiative recombination)。事实上,复合过程中同时存在辐射复合和非辐射复合。

辐射复合可以是导带的电子与价带的空穴直接复合,这种复合又称为直接辐射复合,是辐射复合中的主要形式。辐射复合也可以通过复合中心进行。因此,载流子的复合包括带间复合、杂质能级与带间的复合、杂质能级(施主-受主)之间复合、激子复合和等电子陷阱复合等多种形式。平衡时,载流子的产生率总是与复合率相等。

1. 带间复合

半导体材料中导带底的电子向下跃迁,同导带顶的空穴复合,便产生一个光子,其能量大小为

$$h\nu = \frac{hc}{\lambda_g} = E_g \tag{5-1}$$

式中,E_g 和 λ_g 分别为带隙宽度和带隙对应的波长。将普朗克常数和光速的数据代入上式,同时分别采用 μm 和 eV 为 λ_g 和 E_g 的单位,则可以简化为

$$\lambda_g = \frac{hc}{E_g} = \frac{1.2398}{E_g} \approx \frac{1.24}{E_g} \tag{5-2}$$

光具有波动和粒子双重性,上式将波长同能量联系起来,是波粒双重性的最好体现,能够非常方便地进行波长同能量的换算,在设计半导体光子器件时非常有用。

半导体中的载流子不完全位于导带底的最低处和导带顶的最高处，导带底和价带顶附近的载流子都会参与这种带间复合，因此带间的辐射复合不再是两个分立能级间的辐射复合，相应地，其发射光谱不再是单一的，因为能带的缘故而具有一定的光谱宽度，这是半导体发光不同于其他材料的独特之处。

2. 杂质能级与带间的复合

半导体中掺有杂质时，会引进杂质能级，如果杂质能级同带边的距离为 kT 的量级，则为浅杂质。k 是玻尔兹曼常数，T 为温度。浅施主-价带、导带-浅受主间的载流子复合产生的辐射光为带边缘发射，其光子能量总比禁带宽度 E_g 小。通常，这些浅施主或浅受主很靠近导带底或价带顶，其电离能只有几个 meV，并且浓度大时这些杂质带会并入导带或价带，形成带尾，因而很难将这种边缘发射同带间复合区分开。

3. 杂质能级（施主-受主）之间的复合

施主能级上的电子同受主能级上的空穴复合产生辐射复合，其光子能量小于 E_g，是另一种重要的发光机理，简称 D-A 对复合。

4. 激子复合

在半导体中，如果一个电子从价带激发到导带上去，则在价带内产生一个空穴，而在导带内产生一个电子，从而形成一个电子-空穴对。空穴带正电，电子带负电，它们之间受库仑力的作用相互吸引，在一定的条件下会使它们在空间上束缚在一起，形成一个中性的"准粒子"，能在晶体中作为一个整体存在，这种"准粒子"就叫做**激子**。在某些情况下，激子在晶体中能自由运动，这种能够以"准粒子"的形式一同在晶体中自由运动的激子为**自由激子**。如果自由激子束缚在杂质附近，不能够自由运动，它们就形成**束缚激子**。如果激子的束缚能大，说明自由激子容易和杂质结合形成发光中心。

激子的稳定性依赖于温度、电场、载流子浓度等因素。当 kT 值接近或大于激子电离能时，激子会因热激发而发生分解。温度较高时，激子谱线会因声子散射等原因而变宽。在电场的作用下，激子效应也将减弱，甚至由于电场离化而失效。载流子浓度很大时，由于自由电荷对库仑场的屏蔽作用，激子也可能分解。总之，激子束的束缚能较大时，激子比较稳定。

激子复合时发光，它是一种重要的发光机制，特别是在一些间接带半导体材料和低维结构半导体材料制成的发光二极管中，激子发光跃迁常常起着关键性的作用。激子效应对半导体中的光吸收、发光、激射和光学非线性等物理过程具有重要影响，在量子化的低维电子结构中，激子的束缚能要大得多，激子效应增强，而且在较高温度或在电场作用下更稳定。

激子中的电子和空穴复合发光的光子能量总是小于带隙宽度，在测量半导体材料的发射光谱时，常常在带边光谱的长波边有一些非常临近的光谱峰，它们就是激子光谱。激子复合是一种非常特殊的辐射复合,效率可以相当高,在半导体发光中起着重要的作用。

5. 等电子陷阱复合

元素周期表中,同一族的原子的最外层的电子数目是相同的。如果晶体中的某一个点阵上的原子被同一族的其他原子所替代,就形成等电子杂质。它的外层电子数同原有的原子的电子数是一样的,材料在总体上依然是电中性的。但是,由于替代原子的电负性和原子半径与原有原子不相同,就会产生一个势场,可以俘获电子或空穴。我们将这种同一族原子替代了原来的原子之后所形成的陷阱称为**等电子陷阱**。固体中的等电子杂质以短程作用为主,等电子陷阱是等电子杂质俘获电子或空穴所形成的束缚态。

当这种杂质的势能的绝对值大于电子(或空穴)所处的能带的平均带宽或电子的有效"动能"时,能带中的电子(或空穴)便可能被等电子杂质所俘获,并造成电子(或空穴)束缚态。相对于点阵原子而言,通常电负性大的等电子杂质形成电子束缚态,反之形成空穴束缚态。前者又称为等电子受主,后者为等电子施主。这是两种最基本的等电子陷阱。

等电子杂质和点阵中被替代的原子处于周期表中同一族。例如 GaP 中的 N 或 Bi 原子取代 P 位,N、Bi 和 P 的都为Ⅴ族元素。等电子杂质本身是电中性的。实验证实,除了孤立的等电子杂质,还有两个等电子杂质联合起来形成的成对等电子陷阱,例如 GaP 中的对 N-N,成对的 N-N 可以有不同的距离,$(N-N)_i$,$i=1,2,\cdots$ 分别表示处于第一近邻、第二近邻……等的 N-N 对,这些不同的 N-N 对可以形成等电子陷阱。

半导体中最近邻的施主-受主对是更为复杂的等电子杂质,例如 GaP 中的 Zn-O 对及 Cd-O 对,尽管它们不是等电子杂质,但是构成类似于晶体中的中性分子。它们也以短程作用束缚电子,构成等电子陷阱。

等电子陷阱通过短程的势场俘获电子(或空穴)之后,成为负电(或正电)中心,可以借助长程的库仑作用吸引一个空穴(或电子),于是形成了等电子陷阱上的束缚激子。这种束缚激子(至少其中有一个载流子)在正常空间中是非常局域化的,根据量子力学的测不准关系,它在动量空间的波函数相当弥散,使得处于布里渊区内动量不为零的电子在动量为零处的波函数的幅度也相当宽。这样一来,电子和空穴的波函数有大的交叠,因而能够实现准直接跃迁,从而使辐射复合几率显著提高。

以 GaP 为例,它是间接带隙的Ⅲ-Ⅴ族半导体材料,通过掺入Ⅴ族 N 原子,或同时掺入能形成施主-受主对的 Zn-O,氮在晶格中代替磷位,或 Zn 和 O 一起替代原有的分子,是一种电中性的替位式等电子杂质。这种杂质中心的电负性不同于主晶格原子的电负性,原子尺寸也不相同,在晶格中会产生作用距离较短的近程势,并使激子束缚在杂质中心附近、形成束缚激子。由于有了许多等电子陷阱,就形成了浓度较高的束缚激子，通过激子的复合就能够发光，使发光效率大为提高，因此这些含有等电子陷阱的材料能够发出很强的光。现在广为使用的绿色 GaP 和 GaAsP 发光二极管就是利用这一原理制成的。

5.2.2 非辐射复合

电子从高能态向下跃迁时，如果不能够以发射光子的方式释放能量，则这种辐射复合以外的所有复合都为非辐射复合。非辐射复合的形式有多种，主要有多声子复合和俄歇复合。

1. 多声子复合

声子(phonon)就是晶格振动简正模的能量量子。

晶体中，原子或分子是按一定的规律排列在晶格上的。一方面，原子并非是静止的，它们总是围绕着其平衡位置在作不断的振动。另一方面，原子间有相互作用，通过它们之间的相互作用力而联系在一起，相互作用力一般可以近似为弹性力。原子各自的振动都会牵动周围的原子，使振动以弹性波的形式在晶体中传播。这种振动在理论上可以认为是一系列基本的振动(即简正振动)的叠加。

声子并不是一个真正的粒子，不能脱离固体存在。声子可以产生和消灭，有相互作用的声子数不守恒，声子动量的守恒律也不同于一般的粒子，并且声子只是格波激发的量子，在多体理论中称为集体振荡的元激发或准粒子。声子的化学势为零，属于玻色子，服从玻色-爱因斯坦统计。声子本身并不具有物理动量，但是携带有准动量，并具有能量。

晶体中的电子与空穴复合时，可以激发多个声子，从而释放出其能量，由于发光半导体的 E_g 通常在 1eV 以上，而一个声子的能量约为 0.06eV。因此，电子-空穴复合可以通过杂质、缺陷、界面态产生多声子跃迁。多声子跃迁是一个几率很低的多级过程。

2. 俄歇复合

1920 年奥地利科学家 Lise Meitner 观察到俄歇过程，1925 年法国物理学家 Pierre Victor Auger 在威尔逊(Wilson)云室实验观测到无辐射跃迁的一种效应，后来就以他的名字命名为**俄歇效应**(Auger effect)。

俄歇效应是一个有三粒子参与、涉及四个能级的非辐射复合的效应。在半导体中，电子与空穴复合时，通过碰撞把能量(或者动量)转移给第三个粒子(另一个电子或者另一个空穴)，之后第三个粒子在获得能量后跃迁到更高能态，并与晶格反复碰撞后失去能量。这种电子同空穴复合后将能量或动量转移给第三个粒子、后者又以发射声子的方式释放掉能量和动量的复合过程叫做俄歇复合[5]。显然，这是一种非辐射复合，是"碰撞电离"的逆过程。当然，整个过程中能量守恒，动量也守恒。

俄歇复合有三种：①带间俄歇过程；②声子参与的俄歇过程；③陷阱参与的俄歇过程[6]。

事实上，间接带隙半导体中的俄歇复合的几率很小，而直接带隙半导体中既可能发生带间的俄歇复合过程，也能够发生杂质能级参与的俄歇复合过程。这些复合过程如图5-3所示。

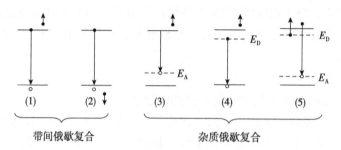

图5-3 半导体中的几种带间和杂质能级参与的俄歇复合过程

直接带隙半导体中的三种不同的带间俄歇复合过程，如图5-4所示，主要有CCHC、CHHS和CHHL三种。C表示导带，H和L分别表示重空穴带和轻空穴带，S表示自旋-轨道分裂带。以CCHC俄歇复合过程为例，导带中的两个电子和重空穴带中的一个空穴参与这个复合过程，导带中的电子1向下跃迁并同重空穴带的空穴复合，将多余的能量传递给导带中的电子2，该电子在带内向上跃迁到更高的能级上。此后电子2将以发射多声子的形式释放出所获得的能量和动量，再回到低的能级上。因而没有发射光子，是一个非辐射复合的过程。CCHC俄歇复合共计涉及3个粒子、4个能级，包括导带中的电子1的能级、电子2跃迁前后的两个能级以及重空穴带中的空穴的能级。

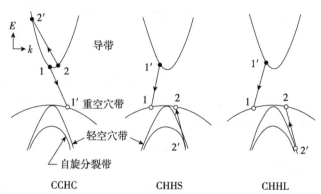

图5-4 半导体中的三种不同的带间俄歇复合过程

应该指出的是，图5-3是在空间位置上画出的能带图，是几种带间和杂质能级参与的俄歇复合过程，而图5-4是在 $\vec{k}$ 空间上画出的能带图和三种不同的带间俄歇复合过程。这两种能带图是关联的，互为补充。图5-3中的(1)就是图5-4中的CCHC

带间俄歇复合过程,图 5-3 中的(2)就是图 5-4 中的 CHHS 或 CHHL 带间俄歇复合过程。将它们对照起来看,就能够获得清晰的物理图像。

3. 表面复合和界面态复合

除了多声子复合和俄歇复合外,非辐射复合的形式还有通过半导体表面的表面态的复合和通过半导体材料界面处的界面态的复合。

晶体表面的晶格中断,产生悬链,能够产生高浓度的或深或浅的能级,它们可以充当复合中心。表面复合是通过表面的跃迁连续进行的,不会产生光子,因而是非辐射复合。

由于异质结材料的晶格常数不同,异质结构的界面处总会有晶格失配的存在,因而一定有界面态。晶格失配度越大,界面态的密度就高。在能带图上,这些界面态同样也是一些深能级。如果电子-空穴对通过这些深能级复合,就不能够发射光子,而是发射多声子。因此,界面态复合是非辐射复合。

在第二章半导体光子材料中,我们曾经分析过,异质结的晶格失配度小于 10^{-4} 时才能够获得足够高的发光效率,这是因为晶格失配度大于 10^{-4} 时非辐射复合的几率大为增加,会使发光效率大大下降。这一章有关非辐射复合的讨论,从另一个侧面论证了晶格匹配、减少非辐射复合的重要性。

5.3 光辐射和光吸收的关系

5.3.1 光辐射和光吸收的基本概念

1. 自发辐射

处于激发态的原子中,电子在激发态能级上停留一段很短的时间后自发地跃迁到较低能级中去,同时辐射出一个光子,这种辐射过程叫做**自发辐射**。自发辐射是不受外界辐射场影响的自发过程,各个原子在自发跃迁过程中是彼此无关的,不同原子产生的自发辐射光在频率、相位、偏振方向及传播方向都是任意的,没有一致的规律。

由于这种随机复合产生的光在波长、相位等特性上彼此互不关联,因此自发辐射光是非相干的荧光,能量分布在一个很宽的频率范围内,其光谱较宽,光强较弱,相位不一致,没有偏振特性。

普通光源(包括各种白炽灯、荧光灯、节能灯、发光二极管等)的发光过程都是处于高能级的大量原子的自发辐射过程。

2. 受激辐射

1916 年爱因斯坦在论述普朗克黑体辐射时提出受激辐射的概念。在外来光子的作用下,处于高能级的电子会跃迁到低能级,并发出与外来光子的特性完全相同的另一光子。这种辐射不同于自发辐射,是在外来光子激发下发射出来的,称为**受激**

辐射。

受激辐射出来的光子与入射光子有着同样的特征,如频率、相位、振幅以及传播方向等完全一样。这种相同性就决定了受激辐射光的相干性,因此受激辐射光是相干光。

入射一个光子引起一个激发原子受激跃迁,辐射出两个同样的光子。同样地,这两个同样的光子又去激励其他激发原子发生受激跃迁,获得更多的同样光子。在合适条件下(提供泵浦的新能量和提供正反馈的谐振腔),入射光子就可以像雪崩一样地得到放大,辐射出大量波长、相位、方向等性能都相同的光子,这个过程就是光放大。所有的激光器都是建立在这种光放大的工作原理基础上的,因此,受激辐射是光子器件的物理基础。

3. 受激吸收

在外来光子的作用下,处于低能级的电子受到该光子的激发向上跃迁到高能级,并吸收外来光子的能量,改变电子的能级位置,形成电子-空穴对。这一过程不产生新的光子,只是消耗被吸收光子的能量而改变电子能级的位置,我们将这一过程称为**受激吸收**。

5.3.2 黑体辐射

黑体是一种理想的物质,它能百分百地吸收外来的全部光,并且没有任何反射,使它显示成一个完全的黑体。因此,所谓**黑体**是指能够全部吸收入射的具有任何频率的电磁波的理想物体。

为了研究辐射的物理内涵,人们在理论和实验上对黑体辐射进行了深入研究。黑体辐射就是指黑体发出的电磁辐射。平衡时物质具有一定的温度,可以用一个温度来描述光和物质的相互作用,描述这关系的便是普朗克分布(Plank distribution)。在特定温度下,黑体辐射出它的最大能量。

按照经典电磁理论的观点,黑体表面原子的电子振动所发出的辐射能可以是任何值,也就是说,其光谱是连续的。然而,经典理论不能够解释黑体辐射曲线。德国物理学家马克斯·普朗克提出一个假设:这些辐射只能是一些不连续的值,即电子振动的频率只能取一定值,而且辐射出的能量与其振动频率成正比[7]。普朗克得出黑体辐射能量分布的公式,并且其分析结果同黑体辐射实验的结果完全符合,这证明了电子能级是量子化的,为量子力学奠定了基础。普朗克为此成为量子力学的开创人,成为20世纪最重要的物理学家之一,他以其对物理学的杰出贡献获得1918年诺贝尔物理学奖。

普朗克黑体辐射定律(Planck's blackbody radiation law):在温度 T 下,从一个黑体中发射的电磁辐射的辐射率与电磁辐射频率的关系为

$$I(\nu,T) = \frac{2h\nu^3}{c^2} \frac{1}{[\exp(h\nu/kT)-1]} \tag{5-3}$$

黑体辐射是黑体在同一温度下其腔内的平衡发射，它将各种非平衡的吸收过程和发射过程联系起来了。单位体积中、单位能量上的光子数量就为光子的密度分布。为了表达光子的密度分布必须有两个物理量，一个是态密度，即从麦克斯韦（Maxwell）方程出发，求出可能存在的能态数目；另一个物理量是该能态上出现光子的几率。

在第 4 章中，我们已经推导过一维波动方程式(4-39)

$$\frac{\partial^2 E_x}{\partial z^2} = \mu_0 \varepsilon_0 \varepsilon_r \omega^2 E_y = -\beta^2 E_x \tag{5-4}$$

式中，

$$\beta^2 = \mu_0 \varepsilon_0 \varepsilon_r \omega^2 \tag{5-5}$$

求解波动方程(5-4)，可得沿 z 轴方向传播的电磁波为

$$E_x(z,t) = A\cos(\omega t - \beta z) \tag{5-6}$$

假定一个立方体的边长为 l，只要立方体的尺寸比波长大许多，波动方程的解就同边界条件无关。尽管很难证明这一假定，但是该假定被物理界广泛认可。进一步假定边界条件是周期性的，最小的边长是波长的很多倍。该简单的假定使求解波动方程变得容易。将符号 k_x 代替 β，则式(5-6)变为

$$E_x(z,t) = A\cos(\omega t - k_x z) \tag{5-7}$$

依据周期性边界条件要求，$x=0$ 处同 $x=l$ 处的电场应该相等，因此有

$$E_x(0,t) = E_x(l,t) \tag{5-8}$$

又根据周期性和不连续性的要求，我们推断出式(5.7)中 k_x 是一些分立的数字

$$k_x = 2\pi m_x/l \tag{5-9}$$

式中，m_x 为整数 $(0, \pm 1, \pm 2, \pm 3, \cdots)$。对于对称的立方体来说，式(5-7)应该是三维方程，并且应该满足周期性条件，式(5-9)就扩展为

$$k_x = 2\pi m_x/l, \quad k_y = 2\pi m_y/l, \quad k_z = 2\pi m_z/l \tag{5-10}$$

式中，m_x、m_y、m_z 都为整数 $(0, \pm 1, \pm 2, \pm 3, \cdots)$。这些分立的 k_x、k_y 和 k_z 就给出了电场一些分立的电场 E 值，我们称为"模式"。电磁场的粒子特性可以用光子来表示，其能量是量子化的

$$\varepsilon = h\nu = |\vec{p}|c \tag{5-11}$$

动量 $\vec{p}$ 的三个分量为

$$p_x = \hbar k_x, \quad p_y = \hbar k_y, \quad p_z = \hbar k_z \tag{5-12}$$

式中，$\hbar$ 为普朗克(Planck)常数，$\hbar = h/2\pi$。k_x、k_y 和 k_z 为一系列分立的数值，因此光子的能量也为一系列的分立值，我们称为能态。我们将进一步计算这些能态的数量，并推导出单位体积中该能态的数量，即态密度。

波矢是非常重要的观念，
$$\vec{k}=k_x\vec{a}_x+k_y\vec{a}_y+k_z\vec{a}_z \quad (5\text{-}13)$$
式中，$\vec{a}_x$、$\vec{a}_y$ 和 $\vec{a}_z$ 分别为 $\vec{k}$ 空间中 x、y 和 z 三个方向上的单位矢量。

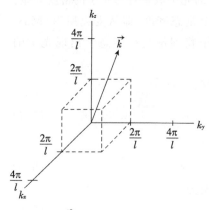

图 5-5 $\vec{k}$ 空间中单位立方体及其边界示意图

式(5-10)为波矢三个分量的数学表达式，图 5-5 为其单位立方和它的界面示意图。可以看出

$\vec{k}$ 空间中单位立方体的体积 $=(2\pi/l)^3$
$$(5\text{-}14)$$

可以认为，$\vec{k}$ 空间中，只要式(5-10)给出 $\vec{k}$ 的数值是允许的，体积为 V_k 的容积内能够存在的各种 $\vec{k}$ 的数量等于边长为 $k_x=2\pi/l$ 的立方体的总个数。业已发现，通过 $\vec{k}$ 空间中 $\vec{k}$ 和 $\vec{k}+\Delta\vec{k}$ 之间的能态数目可以求出态密度。假定一个薄的球壳的体积为 $4\pi k^2 dk$，$\vec{k}$ 空间中的单位密度反比于式(5-14)给出的单位数。因此，$\vec{k}$ 空间中的状态数目为其体积乘以密度
$$dN(k)=2(l/2\pi)^3 4\pi k^2 dk \quad (5\text{-}15)$$
式中，因子 2 是计及同样动量的光子的两个不同偏振状态的结果。在第 4 章中，这两个偏振状态分别为横电场模(TE)和横磁场模(TM)。依据以上分析，我们得出态密度等于单位体积 $V=l^3$ 内的状态数目为
$$dN(k)=(k^2/\pi^2)dk \quad (5\text{-}16)$$

对于介质材料来说，引进折射率参数 $\bar{n}$ 和频率 ν，波矢 $\vec{k}$ 就可以写为
$$k=2\pi/\lambda=(2\pi/c)\bar{n}\nu \quad (5\text{-}17)$$
进一步可以得出
$$dk=2\pi(\bar{n}/c)d\nu[1+(\nu/\bar{n})(d\bar{n}/d\nu)] \quad (5\text{-}18)$$
式中，方括号是折射率色散项，在自由空间中没有色散，该项就为 1。将式(5-18)代入式(5-16)，就可以得出
$$dN(\nu)=(8\pi\bar{n}^3\nu^2/c^3)[1+(\nu/\bar{n})(d\bar{n}/d\nu)] \quad (5\text{-}19)$$
玻色-爱因斯坦(Bose-Einstein)分布定律给出了每个能态上的平均光子数 $\langle n_i \rangle$
$$\langle n_i \rangle=[\exp(h\nu_i/kT)-1]^{-1} \quad (5\text{-}20)$$
该定律适用于特性相同、自旋完整的粒子系统[8]。因此，将式(5-20)的 $\langle n_i \rangle$ 同式(5-19)的 $dN(\nu)$ 相乘就得出光子的密度分布 $dD(\nu)=\langle n_i \rangle dN(\nu)$
$$dD(\nu)=\frac{8\pi\bar{n}^3\nu^2}{c^3}\frac{[1+(\nu/\bar{n})(d\bar{n}/d\nu)]}{[\exp(h\nu/kT)-1]}d\nu \quad (5\text{-}21)$$

上式是以光子的频率为变量表达出来的。在许多教科书中和论文中，人们更喜欢用能量表达，由于 $E=h\nu$，因此上式可以改写为

$$dD(E) = \frac{8\pi \bar{n}^3 E^2}{h^3 c^3} \frac{[1+(E/\bar{n})(d\bar{n}/dE)]}{[\exp(E/kT)-1]} dE \tag{5-22}$$

如果以 $\rho(E)$ 表示能量 E 处的光子态密度，则 $dD(E) = \rho(E)dE$。我们可以很容易得出 $\rho(E)$ 为

$$\rho(E) = \frac{8\pi \bar{n}^3 E^2}{h^3 c^3} \frac{[1+(E/\bar{n})(d\bar{n}/dE)]}{[\exp(E/kT)-1]} \tag{5-23}$$

可以看出，式(5-23)给出了单位体积中能量 E 处的光子态密度分布。在以后的分析中，我们常常使用光子态密度分布来计算载流子的数量以及解释相关的光谱形状等物理内涵，因此式(5-23)是一个很重要的物理表达式。

5.3.3 爱因斯坦关系式

在描述半导体中光同自由载流子之间的相互作用时，最重要的理论就是爱因斯坦(Einstein)关系式[9]。事实上，爱因斯坦关系式最初是描述自由空间中单个原子的两个分立能级之间的吸收、受激发射和自发发射之间的关系。但是，它同样适用于半导体中能带间的光子同自由载流子之间的相互作用关系[10]。当然，我们研究半导体中的光子同电子、空穴相互作用时，还必须考虑电子和空穴在导带和价带中的态密度分布。

半导体中的能带代替了气体中原子的分立能级。由于导带和价带是由许多分立的能级组成的，是准连续的。它们相互之间的间隔是如此之小，以至于可以将准连续的能带视为连续的。正如图 5-1(a)所示，电子吸收一个能量为 E_{21} 的光子由价带中的能级 E_1 跃迁到导带中的能级 E_2。光子的能量为 E_{21} 为

$$E_{21} = E_2 - E_1 = h\nu \tag{5-24}$$

电子的这个跃迁过程依赖于受激吸收几率、各能级上的和电子和空穴的占有几率以及态密度等因素。

(1)电子能够由能级 E_1 跃迁到 E_2 的受激吸收几率 B_{12}；
(2)能级 E_1 上电子的占有几率 f_1；
(3)能级 E_2 上未被电子占有的几率 $[1-f_2]$；
(4)能量为 E_{21} 的光子的态密度 $\rho(E_{21})$。

电子由能级 E_1 跃迁到 E_2 的几率称为受激吸收的几率，它正比于这两个能级之间的跃迁几率 B_{12}、能级 E_1 上电子的占有几率 f_1、能级 E_2 上未被电子占有的几率 $[1-f_2]$ 和能量为 E_{21} 的光子的态密度 $\rho(E_{21})$，也就是说，受激吸收的几率等于上述四个因素的乘积

$$r_{12} = B_{12} f_1 [1-f_2] \rho(E_{21}) \tag{5-25}$$

价带中能级 E_1 上电子的占有几率 f_1 服从费米-狄拉克分布

$$f_1(E_1) = \frac{1}{1+\exp\left(\dfrac{E_1-E_{F1}}{kT}\right)} \qquad (5-26)$$

同样地,导带中能级 E_2 上电子的占有几率 f_2 也服从费米-狄拉克分布

$$f_2(E_2) = \frac{1}{1+\exp\left(\dfrac{E_2-E_{F2}}{kT}\right)} \qquad (5-27)$$

平衡时,能级 E_2 和 E_1 的费米能级 E_{F2} 和 E_{F1} 相等,同为 E_F;非平衡时,E_{F2} 和 E_{F1} 分别为导带和价带中的准费米能级。

电子在吸收能量 E_{21} 的同时,还可以受能量为 E_{21} 的光子的影响发生一个逆过程,电子由导带中的能级 E_2 跃迁到价带中的能级 E_1,发射一个能量为 E_{21} 的光子。这一逆过程的几率正比于这两个能级之间向下的跃迁几率(受激辐射的几率)B_{21}、能级 E_2 上电子的占有几率 f_2、能级 E_1 上未被电子占有的几率 $[1-f_1]$ 和能量为 E_{21} 的光子的态密度 $\rho(E_{21})$,因此受激吸收的几率为

$$r_{21} = B_{21} f_2 [1-f_1] \rho(E_{21}) \qquad (5-28)$$

显而易见,E_2 上的电子处于高能态的位置,不够稳定,没有外来因素的影响,即使没有同辐射场发生相互作用,也可以通过自发的方式返回到 E_1,这就是自发辐射,其速率为

$$r_{21}(\text{spon}) = A_{21} f_2 [1-f_1] \qquad (5-29)$$

A_{21} 为自发辐射过程的几率。这样一来,式(5-25)、式(5-28)和式(5-29)一起就构成了两个能级之间的相互关系式。热平衡时,向上跃迁和向下跃迁的几率是一样的,即受激吸收几率等于受激辐射几率同自发辐射几率之和

$$r_{12} = r_{21} + r_{21}(\text{spon}) \qquad (5-30)$$

众所周知,热平衡时的费米能级处处相等,$E_{F1}=E_{F2}$,我们可以将式(5-25)、式(5-29)和式(5-30)改写为

$$\rho(E_{21}) = \frac{A_{21} f_2 [1-f_1]}{B_{12} f_1 [1-f_2] - B_{21} f_2 [1-f_1]} \qquad (5-31)$$

依据上一节的推导,我们知道能量为 E_{21} 的光子的态密度 $\rho(E_{21})$ 为

$$\rho(E_{21}) = \frac{8\pi \bar{n}^3 E_{21}^2 [1+(E_{21}/\bar{n})(\mathrm{d}\bar{n}/\mathrm{d}E)]}{h^3 c^3 [\exp(E_{21}/kT)-1]} \qquad (5-32)$$

式中,$\bar{n}$ 为半导体材料的折射率;$[1+(E/\bar{n})(\mathrm{d}\bar{n}/\mathrm{d}E)]$ 为色散项;$\rho(E_{21})$ 为能量为 E_{21} 时半导体材料的单位体积内、单位能量间隔内的光子数目。为了简单起见,常常不考虑色散,就把色散项简化为1。

将式(5-27)、式(5-28)和式(5-32)代入式(5-31),我们可以将式(5-31)改写为

$$\frac{8\pi \bar{n}^3 E_{21}^2}{h^3 c^3 [\exp(E/kT)-1]} = \frac{A_{21}}{B_{12}\exp(E_{21}/kT)-B_{21}} \qquad (5-33)$$

上式可以进一步改写为

$$(8\pi\bar{n}^3 E_{21}^2/h^3 c^3)[B_{12}\exp(E_{21}/kT)-B_{21}]=A_{21}[\exp(E_{21}/kT)-1] \quad (5-34)$$

上式中,有些项同温度有关,有些项同温度无关。将同温度有关和无关的项目分离开来,就得到

$$A_{21}=(8\pi\bar{n}^3 E_{21}^2/h^3 c^3)B_{21} \quad (5-35)$$

该式将受激跃迁几率 B_{12} 和自发辐射的几率 A_{21} 两个物理量联系在了一起。它明确地表明,受激辐射的几率 A_{21} 同自发辐射的几率 B_{21} 成正比。

与此同时,我们可以令式(5-34)中同温度相关的项相等,由此推导出

$$B_{12}=B_{21} \quad (5-36)$$

式(5-35)和式(5-36)就是著名的**爱因斯坦关系式**。它们将自发辐射的几率同受激吸收和受激辐射联系在了一起。这使得我们能够认识物质的发光和吸收的物理本质。

(1)受激辐射的几率正比于自发辐射的几率,自发辐射几率越大时受激辐射的几率也会越大;

(2)受激辐射和受激吸收是两个互逆的物理过程,平衡态时,它们的几率相等,这就是平衡时既观察不到光发射也测量不到光吸收的物理原因。

5.3.4 半导体中受激辐射的必要条件

受激辐射和受激吸收是同时存在的互逆过程,只有受激辐射的几率超过受激吸收的几率时,才可能有受激发射。也就是说,要实现发光,受激辐射几率 r_{21} 必须超过的受吸收射几率 r_{12},式(5-28)的 r_{21} 必须大于式(5-23)的 r_{12},因此半导体中受激辐射的必要条件为[11]、

$$r_{21}=B_{21}f_2[1-f_1]\rho(E_{21})>r_{12}=B_{12}f_1[1-f_2]\rho(E_{21}) \quad (5-37)$$

根据爱因斯坦关系式 $B_{12}=B_{21}$,代入上式就可以获得半导体中受激辐射的必要条件为

$$f_2[1-f_1]>f_1[1-f_2] \quad (5-38)$$

再将式(5-24)和式(5-25)有关 f_1 和 f_2 的表达式代入,上式就变为

$$\exp[(E_{F2}-E_{F1})/kT]>\exp[(E_2-E_1)/kT] \quad (5-39)$$

进一步化简为

$$E_{F2}-E_{F1}>E_2-E_1 \quad (5-40)$$

这一系列不等式表示出了半导体中实现粒子数反转的必要条件,只有在此条件下,受激辐射才可能大于受激吸收,才能够有光发射,才有可能实现光放大作用。

这一条件的物理意义在于,要想在半导体材料中实现粒子数反转,其导带中电子的准费米能级 E_{F2} 同价带中空穴的准费米能级 E_{F1} 之差应当大于该材料的禁带宽度 E_g。值得指出的是,准费米能级并非实际存在的一个能级,而是人为引进的参数,是

用来描述非平衡载流子在带内分布状态的参考能级。

5.3.5 净受激发射的速率

在上一节中，我们描述了受激辐射、自发辐射和受激吸收。在研究发光机理时，人们常常使用的物理量为净受激发射的速率为 $r_{21}(\text{stim})$，它是向下跃迁的速率 r_{21} 和向上跃迁的速率 r_{12} 之差。依照式(5-25)和式(5-28)，我们可以求得净受激发射的速率为

$$r_{21}(\text{stim}) = r_{21} - r_{12} = B_{21}f_2[1-f_1]\rho(E_{21}) - B_{12}f_1[1-f_2]\rho(E_{21}) \quad (5\text{-}41)$$

由于爱因斯坦关系式 $B_{12}=B_{21}$，上式可以简化为

$$r_{21}(\text{stim}) = B_{12}\rho(E_{21})[f_2-f_1] \quad (5\text{-}42)$$

将式(5-30)和式(5-33)代入上式，可以进一步简化为

$$r_{21}(\text{stim}) = \frac{A_{21}[f_2-f_1]}{\exp(E_{21}/kT)-1} = \frac{r_{\text{stim}}(E_{21})}{\exp(E_{21}/kT)-1} \quad (5\text{-}43)$$

在上式中我们已经定义受激发射的速率为

$$r_{\text{stim}}(E_{21}) = A_{21}[f_2-f_1] \quad (5\text{-}44)$$

式(5-44)同式(5-29)具有类似的形式，因此式(5-44)和式(5-29)被分别定义为受激发射的速率 $r_{\text{stim}}(E_{21})$ 和自发辐射的速率 $r_{21}(\text{spon})$。$r_{\text{stim}}(E_{21})$ 表示的是单位体积、单位时间、单位能量间隔内受激发射的光子数目。

值得指出的是，在讨论受激发射速率时，我们已经使用了三个假定：

(1) r_{21} 是类似的光子受激辐射时向下跃迁的速率；

(2) $r_{21}(\text{stim})$ 为净受激辐射的速率，它是受激辐射向下跃迁的速率 r_{21} 同受激吸收向上跃迁的速率 r_{12} 两者之差；

(3) $r_{\text{stim}}(E_{21})$ 为受激发射速率，它乘以 $[\exp(E_{21}/kT)-1]^{-1}$ 时，就变为净受激辐射的速率 $r_{21}(\text{stim})$，因此，请注意受激发射速率同净受激辐射速率的区别，虽然只有一字之差，却有 $[\exp(E_{21}/kT)-1]^{-1}$ 的差别。

5.3.6 两个能级间的光吸收系数

在固体材料中，光子同电子相互作用时，既能够发射光子，也可能吸收光子，它们同时存在，我们定义向下跃迁的速率 r_{12} 和向下跃迁的速率 r_{21} 之差为净吸收速率，它正好等于负的净受激发射的速率

$$\begin{aligned} r_{21}(\text{abs}) &= -r_{21}(\text{stim}) = r_{12} - r_{21} \\ &= B_{12}f_1[1-f_2]\rho(E_{21}) - B_{21}f_2[1-f_1]\rho(E_{21}) \end{aligned} \quad (5\text{-}45)$$

同样利用爱因斯坦关系式 $B_{12}=B_{21}$，上式可以化为

$$r_{21}(\text{abs}) = -r_{21}(\text{stim}) = B_{12}\rho(E_{21})[f_1-f_2] \quad (5\text{-}46)$$

式中，$\rho(E_{21})[f_1-f_2]$ 为净吸收几率。

吸收系数等于净吸收速率除以光子流 $F(E)$。而光子流等于式(5-32)的 $\rho(E_{21})$ 为光子密度的分布函数乘以群速度 v_g。在介质中，群速度 v_g 为

$$v_g = \frac{d\omega}{dk} = \frac{2\pi dE}{h\,dk} = \frac{c/\bar{n}}{1+(E/\bar{n})(d\bar{n}/dE)} \tag{5-47}$$

如果不考虑介质中的色散，取 $(d\bar{n}/dE)$ 为 0，则吸收系数可以表达为

$$\alpha(E_{21}) = \frac{r_{12}(\text{abs})}{F(E_{21})} = \frac{r_{21}(\text{abs})}{v(E_{21})v_g} = \frac{B_{12}[f_1 - f_2]}{c/\bar{n}} \tag{5-48}$$

将式(5-35)代入式(5-44)，就把吸收系数同受激辐射速率联系起来

$$-r_{\text{stim}}(E_{21}) = \left(\frac{8\pi\bar{n}^3 E_{21}^2}{h^3 c^3}\right) B_{21}[f_2 - f_1] \tag{5-49}$$

因此，吸收系数可以表达为

$$\alpha(E_{21}) = -\left(\frac{h^3 c^3}{8\pi\bar{n}^2 E_{21}^2}\right) r_{\text{stim}}(E_{21}) \tag{5-50}$$

吸收系数的单位为 cm^{-1}。上式表明，吸收系数同受激辐射速率是成正比的，被吸收的光子能量一定时，该比例常数为 $\left(\dfrac{h^3 c^3}{8\pi\bar{n}^2 E_{21}^2}\right)$。

同样地，我们可以将吸收系数同自发辐射速率联系起来。将式(5-29)、式(5-35)和爱因斯坦关系式(5-36)一起代入式(5-48)，我们可以得到

$$B_{21}[f_2 - f_1] P(E_{21}) = \alpha(E_{12})\rho(E_{21})v_g \tag{5-51}$$

$$r_{21}(\text{spon}) = \frac{8\pi\bar{n}^3 E_{21}^2}{h^3 c^3} B_{12}[f_1 - f_2] = r_{\text{spon}}(E_{21}) \tag{5-52}$$

将群速度 $v_g = c/\bar{n}$ 代入式(5-51)，合并以上两式，省略掉 B_{12}，则可得

$$r_{\text{spon}}(E_{21}) = \frac{8\pi\bar{n}^3 E_{21}^2}{h^3 c^3} \alpha(E_{21}) \frac{f_2[1-f_1]}{[f_1 - f_2]} \tag{5-53}$$

$$r_{\text{spon}}(E_{21}) = \frac{8\pi\bar{n}^3 E_{21}^2 \alpha(E_{21})}{h^3 c^3 \{\exp[(E_{21}-(E_{F2}-E_{F1}))/kT]-1\}} \tag{5-54}$$

式(5-50)和式(5-54)将受激辐射速率 $r_{\text{stim}}(E_{21})$ 和自发辐射速率 $r_{\text{spon}}(E_{21})$ 同吸收系数 $\alpha(E_{21})$ 联系起来了。因此可以将式(5-44)定义的受激激辐射速率 $r_{\text{stim}}(E_{21}) = A_{21}[f_2 - f_1]$ 同自发辐射速率 $r_{\text{spon}}(E_{21})$ 联系起来

$$r_{\text{spon}}(E_{21}) = -\frac{r_{\text{stim}}(E_{21})}{\exp\{[E_{21}-(E_{F2}-E_{F1})]/kT\}-1} \tag{5-55}$$

$$r_{\text{stim}}(E_{21}) = r_{\text{spon}}(E_{21})\{1 - \exp[(E_{21}-(E_{F2}-E_{F1}))/kT]\} \tag{5-56}$$

可以看出，式(5-49)、式(5-53)和式(5-56)一起将吸收系数 $\alpha(E_{21})$、受激辐射速率 $r_{\text{stim}}(E_{21})$、自发辐射速率 $r_{\text{spon}}(E_{21})$ 相互联系起来。为了评价这些表达式，实验上可以测量出吸收系数 $\alpha(E_{21})$，而跃迁几率 B_{21} 或者受激辐射速率 A_{21} 必须计算出来。我们有必要进一步研究半导体中的跃迁几率。下一节中，将专门讨论跃迁几率。

5.4 跃迁几率

5.4.1 费米黄金准则

式(5-54)和式(5-56)解析表示出了吸收系数 $\alpha(E_{21})$、受激辐射速率 $r_{stim}(E_{21})$、自发辐射速率 $r_{spon}(E_{21})$ 相互之间的关系。因此,如果求得受激辐射速率 $r_{stim}(E_{21})$ 和自发辐射速率 $r_{spon}(E_{21})$ 就能确定吸收系数 $\alpha(E_{21})$。然而,以上分析的物理量中,只有吸收系数 $\alpha(E_{21})$ 的理论计算值能够通过实验测量进行验证,基于这一原因,我们下面将只讨论吸收系数 $\alpha(E_{21})$。

如果电子在两个分立的能级之间吸收光子,其吸收系数可以写成

$$\alpha(E_{21}) = B_{12} \frac{\bar{n}}{c} [f_1 - f_2] \tag{5-57}$$

式中,B_{12} 是未知的,它依赖于系统的各种性质,与固体中的电子同电磁波的相互作用有关。B_{12} 隶属于严格的量子力学范畴,为了对 B_{12} 进行深入的研究和分析,有必要回顾量子力学的相关知识。

在分析半导体中的电子同电磁波相互作用时,需要利用同时间相关的微扰理论[12]。在分析的过程中,我们需要使用基本状态和微扰两个概念。假定没有辐射的系统状态为起始的基本状态,而将辐射所带来的影响看作微扰。同时还把光波看作时间的周期函数。采用这种计算方法,先确定系统的特性,然后计算加入微扰后的特性。如果微扰的影响不发散,最终能够实现收敛的结果,则可以得到有实际意义的解。

我们采用的计算方法为,先列出没有微扰时描述量子力学系统能量的哈密顿量和描述整个系统的波函数,然后利用与时间有关的薛定谔方程求解,进一步计算出跃迁动量矩阵元和跃迁几率。

量子力学采用分离变量的方法处理哈密顿量,将其分解为包含坐标变量和时间变量的两部分,并且将含有时间微扰的部分写成谐振的形式,就得到哈密顿量

$$H^1(\vec{r},t) = H^1(\vec{r})\cos(\omega t) \tag{5-58}$$

薛定谔方程就写为

$$i\hbar \frac{\partial \psi(\vec{r},t)}{\partial t} = H\psi(\vec{r},t) \tag{5-59}$$

求解薛定谔方程可以得出跃迁几率

$$B_{12} = (\pi/2\hbar) |\langle \psi_1^*(\vec{r},t)| H^1 |\psi_2(\vec{r},t)\rangle|^2 \tag{5-60}$$

该式被称为**费米黄金准则**[13,14]。式中,$\psi_1^*(\vec{r},t)$ 为初态波函数的复共轭项,$\psi_2(\vec{r},t)$ 为终态的波函数,$H^1(\vec{r},t)$ 为相互作用的哈密顿量。

5.4.2 矩阵元

通常将 $\langle \psi_1^*(\vec{r},t) | H^1 | \psi_2(\vec{r},t) \rangle$ 定义为 $\psi_1^*(\vec{r},t)$ 和 $\psi_2(\vec{r},t)$ 之间的相互作用哈密顿量 $H^1(\vec{r},t)$ 的矩阵元。后面将证明，H^1 实质上就是大家熟悉的拉普拉斯微分算符 ∇。因此，矩阵元 $\langle \psi_1^*(\vec{r},t) | H^1 | \psi_2(\vec{r},t) \rangle$ 是初态波函数 $\psi_1^*(\vec{r},t)$ 同微分算符对终态波函数标 $\psi_2(r,t)$ 作用后的乘积，它应该是一个标量，因此，**矩阵元**可以写为

$$\langle \psi_1^*(\vec{r},t) | H^1 | \psi_2(\vec{r},t) \rangle = \int_V \psi_1^*(\vec{r},t) H^1 \psi_2(\vec{r},t) \mathrm{d}^3\vec{r} \tag{5-61}$$

以上讨论表明，在求出初态和终态波函数后，利用上式就可以得出矩阵元，进一步利用式(5-60)可以计算出跃迁几率，因此利用式(5-57)能够得出吸收系数。

含时间的微扰理论

在量子力学中采用波函数 $\psi(\vec{r},t)$ 来描述粒子的行为。态函数则包含了该系统的所有信息。薛定谔方程给出了 $\psi(\vec{r},t)$ 同空间坐标和时间的函数关系

$$H_{\mathrm{op}} \psi(\vec{r},t) = \mathrm{i}\hbar \frac{\partial \psi(\vec{r},t)}{\partial t} \tag{5-62}$$

系统的哈密顿量指的是整个系统的能量。一个粒子的经典的哈密顿量等于它的动能和位能之和

$$H = (p^2/2m) + V(\vec{r}) \tag{5-63}$$

m 为粒子的质量，位能势场施加到这个粒子上的力可以通过微分得出

$$F(\vec{r}) = -\nabla V(\vec{r}) \tag{5-64}$$

该作用力要求位于点上的粒子同到达该点之前的路径无关，也就是说，该粒子的势能同该点的粒子速度无关。对于电磁场引起的力来说，必须考虑不可逆的力对电子的作用。

像 H_{op} 这样的数学算符可以同能够观测到的物理量（例如 $\psi(\vec{r},t)$）联系起来。根据算符的特征就可以获得 $\psi(\vec{r},t)$ 的性能。例如在一维 x 的情况中，可以将 $\partial \psi(\vec{r},t)/\partial x$ 看作由算符 $\partial/\partial x$ 和其作用项 $\psi(\vec{r},t)$ 组成的。与动量相关联的算符就变为

$$p \to (\hbar/\mathrm{i})\nabla \tag{5-65}$$

因此经典的哈密顿算符就变为

$$H_{\mathrm{op}}^0 = -(\hbar^2 \nabla^2/2m) + V(\vec{r}) \tag{5-66}$$

将上式代入式(5-62)就得出

$$[-(\hbar^2/2m)\nabla^2 + V(\vec{r})] \psi(\vec{r},t) = \mathrm{i}\hbar \frac{\partial \psi(\vec{r},t)}{\partial t} \tag{5-67}$$

该方程可以拆分为两个方程：一个同空间位置的变化有关；另一个同时间的变化有关。采用适当的边界条件可以求出波动方程的本征值，系统的本征值等于空间的本征函数同谐振的时间函数的乘积。

在电磁场中,作用到速度为 v 的电子上的洛伦兹(Lorentz)力为

$$\vec{F} = e(\vec{E} + \vec{v} \times \vec{B}) \tag{5-68}$$

式中,e 为电子的电荷;$\vec{E}$ 和 $\vec{B}$ 分别为电场和磁场。由于罗伦兹力 $\vec{F}$ 依赖于电子的速度 $\vec{v}$,因此它不能够从标量的梯度获得,而是从矢量的电场求得。

H_{op} 是与系统的哈密顿量联系起来的算符,它可以分为与时间无关和含有时间微扰的两部分

$$H_{op} = H_0 + H'(t) \tag{5-69}$$

式中,H_0 与时间无关,其本征函数 φ_n 和本征能量值 E_n 满足定态的薛定谔方程

$$\varphi_n(\vec{r}, t) = \varphi_n(\vec{r}) \exp(i\omega_n t) \tag{5-70}$$

如果系统同辐射有相互作用,必须考虑同时间相关的薛定谔方程及其解。波函数 $\psi(\vec{r}, t)$ 可以按照基态 H_0 的本征函数展开,并且展开系数同时间无关

$$\psi(\vec{r}, t) = \sum_n a_n(t) \varphi_n \exp\left(-i \frac{E_n}{\hbar} t\right) \tag{5-71}$$

$$a_2^{(1)} = \frac{1}{i\hbar} \int_{-\infty}^t \langle \psi_2^*(\vec{r}, t) | H'(t) | \psi_1(\vec{r}, t) \rangle \exp(i\omega_{21} t') dt' \tag{5-72}$$

式中,$\omega_{21} = (E_2 - E_1)/\hbar$。$t = 0$ 时,电子吸收能量为 $E_2 - E_1$ 的光子后由基态(1)跃迁到高能态(2),展开系数 $a_2^{(1)}$ 与跃迁几率有关。也就是说,$a_2^{(1)}$ 模的平方除以 t 后等于电子由基态(1)跃迁到高能态(2)的跃迁几率。

$$\langle \psi_2^*(\vec{r}, t) | H'(t) | \psi_1^*(\vec{r}, t) \rangle = \int_V \psi_2^* H'(t) \psi_1 dt = M \tag{5-73}$$

上式为电子由基态(1)跃迁到终态(2)的微扰矩阵元,被称为**跃迁动量矩阵元**。它是电子的终态(2)波函数的共轭复数与基态(1)波函数进行哈密顿运算得到的结果,它是一个标量积。

可以利用式(5-70)将式(5-60)给出的跃迁几率重新写为

$$B_{12} = \frac{\pi}{2\hbar} \left| \langle \varphi_1^*(\vec{r}) \exp(-i\omega_1 t) | -\vec{n} \frac{e}{m} \left(\frac{2\hbar}{\varepsilon_0 \bar{n}^2 \omega} \right)^{1/2} \right.$$

$$\left. \times \exp[i(\omega t - \vec{k} \cdot \vec{r})] \cdot \vec{p} | \varphi_2(\vec{r}) \exp(-i\omega_1 t) \rangle \right|^2 \tag{5-74}$$

如果初态和末态是谐振的,$\omega = \omega_2 - \omega_1$,则上式中同时间相关的指数项为1,因此式(5-74)可以写为

$$B_{12} = \frac{\pi e^2 \hbar}{m^2 \varepsilon_0 \bar{n}^2 \hbar \omega} | \langle \varphi_1^*(\vec{r}) | \vec{p} | \varphi_2(\vec{r}) \rangle |^2 \tag{5-75}$$

在推导上式时,由于 $\vec{r}$ 范围很小,$\varphi_1^*(\vec{r})$ 和 $\varphi_2(\vec{r})$ 中的 $\vec{r}$ 比波长 λ 小许多,亦即 $\vec{k} \cdot \vec{r} \ll 1$,因此 $\exp(-i\vec{k} \cdot \vec{r})$ 可以取为1。动量 $\vec{P}$ 算符采用式(5-65)中的 $(\hbar/i)\nabla$。括号中的表达式为动量矩阵元

$$M = \langle \psi_1^*(\vec{r},t) | \vec{P} | \psi_2^*(\vec{r},t) \rangle = \int_V \psi_1^*(\vec{r},t) \vec{P} \psi_2^*(\vec{r},t) \mathrm{d}^3 \vec{r} \qquad (5\text{-}76)$$

由于上式同形式为 $\vec{E} \cdot \vec{d}$ 的项相对应,$\vec{d}$ 为偶极矩动量,因此上式常常被称作偶极矩阵元。将这一结果代入式(5-60),则偶极矩矩阵元的跃迁几率为

$$B_{12} = \frac{\pi e^2 \hbar}{m^2 \varepsilon_0 n^2 \hbar \omega} |M|^2 \qquad (5\text{-}77)$$

虽然上式不很清晰,但是它能够证实式(5-76)是电场同偶极矩的相互作用,因此它既是动量的矩阵元,也是偶极矩矩阵元。此外,$2|M|^2/\hbar\omega$ 被称为谐振强度[15]。

5.5 半导体中的态密度

在气体中,电子位于分立的能级上,对它们的描述可以采用单电子模型。电子的跃迁发生在分立的能级之间,发射出的光子的能量等于能级差。因此,光子的能量是分立的,对应的发光谱也是分立的。在许多教科书中对这些模型和知识进行了详细的描述[16,17]。

然而半导体的能带中电子和空穴的能量是准连续的。在讨论能带间的辐射复合时,必须考虑导带和价带中的各种能态。单电子近似模型中,只考虑单个电子的能态的变化,而半导体中就不适用了,必须考虑多电子、多空穴的多能态。导带中,可以采用抛物线的表达式描述电子的态密度同能量的关系[18]

$$\rho_\mathrm{C}(E-E_\mathrm{C}) = (2\pi^2)^{-1}(2m_\mathrm{n}/\hbar^2)^{3/2}(E-E_\mathrm{C})^{1/2} \qquad (5\text{-}78)$$

式中,m_n 为导带中电子的有效质量;E_C 为导带底能量。同样地,价带中可以采用抛物线的表达式描述空穴的态密度同能量的关系

$$\rho_\mathrm{V}(E_\mathrm{V}-E) = (2\pi^2)^{-1}(2m_\mathrm{p}/\hbar^2)^{3/2}(E_\mathrm{V}-E)^{1/2} \qquad (5\text{-}79)$$

式中,m_p 为价带中空穴的有效质量;E_V 为价带底能量。

图 5-6 的上下两部分分别画出了 GaAs 的电子和空穴的态密度同能量的关系。假定 GaAs 导带电子的有效质量为 $m_\mathrm{n}=0.007m_0$,价带空穴的有效质量为 $m_\mathrm{p}=0.5m_0$,图中的虚线为依照式(5-78)和式(5-79)画出的抛物线态密度。值得指出的是,横轴为对数坐标,因此在注入的载流子浓度不大时($<10^{17}\mathrm{cm}^{-3}$)的态密度随能量的变化关系不大,图中以直的虚线表示,这是一种态密度同能量的理论关系曲线,是一种理想的关系,在计算相关参数时常常被利用。

然而,实际的光子器件中,特别是半导体激光器中,通常掺杂浓度比较高,杂质的能级常常非常靠近甚至并入相邻的带边。例如 B 在 Si 中的电离能随着掺杂浓度的增加而降低[19]。GaAs 中施主杂质和受主杂质也出现同样的情况,电离能随着掺杂浓度的增加而降低[20,21]。

S,Se 和 Si 在 GaAs 中为施主杂质。浓度低时 Si 的电离能 E_D 为 $0.006\mathrm{eV}$[25],比

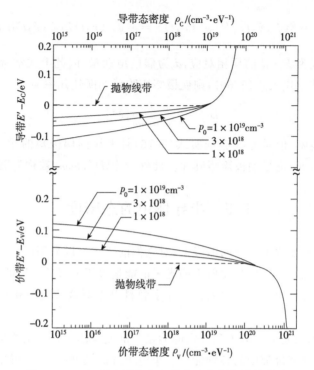

图 5-6 GaAs 的电子和空穴的态密度同能量的关系

室温 300K 时的 $kT=0.016\text{eV}$ 还小,因此室温下这些杂质都完全电离了。霍尔测量表明,这些杂质的自由电子浓度为 $2\times10^{16}\text{cm}^{-3}$ 或者更高时,施主的能级并入导带底,其电离能为 $0^{[26]}$。Zn 在 GaAs 中为浅受主杂质,低掺杂时的受主电离能为 $0.031\text{eV}^{[27]}$。空穴浓度为 $1.5\times10^{18}\text{cm}^{-3}$ 或者更高时,其杂质能级并入价带,Zn 的电离能 E_A 为 0。

这些结果强烈地表明,在 GaAs 这样的半导体中,必须重新认识杂质的重要性和作用,这些杂质不再是同能带分隔开来的能级,而应该把它们当作并入能带的带尾。除非杂质的浓度非常低时,才有必要考虑杂质能级同能带是分裂开来的。

施主或受主的电离能为 0 时,所有的施主或受主都完全电离了,电离的载流子的浓度就同温度无关。如果杂质的补偿度不高时,它们电离后都成为自由载流子,自由电子的浓度就等于施主杂质的浓度,自由空穴的浓度就等于受主杂质的浓度。

图 5-6 还画出了不同自由载流子浓度时的态密度,而且都是用实线画出来的。可以看出,由于带尾的存在,带隙的宽度会减小,杂质浓度越高,带隙就会越小。

半导体激光器的结构的外延层中常常是重掺杂,杂质浓度高,工作是高偏压的,注入的电流大,因此必须考虑由此形成的高态密度。事实上,半导体激光器中常常不再考虑同能带分立开来的杂质能级,这些电离能很小的能级并入导带或价带中,形成能带的带尾[22-24]。

研究表明,杂质并入带边后的带尾态密度为[28]

$$\rho_V(E) = (Q^3/E_Q)[a(v)/(\xi')^2]\exp[-b(v)2\xi'] \quad (5\text{-}80)$$

式中,带尾态密度用两个函数 $a(v)$ 和 $b(v)$ 表示出来,它们可以从文献[28]查出来。Q 为自由载流子屏蔽长度的倒数

$$Q = 1/L_s \quad (5\text{-}81)$$

式(5-80)中的其他变更量为

$$E_Q = \hbar^2 Q^2/2m^* \quad (5\text{-}82)$$

$$v = (E_0 - E)/E_Q \quad (5\text{-}83)$$

$$\xi = V_{rms}^2 = e^4(N_A^- + N_D^+)/(8\pi\varepsilon^2 Q) \quad (5\text{-}84)$$

$$E_0 = -e^2|N_A - N_D|/\varepsilon Q^2 \quad (5\text{-}85)$$

式(5-85)中 $|N_A - N_D|$ 是补偿后的自由载流子浓度。由于 $\xi' = \xi/E_Q^2$ 代入上述表达式就得出

$$\xi' = e^4(N_A^- + N_D^+)(m^*)^2/(2\pi\varepsilon^2\hbar^4 Q^5) \quad (5\text{-}86)$$

将式(5-86)代入式(5-80),就能够表达出掺杂的半导体中的带尾态密度。图5-6中的实线示意画出了不同掺杂浓度时 GaAs 的带尾能带图。掺杂浓度比较高时,杂质的能级并入相邻的带边形成带尾,因此在研究态密度时必须考虑带尾带来的影响。归根结底,态密度是半导体内单位体积中单位能量上电子或空穴可以存在的能态的数目,是能带结构、能量、杂质类型和浓度、带尾、温度等函数,它决定了半导体中电子和空穴的分布的情况。

5.6 半导体中的光吸收和光发射

5.6.1 吸收系数

5.2.5 节中我们已经讨论过两个能级间的光吸收系数,在那里的电子吸收光子的能量向上跃迁,其过程是发生在 E_1 和 E_2 两个能级之间,式(5-4)给出电子由能级 E_1 向上跃迁到能级 E_2 的速率为 $r_{12} = B_{12}f_1[1-f_2]\rho(E_{21})$,它正比于能级 E_1 上电子的占有几率 f_1 和能级 E_2 上未被电子占有几率 $[1-f_2]$。这个过程只涉及两个分立的能级,而半导体中的光吸收涉及能带,能带是由许多不同的、靠得很近的能级造成的,情形就变得复杂许多。

半导体中电子吸收光子能量向上跃迁的过程正比于价带中被电子填充了的态密度 $\rho(E)f_1$,同时还正比于价带中未被电子占有的态密度 $\rho_2(E)[1-f_2]$。式(5-26)和式(5-27)已经给出了这些能级的费米-狄拉克分布函数,因此可以很容易地计算出 f_1 和 $[1-f_2]$。这样一来,价带中已经填充了电子的密度和导带中没有填充电子的密度分别为

$$\rho_1(E)f_1 = \rho_V(E_V - E)f_V \tag{5-87}$$

$$\rho_2(E)[1 - f_2] = \rho_C(E - E_C)[1 - f_C] \tag{5-88}$$

请注意,式(5-87)为价带中能量为 E 处的电子的密度,式(5-88)为导带中能量为 E 的空穴的密度,是指填充与否之后的结果,不要同态密度相混淆。式(5-57)给出了两个能级间的吸收系数 $\alpha(E_{21}) = B_{12}\dfrac{\bar{n}}{c}[f_1 - f_2]$,它为两个能级间向上跃迁和向下跃迁的速率之差。半导体中,连续的能带代替了分立的能级,其主要特征为式(5-78)和式(5-79)给出的价带的态密度 $\rho_V(E_V - E)$ 和导带的态密度 $\rho_C(E - E_C)$。因此吸收系数必须对能量间隔为 $h\nu$ 的所有能级上的吸收系数进行积分

$$\alpha(h\nu) = \int_{-\infty}^{\infty} \frac{B_{12}}{c/\bar{n}}[f_1 - f_2]\rho_V(E_V - E)\rho_C(E - E_C)\delta(E_2 - E_1 - h\nu)dE \tag{5-89}$$

上式对能量间隔为 $h\nu$ 的各种 E_1 和 E_2 的 $\rho_C(E - E_C)$ 同 $\rho_V(E_V - E)$ 的乘积进行积分。$\delta(E_2 - E_1 - h\nu)$ 就是用来明确规定 $\rho_C(E - E_C)$ 同 $\rho_V(E_V - E)$ 的间隔为 $h\nu$。

为了计算的方便引进变量 E',将其原点设在导带底 E_C,因此在 E_C 处 $E' = 0$。同时令 $E'' = E_C - h\nu$ 表示间隔为 $h\nu$ 的价带的能量位置。因此 $\rho_C(E - E_C)$ 变为 $\rho_C(E')$,$\rho_V(E_V - E)$ 向上移动 $h\nu$ 变为 $\rho_V(E'')$。进行这些变量变换后,同时代入式(5-77)$B_{12} = \pi e^2 h/(m^2 \varepsilon_0 n^2 h\nu)|M|^2$,可以将式(5-89)改写为[29]

$$\alpha(E) = \frac{\pi e^2 h}{2\pi\varepsilon_0 m^2 \bar{c}\bar{n}E} \int_{-\infty}^{\infty} \rho_C(E')\rho_V(E'')|M(E', E'')|^2[f(E'') - f(E')]dE'' \tag{5-90}$$

由于采用国际 cgm 单位制,式中的 ε_0 改为 $\varepsilon_0/4\pi$。在Ⅲ-Ⅴ族化合物中,通常价带比较复杂,有重空穴带和轻空穴带。这种情况下,必须利用式(5-87)对每一个空穴带进行积分计算,然后对它们求和,这样求出最终的吸收系数。

5.6.2 自发辐射和受激辐射速率

由式(5-77),我们得出 B_{12},再利用爱因斯坦关系式(5-35)和式(5-36)我们可以很容易地推导出自发辐射的几率为

$$A_{21} = \frac{4\pi\bar{n}e^2 E_{21}}{m^2 \varepsilon_0 h^2 c^3}|M|^2 \tag{5-91}$$

式(5-29)给出了两个分立的能级 E_2 和 E_1 之间的自发辐射速率为 $r_{21}(\text{spon}) = A_{21}f_2[1 - f_1]$,在半导体中,能级为能带所代替,自发辐射的速率依赖于导带中电子填充的态密度和价带中空穴占有的态密度。因此可以推导出半导体中的**自发辐射速率**为[29]

$$r_{\text{spon}}(E) = \frac{4\pi\bar{n}e^2 E}{m^2 \varepsilon_0 h^2 c^3} \int_{-\infty}^{\infty} \rho_C(E')\rho_V(E'')|M(E, E'')|^2 f(E')[1 - f(1 - E'')]dE' \tag{5-92}$$

式(5-90)和式(5-92)中光子的能量为 $E=E'-E''$，价带中空的能态(即空穴占有的能级)的密度为 $p(E)=\rho_V(E_V-E)[1-f_V]$，导带中电子占有的能态密度 $n(E)=\rho_C(E-E_C)f_C$，它们对应的能量间隔为 $E=\hbar\omega$。

像式(5-29)给出了自发辐射速率一样，式(5-45)给出了两个分立的能级 E_2 和 E_1 之间的受激辐射速率 $r_{stim}(E_{21})=A_{21}[f_2-f_1]$。这些公式中都含有同样的几率 A_{21}。在半导体中，受激辐射的速率依赖于导带中电子填充的态密度和价带中空穴占有的态密度之差，因此可以推导出半导体中的**受激辐射速率**为

$$r_{stim}(E) = \frac{4\pi\bar{n}e^2 E}{m^2\varepsilon_0 h^2 c^3}\int_{-\infty}^{\infty}\rho_C(E')\rho_V(E'')|M(E,E'')|^2[f(E')-f(1-E'')]dE' \tag{5-93}$$

式(5-92)和式(5-93)分别为自发辐射速率和受激辐射速率，除了费米因子外，两个式子中其他函数是一样的。式(5-43)给出过两个能级间的净受激发射速率为 $r_{21}(stim)$。式(5-93)乘以单位能态上的光子数 $[\exp(E/kT)-1]^{-1}$ 就得出半导体能带间的净受激发射速率 $r_{stim}(E)$ 为

$$r_{stim}(E) = \frac{4\pi\bar{n}e^2 E}{m^2\varepsilon_0 h^2 c^3[\exp(E/kT)-1]}$$
$$\times \int_{-\infty}^{\infty}\rho_C(E')\rho_V(E'')|M(E,E'')|^2[f(E')-f(1-E'')]dE' \tag{5-94}$$

需要强调的是，对于上述吸收系数、自发辐射速率和受激辐射速率等特性参数的表达式(5-90)、式(5-92)和式(5-94)来说，我们已经假设整个半导体处于准平衡的状态，导带和价带各自有准费米能级。因此这些表达式适用于准平衡的情形。

对于非平衡的状态也进行过一些研究，结果表明，在一定温度下导带和价带中的载流子的确处于准平衡态[30]，因此上述分析是可行的。

5.7 半导体中的光增益

在前几节中，我们已经采用式(5-25)、式(5-28)、式(5-87)和式(5-88)描述过两个能级间的受激发射的光子数和其逆过程光吸收的光子数。将相关的参数引入到半导体的能带中来，我们相应地得出能带间的发射和吸收的光子数。电子由导带跃迁到价带，发射一个能量为 $h\nu$ 的光子。发射的光子数正比于导带中的电子数 $N_C(E)f_C(E-h\nu)$、价带中的电子空穴数 $N_V(E-h\nu)[1-f_V(E-h\nu)]$、态密度 $\rho(h\nu)$，比例系数就是爱因斯坦常数 B。因此在 dt 时间间隔内由于受激辐射而产生的光子数为

$$dN_e = B\rho(h\nu)N_C(E)N_V(E-h\nu)f_C(E)[1-f_V(E-h\nu)]dt \tag{5-95}$$

在受激辐射产生光子的同时，还会发生其逆过程，吸收的光子数正比于价带中的电子数 $N_V(E-h\nu)f_V(E-h\nu)$、导带中的空穴数 $N_C(E)[1-f_C(E)]$、态密度 $\rho(h\nu)$，

比例系数依然是爱因斯坦常数 B。因此在 dt 时间间隔内吸收的光子数为

$$dN_a = B\rho(h\nu)N_C(E)N_V(E-h\nu)f_V(E-h\nu)[1-f_C(E)]dt \tag{5-96}$$

这两个过程相互竞争,其结果就会产生光吸收或者光发射,它们之差就为净发射的光子数

$$dN_{净} = dN_e - dN_a = B\rho(\nu)N_C(E)N_V(E-h\nu)$$
$$\times \{f_C(E)[1-f_V(E-h\nu)] - [1-f_C(E)]f_V(E-h\nu)\}dt \tag{5-97}$$

光强为 I_0 的光波沿着 z 轴方向传输,如果在传输过程中有外来的能量注入,使其因受激发射获得光放大,则光波通过光放大获得增益,其光强可以表示为

$$I(z) = I_0 \exp(gz) \tag{5-98}$$

式中,z 为光波传播方向;g 为增益系数,它表示单位长度上光强所获得的增益,其单位为 cm^{-1}。同样地,光波在介质中传播时,介质吸收光引起损耗,则光波通过光吸收产生的光强变化可以表达为

$$I(z) = I_0 \exp(-\alpha z) \tag{5-99}$$

对中,α 为吸收系数,它表示单位长度上光强所经受的损耗,其单位也为 cm^{-1}。事实上,光波在传输过程中同时会发生增益和吸收,将式(5-98)和式(5-99)合并就获得通用的表达式为

$$I(z) = I_0 \exp[(g-\alpha)z] \tag{5-100}$$

对上式微分,则有

$$G = g - \alpha = \frac{1}{I(z)} \frac{dI(z)}{dz} \tag{5-101}$$

该式表明,$g-\alpha$ 为传播方向上单位长度内光强的变化同总光强之比。光强变化的大小正比于该长度之内的受激发射速率,总光强为光子能量密度与光波在介质中的传播速度的乘积。由式(5-23)可知单位体积内的光子态密度为

$$\rho(E) = \frac{8\pi \bar{n}^3 E^2}{h^3 c^3} \frac{[1+(E/\bar{n})(d\bar{n}/dE)]}{[\exp(E/kT)-1]} \tag{5-102}$$

将 $E = h\nu$ 代入,上式就变为

$$\rho(h\nu) = \frac{8\pi \bar{n}^3 \nu^2}{hc^3} \frac{[1+(\nu/\bar{n})(d\bar{n}/d\nu)]}{[\exp(h\nu/kT)-1]} \tag{5-103}$$

光波介质中的传播速率 $v = \dfrac{c}{\bar{n}}$,$\bar{n}$ 为折射率。受激发射速率 $r_{净}$ 等于受激发射与受激吸收速率之差

$$r_{净} = r_e - r_a \tag{5-104}$$

显然,$r_{净}$ 正比于净发射粒子数。综合这些分析,最终可推导出增益系数表达式

$$g(h\nu) = \left(\frac{\Gamma \bar{n}}{c}\right) \int_{-\infty}^{\infty} B\rho_C(E_C)\rho_V(E-h\nu)(f_V - f_C) \cdot \left(1 + \frac{\rho_V}{\rho_C}\right)^{-1} dE \tag{5-105}$$

上式中引进了光强限制因子 Γ,它是考虑光场扩展出粒子数反转区之外造成光的损

失而引进的一个参数,以后在第 7 章、第 8 章将会专门叙述。由式(5-77)我们很容易得出

$$B = \frac{\pi e^2 \hbar}{m^2 \varepsilon_0 n^2 \hbar \omega} |M|^2 \tag{5-106}$$

式中,M 为电子跃迁复合发光的跃迁矩阵阵元,或称动量矩阵元。在半导体材料中,遵守带间跃迁 k 选择定则的增益系数可以表达为

$$g(h\nu) = \frac{e^2 hT}{2m_0^2 \varepsilon_0 \bar{n}^2 ch\nu} \rho_{\text{red}}(h\nu) |M|^2 (f_C - f_V) \tag{5-107}$$

式中,ρ_{red} 为折合态密度

$$\rho_{\text{red}} = \frac{\delta N}{2(\delta E_C + \delta E_V)} = \frac{1}{2} \left(\frac{1}{\rho_C} + \frac{1}{\rho_V} \right)^{-1} \tag{5-108}$$

式中,$\frac{\delta N}{2}$ 为两个自旋方向之一的电子态的增量;δE_C 和 δE_V 分别为导带中和价带中的能量增量,在此能量范围内有相同的状态数目以保证跃迁在相同的 k 值下进行;ρ_C 和 ρ_V 分别为导带态密度和价带态密度。

图 5-7 给出半导体的能带图,导带和价带分别是向上和向下的抛物线。E_{FC} 和 E_{FV} 分别为导带和价带的准费米能级。抛物线形的能带同费米-狄拉克分布函数相乘,得出导带中的电子和价带中空穴占有的情况如图中上半部分的阴影区和下半部分的空白区表示。对于 GaAs 来说,以上述能带图为基础计算增益谱和吸收谱,如图 5-8 所示。

图 5-8(a)为增益谱和吸收谱全图,图 5-8(b)将增益谱放大表示出来。可以看出,低注入时,没有增益,只有吸收。随着注入增大,开始出现增益,最初出现增益的能量随着注入载流子浓度的增大而减小,而最大增益所对应的能量随着注入载流子浓度的增大而增大。显然,图 5-8(b)的增益谱不对称,但是为了简单起见,在以后的许多研究中,常常将图 5-8(b)的增益谱简化为对称的高斯曲线来处理。

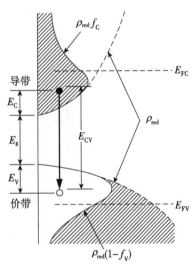

图 5-7 半导体的能带图和态密度分布曲线

室温 297K 时。高纯 GaAs 的带隙宽度为 $1.424\text{eV}^{[31]}$。理论和实验都证明,当注入的载流子浓度比较高时就会发生带隙收缩,带隙变小。图 5-9 给出了带隙收缩量 ΔE_g 同空穴浓度的关系。可以看出,空穴浓度不太高时(10^{18}cm^{-3}),带隙收缩量 ΔE_g 为 0.016eV,而空穴浓度高时(10^{19}cm^{-3}),带隙收缩量 ΔE_g 为 0.035eV。这就表明带隙宽度随着空穴浓度 p 的增大而减小。研究表明,其减小的程度同空穴浓度的开三次方 $p^{1/3}$ 成正比

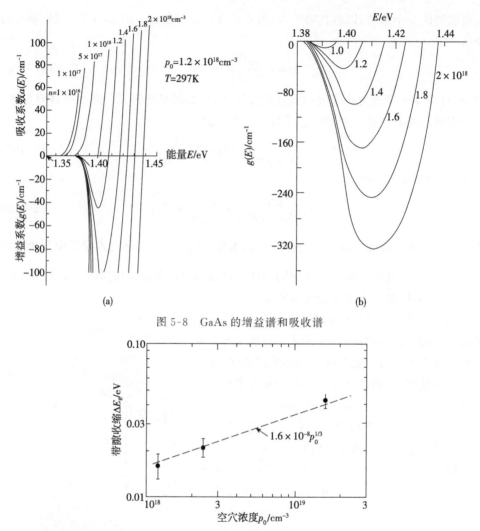

图 5-8 GaAs 的增益谱和吸收谱

图 5-9 GaAs 的带隙的收缩量 ΔE_g 同空穴浓度 p 的关系

$$E_g(\text{eV}) = 1.424 - 1.6 \times 10^{-8} p^{1/3} \tag{5-109}$$

进一步的研究表明,无论是空穴还是电子都对带隙收缩有几乎相同的影响,因此式(5-109)可以扩充为[32]

$$E_g(\text{eV}) = 1.424 - 1.6 \times 10^{-8} (p^{1/3} + n^{1/3}) \tag{5-110}$$

可以看出,电子或者空穴的浓度达到 10^{18}cm^{-3} 时,都会使带隙收缩 16meV,相应地,在电子-空穴对复合发光时,开始出现发光的最小能量不再是纯材料的带隙了,而是收缩后所对应的数值了。在图 5-8(b)中,增益谱的最小能量不是高纯 GaAs 的带隙宽度 1.424eV,而是小一些的数据,电子和空穴的浓度 10^{18}cm^{-3} 以上时,带隙大约为 1.385eV,并且随着注入电子空穴浓度的增加进一步减小,这就是带隙收缩引起的效应。

图 5-10 给出了计算得出的在不同注入载流子浓度下长波长的 InGaAsP 的增益谱和吸收谱。该图下半部分为增益谱，上半部分为吸收谱。该四元固溶体 InGaAsP 未掺杂时，$E_g=0.96\text{eV}$，对应于波长 $\lambda=1.3\mu\text{m}$。然而高掺杂后，由于杂质带尾并入带边，实际的带隙会变窄，小于 0.96eV。从图中可以看出，当载流子浓度较低（$1\times10^{18}\text{cm}^{-3}$）时，对任何能量的光子来说，都不会出现增益，只有光吸收。随着注入载流子浓度的增大，在 $1.4\times10^{18}\text{cm}^{-3}$ 时已经出现了增益，而且增益系数随着注入载流子的增大而急剧增大。

值得指出的是，首先，开始出现增益的能量（即 $g(E)=0$ 处的能量）随着注入载流子浓度的增大而减小。从图 5-6 可以看到，随着注入载流子浓度的增大，导带底向下移动，而价

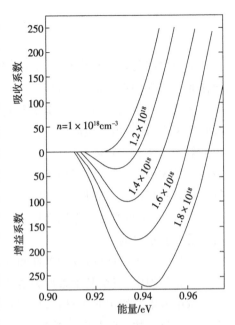

图 5-10 InGaAsP 的增益谱和吸收谱

带顶向上移动，半导体的实际带隙宽度会随着载流子浓度的增大而减小，相应地，增益的能量也变小了（参见图 5-10 的低能端）。其次，最大增益 $g_{\max}(E)$ 所对应的能量 E 随着注入载流子浓度的增大而增加。这一点可以理解为，由于注入的载流子浓度的增加，该材料导带和价带的准费米能级 F_C 和 F_V 会相应地分别向上和向下移动，对应的电子和空穴的浓度随能量的分布发生变化，它们的峰值都向各自的高能方向移动，因而导致增益系数峰值处的 E 也向高能方向移动。第三，对于高能端，开始出现吸收所对应的能量也随着注入载流子浓度的增加而增大。这说明增益谱的宽度是随着载流子浓度的增大而加宽的。在高能端，由于价带中空穴和导带中的电子的数量会随着能量的增加而指数地减少，相应地提供的光学子增益也减少，最终不能够克服吸收的作用，因而增益系数为负，也就是引起吸收。高能端的电子和空穴之间的能差足够大时，吸收的光子数超过受激发射的光子数，因而造成光吸收。同样地，InGaAsP 的增益谱也可以近似看作高斯曲线。

增益系数十分依赖于材料的温度。随着温度的增加，费米能级附近的电子和空穴的占有几率变得平坦一些，因此降低了增益。低温下，即使注入载流子浓度不太高，也能获得高的增益。这是由于低温下，材料中的光吸收变弱，注入的载流子较为集中地位于带边上，容易实现粒子数反转，从而获得高的增益。

5.8 结　束　语

　　能级之间的辐射复合和非辐射复合是构成发光和吸收的两个物理过程,也是半导体光子材料中重要的物理过程。

　　在这一章中,我们从黑体辐射和爱因斯坦关系式出发,推导和阐述了光辐射和光吸收的关系,计算出能级间的净受激发射的速率和光吸收系数,进而计算能带间的受激发射的速率和光吸收系数,给出了半导体中受激辐射的必要条件。之后我们详细描述半导体中的态密度、半导体中的光吸收和光发射、吸收系数、自发发射和受激辐射速率,在此基础上,我们能够计算出半导体中的光增益谱。这些为半导体发光二极管、激光器和探测器的工作原理提供了坚实的物理基础。在半导体光子学中,本章的内容是极其重要的。

　　半导体光子器件中,发光器件和探测器件分别是以辐射和吸收为基础的。激光器的工作原理中,三个基本条件为能产生激光的物质、粒子数反转和谐振腔。我们在第二章中着重介绍了光子材料,特别是描述了直接带隙材料作为产生激光的物质的重要性。粒子数反转是实现受激发射的必要条件。这一章中,我们着重描述辐射复合相关的问题,对于理解粒子数反转进行了铺垫。本章用了比较多的篇幅计算态密度、辐射复合产生光子和受激吸收的几率,特别是增益谱的计算提供了发光的能谱图,这对于理解半导体的发光机理及其特性有着重要的作用。第7章和第8章将就谐振腔的结构和物理作用作详细的说明。第9章将着重描述光波在半导体中的传输和调控,在第10章中将对光的吸收作进一步的阐述,深入讨论如何探测光信号。这样一来,本章同后面几章一起构成光的发射、传输和吸收等物理过程,从而全面认识和理解半导体中有关发光、传输、调控和探测的机理。

　　本章着重介绍光的粒子特性,使用了大量的量子力学的概念和公式,需要有相关知识才能够完全理解每个命题和公式的物理意义。同时,由于受篇幅的限制,不可能将所有的公式推导一一列出来,这个会给阅读带来一些困难,建议有兴趣和力求更深入学习的读者可以查阅相关文献和书籍。

参 考 文 献

[1] 余金中. 半导体光电子技术. 北京:化学工业出版社,2003:76-104

[2] 宋菲君,羊国光,余金中. 信息光子学物理. 北京:北京大学出版社,2006:345-394

[3] 王启明,魏光辉,高以智. 光子学技术. 北京:清华大学出版社,暨南大学出版社,2002

[4] 黄德修. 半导体光电子学. 北京:电子工业出版社,1994:88-94

[5] Burhop E H S. The Auger Effect and Other Radiationless Transitions. Cambridge: Cambridge

University Press, 1952
[6] 江剑平. 半导体激光器. 北京：电子工业出版社, 2000：49-51
[7] Planck M. Annalen der Physik, 1901, 4：553
[8] Mandl F. Statistical Physics. London：Wiley, 1971：264
[9] Einstaein Z. Phys. Z, 1917, 18：121
[10] McCumber D E. Phys. Rev., 1964, 136：A954
[11] Bernard M G A, Duraffourg G. Phys. Stat. Solidi, 1961, 1：699
[12] White R L. Basic Quantum Mechanics. New Youk：MeGraw-Hill, 1966：233
[13] Stern F. //Seitz F, Turnbull D. Solid State Physics. Vol. 15. New York：Academic Press, 1963：300
[14] Bebb H B, Williams E W. //Willardson R K, Beer A C. Semiconductor and Semimetals. Vol. 8. New York：Academic Press, 1972：181
[15] Stern F. //Seitz F, Turnbull D. Solid State Physics. Vol. 15. New York：Academic Press, 1963：300
[16] Blakemore J S. Semiconductor Statistics. New York：Pergamon Press, 1962：Chapter 1 and 2
[17] Bube B H. Electric Properties of Crystalline Solids, An Introduction to Fundaments. New York：Academic Press, 1974
[18] McKeivey J P. Solid State and Semiconductor Physics. New York：Harper, 1966
[19] PearsonG I, Bardeen J. Phys. Rev., 1949, 75：865
[20] Emel'yanenko O V, Lagunova T S, Nasledov D N, et al. Sov. Phys. Solid State, 1965, 7：1063
[21] Ermanics F, Wolfstirn K. J. Appl. Phys., 1966, 37：1963
[22] Kane E O. Phys. Rev., 1963, 131：79
[23] HalperinB I, Lax M. Phys. Rev., 1966, 148：722
[24] Bonch-bruevich V I. //Willardson R K, Beer A C. Semiconductor and Semimetal. Vol. 1. New York：Academic Press：101
[25] Summers C J, Dingle R, Hill D E. Phys. Rev., 1970, B1：1603
[26] Emel'yanenko O V, Lagunova T S, Nasleedov D N, et al. Sov. Phys. Solid State, 1963, 7：1063
[27] White A M, Dean P J, Ashen D J, et al. J. Phys., 1973, C6：L243
[28] Halperin B I, Lax M. Phys. Rev., 1966, 148：722
[29] Lasher G, Stern F. Phys. Rev., 1964, 133：A533
[30] Casey H C Jr, Bachrach R Z. J. Appl. Phys., 1973, 44：2795
[31] Sell D, Casey H C Jr, Wecht K W. Appl. Phus., 1974, 45：2650
[32] Casey H C Jr, Panish M B. Heterostructure and Semiconductor Lasers. 1978：163

第6章 半导体发光二极管

6.1 引　言

　　半导体发光二极管通常称为 LED，是英文 light emitting diode 的缩写，是一种结构为 pn 结，具有两个电极的发光器件。它在显示、照明、光通信中广为应用，是至今产量最多、应用最广的半导体光电子器件。已经有许多中外专著论述发光二极管的原理、结构和特性[1-6]。

　　人眼可见的光谱范围为 390～760nm，通常的发光二极管是指发射可见光的二极管，现在所说的发光二极管是广义的，还包括红外波段和紫外波段的发光管。例如 GaAs 发光二极管的波长为 870nm，为近红外光，GaInAsP 发光二极管的发射波长有 1.3μm 和 1.55μm 等红外光，GaN 发光二极管的波长为 370nm 的紫外光。此外，还有两类很特殊的发光二极管：高亮度发光二极管和超辐射发光二极管。高亮度发光二极管因其亮度高，适于照明等应用而受到高度重视；超辐射发光二极管在光纤陀螺等应用中显示出特殊的重要作用。

　　半导体发光二极管是一类发射波长较宽、结构比较简单的半导体发光器件，它是至今世界上产量最多的半导体光电产品，每年产量多达几百亿支，同时也是人们应用得最多的光电产品，无论是计算机、家用电气、照明、显示还是通信、夜视、白光通信、光纤陀螺等领域都广泛采用发光二极管。

　　发光二极管已经是无处不在、无处不用；产量巨大，多以亿支计算；价格便宜，几分或几角钱一支；工作稳定，安装使用非常简单；寿命很长，可以使用几年、几十年；作用显赫，为我们的生活带来方便，带来色彩。

　　本章由半导体光电子学基础和 LED 的器件结构、工作原理与特性两部分组成。为了对发光原理有一基本的了解，将在前几章的基础上对半导体的能带图及其载流子分布与注入特性作进一步的描述，然后介绍各种 LED 的器件结构及其特性，从而对工作原理和器件性能有更深的理解。

6.2　pn 结中的载流子分布[7-9]

　　半导体中导带的电子和价带的空穴是自由的，在电场的作用下可以移动。它们的有效质量分别为 m_e^* 和 m_h^*，分别携带电荷 $-e$ 和 $+e$。导带或者施主能级中的电子向下跃迁，与价带或者受主能级中的空穴复合，将多余的能量以发光或发热的形式释放出来,即产生光子或声子。

为了实现发光,我们必须有足够多的自由载流子,即自由的电子和空穴。第3章中已经介绍过同质结和异质结的能带结构和性质,也介绍过它们的伏-安特性,使我们对半导体中的载流子的分布有了一些了解。在发光器件中,我们更加关注能够参与复合发光的各种电子和空穴的多少以及它们的分布状况,因此在这一节中我们就专门讨论 pn 结中的载流子分布。

图 6-1 给出了同质半导体结构的能带图、态密度、费米-狄拉克分布和最终的载流子分布的特性曲线。图 6-1(a)为没有任何掺杂的纯净半导体,其能带由导带、价带组成,彼此相隔 $E_g = E_C - E_V$,由于没有杂质能级,因此费米能级 E_F 正好位于禁带的正中心。半导体的许多性质都是通过导带中的电子数 $n(E)$ 和价带中的空穴数 $p(E)$ 来描述的。在能带中,单位体积内、单位能量间隔之间的电子态的数目 $\rho(E)$ 称为态密度(density of state,DOS),它表征电子或空穴有可能存在的能态的多少。依据量子力学理论得知,对于三维能量势阱中的电子来说(晶体中导带内的电子就是这种情形),导带底 E_C 附近的态密度同能量之间的关系为 $\rho(E) \propto (E - E_C)^{1/2}$。也就是说,在导带底附近,电子的态密度同能量呈抛物线的关系,图 6-1(b)给出了这一点。值得指出的是,态密度只是可能存在的能态的数目,而不是电子或空穴实际占有的数目,不是实际的自由电子和自由空穴的密度。

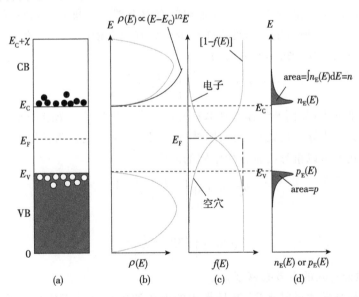

图 6-1 (a)半导体的能带图;(b)态密度 $\rho(E)$;(c)费米-狄拉克分布函数 $f(E)$;(d)导带中的电子数 $n(E)$ 和价带中的空穴数 $p(E)$

要想计算出在某一能量处的载流子的真实数目,必须考虑态密度占有几率。半导体中普遍遵循费米-狄拉克函数 $f(E)$

$$f(E)=\frac{1}{1+\exp\left(\dfrac{E-E_{\mathrm{F}}}{kT}\right)} \tag{6-1}$$

式中，k 为玻尔兹曼常数；T 为温度；E_{F} 为费米能级。价带中空穴的占有几率为 $1-f(E)$。事实上 E_{F} 就是化学势，即每个电子的吉布斯（Gibbs）自由能。图 6-1(c) 给出了 $f(E)$ 同能量 E 的关系。$T=0$ 时，能量小于 E_{F} 的能态上电子占有率为 100%，$f(E)=1$，而 $E>E_{\mathrm{F}}$ 的能态上完全没有电子，$f(E)=0$。然而 $T\neq 0$ 时，也即实际情形中，$f(E_{\mathrm{F}})=1/2$，即 $T\neq 0$ 的温度下能量 E_{F} 处电子和空穴的占有几率都等于 50%。

显而易见，态密度 $\rho(E)$ 同费米函数 $f(E)$ 的乘积 $\rho(E)\times f(E)$ 就是导带中能量 E 处的电子的实际浓度，图 6-1(d) 很好地示出了这一点。$n(E)$ 为能量 E 处电子的浓度，对整个导带（E_{C} 至 $E_{\mathrm{C}}+\chi$）能量范围积分，也即整个 $n(E)$ 曲线下的面积，就得出整个导带中电子的总浓度

$$n(E)=\rho(E)\times f(E) \tag{6-2}$$

$$n=\int_{E_{\mathrm{C}}}^{E_{\mathrm{C}}+\chi}n(E)\mathrm{d}E=\int_{E_{\mathrm{C}}}^{E_{\mathrm{C}}+\chi}\rho(E)\times f(E)\mathrm{d}E=N_{\mathrm{C}}\exp\left[-\frac{E_{\mathrm{C}}-E_{\mathrm{F}}}{kT}\right] \tag{6-3}$$

式中，

$$N_{\mathrm{C}}=2\left[\frac{2\pi m_{\mathrm{e}}^{*}kT}{h^{2}}\right]^{\frac{3}{2}} \tag{6-4}$$

N_{C} 是一个依赖于温度的常数，称为导带边的有效态密度。我们可以将式(6-3)解释如下，如果将导带中所有的态密度看作导带底处有效态密度 N_{C}，那么可以将整个导带中的电子分布简化为玻尔兹曼分布

$$f(E_{\mathrm{C}})=\exp\left[-\frac{E_{\mathrm{C}}-E_{\mathrm{F}}}{kT}\right] \tag{6-5}$$

在上述推导中，我们并未作过什么特殊的假设，只要 $(E_{\mathrm{C}}-E_{\mathrm{F}})\gg k_{\mathrm{B}}T$ 就行，这是我们通常遇到的半导体的情形。因此，式(6-4)和式(6-5)是广为适用的。

同样地我们可以推导出价带中空穴的浓度

$$p=N_{\mathrm{V}}\exp\left[-\frac{E_{\mathrm{F}}-E_{\mathrm{V}}}{kT}\right] \tag{6-6}$$

式中，

$$N_{\mathrm{V}}=2\left[\frac{2\pi m_{\mathrm{h}}^{*}kT}{h^{2}}\right]^{\frac{3}{2}} \tag{6-7}$$

N_{V} 为价带顶处空穴的有效态密度。

对于本征半导体材料来说，其导带中的电子浓度正好等于价带中的空穴浓度，$n=p$。由此可以推导出本征半导体材料的费米能级

$$E_{\mathrm{Fi}}=E_{\mathrm{V}}+\frac{1}{2}E_{\mathrm{g}}-\frac{1}{2}kT\ln\frac{N_{\mathrm{C}}}{N_{\mathrm{V}}} \tag{6-8}$$

由式(6-6)和式(6-7)可以很容易得出本征材料的电子浓度 n_{i}，它满足下式

$$np = N_C N_V \exp\left(-\frac{E_g}{kT}\right) = n_i^2 \tag{6-9}$$

实用的半导体材料绝大多数是掺有杂质的 n 型或 p 型半导体,它们不再是本征半导体材料,如果电子浓度远大于空穴浓度,则为 n 型,反之为 p 型。然而无论它们如何变化,它们的乘积始终遵循如下规律

$$np = n_i^2 \tag{6-10}$$

也就是说,在所有半导体材料中,同一处的电子和空穴的浓度乘积总是等于本征载流子浓度的平方。

如果电子和空穴的迁移率分别为 μ_e 和 μ_h,则该材料的电导率 σ 为

$$\sigma = ne\mu_e + pe\mu_h \tag{6-11}$$

如果 n 型半导体的施主浓度 $N_d \gg n_i$,其电导率为

$$\sigma = N_d e\mu_e + \left(\frac{n_i^2}{N_d}\right) e\mu_h \approx N_d e\mu_e \tag{6-12}$$

同理,如果受主杂质浓度为 N_a 本征浓度 n_i 大很多,那么室温下 $p = N_a$,电子的浓度 $n = n_i^2/N_a$,比 p 小很多,相应地 p 型材料的电导率为

$$\sigma = N_a e\mu_h \tag{6-13}$$

对于 $n > N_C$ 或 $p > N_V$ 的半导体来说,如果杂质浓度足够高,以至于形成杂质能带,并且施主杂质带同导带交叠(或者是受主杂质带同价带交叠),此时费米能级位于导带底 E_C 之上的导带内(或价带顶 E_V 之下的价带内),则此时杂质带同原有能带简并在一起了,我们把这种半导体材料称为简并半导体。图 6-2(a) 和(b)示出了简并的 n 型和简并的 p 型半导体的能带图,图中 CB 和 VB 分别为导带和价带的缩写。图 6-2(c) 还示出了 n 型半导体的态密度分布,可以看出其费米能级 E_{Fn} 已经进入到导带中。

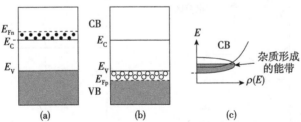

图 6-2 (a)简并 n-型半导体的能带图;(b)简并 p-型半导体的能带图;(c)导带的能带同态密度的关系

6.3 半导体 pn 结特性[10,11]

6.3.1 热平衡时的 pn 结特性

当 n 型和 p 型材料一起构成 pn 结时,在结附近会出现载流子的扩散,p 区中的

多子空穴向 n 区扩散,而 n 区中的多子电子向 p 区扩散,从而在界面附近出现耗尽层,形成一个空间电荷层(space charge layer,SCL)。图 6-3 给出了 pn 结附近的一些特性。

图 6-3(a)为刚刚对接的 pn 结,p 区和 n 区中心空穴和电子的浓度分别为 p 和 n,它们分别同远处的体材料的浓度一致。构成 pn 结后,就会出现图 6-3(b)所示的电子和空穴的扩散,并形成空间电荷层,其宽度分别为 W_p 和 W_n。图 6-3(c)给出了载流子浓度同 pn 位置的关系,为了便于表达,其纵坐标采用了对数的坐标。图 6-3(d)为电荷密度同材料位置的关系。无外加偏压时,pn 结中的载流子扩散与内建电场引起的载流子漂移会相互平衡。空间电荷区必须满足电荷中性的条件,pn 结两边的电荷总量大小相等、符号相反,$eN_aW_p=eN_dW_n$。因此,

$$N_aW_p=N_dW_n \tag{6-14}$$

图 6-3(e)~(g)依次示出了 pn 结附近的自建电场、自建电动势和电子与空穴的势能函数 $PE(x)$ 同位置的关系。

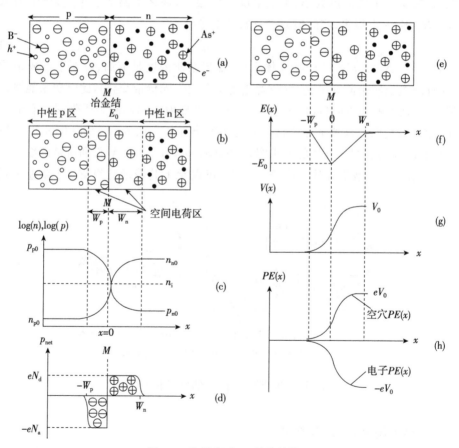

图 6-3 热平衡时 pn 结的特性

依据电中性条件很容易推导出自建电场的大小为

$$E_0 = -\frac{eN_d W_n}{\varepsilon} = -\frac{eN_a W_p}{\varepsilon} \tag{6-15}$$

相应地自建电压的大小为

$$V_0 = -\frac{1}{2}E_0 W_0 = \frac{eN_a N_d W_0^2}{2\varepsilon(N_a + N_d)} \tag{6-16}$$

式中,$\varepsilon = \varepsilon_0 \varepsilon_r$;$W_0 = W_n + W_p$ 是零偏压下耗尽层的总厚度。式(6-16)准确地显示出了自建电动势 V_0 同耗尽层厚度 W_0 的关系,V_0 同 W_0 的平方成正比。如果知道了耗尽层的总厚度 W_0,那么依据式(6-14)可以很容易地求出 W_n 和 W_p。

半导体材料中,在大多数情形下,载流子遵循玻尔兹曼(Boltzmann)分布。

从图 6-3(g)可以看出,电中性平衡时自建电动势为 $-eV_0$,它同材料的载流子浓度的关系为

$$n_{p0}/n_{n0} = \exp(-eV_0/kT) \tag{6-17}$$

$$p_{n0}/p_{p0} = \exp(-eV_0/kT) \tag{6-18}$$

式中,n_{n_0} 和 p_{n_0} 为远离 pn 结的 n 型材料的电子和空穴的浓度,n_{p_0} 和 p_{p_0} 为远离 pn 结的 p 型材料的电子和空穴的浓度。上两式还可以表达为

$$V_0 = \frac{kT}{e}\ln\left(\frac{n_{n0}}{n_{p0}}\right) \tag{6-19}$$

$$V_0 = \frac{kT}{e}\ln\left(\frac{p_{p0}}{p_{n0}}\right) \tag{6-20}$$

如果材料的掺杂为浅能级杂质,并且室温下完全离化了,$p_{p_0} = N_a$,$p_{n_0} = n_i^2/n_{n_0} = n_i^2/N_d$,则 V_0 可以表达为

$$V_0 = \frac{kT}{e}\ln\left(\frac{N_a N_d}{n_i^2}\right) \tag{6-21}$$

由此可见,自建电压 V_0 同温度、掺杂浓度 N_a 和 N_d 紧密相关,$n_i^2 = N_C N_V \ln(-E_g/kT)$。没有外加电压时,虽然 pn 结附近存在有自建电压,并且该电压是由 p 边指向 n 边,但半导体内部依然没有电流,因为此时的内建电场引起的漂移电流同载流子浓度分布引起的扩散电流相互抵消了,系统处于平衡态。依据式(6-21)可以计算得出自建电压的大小,再依据式(6-16)可以计算得出耗尽层的厚度 W_0,从而可以定量地了解 pn 结处的物理特性。

6.3.2 外加偏压时的 pn 结特性[12]

当外加正向电压 V 时,正电极接在 p 边,负电极接在 n 边,在半导体内形成一附加的电场,引起载流子的流动,电子流向 p 边,空穴流向 n 边。图 6-4 示出了电子和空穴的浓度分布曲线以及外加电压前后电动势的变化情况。外加正向电压后,耗尽层的厚度 W 变窄。

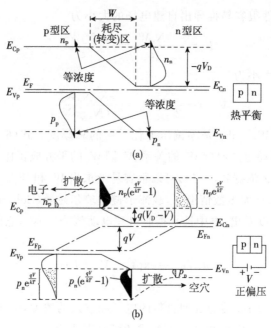

图 6-4 在不同偏置电压下的同质 pn 结能带图
(a)无偏压时的能带图；(b)正偏压时的能带图

图 6-4 给出了无偏压和外加正偏压两种情况下同质 pn 结的能带图。如图 6-4(a)所示，材料的禁带宽度处处都为 E_g。pn 上没有外加电压、没有任何光照，半导体的费米能级 E_F 是处处相等的。p 型和 n 型材料的费米能级 E_{Fp} 和 E_{Fn} 分别靠近价带和导带，并且 $E_{Fp}=E_{Fn}=E_F$。正是为了维持费米能级处处相等，pn 结附近才会发生能带弯曲，形成一个空间电荷层，并且是耗尽的，常常称作耗尽层。

将 p 区的导带底的能级标为 E_{CP}。没有外加偏压时，n 区的多子为电子，该区中的电子大都位于能量 E_{CP} 之下的能级上，大于 E_{CP} 的电子浓度同 p 区的电子浓度相等。pn 结两边能量大于 E_{CP} 的电子浓度相等，无法产生扩散电流。与此同时，pn 结势垒的限制 n 区中低于 E_{CP} 的电子，电子无法由 n 区进入 p 区，也不会产生扩散电流。耗尽层中没有载流子，虽然有电场存在，既不会有漂移电流，也没有扩散电流。这样一来，pn 结两边(包括耗尽层内和耗尽层外)都没有电子产生的电流。同理，pn 结两边也都没有空穴产生的电流。因此，在没有外加偏压的热平衡的情况下，没有电流流经 pn 结。

图 6-4(b)为外加正向偏压 V 时的能带图。外加偏压引起 pn 结附近的能带发生位移。此时整个材料不再有共同的费米能级，我们引进 p 型和 n 型体材料中的准费米能级 E_{Fp} 和 E_{Fn} 来描述外加偏压带来的能带和载流子分布的变化。准费米能级 E_{Fp} 和 E_{Fn} 彼此不相等，并且 $E_{Fn}-E_{Fp}=eV$，即 n 型和 p 型体材料的准费米能级之差等于外加电动势的大小。外加正偏压后，n 区的电子浓度变为 $n_p e^{(eV/kT)}$，p 区的电子浓度

变为 $n_p[e^{(eV/kT)}-1]$,pn 结的势垒高度变为 $e(V_D-V)$,因而在势垒区内有漂移电流,势垒区外有扩散电流,它们之和就构成总的电子电流。同样地,pn 结两边也会因为空穴浓度的改变而产生空穴的漂移电流和扩散电流。最后电子电流和空穴电流一起构成流经 pn 结的电流。

图 6-5 给出了 pn 结附近区域的电流大小组成的情况。在外加电压的作用下,如果外加电压 V 为某一确定值,则流经整个半导体的电流是一定的,但电流的组成部分是同具体的位置相关的。电流的大小是由载流子的漂移电流和扩散电流两部分组成的。在整个器件中电流是常数,在耗尽区的内部电流由漂移电流和扩散电流两部分组成,在耗尽区的外面只有少数载流子的扩散电流,没有电场作用下的漂移电流。

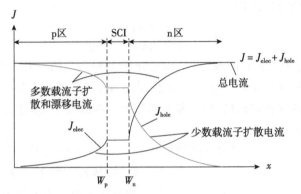

图 6-5　pn 结耗尽层附近的电流分布曲线

经过推导可以得出外加偏压下的电流大小为

$$J=\left(\frac{eD_h}{L_hN_d}+\frac{eD_e}{L_eN_a}\right)n_i^2\left[\exp\left(\frac{eV}{kT}\right)-1\right] \tag{6-22}$$

式中,D_e 和 D_h 分别为电子和空穴的扩散系数;L_e 和 L_h 分别为电子和空穴的扩散长度。该式可以改写为

$$J=J_{so}\left[\exp\left(\frac{eV}{kT}\right)-1\right] \tag{6-23}$$

式中,

$$J_{so}=\left(\frac{eD_h}{L_hN_d}+\frac{eD_e}{L_eN_a}\right)n_i^2 \tag{6-24}$$

式(6-23)常常称为肖克利(Shockley)方程。事实上,I_{so} 表示远离 pn 结的中性区域中少子的扩散电流的大小,它依赖于掺杂浓度 N_d、N_a 和材料的特性参数 n_i、D_e、D_h、L_e、L_h 的大小。如果外加负偏压 $-V_r$,即 $V=-V_r$,并且 $eV_r \gg kT$,则 $I=-I_{so}$,所以 I_{so} 常常称为反向饱和电流密度。

在上述讨论中,我们已经有意无意地作了这样的假设:在远离 pn 结的电中性区域中,外加电压所提供的电流决定了少子的扩散和复合。然而耗尽层中存在晶体缺陷和深能级的杂质能级,它们构成深能级陷阱。与此同时,任何半导体的表面存在表面态,也是深能级陷阱。载流子会通过这些内部的和表面的深能级复合,引起发热,这些载流子在各类深能级、界面态、表面态中复合引起的电流为复合电流。

如果电子耗尽层 W_n 中的空穴平均复合寿命为 τ_h,空穴耗尽层 W_h 中电子的平均复合寿命为 τ_e,则复合电流密度为

$$J_r = \frac{en_i}{2}\left(\frac{W_p}{\tau_e}+\frac{W_n}{\tau_h}\right)\left[\exp\left(\frac{eV}{kT}\right)-1\right] = J_{r0}\left[\exp\left(\frac{eV}{kT}\right)-1\right] \tag{6-25}$$

式(6-23)为理想的 pn 结的伏-安特性,式(6-25)表达了耗尽区中由于载流子通过各种复合中心复合引起的电流。因此,当外加电压 V 时,流经 pn 结二极管的总电流应该等于式(6-23)和式(6-25)之和。将这两个表达式相加并且进行一些化简,二极管的伏安特性就可以表达为

$$J = J_0\left[\exp\left(\frac{eV}{\eta kT}-1\right)\right] \tag{6-26}$$

式中,J_0 为常数;η 为二极管的理想因子,它介于 1 和 2 之间。对于扩散机理的电流来说,$\eta=1$,对于复合电流来说 $\eta=2$。显然,由于 pn 结和整个半导体中的缺陷、深能级杂质和表面态的存在,通过它们的复合消耗掉一些载流子,致使总电流比理想的半导体晶体中的电流小。

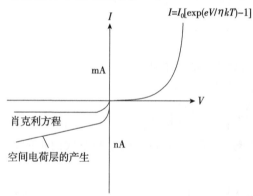

图 6-6 pn 结二极管的伏-安特性

图 6-6 给出了一个 pn 结二极管的伏-安特性。图中的 $I=JA$,A 为二极管的截面积。值得指出的是,该图的正负纵向座标的单位是不一致的,对于 $I>0$ 来说,单位为 mA,而 $I<0$ 时的单位为 nA,相差百万倍。正偏压时,I-V 特性完全可以用式(6-23)来描述。反向偏压时,有两条曲线,上一曲线为式(6-23)所对应的曲线,而下一曲线对应于式(6-26)。由此可见,反向偏置时,虽然总的反向电流很小,以 nA 为单位,但是由于复合所引起的电流却占有相当重要的成份,因此是不能够忽略不计的。

6.4 半导体发光二极管材料[13]

发光二极管大都是采用直接带隙材料制成的,其发光效率比间接带隙半导体的效率高 3~5 个数量级($10^3 \sim 10^5$),因而易于实现高效率的发光。但直接带隙材料不是唯一的 LED 材料,间接带隙材料中,如果能够实现等电子杂质的掺杂,形成等电子陷阱,也能制作发光二极管。

表 6-1 综合列出了同质结构和异质结构的发光二极管材料,既有直接带隙的 Ⅲ-V 族和 Ⅱ-Ⅵ 族半导体材料,也有间接带隙的半导体材料,如 GaP、SiC 等。

表 6-1 LED 的半导体材料特性

发光材料	衬底	带隙	λ/nm	η_{out}/%	说明
GaAs	GaAs	直接	870～900	10	红外 LED
$Al_xGa_{1-x}As$ ($0<x<0.4$)	GaAs	直接	640～870	5～20	红到红外 DH LED
$In_{1-x}Ga_xAs_yP_{1-y}$ ($y\approx 2.20x, 0<x<0.47$)	InP	直接	1000～1600	>10	光通信用 LED
$In_{0.49}Al_xGa_{0.51-x}P$	GaAs	直接	590～630	1～10	绿色红色 LED
$GaAs_yP_{1-y}(y>0.55)$	GaAs	直接	630～870	<1	红-红外
$In_{1-x}Ga_xN$	GaN,SiC, 红宝石,Si	直接	430～460	1～10	白光照明 白光通信
掺 Zn-O 的 GaP	GaP	间接	700	2～3	红色 LED
掺 N 的 GaP	GaP	间接	565	<1	绿色 LED
$GaAs_yP_{1-y}(y<0.55)$ (掺 N 或 Zn,O)	GaP	间接	560～700	<1	红色、橙色、黄色 LED
SiC	Si,SiC	间接	460～470	0.02	蓝色 LED,效率低

可见发光二极管的材料分为三类:

(1) 直接带隙材料,例如 $Al_xGa_{1-x}As(x<0.4)$、$GaAs_yP_{1-y}(y>0.55)$、$GaAs_{1-x}P_x$ 等,通过带间复合发光;

(2) 有源区为直接带隙的异质结材料,如 $Al_{0.3}Ga_{0.7}As/GaAsP$、$In_{0.3}Ga_{0.7}P/InP$、$In_xGa_{1-x}N/GaN$ 等,这类也是直接带间复合发光,效率较高,但材料生长技术要复杂许多;

(3) 间接带隙材料,例如掺入 N 或 Zn-O 的 GaP,通过等电子陷阱发光。

表 6-1 中,除了列出了红、橙、黄、绿、蓝等多种颜色的发光二极管材料外,还标明了辐射复合涉及的带隙类型。可以看出,GaP 及其相关的三元固溶体 $GaAs_xP_{1-x}$ 和 $In_xGa_{1-x}P$ 在发光二极管中占着非常重要的地位。虽然 GaP 为间接带隙半导体材料,但生长过程中掺进 N 或者 Zn 和 O,N 和 O 在 GaP、GaAsP、InGaP 中取代 P 的位置,Zn 取代 Ga 的位置,形成等电子陷阱。也就是说,在禁带中形成一个杂质能级(或杂质能带),半导体中的载流子通过这些等电子陷阱进行复合,使得发光效率大大提高,从而解决了间接带隙材料不适合作发光器件这一难题。

人眼可见的波长为 390～760nm,对应的禁带宽度为 3.2～1.63eV。在此能量范围之内,带隙为直接带的 Ⅲ-V 族半导体材料只有 GaN 等少数材料,而 Ⅱ-Ⅵ、Ⅱ-Ⅳ 族材料中有许多是宽带隙、直接带隙材料。按理说,以它们为基础是可以制造可见光波段的发光二极管的。然而Ⅱ-Ⅵ族材料有两大固有的不足之处:一是它们的"自补偿"作用严重,既难于获得很好的n型材料,更难于获得P型材料,因而难于获得优质的pn结;另一点就是p型材料的欧姆接触不容易做好,会引进大的串联电阻而增加发热,从而损害器件的特性。

与此形成对照的是,Ⅲ-Ⅴ族化合物半导体的"自补偿"作用小,能获得各种浓度的掺杂,这十分有利于器件的设计和制作。GaP、GaN等少数材料的禁带宽度在1.63～3.2eV,并且GaP还是间接带隙材料,发光效率低。必须寻求别的途径来解决宽带隙、间接带隙这两个矛盾。

办法之一是利用Ⅲ-Ⅴ族的二元化合物组成新的三元或四元Ⅲ-Ⅴ族固溶体,通过改变固溶体的组分来改变禁带宽度和带隙的类型。办法之二是GaP中掺N或Zn-O,形成有助于发光的等电子陷阱。

图6-7给出了不同材料发射的光谱。通过改变合金的组分可以改变禁带宽度的大小,因而覆盖较宽的光谱范围。

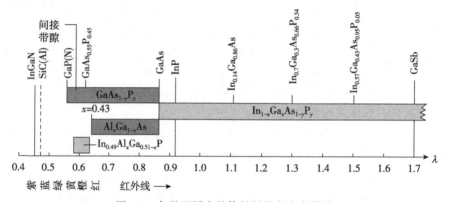

图6-7 各种不同半导体材料的发光光谱图

从图中可以看出,采用GaAs和GaP一起构成的三元合金$GaAs_yP_{1-y}$,合金中As和P原子随意而又均匀地分布在晶体中,$y>0.55$时,$GaAs_yP_{1-y}$为直接带隙材料。$y=0.45$时,发射波长为630nm,红色,随着y值的增加,发射波长变长,最终$y=1$时GaAs的发射波长为870nm,已是人眼看不见的近红外波段了。

当$y<0.55$时$GaAs_yP_{1-y}$为间接带隙半导体材料,如果在该材料中掺入等电子杂质,例如同为Ⅴ族的N,就会引进局域化的杂质能级E_N,它位于导带边附近,该能级上的电子通过库仑作用力的作用吸引起其附近位于价带中的空穴,并同其复合发光。由于E_N靠近导带底,但比导带底略低,因此发出的光子你能量比E_g略低一些。由于这类材料中的复合过程依赖于掺N的杂质,不能够像直接带隙材料那样有效地发光,效率也没有直接带隙材料那么高。即便如此,依然非常广泛地采用$GaAs_yP_{1-y}$三元合金制作发光二极管,可以发出波长为630～870nm的多种可见光来。

GaN 为直接带隙半导体,禁带宽度为 3.4eV,可以制成紫光 LED。InGaN 三元合金的 E_g 为 2.7eV 左右,因此可以发射蓝光,它们成为白光照明工程的好材料。

$Al_xGa_{1-x}As$ 在 $x<0.43$ 范围内为直接带隙材料,通过调节 x 值可以获得 640~870nm 范围的光发射,覆盖了红光到近红外的范围。

InGaAsP 可以与 GaAs 晶格匹配,在可见光范围内为直接带隙材料。以 GaAs 作衬底,$In_{0.49}Al_{0.17}Ga_{0.34}P$ 到 $In_{0.49}Al_{0.058}Ga_{0.452}P$ 都与其晶格匹配,用它们制成了高亮度的可见光发光二极管,在红色和橙色范围内十分耀眼。

$In_{1-x}Ga_xAs_yP_{1-y}$ 是另一类重要的四元化合物合金材料,通过改变 x 值和 y 值,其发射波长在 GaAs 对应的 870nm 到 InAs 对应的 3.5μm 之间变化。显然包含了 1.3~1.55μm 的光纤通信波段。

总之,人们对半导体发光材料的研究已经非常深入了,它们覆盖了紫外、可见光和红外的整个范围。这不但为我们已经提供了五颜六色的各种 LED,还将提供用于照明用的高亮度、大功率、高效率、低能耗的白光 LED,因此 LED 材料和器件对光电产业非常有价值。

6.5 发光二极管的工作原理[14]

发光二极管的工作原理中有四个重要的因素:

(1)合适的半导体发光材料;

(2)pn 结二极管器件结构;

(3)正偏压下注入电子-空穴对,在发光区中产生足够多的自由载流子,并且为它们提供发光所需能量;

(4)电子-空穴复合,产生自发辐射,释放出正偏压提供的能量、发射光子,实现一定强度的发光。

实际上发光二极管的结构很简单,就是一种 pn 结二极管,当外加正向电压通过 pn 结注入载流子时,在 pn 结附近会产生高浓度的电子-空穴对,这些电子-空穴对复合时,亦即电子由高能级跃入低能级同那里的空穴复合时,就会将多余的能量以光子的形式发射出来,从而发光。所发射的光子能量近似等于半导体材料的带隙

$$h\nu = E_g \tag{6-27}$$

正如图 6-6(b)所示,外加正偏压 V 时,准费米能级之差等于外加的电动势,$E_{Fn} - E_{Fp} = eV$。大量电子由 n 边注入至 p 边,而大量的空穴由 p 边注入至 n 边。在它们的扩散长度 L_n 和 L_p 范围内,会出现数量很多的电子-空穴对。这里需要指出的是,耗尽层是因内建电场引起载流子耗尽的区域,外加正偏压时 pn 结附近的内建电动势由 eV 降为 $e(V_0-V)$,相应地耗尽层变薄了。然而在正偏压的作用下,注入的载流子的数量很大,以致于在 pn 结 p 边的 L_n 范围内的电子浓度很高,在 n 边的空穴浓

度也很高,因此在 L_n+L_p 的区域中形成了高浓度的电子-空穴对。在这一区域中,能够有效地发生电子-空穴对的复合,因而有效地发光。我们将这一电子-空穴对复合发光的区域称为有源区。在正偏压作用下少子的注入和电子-空穴对复合产生光发射是一个物理过程,被称为注入式电荧光。如果正偏压下注入的电子和空穴的浓度分别为 Δn 和 Δp,则总的电子和空穴浓度分别为

$$n=n_0+\Delta n \tag{6-28}$$

$$p=p_0+\Delta p \tag{6-29}$$

$$\Delta n=\Delta p \tag{6-30}$$

式中,n_0 和 p_0 为有源层中热平衡时电子和空穴的浓度;$np=n_i^2$。正如我们在上一章中讨论过的,自发辐射的速率正比于电子和空穴浓度的乘积,比例常数 B 为爱因斯坦系数

$$r_{sp}=Bnp \tag{6-31}$$

式(6-22)给出过pn结二极管的伏-安特性,该式具体列出了二极管的电流同掺杂浓度 N_d 与 N_a、扩散系数 D_e 与 D_h、扩散长度 L_e 与 L_h 的关系

$$J=\left(\frac{eD_h}{L_h N_d}+\frac{eD_e}{L_e N_a}\right)n_i^2\left[\exp\left(\frac{eV}{kT}\right)-1\right] \tag{6-32}$$

显然,二极管的电流正比于电子和空穴的扩散系数,反比于它们的扩散长度。这就表明,在外加正偏压的作用下,注入的载流子主要集中在pn附近的区域中。由于电子的扩散长度比空穴发扩散长度长,由n区注入到P区的电子就比较容易同该区原有的多子空穴复合,发射光子。与此同时,由P区注入到n区的空穴就同n区的多子电子复合,发射光子。它们一起构成整个发光区。在同质结发光二极管中,由于整个器件的质地是一样的,带隙宽度处处相等,没有势垒限制通过pn结注入的载流子,因而形成的高浓度电子-空穴对区域由少子的扩散长度所决定,其总厚度为 L_h+L_e。电子的扩散长度比较长,$L_h>L_e$。发光过程中主要是由n区注入到p区的电子同p区的空穴复合发光,它们占整个发光的大部分,因此发光区主要在p区一侧。

一般而言,电子的扩散长度比较大,而且比空穴的扩散长度大。例如室温下GaAs的 L_n 为微米量级,L_p 为亚微米量级。因此室温下发光二极管的有源区宽度为数微米大小。同质结LED中,有源区的宽度很宽,并且随着温度、偏压大小等因素而变化,使得发光效率受到很大的影响,因此异质结发光二极管应运而生。

异质结构是由禁带宽度不同的半导体材料制成的,采用窄禁带的半导体材料作为有源区,而采用宽禁带的材料作为限制层。与此同时,窄带隙材料的折射率常常是大于宽带隙材料,因此异质结界面处不但提供了带隙差,还能提供折射率差。正是带隙差和折射率差这两种优异的物理特性,为双异质结构提供了几乎完全的载流子限制和几乎完全的光限制。这样一来,有源区的宽度不再是由少子的扩散长度所决定,而是在器件设计时将有源区的大小按要求人为地设定,因此异质结构的发光二极管

中有源区的宽度比同质结小得多。

这两种限制非常有效地提高了载流子的注入效率、电子-空穴对的浓度和发光效率。事实上，现在的发光二极管大都是异质结构，并且同激光器的层次结构十分相似，只是发光二极管没有谐振腔，各层厚度大出许多，制作相对容易一些。有关异质结构的发光器件原理将在下一章中作进一步的阐述。

在讨论发光管工作原理时，我们还应该关注间接带隙材料制成的发光二极管。由于其带隙是间接的，其导带底和价带顶不在同一波矢 k 上，如果导带底上的电子同价带顶的空穴复合产生光子，势必需要声子参与，以便遵循能量守恒和动量守恒的规则。因此，间接带隙中的电子-空穴对的复合常常会有声子参与，以致发光效率大为降低，甚至无法获得有效的发光。

解决这一难题的有效方法之一是掺入高浓度的等电子杂质，利用等电子杂质的杂质能带实现电子-空穴对的直接复合，无需声子参与。例如，GaP 为间接带隙材料，它自身的发光效率很低，无法直接用来制作发光管。如果在 GaP 中掺入大量的 N，情况就大为改变了。N 和 P 同为 V 族元素，掺入的 N 取代 P 的位置，成为替代杂质。由于 N 和 P 的原子数不同，其最外层的 5 个电子所受的原子核势场的作用不同于原来本地材料 GaP 中的 P 原子核势场，因此引进了等电子陷阱。如果掺入的 N 杂质浓度足够高，它不再是引入杂质能级，而是一个杂质带，最终这一杂质带并入导带底，形成杂质带尾，成为简并半导体。这个与导带底相连的杂质带尾能够提供大量的电子，从而为掺 N 的 GaP 发射绿光（~565nm）提供了非常有利的条件，使得 GaP 这一间接带隙材料发光成为现实。

事实上，在同质结发光二极管的 pn 结中，常常是 pn^+ 结。也就是说该 pn 结是由常规的 p 型和高掺杂的 n^+ 型半导体组成的。在 n^+ 型一边，施主杂质浓度非常高，比 p 型边的受主浓度 N_a 高得多。这样一来，n^+ 边的耗尽层的厚度相当薄。与此同时，由 n^+ 边注入至 p 边的电子浓度比由 p 边注入到 n^+ 边的空穴浓度多得多。因而电子-空穴对的复合主要发生在 p 边一侧。在 LED 中，电子-空穴对的复合发光是一种自发辐射过程，这一过程是随机的，每一对电子-空穴对的复合过程同别的电子-空穴对的复合过程没有关联，彼此是独立的，因此发光二极管的自发辐射复合过程表现出光谱范围宽、彼此相位不一致、没有偏振方向等一系列特征，这些同后面讲到的激光器是非常不同的。

6.6 LED 器件结构

依器件的结构和特性划分，发光二极管（LED）可以分为表面出光 LED、端面出光 LED 和超辐射发光二极管（SLED），确切地说，SLED 介于激光器（LD）和发光二极管之间的另一类光电子器件，它接近受激辐射，但依然是自发辐射过程，它没有光放大,但出光功率比常规 LED 大,光谱也略窄一些,相干长度也长一些[15,16]。

依器件的发光面的形状划分,LED 有平面、球面等多种。而依材料划分又分为同质结 LED 和异质结 LED。

无论是同质结 LED 还是异质结 LED,大都采用外延生长工艺制备而成,包括液相外延生长(LPE)、有机物化学气相沉积(MOCVD)、分子束外延生长(MBE)等。正如图 6-8(a)所示,在 n^+ 衬底上先外延生长一层重掺杂的 n^+ 层,之后再外延生长厚度仅几个微米的 p 层,n^+ 层掺杂很高,而 p 层掺杂较高,这样确保大多数电子-空穴对的复合发生在 p 层一侧。复合产生的光也会朝衬底方向发射,一部分被衬底吸收了,另一部分被衬底-空气界面以及衬底-电极界面所反射,因此大多数复合产生的光由平面顶部发射出来。

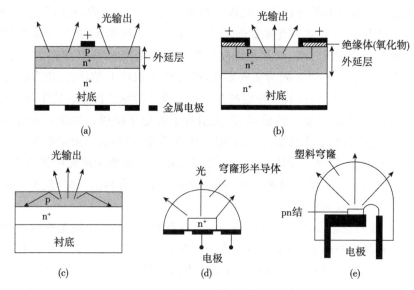

图 6-8 发光二极管的结构示意图

(a)和(b)平面出光的 LED;(c)光在 LED 中的反射示意图;(d)和(e)球面发光 LED

图 6-8(b)所示的 pn^+ 是在外延 n^+ 层后扩散而成的。电子-空穴对的复合产生的光朝上发射时,在半导体上表面处,也会经受反射,有些光甚至被全反射(参见图 6-8(c))。凡是大于临界角 θ_c 的光被反射回半导体内部,例如 GaAs 同空气的界面处,临界角只有 16°。为了减少出光面的反射,有两种解决方法:①表面镀增加透射的一层或多层介质膜,尽量地降低界面的反射率,增加透射率;②将上表面研磨为球面(图 6-8(d))或者灌注塑料形成上球面(图 6-8(e)),同样可以减少反射。我们常见的作指示灯用的发光二极管就是这种结构。

图 6-9 给出了 $Al_xGa_{1-x}As/GaAs$ 和 $Ga_xIn_{1-x}As_yP_{1-y}/InP$ 发光二极管的几种结构图。图 6-9(a)中的 $n-Al_{0.1}Ga_{0.9}As$ 夹在上下两层 $Al_{0.4}Ga_{0.6}As$ 之间,图 6-9(b)的 InGaAsP 夹在上下两层 InP 之间。这些结构中,有源区被夹在宽带隙材料中。上

下两限制层为有源区提供了有效的载流子限制。事实上,除了有源区的厚度比较厚(微米量级)之外,这类 LED 同下一章描述的激光器结构没有太多的区别。因此可以参照下一章的有关章节对这类 LED 的结构、工作原理和工作特性有更深入的了解。

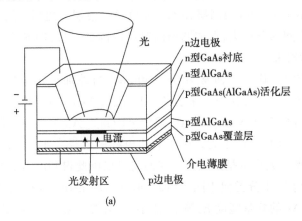

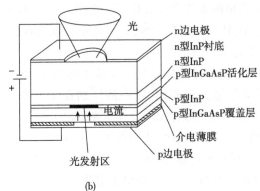

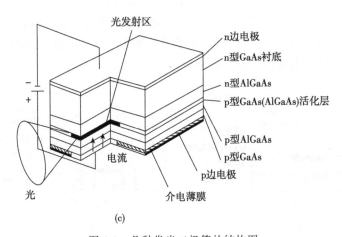

图 6-9 几种发光二极管的结构图
(a)面发射布鲁士发光二极管;(b)面发射发光二极管;(c)边发射发光二极管

特别值得一提的是图 6-9(a) 和 (b) 为面发射发光二极管，其发射出的光垂直于 pn 结平面。图 6-9(a) 所示的是布鲁士(Burrus)发光二极管[17]，它是一种很典型的面发射发光二极管。在 n-GaAs 衬底上依次外延了四层：N-$Al_xGa_{1-x}As$ 限制层、p-GaAs 有源区、P-$Al_xGa_{1-x}As$ 限制层、p-GaAs 顶层电极层。之后，采用刻蚀的方法将 n-GaAs 衬底的中间部分挖去，形成圆形的窗口，有源区发出的光不会被 GaAs 衬底吸收，能直接发射出来。

电极为一圆形图案，其半径通常为 30～50μm。当外加一定电压时，电流通过 p-GaAs 一边的电极流入二极管内。来自 P-$Al_xGa_{1-x}As$ 的高浓度空穴和来自 N-$Al_xGa_{1-x}As$ 的高浓度电子注入进 p-GaAs（或 P-$Al_yGa_{1-y}As$，$y<x$）有源区中，电子-空穴对在有源区中辐射复合产生光。由于 p 边电极的直径大小为 30～50μm，因此自 n 边发出光的发光区大小也是这么大。我们就可以由此得到所需的光了。

图 6-9(b) 的结构[18]十分类似于图 6-9(a)，但其衬底 n-InP 未被刻蚀成碗状。在结构 (a) 中，衬底 GaAs 的禁带宽度 E_g 等于（或小于）有源区 GaAs（或 $Al_xGa_{1-x}As$）的禁带宽度，因此对有源区发出的光波有吸收作用。而图 6-9(b) 的衬底 InP 的禁带宽度 E_g 比有源区 $Ga_xIn_{1-x}As_yP_{1-y}$ 的禁带宽度大，因此不会吸收有源区发出的光，也就无须再进行刻蚀挖碗的工艺了。

图 6-9(c) 是一种侧面发光的器件结构[19]，其结构与层次同以后将要讲到的 $Al_xGa_{1-x}As$/GaAs 双异质结激光器相同，唯一的区别在于发光二极管中没有谐振腔，不能形成反馈振荡，因而没有激光输出，只有荧光输出。

为了显示高性能发光二极管的结构，我们在图 6-10 中示出的四种 $Al_xGa_{1-x}As$/GaAs 的发光二极管的结构图，无论是 (a) 还是 (b) 的结构中，发光面已经研磨成凸透镜形状或半球面，它们对光具有会聚作用，使得光束集中[20,21]。图 6-10(c) 中增加了一波导层，有助于光波的导波作用，使发射面上光斑尺寸变大，有利于获得高亮度、光束较集中的荧光发射[22]。图 6-10(d) 是一种对电流进行限制的结构[23]，这有助于降低工作电流和提高发光效率。这些例子说明了发光二极管器件结构的多样性。通过不断改进器件结构，也使性能获得很大改善。

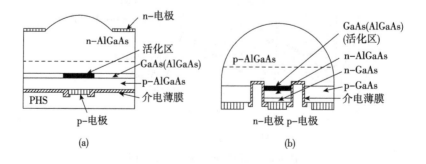

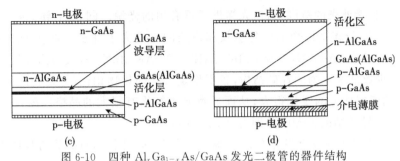

图 6-10 四种 $Al_xGa_{1-x}As/GaAs$ 发光二极管的器件结构
(a)带聚焦透镜的面发射 LED；(b)半球形面发射 LED；(c)带波导层的边发射 LED；
(d)具有电流限制作用的边发射 LED

6.7 高亮度发光二极管和超辐射发光二极管

6.7.1 高亮度发光二极管

高亮度发光二极管具有高效、节能、寿命长、无污染、用途广等优点,消耗能量比同亮度的白炽灯减少 90%,寿命长达 10 万小时,驱动电压在 6~24V,尺寸很小,适用于各种环境,因此近年来引起人们的高度重视[24]。

亮度是衡量物体发光或者反射光的强弱程度的物理量。人眼沿着一个方向观察光源,在这个方向上的光强与人眼所"见到"的光源面积之比定义为该光源单位的亮度,即单位投影面积上的发光强度。亮度的单位是坎[德拉]/平方米(cd/m^2)。亮度是人对光的强度的感受,它是一个主观量。

高亮度发光二极管是一类发光强度高的发光二极管,英文名 high brightness light emitting diode,简称 HBLED,其光强输出范围为几百到几千毫坎[德拉] (mcd)。在描述 LED 时,常常用到光通量和发光强度这两个物理量。发光强度是光源在某一特定方向上单位立体角内辐射的光通量,其单位为坎[德拉]。光通量是光源在单位时间内向周围空间辐射出的使人眼产生光感的能量,其单位为流[明]。发光强度为 1 坎[德拉](cd)的点光源,在单位立体角(1 球面度)内发出的光通量为 1 流[明],英文缩写为 lm。

发光二极管的发光面常常是圆形的,若以其法线方向(即圆形发光管的轴线)为特定方向,则该方向上的发光强度为法向发光强度。普通的发光二极管的发光强度通常较小,所以常用的单位为毫坎[德拉](mcd)。

近年来,随着白光工程的进展,氮化物高亮度发光二极管变得越来越引人注目[25,26]。提高亮度的方法包括提高内部发光效率、增加发光面的透射和增加背光面的反射、增加散热和降低温度的影响、甚至采用量子点作有源区等[27]。

Ⅲ-Ⅴ族氮化物的带隙范围宽,从 InN 的 1.9eV 到 GaN 的 3.4eV,相应地覆盖了从红、黄、绿到紫外光的范围,为白光提供了很有用的光源。同Ⅲ-Ⅴ族 As 化物或者 P 化物相比,Ⅲ-Ⅴ族氮化物的外延生长和掺杂的难度大了许多。Ⅲ-Ⅴ族氮化物包括 AlN、GaN、InN、AlGaN,以及 GaInN、AlInN 和 AlGaInN 等,大多为纤锌矿结构,较为稳定;少数情况下为闪锌矿结构,较不稳定。同砷化物相比,氮化物的晶格常数随着晶体的组成成分的变化很大,从而导致异质结构有很大的晶格失配,AlN/GaN 和 InN/GaN 异质结的失配度分别为 2.5% 和 11%。

图 6-11 给出了高亮度发光 GaN 二极管的结构图。图 6-11(a)为常规的 LED 的截面结构,它由一个 pn 结、顶部中心处和腐蚀台阶下部的两个电极构成。图 6-11(b)的高亮度 LED 带有隧道结构,在常规的 LED 中多了一个隧道结,能够增强横向电流扩散,从而增加了注入的载流子浓度和提高电子-空穴对的复合辐射发光,有效地提高发光强度。图 6-11(c)的表面加工成光子晶体结构,采用合适的设计,该光子晶体的透射率能够大大提高,这同内部隧道结构相结合,使其内部高效率发出的光在表面处不受到反射,能够尽可能地发射出去,从而大大提高了该器件的发光强度。

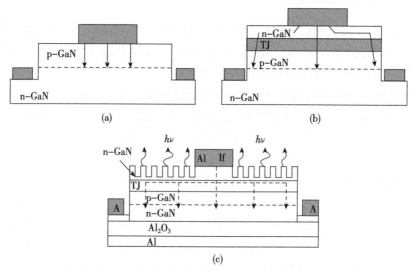

图 6-11　高亮度发光二极管的截面结构图

制作光子晶体的工艺复杂、成本较高,利用多层介质膜来增加透射率(简称为增透膜)、减少反射是更为广泛采用的方法。

由几何光学可知,在折射率为 n_s 的衬底上,交替蒸镀上折射率分别 n_1 和 n_2、厚度均为 $\frac{\lambda}{4}$ 的多层光学薄膜,如果一共镀上了 $2m$ 层,即 m 对介质膜,则垂直入射的光在多层光学薄膜处的反射率为

$$R = \frac{n_1^m n_s - n_2^m n_0}{n_1^m + n_2^m n_s n_0} \tag{6-33}$$

若镀上 $2m+1$ 层,则反射率为

$$R = \frac{n_1^m n_s - n_2^m n_0}{n_1^m n_s + n_2^m n_0} \tag{6-34}$$

式中,n_0 为空气的折射率。通过选择合适的介质材料,也即选择合适的 n_1 和 n_2,再选择合适的层数 $2m$,有效地控制 $\frac{\lambda}{4}$ 波长的厚度,总可以将反射率 R 降至 10^{-1} 以下,从而使 $R_1 R_2$ 满足小于 10^{-2} 的要求。

充分优化 LED 的器件结构设计、外延生长、多层镀膜、电极制作、合理封装等技术之后,现在已经成功地生产出高于 150lm/W 的超亮度发光二极管,这为照明、显示、交通信号、荧光屏的背光源、汽车车灯、建筑装饰照明等应用提供了节能、高效、长寿命的光源。

理论研究表明,LED 的光学效率最高值为 400lm/W。现在大功率白光 LED 产业化的光学效率水平已经达到 130lm/W,实验室已达 231lm/W;小功率白光 LED 实验室已达 249lm/W。由此可见,高亮度发光二极管还有较大的发展空间。

6.7.2 超辐射发光二极管[28]

塞格尼克首次发现,如果一束光束沿着一个环形的光波导传输,在光波导本身是静止的和转动的两种情况下,光束的光程是不同的,存在光程差。光线沿着通道转动的方向传输时间较快,而沿着与转动相反的方向传输所需要的时间较慢。也就是说,当光波导环路转动时,在不同的传输方向上,光转动的光学环路的光程相对于静止环路的光程发生了变化。

利用光程的这种变化,使不同方向上的光波之间产生干涉,从而测量环路的转动速度,制造出干涉式光纤陀螺仪。如果利用光程的变化来实现环路中的光波之间的谐振,通过调整谐振频率来测量环路的转动速度,就可以制造出谐振式的光纤陀螺仪。

陀螺是各种航海、航空、航天的飞行器中的重要仪器,光纤陀螺能够精确地测量飞行器的飞行速度和角速度,这在航空、航天、航海中极为重要。

光纤陀螺中,将一束相干光分为两束光,耦合进两根光纤中,再在终端处合波。这一仪器中最为关键的器件是光源,它的功率应当尽可能地大,以便光信号强;而相干长度应当尽可能地短,以便测量精度尽可能高。普通的 LED 和激光器都不能够同时满足功率大、相干长度短的要求。

大的光功率与短的相干长度不可同时兼得的特殊性,引出一种特殊的发光器件——超辐射发光二极管,英文为 super-luminescent light emitting diode,简称 SLD,它的特性介于激光二极管和发光二极管之间。表 6-2 列出发光二极管(LED)、超辐射发光二极管(SLD)和激光二极管(LD)三者的器件结构、工作原理、器件特性和应用领域,通过这种直观的比较,可以看出它们的同异。

表 6-2 发光二极管(LED)、超辐射发光二极管(SLD)和激光二极管(LD)的特性比较

器件特性	LED	SLD	LD
器件结构	pn 结	复合区+吸收区+端面增透膜	异质结+谐振腔
光输出功率	小，通常<1mW	0.3~5mW	1~100mW 或更大
光谱半宽 $\Delta\lambda/\text{nm}$	50~150	30~90	<0.5
相干长度	不相干	短，微米量级	长，毫米量级
光束发散角度	120°	30°~40°	~15°×45°
工作原理	自发辐射	自发辐射+光放大	受激辐射+光放大
应用领域	显示、照明、短距离光通信等	光纤陀螺、光纤传感	光纤通信、光盘存储、激光测距、光纤传感、光学仪器等

激光器英文原文的含义是，通过受激辐射将光进行放大的器件。如果将自发辐射(特别强调的是自发辐射，而不是受激辐射)进行光放大，便获得超辐射。它是强激发状态下的一种定向辐射现象。

一方面，电子-空穴对随机复合，产生相位、频率互不相同的光子，器件中没有谐振腔结构，不能形成共振条件，因而不会有受激辐射振荡作用；另一方面，注入的电流密度很高，引起足够高的增益，使得自发辐射的光子数目急剧增多，产生雪崩式倍增。发光强度会随着注入电流的增大而急剧地增大，发光光谱的谱线宽度会变窄一些。这样，器件的发光机制由初始时的自发发射为主逐渐变为受激发射为主，但并未产生谐振，因而未形成激光发射。因此超辐射发光二极管是一种很接近激射、但还不是激光的光源。其结构类似激光器，但没有谐振腔。即使有两个相对平行的发光面，也要用端面镀膜、斜的条型或弯曲的条型结构等方法尽量地破坏掉谐振腔；其发射逼近受激振荡，但始终未共振；其相位不一致，因而是一种部分相干的光源，或称相干长度短的光源。

正如上一章描述的，半导体中的电子-空穴对的复合发光和受激吸收是同时存在的互逆过程。外加偏压注入电子-空穴对时，将在器件内部产生增益。与此同时，发光区内的损耗为 α，端面损耗为 $\frac{1}{2L}\ln\frac{1}{R_1 R_2}$，$L$ 为腔长，R_1 和 R_2 分别为前后端面的反射率。超辐射发光二极管的增益不足以克服内部的吸收损耗和端面的泄漏损耗，因此满足

$$g < \alpha + \frac{1}{2L}\ln\frac{1}{R_1 R} \tag{6-35}$$

也就是说，光波在腔内来回反射一次所获得的增益小于内部吸收和端面损耗之和，不

会引起激光振荡。

基于式(6-36)所示的原理要求,在器件结构设计上可以从如下几个方面着手:

(1) 尽量增大内部吸收系数 α,例如采用图 6-12 所示的双区结构,将泵浦区和吸收区分开,使得增益 g 不够大,而吸收损耗 α 足够大;

(2) 尽可能地降低前后两个端面的反射率 R_1 和 R_2,例如采用化学腐蚀的方法将端面腐蚀成漫反射面,或在端面上镀透射率大的增透膜,达到减小 R_1 和 R_2 的目的。业已证实,$R_1 R_2$ 应当小于 10^{-2} 或更小;

(3) 采用斜的条形或弯曲的条形结构,使得光在单程传输过程中不能够直线传输,光波容易从波导的侧面透射出去,不被反射,不形成振荡。

图 6-12 给出了双区超辐射发光二极管的器件结构,其前端为泵浦区,注入电流只从该区中流过,相对于从整个器件流过而言,增益被减小了。后半部分为吸收区,并且将该区的条形渐变为楔形,使该区中的波导面积大为展宽,因而明显增大了吸收。与此同时,楔

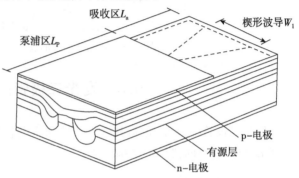

图 6-12 双区超辐射发光二极管结构

形结构的侧面对后端面反射过来的光进行漫反射,使重新耦合进入有源区的反射光仅占后端面反射光的 5% 左右。实验结果表明,采用这种结构,在 200mA 电流的驱动下,很容易获得功率为 13.5mW、光谱半宽为 35nm 的超辐射光输出。

值得强调的是,端面镀上增透膜,使得 R_1、R_2 尽可能的小,这是制作 SLD 的最有效工艺之一。在 6.6.1 一节中已经介绍过表面增透膜的方法来减少表面对光的反射,式(6-34)给出了反射率同多层介质膜的折射率和层数的关系。关键在于使用合适的光学介质膜材料和精确控制膜厚。对于超辐射发光二极管的端面镀膜来说,增透膜不是镀在表面上,而是镀在发光侧面的端面上,难度就更大了。由于器件的端面的面积很小,需要将多个芯片拼装在一个夹具上,再进行多层镀膜。

如何在镀膜过程中监测和控制 $\lambda/4$ 的光学膜厚是至关重要的技术,现在通行的方法有三种:极值法、自发光监控法和晶体振荡监控法。就实用化而言,目前晶体振荡监控法应用得最多,也最为有效。

要想把光射入光纤之中,必须将发光管同光纤耦合起来。图 6-13 就是最简单的一种耦合方式,将光纤头同发光面直接对接。之后再将光纤同管座之间焊接好,并填充好粘接材料使它们完全固定。再经过管壳封装、最终性能测试、分类、包装就成为成品了。

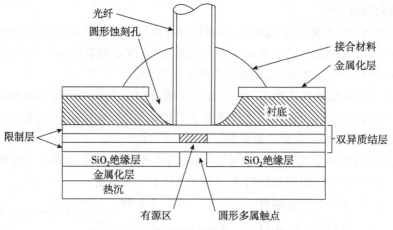

图 6-13 同光纤耦合的发光二极管结构图

6.8 发光二极管的特性

发光二极管的特性,包括其电学特性和光电特性,既同器件的材料(特别是带隙宽度 E_g)有关,也同器件的结构有关。

6.8.1 伏-安特性[12]

半导体发光二极管表现出非常典型的二极管伏-安特性(图 6-14)。实验测量表明,在外加偏置电压的作用下,LED 的总电流为产生辐射的扩散电流 I_d 同没有辐射

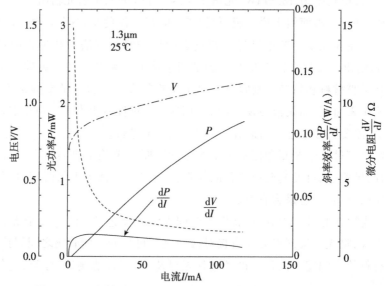

图 6-14 面发射型 1.3μm InGaAsP/InP 发光二极管的器件特性

作用的复合电流 I_r 之和，I_r 是 LED 芯片周边的表面复合电流。如果器件的串联电阻为 R_s，外加电压大小为 V，则流经 LED 的总电流可以表达为

$$I = I_d [\exp(V - IR_s)/k_B T] + I_r [\exp(V - IR_s)/2k_B T] \tag{6-36}$$

低偏置时，复合电流为主，上式第二项显示重要作用。高偏置时，扩散电流为主，电流强度随着电压的增大而指数地增大，而光输出功率 p 随着电流 I 线性地增大。还需指出的是，串联电阻 R_s 会耗去相当的功率 $I^2 R_s$，它会使器件发热，降低器件的性能。因而增大 p 边和 n 边的掺杂使其欧姆接触电阻尽可能地小也是非常重要的。

6.8.2　P-I 特性

P 为光输出功率，I 为工作电流，因此 P-I 特性就是发光二极管的光输出功率同工作电流的依赖关系。

发光二极管的发光是注入的少数载流子同多数载流子复合发光的结果，因此原则上讲其输出功率应当同驱动电流呈线性的关系，然而实际的情形并非如此。图 6-15 给出了表面出光、端面出光和超辐射三种结构的发光二极管的 P-I 特性曲线。在驱动电流较小时，它们的 P-I 特性基本是线性的，但表面出光的发光二极管的复合发光的量子效率会随着电流的增大而降低，其输出功率 P 逐渐趋向饱和，因此 P-I 曲线表现出亚线性。

端面出光的发光二极管的 P-I 曲线比较接近线性，虽然其发光面比表面出光的 LED 小许多，但在较大电流驱动下依然可以获得较大的输出功率。超辐射发光二极管（SLED）的 P-I 特性曲线

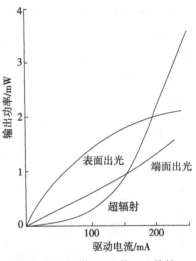

图 6-15　三种 LED 的 P-I 特性

呈超线性的，电流进一步增加时输出功率超线性地增大。这是由于这种器件中，虽然没有激光器那样的谐振腔，不会产生共振的激光振荡作用，但高注入电流时会对自发辐射进行放大，因而可以获得较大的输出功率。

为了便于比较，我们在图 6-15 中同时示出了发光管（LED）、超辐射发光管（SLD）和激光器（LD）三种半导体发光器件的光输出功率-电流特性。可以看出三条曲线具有明显的不同特征。

(1) 发光管的输出功率同电流呈线性的关系，随着电流的增大，光强线性地变强；激光器的光输出存在有一明显的拐点，该拐点对应的电流为阈值电流 I_{th}。当工作电流小于 I_{th} 时，光输出相当小，而大于 I_{th} 时，光输出突然随电流的增大而线性的增大；超辐射发光二极管的输出功率正好介于上面两者之间，既没有 P-I 的线性关系，也没有明显的拐点，而是随着电流的增大而超线性地增加。

（2）输出功率随电流变化的速率，即电-光转换效率，发光管最平缓，效率较低；超辐射发光管效率高一些，而且随电流的增加效率越来越大；激光器的效率最高，最能实现电-光能量的转换。

（3）关于最大输出功率，显然发光管所能达到的光输出最小，超辐射发光管次之，而激光管的光输出功率最大。

6.8.3 温度特性

同金属、绝缘体不同，半导体对温度非常敏感，无论是发光波长还是发光强度都随着温度的变化而变化。由于禁带宽度随着温度的升高而变小，载流子复合速率也会减少，这些导致发光管的波长随温度的上升而增长，变化速率为 $0.2 \sim 0.3 \text{nm}/℃$。温度每升高一度，峰值波长向长波方向（红色方向）移动 $0.2 \sim 0.3 \text{nm}$，即平常所说的温升引起红移。同时温度使载流子的分布变宽，因此温升使得发光光谱变宽。

图 6-16 给出了同一工作电流下几种 LED 的光输出功率 P 同温度 T 的关系。从该图可以看出，表面出光的 LED 的光输出功率 P 比较平缓，随着温度上升而略有下降。而超辐射发光二极管的光输出功率对温度非常敏感，随着温度上升而急剧下降。

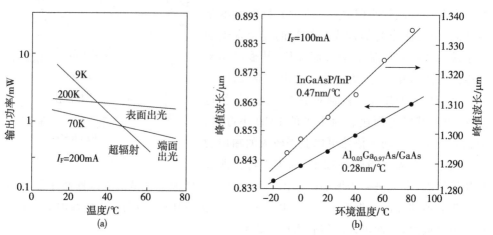

图 6-16 (a)LED 和 SLD 光输出功率同温度的关系；(b)三种 LED 的峰值波长同环境温度的关系

依赖大量的实验结果，LED 的 P-T 特性曲线可以采用如下经验公式描述

$$P = P_0 \exp[-(T-T_R)/T_0] \quad (6\text{-}37)$$

式中，T_R 为室温；P_0 为室温 T_R 时的光输出功率；T_0 为 LED 的特征温度。对于表面出光的结构来说，InGaAsP LED 和 AlGaAs LED 的 T_0 分别为 $180 \sim 220 \text{K}$ 和 $300 \sim 350 \text{K}$[29]；对于端面出光的 LED 来说，它们的 T_0 分别为 $70 \sim 80 \text{K}$ 和 $100 \sim 120 \text{K}$。这里的 T_0 仅给出了一定的数值范围，而未给出非常确定的值，这是由于 T_0 与具体的结构和制作工艺有关。但依然可以看出，AlGaAs LED 的 T_0 要高一些，因此它们的温

度稳定性要好一些。这可以从 InGaAsP 材料的俄歇复合引起的漏电流要比 AlGaAs 大许多这一物理特性得到解释。

6.8.4 光谱特性

光学特性主要显示其发光强度、光谱的峰值波长、光谱半高宽度(光强为峰值光强的一半处光谱的宽度),因而可以了解其发光的颜色、模式等特性,光电转换效率等特性能够表明器件的量子效率,能量转换效率等,从而实际应用时选择正确的型号和正确地使用。

表 6-3 列出了红、橙、黄、绿、蓝五种颜色的七类发光二极管的电学和光学参数。显然发光管的峰值波长同其颜色是一一相对应的。

表 6-3　Ⅲ-Ⅴ族半导体发光二极管的特性

材料	正向电压 V_F/V	发光颜色	峰值波长 λ_P/nm	光谱半宽度 $\Delta\lambda$/nm
GaP(Zn-O)/Zn-O	2.2	红	700	100
$Ga_xAl_{1-x}As$/GaP	8	红	660	30
$GaAs_{0.6}P_{0.4}$/GaAs	1.7	红	650	20
$GaAs_{0.35}P_{0.65}$(N)/GaP	2.1	橙	630	40
$GaAs_{0.15}P_{0.85}$(N)/GaP	2.2	黄	590	30
GaP(N)/GaP	2.2	绿	565	30
GaN/Ae_2O_3	7.5	蓝	490	80

发光二极管的发射光谱较宽,这是由于半导体发光二极管是带间载流子复合的结果。发光的峰值波长十分依赖于带隙宽度 E_g,但并不完全对应于 E_g。由于导带中的电子和价带中的空穴的最高浓度分别对应于 $E_C+\frac{1}{2}k_BT$ 和 $E_V-\frac{1}{2}k_BT$,因此测出的发射光谱的峰值 λ_p 对应的能量为 E_g+k_BT。

图 6-17 给出了 AlGaAs 和端面出光的 LED、表面出光和端面出光的 InGaAsP LED 的光谱曲线。可以看出,图 6-17(a)AlGaAs LED 的光谱半宽为 40nm。图 6-17 (b)表面出光和端面出光的 InGaAsP LED 光谱半宽分别为 110nm 和 80nm。表面出光和端面出光的路径不同,前者的路径短,后者的路径长。端面出光的发光二极管

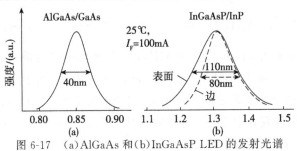

图 6-17　(a)AlGaAs 和(b)InGaAsP LED 的发射光谱

中,由于传输的路径变长了,波长较短的光波会被更多的吸收,从而使其发射光谱缺少短波部分,光谱半宽比表面出光的 LED 光谱半宽减少了 30%[30]。

超辐射 LED 的 $\Delta\lambda$ 比较窄,约为 50nm。

进一步研究表明,对于表面出光的 LED 来说,其光谱半宽 $\Delta\lambda$ 依赖于发射波长 λ 和工作温度

$$\Delta\lambda \approx \lambda^2 \frac{3k_B T}{hc} \tag{6-38}$$

式中,h 和 c 分别为普朗克常数和光速。因此对于波长为 870nm 的 GaAs LED、波长为 1.3μm 和 1.55μm 的 InGaAsP LED 来说,它们的光谱半宽 $\Delta\lambda$ 分别约为 47nm、105nm 和 149nm。

对于直接带隙半导体来说,峰值波长 λ_p 同其禁带宽度相对应;而对于掺 Zn-O 或 N 的 GaN 等间接带隙材料来说,峰值波长由等电子陷阱发光中心的位置决定。半导体中,参与电子-空穴复合的能带有一定宽度,而不是能级之间的载流子复合发光,因此导带底附近和价带顶附近的能态都会对发光有贡献,这便造成了发光管的发射光谱较宽。通常发光二极管的光谱半宽度 $\Delta\lambda$ 为 50~150nm。

如果 LED 是在低占空比的脉冲电流驱动下工作,电流没有引起发热作用,载流子会随着电流的增大而填充到能量较高的位置,因此发光峰值波长 λ_p 随着电流的增大而变短,即出现蓝移;然而连续工作时,电流的注入会引起发热,电流越大温度越高,温升会引起带隙宽度收缩,因此 λ_p 会随着电流增大而向长波方向移动,这便是红移现象。对于 AlGaAs 和 InGaAsP LED 来说,$\Delta\lambda_p/\Delta T$ 分别为 0.35nm/℃ 和 0.6nm/℃。

6.8.5 调制带宽

除了照明用 LED 外,光通信用 LED 的频率特性也是备受关注的。实验表明,调制带宽同输出功率呈倒数关系,例如 AlGaAs LED,输出 15mW 时的 3dB 带宽仅为 17MHz,而在 0.2mW 时最大调制带宽可达 1.2GHz。进一步研究表明,输出功率 P 和调制带宽 B 可以表达为

$$P \propto B^{-i} \tag{6-39}$$

式中,i 为常数。$B < 100$MHz 时,$i \approx \frac{3}{4}$。采用轻掺杂($<5 \times 10^{17}$ cm^{-3})、有源区厚度为 2~2.5μm,带宽很小,只有 20~30MHz,但输出功率可达最大。采用中等掺杂($0.5 \sim 1 \times 10^{18}$ cm^{-3})和中等厚度(1~1.5μm)的有源区,可获得中等带宽(50~100MHz)。只有掺杂浓度超过 5×10^{18} cm^{-3} 时调制带宽可达 100~200MHz 以上,此时会引入一些非辐射复合中心,$i > 1$,其输出功率明显下降。对于 InGaAsP LED 来说,也有类似的结果,只不过数据有些不同罢了。

6.8.6 发光效率 η 和出光效率 η_{out}

发光效率是指半导体的体内复合产生的光子数同注入的电子-空穴对数之比。采用直接带隙半导体可获得较高的发光效率。复合产生的光子在体内还可能被吸收,只有射出体外才是真正的发光。发射出体外的光子数同注入电子-空穴对数之比为出光效率。通过减少内部吸收、增大表面透过率等方法,可以提高出光效率。

6.8.7 相干特性

对于相干光来说,其相干长度 L_c 同波长 λ 和光谱半高宽 $\Delta\lambda$ 的关系为

$$L_c = \frac{\lambda^2}{\Delta\lambda} \tag{6-40}$$

以 1.3μm 的激光管为例,如果其半高宽 $\Delta\lambda$ 为 0.1nm,则相干长度为 L_c 等于 16.9mm。而半高宽 30nm 的 1.3μm 超辐射发光二极管中,相干长度 L_c 仅为 56μm,可见要短得多。减少相干长度是超辐射发光二极管追求的目标之一,它的改进有助于提高光纤陀螺的探测灵敏度。

如果进行精细的测量,超辐射发光二极管的发射光谱如图 6-18 所示。可以看出,它是由许多纵模所组成。事实上,超辐射发光二极管中,虽经端面镀增透膜,采用倾斜条型等多种工艺,仍然不可能 100%地消除端面的谐振腔的作用,因而超辐射发光二极管的光谱是在连续输出的光谱之上再叠加上多纵模。在光谱中心波长附近,如果光强最大峰值和最小峰值分别为 I_{max} 和 I_{min},则其调制深度为

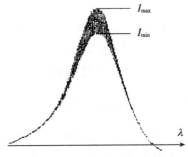

图 6-18 超辐射发光二极管的精细光谱

$$m = \frac{I_{max} - I_{min}}{I_{max} + I_{min}} \tag{6-41}$$

调制深度 m 是对光谱中纵模特性的一种定量描述。激光器的 I_{min} 为 0,因而 $m=1$。发光二极管中 I_{max} 和 I_{min} 相等,因而 $m=0$。超辐射发光二极管中,调制深度越小越好,但允许出现一些调制,通常认为 $m<20\%$ 是可以的。

超辐射发光二极管的光谱半高宽 $\Delta\lambda$ 随着正向偏置的工作电流 I_F 而变,随着 I_F 增大,发光管内的受激发射增加,因此光谱半高宽 $\Delta\lambda$ 变窄。与此同时,中心波长也会发生移动,电流增大会使电子填充高一些能级而使波长向短波方向移动(蓝移),而电流增大时,器件发热引起的温升会使波长向长波方向移动(红移)。电子的能带填充效应和热效应两者共存,互相抵消,何种效应起主导作用要依具体情况而论,通常是热效应的作用更明显一些,也就是说常观测到中心波长发生红移现象。

6.8.8 近场和远场分布特性

在描述发光器件时,人们常常提及近场和远场分布特性。所谓近场分布特性,是指发光器件的发光面上的光场分布情况,即发光面上光斑尺寸的大小以及光强的变化情况。而远场分布特性是沿发光方向的光场的变化情况,我们通常以其光束半高点的发散角度来描述。

半导体发光器件的有源区很小,可以采用衍射理论来计算其光束发散角度。由于有源区的厚度很薄,仅仅 $0.1\sim0.2\mu m$,再加上上下两个异质结限制层的光限制作用,会使发散角增大。垂直结平面方向上的光束发散角 $\theta_\perp$ 为

$$\theta_\perp \approx 20(\Delta x)\frac{d}{\lambda} \tag{6-42}$$

式中,Δx 为 GaAs 有源层和两侧限制层 $Al_xGa_{1-x}As$ 组分之差,d 为有源区的厚度,λ 为波长。在平行于结平面的方向上,条宽较大一些,因此平行结平面方向上光束发散角度 $\theta_{//}$ 为

$$\theta_{//} = \frac{\lambda_0}{W} \tag{6-43}$$

式中,W 为条宽的宽度。上述两式计算出的数字都为弧度,可换算成角度。大量实验表明:普通发光二极管未加任何封装时的发散角 $\theta\sim120°$;超辐射发光二极管的 $\theta_{//}\times\theta_\perp\sim15°\times45°$,这同激光管的情形相类似。

6.8.9 调制特性和偏振特性

一般而已,发光管的调制速率不高,只能在中等调制速率(<200Mb/s)下工作。而超辐射发光二极管的调制速率会高许多,可达 1Gb/s。但它依然比激光器(可达 $10\sim40Gb/s$)小许多。

由于超辐射发光二极管有效地抑制了谐振腔的反馈作用,因此它没有明显的偏振特性,这样一来,它非常适合于保偏光纤的光源以及要求光源没有明显的偏振特性的应用领域。

6.9 结 束 语

发光二极管是一类结构最简单、使用最方便、用途最广泛、价格最便宜、产量最高的半导体发光器件,已经成为人们生活中不可或缺的一部份。

发光二极管可按其材料、结构、发光颜色、发光强度、发光面特征、功能、应用等分类。依颜色划分,发光二极管的发光颜色有红色、橙色、绿色(细分还有黄绿、标准绿和纯绿)、蓝色、双色、三色等多种,还有近红外和红外等不可见的发光管。按发光强

度划分,发光强度小于 10 毫坎[德拉](mcd)的发光管为普通亮度发光管,在各种家用电器上所见到的发光管大都属于这一类;把 10~100mcd 的发光管称为高亮度发光管;而把 100mcd 以上的发光管称为超高亮度发光管。

为了实现发光,我们必须有足够多自由的载流子。在发光器件中,我们更加关注能够参与复合发光的各种电子和空穴的多少以及它们的分布状况,因此在这一章中我们就专门讨论了 pn 结中的载流子分布。

态密度 $\rho(E)$ 同费米函数 $f(E)$ 的乘积 $\rho(E)\times f(E)$ 就是导带中能量 E 处的电子的实际浓度。$n>N_C$ 或 $p>N_V$ 的半导体常常形成杂质能带,并且杂质带同原有能带并在一起了,其费米能级进入到对应的导带或者价带中。当外加正向电压 V 时,引起载流子的流动,耗尽层的厚度 W 变窄。一定偏压下整个器件中的电流是常数,在耗尽区的内部电流由漂移电流和扩散电流两部分组成,在耗尽区的外面只有少数载流子的扩散电流,没有漂移电流。反向偏压时,反向电流很小,复合引起的电流占有相当重要的成分。

发光二极管的工作原理包括发光材料、pn 结、正偏压和电子-空穴对复合等多种重要因数。发光二极管常常是 pn$^+$ 结,电子-空穴对的复合主要发生在 p 边一侧。本章介绍了多种发光二极管的结构,通过不断改进结构使性能获得了很大改善。

高亮度发光二极管是一类特别引人注目的发光器件,现在大功率白光 LED 产业化的光学效率已经达到 130lm/W 水平,还有较大的发展空间。超辐射发光二极管介于激光二极管和发光二极管之间,在光纤陀螺等应用中显示其独特的性能。

依封装表面的形状可分为圆形、方形、矩形发光管,还有面发光管、侧向发光管、微形发光管等多种。将封装面作成半球状,它会起到凸透镜的作用,将芯片发出的四散的光会聚在一起,形成光束。因此采用不同的表面封装,就会收到不同的效果。封装材料的种类很多,有环氧树脂全包封、金属底座环氧封装、陶瓷底座环氧封装和玻璃封装等多种。

采用不同的结构形式和尺寸、不同芯片以及不同的组合方式,可以派生出繁多的系列、品种和规格。单个半导体发光管的芯片,是一个典型的点光源。将多个芯片组成在一起,可以形成一维的线阵列或二维的面阵列,构成线光源或面光源。

同质结中复合发光区的大小是由电子和空穴的扩散长度决定的,在室温下它们为微米的数量级,因此发光区比较宽,注入电流难于集中在高效率的复合发光区内,同时电流大时会发热,会进一步降低发光效率。采用异质结构能够解决这一问题,利用带隙差引入的势垒对载流子起限制的作用,大大改进了发光二极管的性能。本章中我们已经列出了大量的异质结发光管的结构,但是没有对它们进行说明。由于半导体激光器都采用异质结构,我们就将这一部分的内容留待下一章进行深入的物理解释。

参 考 文 献

[1] Kressel H, Butler J K. Semiconductor Laser and Hetero Junction LEDs. New York: Academic Press, 1977
[2] Fukuda M. Reliability and Degradation of Semiconductor Lasers and LEDs. Boston: Artech House, 1991
[3] Tsang W T. 半导体注入型激光器(Ⅱ)与发光二极管. 杜宝勋等译. 北京:清华大学出版社,电子工业出版社,1991:206-250
[4] 余金中. 半导体光电子技术. 北京:化学工业出版社,2003:54-75
[5] 宋菲君,羊国光,余金中. 信息光子学物理. 北京:北京大学出版社,2006:309-344
[6] 黄德修. 半导体光电子学. 第2版. 北京:电子工业出版社,2013:45-51
[7] Kasap S O. Optoelectroncs and Photonics: Principles and Practices. Beijing: Publishing House of Electronics Industry, 2003: 107-158
[8] 叶良修. 半导体物理学. 上册. 北京:高等教育出版社,1983:108-153
[9] 王家骅,李长健,牛文成. 半导体器件物理. 北京:科学出版社,1983:44-67
[10] Sze S M. Physics of Semiconductor Devices. New York: Wiley-interscience, 1978
[11] Grove A S. Physics and Technology of Semiconductor Devices, New York: John Wiley & Sons, 1967
[12] Fukuda M. Reliability and Degradation of Semiconductor Laser and LEDs. Boston: Artech House, 1991: 19-26
[13] 方志烈. 半导体发光材料和器件. 上海:复旦大学出版社,1992:275-344
[14] Kresse l H, Butter J K. Semiconductor Lasers and Heterojunction LEDs. New York: Academic Press, 1977: 51-115
[15] Lee T P. Proc. Opt. Instrum. Eng., 1980, 224: 92
[16] Sau l S. IEEE Trans. Electron Devices, ED-30: 285
[17] Burrus C A, Miller B I. Opt. Commun., 1971, 4: 307
[18] Yamakosh S, Abe M, Wada O, et al. IEEE J. Quantum Electron., 1981, QE-17: 167
[19] Botez D, Ettenberg M. IEEE Trans. Electron. Devices, 1979, ED-26: 1230
[20] Devices, Tokyo, 1979; Japan Appl. Phys., 1980, 19: 365
[21] Kurata K, Ono Y, Ito M, et al. IEEE Trans. Electron. Devices, 1981, QE-28: 374
[22] Seki Y. Japan Appl. Phys., 1975, 15: 1360
[23] Kressel H, Ettenberg M. Proc. IEEE, 1975, 63: 1360
[24] Michuel A, Miyoshi T, Yanamoto T, et al. Proc. of the Inter. Society for Optical Engin., 2009, 7261: 72161Z
[25] Kimuna N, Sakuma K, Hirafune S, et al. Appl. Phys. Lett., 2007, 90(5): 051109-3
[26] Xie R J, Hirosaki N, Mitomo M. Appl. Phys. Lett., 2006, 89(24): 241103
[27] 刘鹏,蒋玉蓉,杨盛谊. 半导体光电,2013,34(2):163-170
[28] 廖柯,刘刚明,周勇,等. 半导体光电,2004,2(4)
[29] Ettenberg M, Nuese C J, Kressel H. J. Appl. Phys., 1979, 50: 2949
[30] Boterz D, Ettenberg M. IEEE Trans. Electron Devices, 1979, ED-26: 1230

第7章　半导体激光器

7.1　引　　言

所有的激光器,包括气体激光器、固体激光器和半导体激光器,都是建立在受激发射这一物理过程的基础上的。在器件中加入反馈的功能,使受激发射获得放大,这就为激光器的工作提供了必要的条件。有关半导体激光器的物理原理,已经在许多书籍中论述过[1-12]。

相对于别的激光器,半导体激光器是类别最多、效率最高、产量最大、应用最广的光子器件。同发光二极管相比,半导体激光器虽然也是二极管,但其材料、结构更为复杂,特性更为优异,是半导体光电子技术的核心,是光电子应用的关键器件。

激光器的三大要素:受激发射物质、粒子数反转和谐振腔。对于半导体激光器来说,这个三大要素都有其独特性:①半导体激光二极管的受激发射物质是直接带隙半导体材料,内部为异质结构,有源区常常是量子结构,诸如量子阱等;②泵浦方式为电注入,通过pn结的直接注入就可以实现粒子数反转,还非常容易实现直接调制;③谐振腔为法布里-珀罗腔(Fabry-Perot)或布拉格(Bragg)光栅,特别是布拉格(Bragg)谐振腔的应用不但能够人为地选择激光的波长,还有效地实现了动态单纵模工作。

图7-1给出了一个普通的半导体激光器结构图,它虽然是多层结构,但是只有一个pn结,上下两面各有一个电极,构成一个简单的二极管。中间的有源区为直接带隙的InGaAsP,在正偏压下提供非常高浓度的电子-空穴对,从而实现粒子数反转,电子-空穴对复合就发出光子。器件两端是相互平行的两个解理面,构成法布里-珀罗谐振腔,它对有源区发射的光子进行放大和选模,从而从前后端面发射出激光来。显然,半导体激光器将受激发射物质、粒子数反转、谐振腔三者有机地集中在一起,是以直接带隙半导体为受激发射物资、以通过pn结注入电流实现粒子数反转、以解理面镜面(或Bragg光栅)为谐振腔的激光器。

半导体激光器的内部常常是很薄的量子结构,工作原理是以量子效应为基础的,其性能是量子理论的最好范例,具有体积小、重量轻、效率高、易调制、寿命长等一系列优点,其应用是信息社会的重要支柱,其产品是光产业的巨大财富。

除了激光二极管之外,半导体激光器还应当包括光泵浦或电子束泵浦的半导体激光器。当高能电子束或者大功率的光束泵浦带有谐振腔的半导体材料时,能够比较方便地实现激光发射,这两种泵浦方式常常用于半导体激光材料的研究工作,无须制成 pn 结,特别适合于新材料的早期研究工作,对于发展半导体发光器件起到了一定的作用。但是这类器件需要复杂的电子束设备或大功率的光源,整个器件非常复杂笨重,因此很少实际应用。与此形成对照的是,激光二极管的仅仅两个电极,泵浦方式简单,能量转换效率高,器件性能优异,因而格外受到青睐。

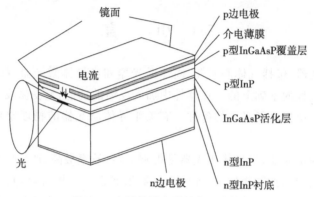

图 7-1　半导体激光器结构示意图

在这一章中,我们将介绍异质结对载流子和光波的限制、半导体激光器的阈值条件、粒子数反转和谐振腔等工作原理;详细描述半导体激光器的基本结构,包括双异质结(DH)、大光腔(LOC)和分离限制(SCH)激光器、条型激光器;进一步分析讨论半导体激光器的基本特性,包括功率同驱动电流的关系、量子效率和功率效率、光谱和模式、温度特性、近场图和远场图、调制特性、退化和寿命等。

分布反馈(DFB)和分布 Bragg 发射(DBR)激光器、量子阱激光器、垂直腔面发射激光器(VCSEL)和半导体光放大器等是一些结构更复杂、特性更优异的半导体发光器件,将在下一章中描述和讨论。

7.2　异质结对载流子和光波的限制

7.2.1　异质结对载流子的限制

在第 2 章和第 3 章中,我们分别介绍过半导体光子材料和异质结的特性,其中异质结对载流子的限制和对光波的限制作用格外引人注目[13]。异质结的界面处的带隙差对载流子起限制作用,无论是突变异质结还是缓变异质结都具有这种限制作用。与此同时,限制作用的强弱依赖于势垒高度、外加偏压的大小和环境温度的高低[14]。

显然,导带差 ΔE_c 的大小对电子的限制起着关键性的作用,凡是比 $E+\Delta E_c$ 小的能级上的电子都受到这个势垒的作用而被限制在窄带隙的材料中,只有能量大于 $E+\Delta E_c$ 的电子才会泄漏出去。

在第 5 章 5.7 节和图 5-8 中描述过,GaAs 中载流子 n 或 p 的浓度为 $1\times$

10^{18}cm^{-3}时没有增益,大于$2\times10^{18}\text{cm}^{-3}$时开始出现增益。因此我们有必要研究一下电子浓度大于$2\times10^{18}\text{cm}^{-3}$时的载流子被限制的情况[15]。

图 7-2(a)和(b)分别给出了 P-$\text{Al}_{0.3}\text{Ga}_{0.7}\text{As}$/p-GaAs 异质结对电子和 N-$\text{Al}_{0.3}\text{Ga}_{0.7}\text{As}$/p-GaAs 异质结对空穴的限制作用。我们计算一下导带中各个子能带和整个导带中的电子浓度。依照式(5-78)得知,可以采用抛物线的表达式描述导带底中电子的态密度同能量的关系[16]。

$$\rho_C(E-E_C) = \left(\frac{1}{2\pi^2}\right)\left(\frac{2m_n^\Gamma}{(h/2\pi)^2}\right)^{3/2}(E-E_C)^{1/2} \tag{7-1}$$

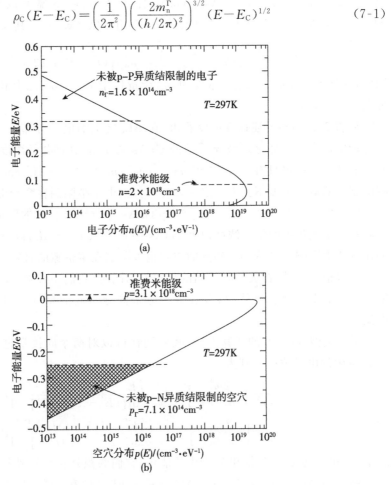

图 7-2 (a)GaAs Γ 带中的电子分布,低于 $E_C+\Delta E_C=0.318\text{eV}$ 的电子受 P-$\text{Al}_{0.3}\text{Ga}_{0.7}\text{As}$/p-GaAs 异质结的限制;(b)GaAs 价带中的空穴分布,高于 $E_V+\Delta E_V$ 的空穴受 p-GaAs/N-$\text{Al}_{0.3}\text{Ga}_{0.7}\text{As}$ 异质结的限制

能级 E 处的电子的态密度为 $\rho_C(E-E_C)$,费米-狄拉克分布函数为 $f_C(E-E_C) = \{\exp[(E-F_C)/kT]+1\}^{-1}$ 的乘积,它们的乘积就是导带中能量 E 处的实际电子浓度。对于整个 Γ 带来说,其总电子浓度为

$$n_\Gamma = \frac{1}{2\pi^2}\left(\frac{2m_n^\Gamma}{(h/2\pi)^2}\right)^{3/2}\int_0^\infty \frac{(E-E_C)^{1/2}}{\exp[(E-F_C)/kT]+1}dE \tag{7-2}$$

式中，m_n^Γ 为 Γ 带中电子的有效质量；E_C 为导带底的能量。上式中设定导带底为能量的起点，对整个 Γ 带进行积分，就得出 Γ 带中的实际存在的电子浓度。

必须认识到，当两种材料在一起构成异质结时会产生导带差 ΔE_C，其大小就是限制电子的势垒的高低。凡是低于 $E_C + \Delta E_C$ 的电子就被限制在窄带隙的材料中。以图 7-2(a) 的 P-$Al_{0.3}Ga_{0.7}As$/p-GaAs 异质结为例，室温下该异质结的导带差 $\Delta E_C = 0318eV$，在 ΔE_C 之上的电子分布 $n(E)$ 用深色区域表示，其大小为

$$n_{\Gamma a} = \frac{1}{2\pi^2}\left[\frac{2m_n^\Gamma}{(h/2\pi)^2}\right]^{3/2}\int_{\Delta E_C}^\infty \frac{(E-E_C)^{1/2}}{\exp[(E-F_C)/kT]+1}dE \tag{7-3}$$

因此，在整个直接带中的电子浓度为 n_Γ，能量位于 $E_C + \Delta E_C$ 之上和之下的电子浓度分别为 $n_{\Gamma a}$ 和 $n_\Gamma - n_{\Gamma a}$。

从图 7-2(a) 和上述计算可以看出，在 ΔE_C 之上的电子分布 $n(E)$ 用深色区域只是导带中很小的一部分。该异质结的 GaAs 的 Γ 带中的电子浓度 n_Γ 在 2.0×10^{18} cm^{-3} 以上，$n_{\Gamma a}$ 仅仅只有 1.6×10^{14} cm^{-3}，$(n_\Gamma - n_{\Gamma a}) \sim 2.0\times 10^{18}$ cm^{-3}。结果表明，没有限制住的电子浓度不到万分之一，99.99% 的电子被限制在窄带隙的材料一边。

图 7-2(b) 示出了 N-$Al_{0.3}Ga_{0.7}As$/p-GaAs 异质结对空穴的限制作用，同样地可以对各个子能带中的空穴浓度以及 GaAs 中宽带隙 $E_V - \Delta E_V$ 以下的空穴浓度所占的比例产生影响。显然，99.99% 的空穴也被限制在窄带隙的材料一边。

值得指出的是，在关注异质结的带隙差的同时，我们还必须关注半导体中不同子能带之间的带隙差。显然，只有各个子能带同导带底的差别大时才不会引起泄漏电流。

采用类似式(7-2)的计算方法，我们同样可以对两个间接带进行积分求出 L 带和 X 带中的电子浓度分别为

$$n_L = \frac{1}{2\pi^2}\left[\frac{2m_n^L}{(h/2\pi)^2}\right]^{3/2}\int_0^\infty \frac{[E'-(E_C+\Delta E_L)]^{1/2}}{\exp[(E'-F_C)/kT]+1}dE' \tag{7-4}$$

$$n_X = \frac{1}{2\pi^2}\left[\frac{2m_n^X}{(h/2\pi)^2}\right]^{3/2}\int_0^\infty \frac{[E''-(E_C+\Delta E_X)]^{1/2}}{\exp[(E''-F_C)/kT]+1}dE'' \tag{7-5}$$

式中，E' 和 E'' 分别为 L 带和 X 带中的能量，它们的积分起点分别为它们的带底 $E_C + \Delta E_L$ 和 $E_C + \Delta E_X$，$\Delta E_L = E_g^L - E_g^\Gamma$，$\Delta E_X = E_g^X - E_g^\Gamma$；$\Delta E'$ 和 $\Delta E''$ 分别为 L 带底和 X 带底高于直接带底 Γ 的能量大小。

整个导带中的电子浓度为上述 Γ 带、L 带和 X 带三个能带中的电子浓度之和

$$n = n_\Gamma + n_L + n_X \tag{7-6}$$

直接带 Γ 谷内的电子浓度同整个导带中的电子浓度之比为

$$\gamma = \frac{n_\Gamma}{n_\Gamma + n_L + n_X} \tag{7-7}$$

对于 GaAs 的计算表明，L 带和 X 带的电子浓度分别为 $n_L=1.5\times10^{15}\,\text{cm}^{-3}$ 和 $1.5\times10^{12}\,\text{cm}^{-3}$，室温下间接子能带上的电子总浓度不足导带中的电子浓度的千分之一。因此，我们可以肯定地说，$Al_{0.3}Ga_{0.7}As/GaAs$ 异质结对 GaAs 中的电子和空穴起到了几乎完全的限制作用，99.9%以上的电子和空穴被限制在窄带隙的材料中。

我们同时还应该认识到，不同材料的 Γ 带、L 带和 X 带之间的能量差别是不同的。在 $x<0.43$ 的范围内，$Al_xGa_{1-x}As$ 是直接带隙材料，其 Γ 带同 L 带和 X 带之间的能量差别随着 x 值的增加而减小，这也就增大间接带能谷中的电子浓度，也就是增加了泄漏的电流，应该尽量避免这类情形发生。选择三元化合物 $Al_xGa_{1-x}As$ 为发光的有源区时，一定要考虑到子能带对载流子限制作用。

在第 3 章 3.6.4 节和 3.6.5 节中介绍过异质结的高注入比和超注入现象，将这两个特性应用到这里，便会发现，即使 $N-Al_{0.3}Ga_{0.7}As$ 中只有 $N=1.5\times10^{17}\,\text{cm}^{-3}$ 的浓度，注入进 p-GaAs 中的电子浓度能够高达 $n=2\times10^{18}\,\text{cm}^{-3}$[17]。进一步研究还表明，无论是突变的异质结还是缓变的异质结，无论界面处的势垒有无尖峰还是缓变过度的带隙差，都有这种高注入比和超注入现象[18]。因此，利用异质结构，很容易注入高浓度的自由载流子，可以实现粒子数反转。

上面的计算中，采用的异质结带隙差为 $\Delta E_C=0.318\text{eV}$，对载流子的限制作用达到 99.9%以上。事实上，只要 $\Delta E_C>0.1\text{eV}$，就可以获得 99%以上的载流子限制作用，这在许多器件设计中已经足够了。因此我们可以肯定地说，半导体异质结为载流子提供了几乎完全的限制作用。

7.2.2 波导对光波的限制

在第 2 章 2.6 节中给出了 $Al_xGa_{1-x}As$ 的折射率 n 与 AlAs 组分 x 的依赖关系为

$$n=3.590-0.710x+0.091x^2 \tag{7-8}$$

在第 3 章 3.7.1 节中已经提及异质结对光的限制作用，如果光密媒质（n_2）中光波的入射角大于特定角度 $\theta=\sin^{-1}(n_1/n_2)$，则光波会被全反射，不会折射到光疏媒质（$n_1$）中。

将两种材料的折射率差同光的全反射联系在一起，能够很好地理解双异质结形成的光波导对光波的限制作用和限制强度的大小[19]。

从图 7-3 可以看出，由于不同组分的 $Al_xGa_{1-x}As$ 有不同的折射率差，其大小可以根据式(2-30)计算出来，因而具有不同的光学限制作用，引起光强的分布发生变化。图 7-3(a)中 $d=0.2\mu\text{m}$，$x=0.4$ 时折射率差最大，光强被限制在最窄的区域中。折射率随着 x 值的增加而减少，相应地对光波的限制作用减弱，$x=0.1$ 时光波最宽。

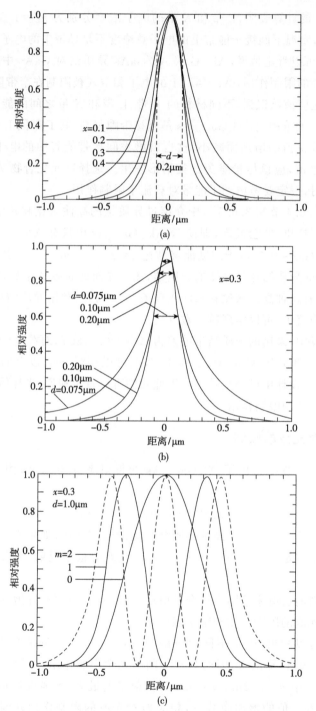

图 7-3 $Al_xGa_{1-x}As/GaAs/Al_xGa_{1-x}As$ 双异质结中的光强分布同位置的关系
(a)有源区厚度 $d=0.2\mu m$ 时光强分布同 x 值与位置的关系;(b)$x=0.3$ 时光强分布同有源区厚度 d 的关系;(c)基模、一阶模和二阶模的光强分布同位置的关系

图 7-3(b)中 x 值固定为 0.3，折射率差也是固定的，光强分布随着有源区的宽度而变化。有源区的宽度越窄时光强的宽度反而越宽，这是由于有源区很窄时，光波的衍射作用使得光强分布变宽了。

图 7-3(c)给出了基模、一阶模和二阶模的光强分布同位置的关系。显然模式越高时光强的宽度越宽，只有基模才能够保证光强分布在很窄的区域中。这些分析形象地说明了异质结波导结构对光波有很强的光限制作用，该作用的大小依赖于折射率差、波导的厚度和模式的阶数。

光学限制因子

在波导结构中，光波在波导中传输，其中一部分是在波导内传输，同时还因为限制作用不强和衍射等原因使得部分光波是在波导的外部传输。将有源区波导层内的光强同整个光强之比定义为**光学限制因子**。在第 4 章 4.6.2 节中给出过有源区内外偶阶 TE 模的电场强度分别为

$$E_y(x,z,t) = A_e \cos(Kx) \exp[j(\omega t - \beta z)] \qquad (7\text{-}9)$$

$$E_y(x,z,t) = A_e \cos\left(\frac{Kd}{2}\right) \exp\left(-r|x| - \frac{d}{2}\right) \cdot \exp[j(\omega t - \beta z)] \qquad (7\text{-}10)$$

据此我们可以求出对称的三层平板波导的限制因子为

$$\Gamma = \frac{\int_0^{d/2} \cos^2(Kx) \, dx}{\int_0^{d/2} \cos^2(Kx) \, dx + \int_{d/2}^{\infty} \cos^2(Kd/2) \exp[-2r(x-d/2)] \, dx} \qquad (7\text{-}11)$$

该式可以改写为

$$\Gamma = \left\{1 + \frac{\cos^2(Kd/2)}{r[(d/2) + (1/K)\sin(Kd/2)\cos(Kd/2)]}\right\}^{-1} \qquad (7\text{-}12)$$

同样地可以求出 TM 模的光学限制因子。我们常常用光限制因子来描述光波在有源区中占有的比例。由于 TE 和 TM 模的 r 和 K 值是一样的，因此它们的光限制因子 Γ 没有什么差别。在双异质结激光器的发射中，TE 模占主导地位，因此不再考虑 TM 模了。

7.2.3 折射率波导和增益波导

导波作用可以依靠折射率差来实现，也可以利用注入的载流子浓度不同引起增益的不同实现导波。

正如上一节描述的，折射率差越大限制作用就越强。在本章后面介绍的各种条形激光器中，无论是垂直 pn 结方向上的平板波导还是平行 pn 结方向上的条形波导，有源区的上下和左右四边大都是低折射率的限制层。传输光的波导是由四面的限制层构成的。在垂直和平行 pn 结两个方向上，低折射率的限制层完全包围波导芯层，如果它们的折射率差 $\Delta n > 0.01$，就将其称为**强折射率波导**。

在各种脊形波导结构中,虽然在垂直 pn 结平面的方向上有大于 0.01 的折射率差,但是在平行 pn 结的方向上,有源区的厚度处处相等,而有源区上面的限制层的脊形和肩部的厚度不同,因而有效折射率有差别,这种折射率差在 $5\times10^{-3}\sim1\times10^{-2}$ 的波导被称为**弱折射率波导**。显然,其对光波的限制作用比强折射率波导弱许多,用其制备的半导体激光器的模式的稳定性也就差一些。

除了折射率差能够形成波导结构,适当的增益分布也能够导引电磁波,图 7-1 氧化物条形激光器就是一个很好的例子。图 7-4 详细地画出了该激光器的截面结构、注入电流密度分布、增益和损耗分布以及折射率分布。可以看出,工作电流通过二氧化硅绝缘层上的条形开口注入到有源区中。由于有源区上下两面的限制层具有一定的厚度和各层都有一定的电阻,注入电流在向下流动时会向两侧扩展,进入有源区的载流子还会向两侧扩散,这样使得电流的分布不再均匀,条形中心的正下方电流密度最大,向两边逐渐减低。由于增益是随着电流密度的增大而增大的,因此条形下的增益分布也是中间大、两边小。如果用抛物线函数来描述增益的分布,电磁场理论已经证明,由此增益所形成的光波将呈高斯型的分布。这种由增益引起的导波行为被称为**增益波导**。

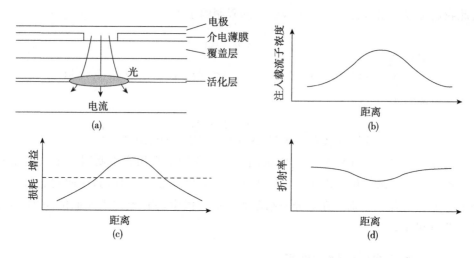

图 7-4 增益波导的(a)氧化物条形激光器的截面结构;(b)注入电流密度分布图;(c)增益和损耗分布图;(d)折射率分布图

在第 2 章 2.6 节中提及过,半导体中的折射率是随着载流子的浓度的增加而下降的,浓度越高,折射率就越低。事实上,在增益波导中,中间部分的载流子浓度比两侧的浓度高,因此在有源区的横向上,载流子浓度的高低使得折射率是中间低、两边高。这恰好是一个反折射率波导的结构,是不利于导波作用的。只有增益导波的增益足够大,以至于超过反波导的负作用,才能够形成必要的导波作用。这也就是增益波导不够好的本质原因。

7.3 半导体激光器的工作原理

事实上，无论何种激光器，若要其发出激光，必须满足三个基本条件。

(1) **能产生激光的物质**：如掺钇铝石榴石、He-Ne 气体、GaAs 晶体等，它们都具有一定的能级或能带结构、载流子复合速率等特性，为受激发射提供物质基础。

(2) **粒子数反转**：通过光照、高压放电、电流注入等不同方式，使激光物质中的粒子由低能态抽运至高能态，并且高能态中的粒子数远远大于该温度下平衡态时的粒子数，从而出现粒子数的反转。粒子数反转为激光物质的受激发射提供产生光子的能量。

(3) **谐振腔**：通过谐振腔的谐振作用对经过选择的波长的光产生正反馈，使其获得足够大的增益，克服内部和端面的损耗，从而产生激光振荡。谐振腔有法布里-珀罗腔(Fabry-Perot cavity)、布拉格光栅(Bragg grating)等多种形式，它们都能够为受激发射的光子选择模式和进行光放大。

7.3.1 半导体受激发射物质

直接带隙半导体材料和一些掺有等电子陷阱杂质的间接带隙半导体材料都能用来制作半导体发光二极管，但是只有直接带隙半导体材料才能被制作成半导体激光器。图 7-5 表示半导体激光器材料、发射波长和应用领域分类。半导体激光二极管主要集中在 Ⅲ-Ⅴ 族的 AlGaAs、InGaAsP、InGaAlP、InGaN 以及 Ⅱ-Ⅵ 族的 ZnSSe、ZnO、TiCdHg 等材料上。

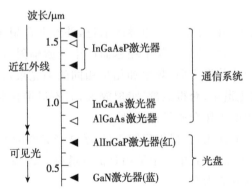

图 7-5 半导体激光器的材料、发射波长和应用分类

依波长可划分为可见光、红外和紫外三大类。红外波长的激光二极管有 1.3μm、1.55μm 和 1.48μm 的 InGaAsP 激光器，以及 980nm 的 InGaAs 激光器，近红外长波长(760～900nm)的激光二极管有 AlGaAs 激光器，可见光波段中有红色的 AlGaAs 激光器(720～760nm)、InGaAlP(630～680nm)、蓝绿光的 InGaN 激光器(400～

490nm），还有远红外长波长Ⅱ-Ⅵ族激光器，紫外波长的激光器有 InGaN、AlGaN、InGaAlN 激光器等。

7.3.2 粒子数反转

粒子数反转（population inversion）是产生激光的前提。两能级间受激辐射几率与两能级上的粒子数差有关。在通常情况下，处于低能级 E_1 的电子大于处于高能级 E_2 的电子数，这是常规的粒子分布的情形。如果依靠外来的能量，将位于低能级上的电子抽运到高能级上，并且形成高能级上的电子数目比低能级上的电子数还要多，形成一种反常的情况，我们将这种有悖于正常情形的情况称为粒子数反转。

半导体激光二极管通过 pn 结上加正偏压的方式注入高浓度的载流子，利用异质结的超注入和高注入比的特性，能够使注入的载流子浓度比同质结高几个数量级，因此注入的载流子数目也大得多。与此同时，异质结的带隙差为电子和空穴提供了有效的势垒，将载流子紧密地限制在很窄的有源区中，使得有源区中的粒子的总数量和单位体积中的浓度大大地提高，从而有效地实现了粒子数反转。

7.3.3 谐振腔

谐振又名共振，即物理的简谐振动。当外力或者电磁波的频率和系统中的固有频率相同时，系统受迫振动的振幅最大，就发生谐振。激光器中必定含有光学谐振腔，光波在其中来回反射，从而提供光能的正反馈。谐振腔的作用是选择频率一定、方向一致的光作最优先的放大，而对其他频率和方向的光加以抑制[20]。通常由两块与工作介质轴线垂直的平面或凹球面反射镜构成谐振腔，也可以采用 Bragg 光栅来实现谐振。

谐振腔中沿轴线运动的光子在腔内继续前进，并经两反射镜的反射不断地往返传输、产生振荡，并且不断地与受激粒子相遇而产生受激辐射，沿轴线传输的光子将不断地增殖，在腔内形成传播方向、频率和相位相同的强光束，这就是激光。沿谐振腔轴线运动的光子发生谐振、获得能量、实现放大，而不沿谐振腔轴线运动的光子都逸出腔外，与有源区中的工作介质不再接触。

总之，光学谐振腔的作用：①提供反馈能量；②选择光波的方向和频率；③发射出激光。为了把激光引出腔外，其中一个镜面是部分透射的，反射的部分留在腔内继续增殖光子，而透射的部分成为激光。

半导体激光器的谐振腔有三类：法布里-珀罗谐振腔、布拉格光栅和多层介质膜反射器。

1. 法布里-珀罗谐振腔

法布里-珀罗谐振腔常被简称为 F-P 腔，F 和 P 是两个发明者 Fabry 和 Perot 的名字的简称。半导体发光材料中，大多数是Ⅲ-Ⅴ族 As 化物或者 P 化物，它们的晶体为闪锌矿结构。闪锌矿结构具有非常独特的解理特性,(110)面上Ⅲ族元素和Ⅴ族元素的数目相等,整个(110)面是电中性的,相邻的(110)面之间没有库仑相互吸引的作用,因此非常容易解理。两个相对的(110)面就构成完全平行、垂直有源区(001) pn面的谐振腔。大多数Ⅲ-Ⅴ族化合物半导体材料的折射率为 $n=3.6$ 左右,空气的折射率为1,它们之间界面的法向上的反射率为

$$R=\frac{(n-1)^2}{(n+1)^2}=0.32 \tag{7-13}$$

$R=0.32$ 这一反射率已经足够在各种激光二极管中提供高效的反馈作用,无需镀增反膜就能够制成高效率的激光器。因此,直接利用解理面作谐振腔的反射镜面是非常便利、快捷、有效的,已经成为半导体激光器最常用的谐振腔了。

研究表明,光波发生谐振时的腔长为谐振波长的一半的整数倍

$$L=m\frac{\lambda}{2}=m\frac{\lambda_0}{2n} \tag{7-14}$$

式中,L 为谐振腔的腔长;光波在谐振腔内部的波长为 λ;有源区中的折射率为 n;空气中的波长为 λ_0;m 为正整数。显然,通过谐振腔的谐振作用,能够挑选出发生谐振的光波来,而没有谐振的光就被抑制住了。

2. 布拉格光栅

依据布拉格光栅的工作原理,光栅周期宽度 Λ 同谐振波长的关系为

$$\Lambda=m\frac{\lambda_m}{2}=m\frac{\lambda_{m0}}{2n} \tag{7-15}$$

m 为正整数,$m=1,2,3,\cdots$。例如 $1.55\mu m$ 的 InGaAsP 激光器中,1级光栅时 $m=1$,$\Lambda_1=0.23\mu m$,2级光栅时 $m=2$,$\Lambda_2=0.46\mu m$。这就要求光刻工艺能够达到对应的光栅尺寸的刻蚀精度的大小。布拉格光栅谐振腔具有选模非常精确、直接同有源区融合为一体、激光波长不受温度等因数的影响等优点,在构成分布反馈(DFB)激光器和分布布拉格反射(DBR)激光器中发挥重要的作用。

3. 多层介质膜反射器

在垂直腔面发射的激光器中,既无法解理形成谐振腔,也不能够在很薄的芯片的侧面刻蚀光栅。应用两种不同折射率的介质、并且淀积多对四分之一波长厚度的多层介质膜,能够大大提高其反射率。利用这种多层介质膜作反射器,已经成功地构成垂直腔面发射的激光器中的谐振腔,其反射率甚至可以高达 99%。例如,AlAs 和 GaAs 的折射率分别为 2.9 和 3.58,在 GaAs 衬底上外延生长多对厚度为四分之一波长的 AlAs/GaAs 薄膜,成功地制成高反射率的谐振腔。这就是现在垂直腔面发射的激光器能够成为当今最多的激光器的重要原因之一。

7.3.4 阈值条件

在激光器中,注入的载流子会复合辐射产生光子,使得光子获得增益,与此同时,

固体内的杂质、缺陷等种种原因会引起载流子的散射，内部的自由载流子也可能吸收光子的能量跃迁至更高的能级，引起吸收损耗。除此之外，由于激光器端面的谐振腔的反射率 R 通常小于 1，除了被反射的部分外，还有 $1-R$ 的光会透出端面而损失掉。这样一来，半导体内传播的光子会同时经受增益和内部吸收、端面透射等各种过程。如果光波在谐振腔内来回振荡一次所获得的增益大于器件的总损耗（包括内部损耗和端面损耗），才有可能形成激光。增益正好等于总损耗时的条件就是实现受激发射的阈值条件。

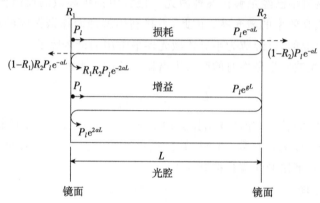

图 7-6　谐振腔中光的传播和反射示意图[21]

如图 7-6 所示，谐振腔腔长为 L，两端谐振腔镜面的反射率分别为 R_1 和 R_2。光在谐振腔中 z 向来回反射。设 z 处的光强为 $I(z)$，向前传输 $\mathrm{d}z$ 之后，因增益引起的光强增加量为

$$\mathrm{d}I_G(z) = gI(z)\mathrm{d}z \tag{7-16}$$

式中，g 为增益系数。同样，因吸收引起的光强减少量为

$$\mathrm{d}I_a(z) = \alpha I(z)\mathrm{d}z \tag{7-17}$$

式中，α 为吸收系数。光沿 z 向传播了距离 $\mathrm{d}z$ 之后，其光强的总变化为

$$\mathrm{d}I = \mathrm{d}I_G - \mathrm{d}I_a = (g-\alpha)I(z)\mathrm{d}z \tag{7-18}$$

如果工作物质是均匀的，体内的增益 g 和吸收系数 α 处处一致，不随位置而变化，则有

$$\frac{\mathrm{d}I(z)}{I(z)} = (g-\alpha)\mathrm{d}z \tag{7-19}$$

对上式积分，则有

$$\int_{I(0)}^{I(z)} \frac{\mathrm{d}I(z)}{I(z)} = \int_0^z (g-\alpha)\mathrm{d}z \tag{7-20}$$

得出

$$I(z) = I(0)\exp[(g-\alpha)z] \tag{7-21}$$

即光子经过距离 z 之后，光强变化了 $\exp[(g-\alpha)z]$ 倍。

谐振腔内部 z 处的光强度为 I_0，经过谐振腔中一个来回反射后再回到 z 处的光强就为

$$I(z) = I_0 R_1 R_2 \exp[(g-\alpha) \cdot 2L] \tag{7-22}$$

如果来回反射一次后光强还维持不变，$I_z = I_0$，这就是阈值条件

$$R_1 R_2 \exp[(g-\alpha) \cdot 2L] = 1 \tag{7-23}$$

上式可以改写为

$$g_{th} = \alpha + \frac{1}{2L} \ln \frac{1}{R_1 R_2} \tag{7-24}$$

该式的物理意义在于，在激光器内部，只有增益 g_{th} 足以克服内部损耗 α 和端面损耗 $\frac{1}{2L} \ln \frac{1}{R_1 R_2}$ 时，才能够开始受激发射，这是激光器实现受激发射的必要条件，这一条件就为以**阈值条件**。

半导体激光器中，谐振腔长度大约为 $300\mu m$，端面反射率约为 30%，内部损耗 α 为 $10 \sim 20 cm^{-1}$，由此可以计算出阈值增益系数 g_{th} 应该为 $50 \sim 60 cm^{-1}$。

在半导体激光器中，通过 pn 结的载流子注入获得增益。理论和实验表明，增益系数 g 同注入电流密度 J 之间的关系为[22]

$$g = \beta J^m \tag{7-25}$$

式中，β 为增益因子；m 为指数。将上两式合并可得阈值电流密度 J_{th} 为

$$J_{th} = \left[\frac{1}{\beta} \left(\alpha + \frac{1}{2L} \ln \frac{1}{R_1 R_2} \right) \right]^{\frac{1}{m}} \tag{7-26}$$

该式表明，增大谐振腔的腔长 L 或增大端面发射率 R_1、R_2，都可以降低阈值电流密度 J_{th}。谐振腔的长度无穷大时，

$$J_\infty = \left(\frac{\alpha}{\beta} \right)^{\frac{1}{m}} \tag{7-27}$$

如果增益系数 g 同注入电流密度 J 之间呈线性关系，$m=1$，可求得吸收损耗系数 α、增益因子 β 的表达式为

$$\alpha = \frac{\ln \frac{1}{R_1 R_2}}{2L(J_{th} - J_\infty)} J_\infty \tag{7-28}$$

$$\beta = \frac{\ln \frac{1}{R_1 R_2}}{2L(J_{th} - J_\infty)} \tag{7-29}$$

通过制作不同腔长的激光器，利用上两式可以测量出 α 和 β。如果缩短腔长 L 或减小端面反射率 R_1、R_2，都会增加增益因子。不同结构的半导体激光器中，β 的变化对 J_{th} 的增益起决定性作用。

需要指出的是，由于波导对光波的限制作用大小是不同的，光波在波导区内外的吸收系数也是不同的，总体的吸收系数是由波导区内外的吸收系数 α_a 与 α_{out} 和光学

限制因子 Γ 一起决定的

$$\alpha = \Gamma\alpha_a + (1-\Gamma)\alpha_{out} \tag{7-30}$$

由于只有被限制在有源区内的光才同增益有关系,因此式(7-9)可改写为

$$g_{th} = \frac{1}{\Gamma}\left[\alpha + \frac{1}{2L}\ln\frac{1}{R_1 R_2}\right] \tag{7-31}$$

因此阈值电流密度可以近似地表达为

$$J_{th}(\mathrm{A/cm^2}) = \frac{d}{\beta}\left[\frac{1}{\Gamma}\left(\alpha + \frac{1}{2L}\ln\frac{1}{R_1 R_2}\right)\right]^{\frac{1}{m}} + dJ_0 \tag{7-32}$$

一些实验结果证实了以上分析的正确性[23]。以 1.3μm 的 InGaAsP/InP 激光器为例,有源区厚度 $d \approx 0.1$μm,光学限制因子 $\Gamma \approx 0.2$,吸收系数 $\alpha \approx 10 \sim 20\mathrm{cm}^{-1}$,谐振腔长 $L = 300$μm,反射率 $R = 30\%$,增益因子 $\beta = 0.02$,名义电流密度 $J_0 = 2000\mathrm{A/cm^3}$,由此计算出的阈值电流密度 J_{th} 为 1.6kA/cm²。如果制成 4μm 宽、300μm 长的条形激光器,其阈值电流为 20mA 左右。这些同实际的实验结果是相符的。

综上所述,半导体激光器的工作原理是非常独特、有效、成功的。直接能带的半导体材料提供了高效的受激反射物质;pn 结注入的方式提供了高效的能量,异质结构的高注入比和超注入、几乎完全的载流子限制作用为粒子数反转提供极为有效的方法;异质结构的折射率差形成的波导结构为光波提供了几乎完全的光学限制作用;F-B 谐振腔、Bragg 光栅或者多层高反射率的介质膜为反馈提供了极其完美的谐振。这些优点集中在同一器件上,就完全满足了受激发射物质、粒子数反转和谐振腔三个激光器要素的要求,使半导体激光器成为所有激光器中的佼佼者。

7.4 半导体激光器的基本结构[24]

在第 4 章对平板波导的分析中,一直设定平板为 x-z 面。在这里沿用这种设定,在激光器的 x-y-z 三维空间中,通常设定光波传输的方向为 z 轴、pn 结平面为 x-z 面、垂直 pn 结面的方向为 y 轴。激光器的结构在三个方向上都进行了合理的设计,分别对受激发射物质、光波导和谐振腔三个重要的物理量进行深入的研究。

(1) y 向上,半导体激光器依赖异质结构的发展,其发展历程为同质结(homojunction, HJ)→单异质结(single heterostructure, SH)→双异质结(double heterostructure, DH)→大光腔(large optical cavity, LOC)→分离限制异质结(separated confinement heterostructure, SCH)→量子阱(quantum well, QW)→量子线(quantum wire, QWr)→量子点(quantum dots, QD)。

(2) x 向上,设计和制造出各种条形结构:宽接触→条形结构。宽接触激光二极管没有任何条型,其工作电流大,发热严重,无法在室温下连续工作,因此研究开发了条形结构。在激光二极管的平面上,通过各种方式形成条形,使电流只从条形部分流

过,既降低工作电流,减少发热,使器件能够连续工作;又通过各种条形来构成波导结构,具有选模和导波的作用,能够获得稳定的单纵模工作。

(3) z 向上,由于谐振腔的两个端面反射镜在波导的两端,或者布拉格光栅是沿着波导层刻蚀的,因此 z 向上有各种谐振腔,其发展历程为法布里-珀罗谐振腔(F-P 腔)→分布反馈(distributed feedback,DFB)→分布布拉格反射器(distributed Bragg reflector,DBR)。z 向上还有双区共振腔、C^3 腔(即解理耦合腔 cleaved coupling cavity)、圆形腔、外腔等。

垂直腔面和微腔等谐振腔不在 z 向上,它们是上述结构的另类。

7.4.1 DH、LOC 和 SCH 激光器

1. 双异质结激光器

同质结激光器和单异质结激光器曾在历史上起过重要作用,但是现在已经很少应用了。最有代表性的半导体激光器是双异质结(DH)激光器。双异质结构简称为 DH,它是英文 double heterostructure 的简写。

图 7-1 和图 7-7(a)给出了典型的法布里-珀罗腔条形双异质结激光器的管芯结构,有源区为窄直接带隙的半导体材料,厚度 d 仅仅为 $0.1\sim0.2\mu m$,它夹在两层掺杂型号相反的宽带隙半导体限制层之间,构成一个三明治(夹馅饼)结构。有源层的带隙小、折射率大,由此引起的禁带宽度不连续性 ΔE_g 和折射率不连续性 Δn 分别起着载流子限制和光限制的作用。将注入的自由载流子有效地限制在很薄的有源区中,它们复合产生的光波又能有效地被限制在波导层中,从而为有效地受激辐射放大提供了有利的条件。

1970 年首次采用这种双异质结构实现了室温下半导体激光二极管的连续工作,可以连续地发出激光[25]。这是一个非常重大的突破,其影响也是深远的。继单异质结之后,双异质结构同时提供了载流子限制和光限制,将阈电流密度由以前的 $5000A/cm^2$ 降至 $1000\sim3000A/cm^2$。电注入引起的增益足够大,足以形成受激辐射发出激光;电流密度足够小,所产生的热量不会引起激光的淬灭。然而一定要牢记这一点,以后的结构都是双异质结构的延伸,是对其的丰富与创新。自那以来的四十多年中,人们对双异质结构进行了深入的研究与发展,使其形式、结构、特性变得五花八门、丰富多彩。在研制半导体激光器的历史中,双异质结激光器的出现确是个重要的里程碑。

2. 大光腔激光器和分离限制异质结激光器

随着研究的深入发展,又陆续出现了大光腔和分离限制异质结等各种结构的激光器。为了比较,图 7-7 集中列出了(a)双异质结(DH)激光器、(b)大光腔(LOC)激光器和(c)分离限制异质结(SCH)激光器的结构示意图。可以看出,双异质结激光器是一种三层对称介质波导结构,大光腔激光器是一种四层非对称介质波导结构,分离

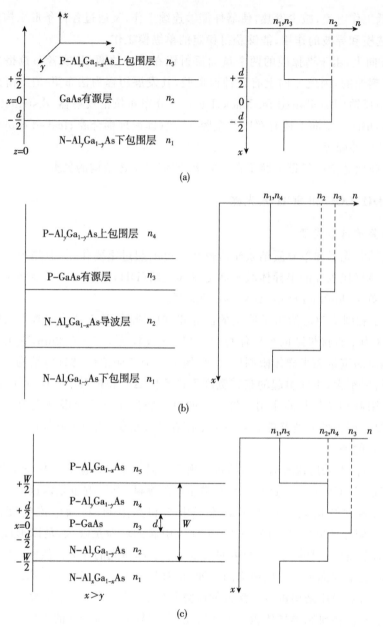

图 7-7 三种典型的半导体激光器结构的横向截面结构和对应的折射率分布图
(a)DH 激光器；(b)LOC 激光器；(c)SCH 激光器

限制异质结激光器是一种五层对称介质波导结构。

双异质结激光器的发光面的面积有限，其宽带与厚度分别为数微米和零点几微米，发光面很小，限制了光输出功率，进一步增大激光输出功率就会烧坏器件。

双异质结激光器的有源层厚度只有如此之薄才能实现室温下连续工作，同时也只有如此薄才能保证激光器单模工作,也就是说增大有源区厚度不大可行。在有源区和限制层之间加入一层波导层,人们设计出一种大光腔结构,简称 LOC(large optical cavity)。大光腔激光器中,在有源区的一边增加一层波导层,光强能够从有源层扩展到波导层中,波导层与有源层一起形成介质光波导。大光腔激光器是不对称介质波导结构,只在有源区的一边增加一层波导层。

如果在有源区的两边各增加一层波导层,就构成分离限制异质结(SCH)结构。分离限制异质结激光器简称为 SCH 激光器,SCH 是英文 separated confinement heterostructure 的缩写。两层波导层的作用有二:一方面,它们同有源层的禁带宽度差 ΔE_g 能将载流子有效地限制在有源层中;另一方面它们同有源层的折射率差 Δn 不是很大,有源区中载流子复合发出的光能扩展到这两层波导层中,它们与有源层一起构成光波导。光场被限制在有源层、两个波导层(共计三层)的光波导中,而载流子被限制在比其小得多的有源层(最中间的一层)中,因而光和载流子是分别限制在不同的区域中的。

近年来,随着量子阱(quantum well,QW)激光器的发展,SCH 结构得到广泛的重视和应用。除了上述折射率两步跃迁型分别限制外,还出现三步、四步分别限制结构,甚至是波导层的折射率渐变的分别限制结构,英语简称为 GRIN-SCH(graded index-SCH)。在 GRIN-SCH 结构中,禁带宽度和折射率的变化可以是线型的,也可以是抛物线型,或者其他的渐变方式。

7.4.2 条型激光器

以上讨论了垂直 pn 结平面的法线方向上的载流子限制和光限制,并且假定平行于结平面的方向上是无限延伸的。然而实际器件中,人们希望平行于结平面的方向上也要同垂直于结平面的方向上一样限制载流子和限制光,由此引进各种条形结构。

条形结构是半导体激光器的设计和制造中的关键。条型结构对激光器性能的影响很大,直接决定了阈值电流、光谱模式等,同时条形结构又十分依赖于工艺流程和制作方法,因此每年有许多新的条形结构及其专利出现。有的条型结构非常容易制造,但是性能不太好;有的条型结构非常难于制造,但是性能十分优异。图 7-8 具体展示了八种条形结构,它们是目前广泛使用的八种结构。

图 7-8(a)给出了质子轰击条形激光器[26]。在上述多层异质结构(DH 结构、LOC 结构、SCH 结构等)上,采用镀膜和光刻腐蚀技术制成条型掩膜,利用一定剂量的高能质子(即 H^+)轰击外延片,中间有掩膜的条形部分未受质子的轰击。电流只在条形部分流过,电流相对集中,有源区中间部分的电流密度大为增加,相应地光学增益也大为增加,易于实现受激发射,因而在室温下能连续工作。

图 7-8(b)为扩散条形激光器[27],图 7-8(f)为横向结条形,它们和图 7-8(a)一样,

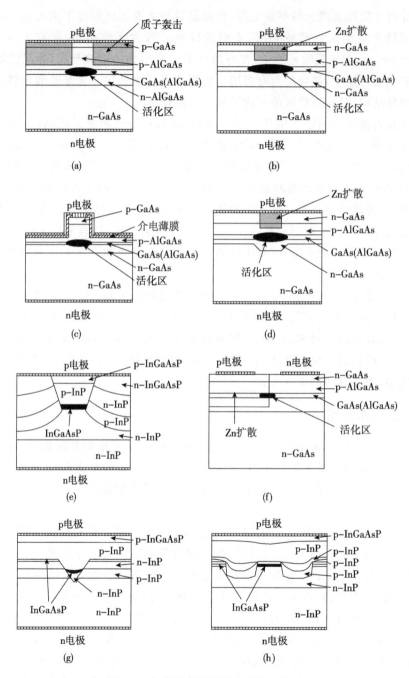

图 7-8 各种条形结构的半导体激光器

(a)质子轰击条形激光器;(b)扩散条形激光器;(c)脊形条形激光器;(d)沟道衬底平面(CSP)条形激光器;(e)掩埋异质结条形(BH)激光器;(f)横向结条形(TJS)激光器;(g)V形槽衬底(VSB)掩埋异质结条形激光器;(h)双沟平面掩埋异质(DC-PBH)条形激光器

属于增益型条形,制作工艺简单,只需一次外延生长,之后外延片经过质子轰击或杂质扩散就能形成条形结构。

如图 7-8(c)为脊形条形激光器,控制好刻蚀工艺,只刻蚀到很接近有源层上部的地方,又不将上限制层完全切断。虽然有源层在水平方向上的组分和厚度是均匀连续的,但由于脊形条附近的上限制层的厚度突然发生变化,也会在水平向上引起一个"有效折射率"变化,在脊形的正下方,有效折射率较高,而远离脊形条两旁的有源区内,有效折射率比较低,从而在水平向上也形成实折射率波导。然而水平方向上的折射率变化较小,因而波导的作用也比较弱,这种波导被称为弱折射率波导。

增益波导型激光器和弱折射率波导型激光器的激光模式不大好,也不稳定,于是开展出了各式各样的强折射率波导型激光器,图 7-8(d)为沟道衬底平面(CSP)条形激光器[29],(e)为掩埋异质结条形(BH)激光器[30],(f)为横向结条形(TJS)激光器[31],(g)为 V 形槽衬底掩埋(VSB)异质结条形激光器[32],(h)为双沟平面掩埋异质(DC-PBH)条形激光器[33]。

特别值得指出的是图 7-8(e)和(h)所示的结构为两种掩埋异质结条形激光器。在众多的条形激光器中,掩埋异质结条形激光器是结构设计最合理、制作工艺相对较难、器件特性最优异的半导体 DH 激光器。其有源区的折射率为 n_2,它被折射率为 n_1、n_3 的上下限制层和折射率为 n_4、n_5 的左右掩埋层所包围,$n_2 > n_1$、n_3、n_4、n_5,通常 $n_1 = n_3$,$n_4 = n_5$。显然,在水平方向上,载流子限制和光限制的机理完全类似于前面讲过的垂直方向上的限制。如果有源区与其周围的限制层、掩埋层之间的折射率差足够大,$\Delta n > 0.01$,光的限制作用很强,则为强折射率波导。

总之,半导体双异质结激光器中,在垂直于结平面的方向上,采用双异质结构、大光腔结构、或载流子和光分离限制异质结构等各种不同的异质结构,通过有源区与其上下的限制层之间带隙差 ΔE_g 和折射率差 Δn 来实现载流子限制和光限制。而在平行于结平面的方向上,设计制造了各式各样的条型结构,通过折射率的阶跃变化或折率射的逐渐变化来实现折射率光波导。折射率差 $\Delta n > 10^{-2}$ 时为强折射率波导,折射率差位于 $5 \times 10^{-3} < \Delta n < 10^{-2}$ 时为弱折射率波导,还可以通过增益的适当空间分布来实现增益光波导。在弱折射率波导和增益波导中,载流子限制和光限制都不如水平方向那么有效。因此,为了获得模式稳定的激光振荡,最好采用强折射率波导限制。

7.5 半导体激光器的特性

7.5.1 *P-I* 和效率特性

图 7-9 给出了典型的 1.3μm InGaAsP 激光器的 *V-I*、*P-I*、dV/dI 和 dP/dI 等特

性线。可以看出,V-I 是典型的二极管伏-安特性,受激发射的阈值电流为 32mA,小于阈值时为发光二极管模式,大于阈值时为激光模式。从 dV/dI 和 dP/dI 的拐点可以看出,它们都发生在发光模式改变的阈值处,它们的变化分别表征了激光器的串联电阻和功率转换效率的变化。

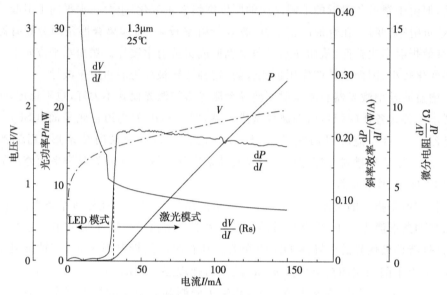

图 7-9 典型的 1.3μm InGaAsP 激光器的特性

V-I 特性为半导体激光二极管的外加工作电压同驱动电流的关系,P-I 特性为半导体激光二极管的激光输出功率同驱动电流的关系。在达到阈值电流之前,流经二级管的电流同电压呈指数关系,激光器的 V-I 特性为

$$I = I_0 [e^{\alpha_j(V-IR)} - 1] \tag{7-33}$$

式中,I_0 为饱和电流;α_j 为二极管参数。当电流达到阈值之后,流经二级管的电流同电压呈线性关系,其 V-I 特性可以近似表示为

$$V \approx \frac{E_g}{e} + IR \tag{7-34}$$

式中,E_g 为禁带宽度;e 为电子的电荷。V-I 特性呈线性关系,其斜率即为串联电阻 R。

7.5.2 阈值特性

1. 阈值与器件结构的关系

从同质结到单异质结,再到双异质结,阈值电流密度 J_{th} 大幅度下降,由 $10^5\,A/cm^2$ 量级降至 $10^3\,A/cm^2$ 量级。如果有源区为量子阱、量子线、量子点等结构,J_{th} 进一步下降到 $10^2\,A/cm^2$ 量级。这足以说明异质结和量子结构在降低阈电流密度上的积极作用。

条形激光器的 J_{th} 比较高,但其阈值电流和总的工作电流都要低许多。增益波导条形激光器中,因侧向限制作用差,光场向两侧扩展而造成损耗,因而使 J_{th} 也高许多。而折射率波导条形激光器的光学限制作用好,条形外面的损耗较小,其阈电流密度也较低。

2. 阈值电流密度 J_{th} 与有源层厚度 d 的关系

图 7-10 给出了室温下 1.3μm InGaAsP DH 激光器的 J_{th}-d 关系的实验结果。可以看出,当有源区宽度 d 大于 0.25μm 时,阈值电流密度 J_{th} 同 d 呈线性的关系。d 小于 0.25μm 时,J_{th} 同 d 不再是线性的关系。由于源区变窄,光场泄漏到有源区外的比例增大,在非增益区中的损耗增加,模式限制的损耗和厚度不均匀性引起的损耗都会增加。因此,随着有源层厚度进一步的减少和异质结对载流子限制的减弱,J_{th} 将随着 d 的减小而增大。

DH 激光器室温下的阈值电流同有源区厚度的关系可以表达为

$$J_{th} = \frac{J_0 d}{\eta_i} + \frac{20}{\eta_i} d \left[\frac{(1-\Gamma)}{\Gamma} \alpha_{out} + \frac{1}{\Gamma L} \ln \frac{1}{R} + \alpha_{fc} \right] \quad (7-35)$$

式中,J_0 为名义电流浓度,其单位为 mA/cm³;$J_0 d$ 就为名义电流密度;α_{fc} 和 α_{out} 分别为有源层内外的吸收系数。实验结果表明,AlGaAs/GaAs DH 激光器的 $J_0 = 4.5 \times 10^3$ mA。

从上式可以看出,当内量子效率、限制因子、腔长和反射率一定时,阈值电流密度 J_{th} 同有源区厚度 d 呈线性的关系。如果 d

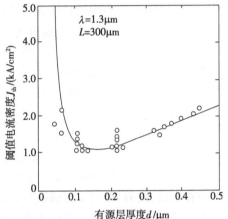

图 7-10 室温下 1.3μm InGaAsP 双异质结激光器的阈值电流密度 J_{th} 同有源区厚度 d 的关系

进一步缩小,限制因子也会变小,这使得 J_{th} 同 d 的关系变得复杂了一些,只有同时兼顾内量子效率、限制因子、有源区内外的损耗、腔长、反射率,才能够获得最低的阈值电流密度。一般将有源区厚度 d 设计在 0.15μm 左右。

3. J_{th} 与条形宽度 W 的关系

对于折射率波导激光器来说,在侧向上对载流子和光都进行了限制,减少了它们的侧向扩展。因此这类激光器的 J_{th} 同条宽 W 的关系不很大。阈电流 $I_{th} = J_{th} \cdot W \cdot L$,$L$ 为腔长。为了降低阈电流 I_{th},也为了改善模式特性和远场的对称性,W 应当比较窄。掩埋条形激光器的条宽仅为几微米。

增益波导激光器中,由于注入电流的侧向扩展和有源区中载流子的侧向扩散,使得 J_{th} 增大。引起 J_{th} 增加的原因有二:①载流子的侧向扩散降低了条宽中心载流子峰值密度,为了达到必要的增益,势必需要增加电流密度;②光场向条型之外扩展,使条内净增益低于中心处的峰值增益,因此需要增加 J_{th} 来达到阈值增益。一般是前一因素为主,当条宽小于 $15\mu m$ 时,后一因素为主。

4. J_{th} 与腔长 L 的关系

由阈值增益同腔长的关系知

$$g_{th} = \alpha + \frac{1}{2L} \ln \frac{1}{R_1 R_2} \tag{7-36}$$

如果增益 g 同注入的电流密度 J 呈线性关系,则 J_{th} 与腔长 L 成反比。通过增加腔长 L 可以降低阈值电流密度,与此同时,总电流却随着腔长的增加而增大。

7.5.3 效率特性

1. 功率效率

注入到激光器的电能转换为激光的功率效率为

$$\eta_p = \frac{激光输出功率}{所消耗的电功率} = \frac{P_{out}}{IV + I^2 R} = \frac{P_{out}}{IE_g/e + I^2 R} \tag{7-37}$$

式中,P_{out} 为激光输出功率;I 为工作电流;V 为激光器 pn 结的正向压降;R 为串联电阻,包括激光器的体电阻和电极接触电阻。

2. 内量子效率

激光器中体内复合发出的光子数同注入的电子-空穴数目之比为内量子效率

$$\eta_i = \frac{单位时间内发出的光子数}{单位时间内有源区内注入的电子-空穴对数} \tag{7-38}$$

由于有杂质、缺陷、界面态和俄歇复合的存在,有源层内部分注入的载流子不能复合产生光,使得 $\eta_i < 1$。然而半导体激光器中通常 η_i 可达 70% 左右,因而它的内量子效率是所有激光器中最高的。

3. 外量子效率

激光器真正向体外辐射的效率为外量子效率

$$\eta_{out} = \frac{单位时间内向体外辐射的光子数}{单位时间内有源区中注入的电子-空穴对数} \tag{7-39}$$

上式中的分子等于 $P_{out}/h\nu$,分母等于 I/e,因此有

$$\eta_{out} = (P_{out}/h\nu)/(I/e) \tag{7-40}$$

由于 $h\nu \approx E_g \approx eV_a$,$V_a$ 为外加偏压,因此外量子效率可以表达为

$$\eta_{out} = P_{out}/(IV_a) \tag{7-41}$$

4. 外微分量子效率

实际测量激光器的 P-I 特性时,人们常常利用工作电流大于 I_{th} 之后的功率同电流的线性关系来描述器件的效率,因而引进了外微分量子效率

$$\eta_d = \frac{(P_{out} - P_{th})/h\nu}{(I - I_{th})/e} = \frac{P_{out}/h\nu}{(I - I_{th})/e} = \frac{P_{out}}{(I - I_{th})V} \tag{7-42}$$

上式中,已经利用了 I_{th} 处的 P_{th} 很小 ($P_{th} \ll P_{out}$) 这一条件。实际上,η_d 为 P-I 曲线 I_{th} 以上线性部分的斜率,也称斜率效率。

在激光器中,有源区内部的功率正比于 $\alpha + \frac{1}{2L}\ln\frac{1}{R_1 R_2}$,从端面发射出来的光功率正比于 $\frac{1}{2L}\ln\frac{1}{R_1 R_2}$。因此外微分量子效率为

$$\eta_d = \eta_i \frac{\frac{1}{2L}\ln\frac{1}{R_1 R_2}}{\alpha + \frac{1}{2L}\ln\frac{1}{R_1 R_2}} \tag{7-43}$$

如果进一步考虑到内部损耗包括有源区内的自由载流子吸收损耗 α_{fc} 和光子逸出有源区被限制层吸收引起的损耗 α_{out},则可将上式改写为

$$\eta_d = \eta_i \frac{\frac{1}{2L}\ln\frac{1}{R_1 R_2}}{\frac{1}{2L}\ln\frac{1}{R_1 R_2} + \Gamma\left[\alpha_{fc} + \frac{1-\Gamma}{\Gamma}\alpha_{fc}\right]} \tag{7-44}$$

从该式可以看出,为了提高外微分量子效率,必须设法做到:①提高内量子效率 η_i;②尽量减少自由载流子吸收损耗 α_{fc} 和有源区外的吸收损耗 α_{out};③增大限制因子 Γ;④减少端面的反射率 R_1、R_2;⑤减小腔长 L。然而,除了头两个因素外,Γ 的增大会影响基模稳定性;虽然减小 R_1、R_2 能增大 η_d,然而却增大了 J_{th};减小腔长会使 η_d 增大,但也是使 J_{th} 增大。因此,为了获得性能好的激光器,必须对腔长、端面发射率和限制因子等参数进行优化选择,兼顾其对激射模式、量子效率、阈值电流密度等影响,使器件能符合应用的要求。

7.5.4 光谱和模式

图 7-11 示意表示出激光器的(a)光学增益谱、(b)谐振腔的模式和(c)发射光谱。通常认为,当注入电流大于阈值电流时,光学增益谱可以表达为高斯函数曲线,图 7-11(a)所示的光学增益显示了这一点。位于高斯函数曲线内的模式才有可能获得增益。图 7-11(b)为谐振腔选择出来的可能的模式,彼此之间的模式间隔为 $\delta\lambda$。将图 7-11(a)和(b)结合起来便得出图 7-11(c)所示的发射光谱。可以看出,对于法布里-珀罗腔半导体激光器来说,其发射光谱常常是多模的,模式间隔比较小。

图 7-12 给出了法布里-珀罗腔条形激光器的典型光谱图。可以看出,当工作电流小于阈值 I_{th} 时,它就是一个发光二极管,发射的光谱较宽,包含有许多个纵模。随着驱动电流的增加,谐振腔的选模作用增强,发射光谱变窄。电流达到阈值电流时,激光管开始受激辐射,发出激光,光谱明显变窄。

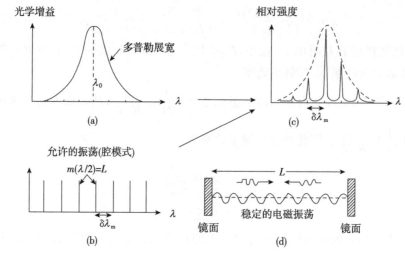

图 7-11 激光器的(a)光学增益谱;(b)谐振腔的模式;(c)发射光谱;(d)工作原理图

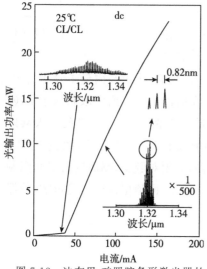

图 7-12 法布里-珀罗腔条形激光器的典型光谱图

事实上,如果器件结构没有专门的设计,法布里-珀罗腔条形半导体激光器常常是处于多纵模工作状态,也就是说它的发射光谱图中包含有多个光谱峰。图 7-12 中右上角的插图给出了峰值波长附近的光谱,其纵模间隔为 0.82nm。进一步分析表明,多模光谱中,两个相邻的纵模之间的距离为

$$\Delta\lambda_0 = \frac{\lambda_0^2}{2nL} \tag{7-45}$$

式中,$\Delta\lambda_0$ 为纵模间隔;λ_0 为空气中测得的激光峰值波长;n 为激光器有源区的折射率;L 为激光器的腔长。可以看出,模式间隔 $\Delta\lambda_0$ 是随着腔长 L 的缩短而增大的。

7.5.5 近场图和远场图

如图 7-13 所示,激光器输出的近场图为解理面上的光强的分布,远场图是光束输出腔面后的空间分布,通常是光束的发散角度。

激光器中垂直 pn 结平面方向上,由于有源区厚度 d 相当薄,衍射作用很强,因而光束发散角度 $\theta_\perp$ 较大,通常为 30°~40°。平行于 pn 结侧向上,条宽 W 通常为几微米,这比有源层厚度 d 大几倍到十几倍,衍射作用弱一些,相应地其发散角度 $\theta_{//}$ 为 10°~20°。

计算表明,在很宽的范围内,垂直 pn 结平面方向上光束发散角度 $\theta_\perp$ 可近似表

达为

$$\theta_\perp = \frac{4.05(n_2^2-n_1^2)d/\lambda_0}{1+\frac{4.05}{1.2}(n_2^2-n_1^2)(d/\lambda_0)^2} \quad (7\text{-}46)$$

式中,n_1 和 n_2 分别表示限制层和有源出折射率;λ_0 为激光器在自由空间中的发射波长;d 为有源区的厚度。如果 d 很小,$d \ll \lambda_0$,有源区的厚度远远小于自由空间中的波长,则上式中分母中的第 2 项远小于 1,$\theta_\perp$ 可简化为

$$\theta_\perp \approx 4.05(\bar{n}_2^2-\bar{n}_1^2)d/\lambda_0 \quad (7\text{-}47)$$

例如 AlGaAs 激光器中,$\lambda_0 = 0.87\mu m$, $d = 0.1\mu m$, $\bar{n}_1 = 3.38$, $\bar{n}_2 = 3.59$,计算出发射角度 $\theta_\perp$ 为 38.6°。这就

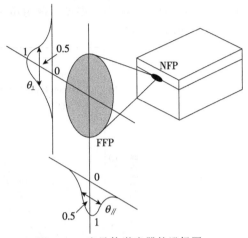

图 7-13 半导体激光器的远场图 FFP 和近场图 NFP

表明,由于半导体激光器的有源层很窄,光波的衍射作用比较强,使得发出的光束的发散角度比较大,特别是在垂直 pn 结的方向上,这种发散的特性因为有源层的狭窄而表现得更为明显。

如果 d 较大,式(7-31)中分母的第二项远大于 1,那么该式可简化为

$$\theta_\perp \approx 1.2 \frac{\lambda_0}{d} \quad (7\text{-}48)$$

这一结果可以用衍射理论来解释,在较大范围内,衍射作用随着狭缝的变宽而减弱,$\theta_\perp$ 随着 d 的增大而减小。在平行于 pn 结的侧向上,条宽 W 远大于发射波长 λ_0,平行于 pn 结方向上的光束的发散角度为

$$\theta_\parallel \approx \frac{\lambda_0}{W} \quad (7\text{-}49)$$

因此,通常的半导体激光器发出的是一束 $\theta_\perp \times \theta_\parallel = (30°\sim40°)\times(10°\sim20°)$ 的椭圆形的扇状光束。

7.5.6 温度特性

半导体器件都是对温度敏感的。温度对半导体激光器的影响主要表现在阈值电流、光输出功率、工作稳定性和工作寿命。激光器的阈值电流密度 J_{th} 随着温度的升高而明显增大,呈指数关系[34]

$$J_{th}(T) = J_0 \exp\left(\frac{T-T_r}{T_0}\right) \quad (7\text{-}50)$$

式中,J_0 为室温 T_r 时的 J_{th}。T_0 为表征半导体激光器的温度稳定性的物理参数,称为特征温度。显然,T_0 越大,J_{th} 随温度的变化越小,激光器也就越稳定。

如图 7-14 所示,随着温度的升高,半导体激光器的阈值电流增大,输出功率减小,微分功率效率也减小。温度对阈值电流的影响主要来自三个方面:增益系数、内量子效率和内部损耗。

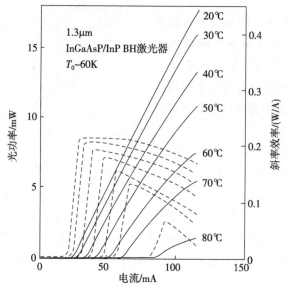

图 7-14　半导体激光器的光功率和斜率效率同温度的关系

图 7-15 给出了四种不同波长的半导体激光器的阈值电流同温度的关系。对于 AlGaAs/GaAs 双异质结激光器来说,如果异质结势垒足够高、界面态足够少,温度的影响主要是其对有源层的增益系数的影响,当 T 升高时,必要注入高浓度的载流子来维持所需的粒子数反转,激光器的 T_0 为 $120\sim180\mathrm{K}$[35]。

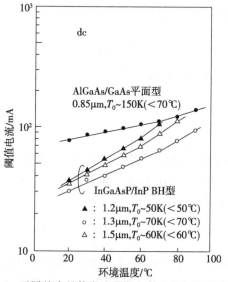

图 7-15　不同的半导体激光器的阈值电流同温度的关系

在 InGaAsP 激光器中,温度的影响主要起源于俄歇复合和越过异质结的载流子泄漏。300K 下俄歇复合的电流占总电流的三分之一左右。泄漏电流是热载流子泄漏,而且主要是热电子泄漏。低温范围内这种泄漏较小,因而 InGaAsP 激光器的 T_0 为 80K 左右。而在 250~300K 内这种泄漏变大,T_0 值为 65K[36]。在下一章介绍的量子阱激光器中,由于量子阱对注入载流子的限制作用的加强,大大减小了电流的泄漏,T_0 可以高达 150K 以上,因而其温度稳定性好了许多。

7.5.7 调制特性[37]

与其他激光器不同的是,半导体激光器可以通过外加偏压的大小和频率的变化对其光强进行直接的调制。外加直流偏压信号时,激光器会有弛豫振荡;与此同时,激光器也具有电学寄生参数。这些效应会对调制特性产生影响。

调制激光器的方法有光强幅度调制(调幅:IM)、频率调制(调频:FM)和相位调制(调相:PM)等三种。调制信号可以是模拟信号,也可以是脉冲数字信号。依照信号的强弱还可以分为大信号调制和小信号调制。

当激光器上外加阶跃电流时,会观测到光输出的阻尼振荡(如图 7-16 右上角的插图所示)。这种瞬态现象称为弛豫振荡[38,39]。由于载流子的寿命和光子的寿命是不同的,因此电子数目和光子的数目达到平衡所需的时间也是完全不同的。弛豫振荡的频率同激光器的响应频率几乎是完全对应的。图 7-16 就是小信号调制时半导体激光器的频率响应曲线。样品为 1.55μm 的 InGaAsP/InP 激光器,调制信号为 −10dBm 的正弦波。响应频率是注入电流的函数,也就是光输出功率的函数。图中的箭头指的是对应光功率输出时的峰值响应频率。8mW 时的峰值响应频率为 10.5GHz。

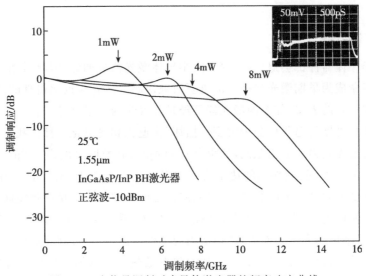

图 7-16 小信号调制时半导体激光器的频率响应曲线

图 7-17 给出了 1.55μm 的 InGaAsP/InP 掩埋异质结(BH)激光器的噪声特[40,42]。图中的箭头指的是不同驱动电流(对应为不同的输出光功率)时的噪声峰值。

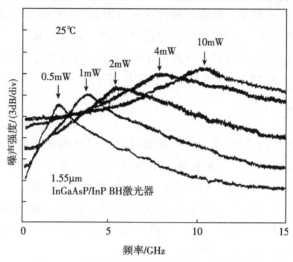

图 7-17 直流偏压下半导体激光器的噪声特性

光强幅度调制(调幅:IM)的每一个周期中,半导体激光器的模式频率都会产生周期性的移动,常称为频率啁啾(chirp)。这种啁啾现象制约了光纤通信系统的特性。虽然利用电流的变化直接对半导体激光器进行调制是一种非常方便的方法,但是会引起的啁啾效应,限制了光纤通信系统的高速率,因此人们采用外调制的方式来提高系统的性能。半导体激光器上加直流偏压,输出恒定的光功率,利用激光器外面的电吸收调制器(EA)或者其他调制器来调制光波,可以将光信号的频率和带宽大大提高。

7.5.8 退化和寿命

任何半导体器件都会退化甚至损坏,半导体激光器也如此,因此激光器的退化机理和延长寿命成为早期激光二极管的重要研究课题。随着对退化机理的认识和外延生长等制作技术的进步,如今的激光器已经是长寿命的光子器件了。

半导体激光器的退化可分为灾变性损坏、快退化和慢退化三种。我们知道,半导体激光器的出光面为条形的截面,如果条宽为 4μm,有源区厚度为 0.2μm,激光器的输出功率为 10mW 时,则端面的功率密度可以高达 1.25×10^6 W/cm^2。在如此狭小的镜面上承受如此高密度的光能,如果光波在镜面处被吸收就足以将镜面熔化,破坏了镜面的反射作用,激光二极管就灾变性地烧坏了,器件寿命非常短暂。认识到这一损伤机理后,采用加大出光面积、选择适当的工作电流、避免过高的输出功率、端面蒸镀上增透介质膜、减少端面处的吸收、加强热沉散热和降低器件发热等等措施,有效地避免了这类端面损伤引起的灾变性损坏。

异质结中的晶格不匹配会引进各种缺陷,包括点缺陷和线缺陷。例如位错、位错线、位错环等。这些缺陷形成许多深能级,是非辐射复合中心。它们耗掉许多注入的载流子,不但不能发光,还会发热。温升又进一步损害发光器件的性能。如此恶性的循环更加深了器件的退化。如何外延生长的芯片中已经包含有相当数量的缺陷,同通电流发光、发热的过程中,点缺陷和线缺陷会发生增生,缺陷的数目和密度会逐渐增加,使得器件在数小时到几千小时内性能变坏和不能工作了,称为快退化。在工作3000 小时之内,图 7-18(a)中的一些器件的工作电流增加许多、输出功率大为减少,它们都是快退化。

图 7-18(a)中有许多激光器工作长时间后依然能够维持恒定的输出功率,其驱动工作电流在逐渐增大,但是增加的速率比较慢,称为慢退化[43]。这类退化可以通过提高外延生长的晶体完整性、设计合适条形结构、增加热沉的散热性能等方法获得改善。

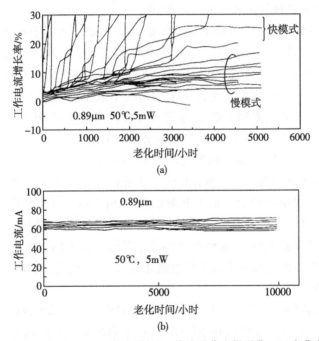

图 7-18　AlGaAs/GaAs 激光器的(a)快速退化和慢退化;(b)老化实验

图 7-18(b)的实验结果表明,在 50℃条件的高温下,AlGaAs/GaAs 激光器工作了 10000 小时,仍然维持恒定的光功率输出,工作电流的变化也很小,因此这些器件具有非常长的工作寿命。

业已证实,无论是长波长的 InGaAsP 激光器[44,45],还是短波长的 AlGaAs 激光器[46-48]都具有百万小时的工作寿命。也就是说,这些器件能够连续地工作一百年以上。这正是半导体激光器具有顽强的生命力的原因。

7.6 结束语

半导体激光器通常指的是半导体激光二极管,它通过 pn 结电注入的方式实现粒子数反转,因而具有泵浦方便、能量转换效率高、波长覆盖范围宽、体积小巧、工作寿命长、应用范围广等一系列优点,已经成为光电子领域中应用最多的器件之一。

激光器具备的三大要素为受激发射物质、粒子数反转和谐振腔。

半导体材料的研究与开发为波长覆盖提供了有力的保证,现在半导体激光器的波长已经覆盖了可见光和红外、紫外波段的整个范围。异质结构为受激发射性能的全方位利用提供了坚实的物质基础。

半导体激光器的发展历程中,双异质结功不可没,窄带隙材料的有源区和宽带隙材料的限制层为注入的载流子提供了几乎完全的载流子限制和光限制,这就构成了半导体异质结激光二极管最基本的工作原理。

pn 结和异质结是粒子数反转的最好保证。pn 结是注入电子和转换能量的最容易和最有效的方式,同时也是能够直接调制的有力工具。异质结的超注入和高注入比使得注入效率比同质结高几个数量级,对载流子和光波的限制作用能够高效地将载流子限制在有源区中,因而在电流不大的情况下就很容易地实现了粒子数反转。与此同时,异质结有效地限制了电子-空穴对复合发出的光波,从而使半导体激光器获得很高的内量子效率。事实上,半导体激光器的内量子效率通常在 70% 以上,有的器件甚至接近 100%。这是别的激光器无法比拟的。

半导体的晶体结构为激光二极管提供了非常容易解理的(110)解理面,由它们形成完全平行、高反射率(约 32%)的 F-P 谐振腔,是所有激光器中制作最方便、应用最有效的谐振腔。进一步深入研究并开发出来的光栅谐振腔能够同半导体激光器融合成一体,有效地选择激光模式,并能够获得动态单模和在不同温度下的稳定地工作。因此,半导体激光器的谐振腔不同于其他激光器,具有方便、有效等特性,构成半导体激光器的鲜明特色。

半导体激光器的特性不同于其他激光器,它们覆盖了可见光、红外和紫外的很宽范围,阈值电流依赖于异质结构和条形结构,功率输出和效率同内量子效率、温度等因素相关,光输出和光谱对温度十分敏感,能够直接调制,带宽高达 20GHz 以上,工作寿命长,可达百年以上。这些优异的特性为它们的应用提供了可靠的保证。

这一章详细地介绍了半导体激光器的工作原理、器件结构和物理特性,这些为了解半导体激光器提供了详尽的物理知识。现在半导体激光器的发展非常之快,量子阱和量子点激光器、量子级联激光器、硅基Ⅲ-Ⅴ族激光器等都已被成功地研制出来。下一章将对分布反馈激光器、量子阱激光器和垂直腔面反射激光器作进一步深入的讲述。

参 考 文 献

[1] 余金中. 半导体光电子技术. 北京：化学工业出版社, 2003：76-105
[2] 宋菲君, 羊国光, 余金中. 信息光子学物理. 北京：北京大学出版社, 2006：345-395
[3] 周炳琨, 高以智, 陈倜嵘, 等. 激光原理. 第4版. 北京：国防工业出版社, 2000：293-324
[4] 黄德修. 半导体光电子学. 第2版. 北京：电子工业出版社, 2013：218-233
[5] 江剑平. 半导体激光器. 北京：电子工业出版社, 2000：81-124
[6] Casey H C Jr, Panish M B. Heterostructure Lasers. New York：Academic Press, 1978：156-269
[7] Gary M, Coleaman J J. Heterostructrues and Quantum Devices. New York：Academic Press, 1994：215-241
[8] Kressel H, Butler J K. Semiconductor Laser and Hetero Junction LEDs. New York：Academic Press, 1977
[9] Fukuda M. Reliability and Degradation of Semiconductor Lasers and LEDs. Boston：Artech House, 1991
[10] Kasap S O. Optoelectroncs and Photonics：Principles and Practices. Beijing：Publishing House of Electronics Industry, 2003：107-216
[11] Tsang W T. 半导体注入型激光器(I). 江剑平等译. 北京：清华大学出版社, 电子工业出版社, 1991：206-250
[12] Tsang W T. 半导体注入型激光器(II)与发光二极管. 杜宝勋等译. 北京：清华大学出版社, 电子工业出版社, 1991：206-250
[13] Rode D J. J. Appl. Phys., 1974, 45：3887
[14] Goodwin A R, Peters J R, Pion M, et. al. J. Appl. Phys., 1975, 46：3126
[15] Hwang C H, Dyment J C. J. Appl. Phys., 1973, 44：3240
[16] McKeivey J P. Solid State and Semiconductor Physics. New York：Harper, 1966
[17] Alferov Z H I, Khalfin V B, Kazarinov R F. Sov. Phys. Solid State, 1967, 8：2480
[18] Cheng D T, Person G L J. J. Appl. Phys., 1975, 46：2313
[19] Casey H C Jr, Panish M B. Heterostructure Lasers. New York：Academic Press, 1978：52-57
[20] 张光寅. 光学谐振腔的图解分析与设计方法. 北京：国防工业出版社, 2003：1
[21] Fukuda M. Reliability and Degradation of Semiconductor Lasers and LEDs. Boston：Artech House, 1991
[22] Casey H C Jr, Panish M B. Heterostructure Lasers. New York：Academic Press, 1978：165-173
[23] Nohery R E, Pollach M A. Electron let., 1978, 14：727
[24] 周炳琨, 高以智, 陈倜嵘, 等. 激光原理. 第4版. 北京：国防工业出版社, 2000：299-304
[25] Hayashi I, Panishi M B. J. Appl. Phys., 1970, 41：150
[26] Dyment J C, D'Asaro L A, North J C, et al. Proc. IEEE, 1972, 60：726
[27] Yunezu H, Sakuma I, Kobayashi K, et al. Japan J. Appl. Phys., 1973, 12：1585
[28] Chinone N, Ito R, Nakada O. J. Appl. Phys., 1976, 47：785

[29] Aiki K, Nakamura M, Kuroda T, et al. IEEE Quantum Electron., 1978, QE-14: 89
[30] Kano, H, Sugiyama K. J. Appl. Phys., 1979, 50: 7934
[31] Namizaki H, Kan H, Ishi M, et al. J. Appl. Phys., 1974, 45: 2785
[32] Ishikawa H, Imai H, Tanahashi T, et al. Electron. Lett., 1981, 17: 465
[33] Mito I, Katamura M, Kobayashi K, et al. Electron. Lett., 1982, 18: 953
[34] Hiyashi I, Panishi M B, Reinhart F K. J. Appl. Phys., 1971, 42: 1929
[35] Goodwin A R, Peters J R, Pion M, et al. J. Appl. Phys., 1975, 46: 3126
[36] Etieme B, Shah J, Leheny R F, et al. Appl. Phys. Lett., 1982, 41: 1018
[37] 江剑平. 半导体激光器. 北京: 电子工业出版社, 2000: 81-124
[38] Lamb W E Jr. Phys. Rev., 1964, 134: A1429
[39] Poli T L, Ripper J E. Proc. IEEE, 1970, 58: 1457
[40] Huang H. Phys. Rev., 1969, 184: 338
[41] McCumber D E. 1966, 141: 306
[42] Poli T L. IEEE Quantum Electron., 1975, QE-11: 276
[43] Fukuda M, Kadota Y, Uehara S. Rev. Elect. Commun., 1986, 34: 119
[44] Fukuda M. Quantum Electron., 1983, QE-19: 1692
[45] Fukuda M, Suzuki M, Motosugi G, et al. J. Appl. Phys., 1988, 64: 496
[46] Fukuda M, Kadota Y, Uehara S. Rev. Elect. Commun., 1986, 34: 119
[47] Poli T L. Quantum Electron., 1977, QE-13: 351
[48] Inchikawa F, Kaizu K, Jinno T. National Record 1987, The Institute of Electronics, Information and Communication Engineers, Japan Part 4, 1987: 4-59

第8章 量子阱、分布反馈、垂直腔面发射激光器和半导体光放大器

8.1 引　　言

在半导体激光器的研究与开发的过程中,双异质结(DH)激光器融合激光物质、粒子数反转和谐振于一体,在半导体光子学中有着特别的贡献和意义。它承上启下,继承和发展了同质结和单异质结激光器的优越性,又开创了大光腔、分离限制激光器的新结构和新特性。然而这些结构的激光器都没有走出体材料和法布里-珀罗(F-P)腔的局限,因而器件的发射光谱较宽、激光的光场模式复杂、对温度相当敏感、工作性能不够稳定、功率效率不够高。在光纤通信等应用中,不能够满足对动态单纵模、温度稳定性和长工作寿命的要求。

信息传输需要工作稳定的单模激光器,这种迫切的应用需求推动了半导体激光器的深入研究和发展,于是在有源区材料结构、注入电流和增益、Bragg 光栅和多层介质膜谐振腔等几个方面进行了深入、全面的研究和开发,特别是得益于 20 世纪 70 年代以来分子束外延生长(MBE)、金属有机物化学气相沉积(MOCVD)、反应离子束刻蚀(RIE)、电子束曝光(EBL)、感应耦合等离子体刻蚀(ICP)等高新技术的出现和使用,使得生长纳米量级的半导体材料和刻蚀 10nm 量级的微纳结构成为可能,因而成功地设计和制造出量子阱、量子线、量子点、微纳量级的光栅等精细结构,相应地成功研制出各种量子结构激光器、分布反馈激光器、分布布拉格反射器激光器、垂直腔面发射激光器等。

图 8-1 给出了半导体激光器器件结构关系图[1],自左而右和自上而下分别列出了泵浦方式、异质结构的演变、有源区和谐振腔的发展和形形色色的条形结构。从中既能够认识半导体激光器的复杂内涵,又能够体会它们的高速发展和进步。

在这一章中,我们着重介绍量子阱和超晶格、Bragg 光栅、多层介质膜的基本概念和物理本质,然后描述量子阱(quantum well, QW)激光器、分布反馈(distributed feedback, DFB)激光器、垂直腔面发射(vertical cavity surface emitting laser, VCSEL)激光器以及半导体光放大器(semiconductor optical amplifier, SOA)的器件结构、工作原理和独特的光电性质。从中发现,采用量子阱结构,改变了体材料能带间复合发光的性质,实现了阶梯能带间的激光发射;利用布拉格光栅,有效地选择谐振的模式,成功地实现动态单模工作;使用多层介质膜作谐振腔,既能够获得高反射率,也能够改变激光的出射方向,无需解理就能够制成谐振腔,在垂直 pn 结平面的

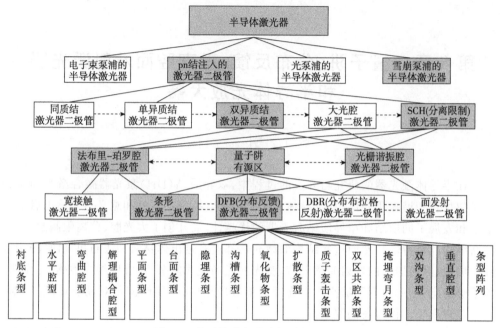

图 8-1 半导体激光器器件结构关系图

方向上发射激光。半导体光放大器是一类没有谐振腔的激光器结构的器件,它能够放大光信号和光功率。

本章的内容是上一章的理性延续,也是半导体发光器件的深入发展。

8.2 超晶格和量子结构[2]

8.2.1 超晶格和量子结构的基本概念[3-5]

1970 年美籍日本人江崎(L. Esaki)和美籍华人朱肇强(R. Tsu)首次提出超晶格的概念[6]。1968 年 Esaki 提出量子阱概念,1980 年 Sakaki 提出量子线概念,1982 年 Arakawa 和 Sakaki 提出了量子点概念。

超晶格:两种或两种以上不同组分(或不同导电类型)的超薄层晶体材料,交替堆叠形成多个周期的结构,如果每层的厚度足够薄,以至其厚度小于电子在该材料中的德布罗意(de Broglie)波的波长,这种周期变化的超薄多层结构,叫做超晶格。超晶格中,周期交替变化的势垒和势阱的厚度都很薄,由于势垒的厚度很薄,不足以阻隔相邻的势阱中电子的波函数,因而不同的势阱中的电子的波函数相互交叠。虽然势阱中电子能态是分立的,但还是被展宽。

超晶格有组分超晶格和掺杂超晶格两种,前者由不同组分的材料构成,后者的材料组分虽然相同、但是掺杂型号或者浓度不同。由于它们都非常薄,各层中电子的波函数能够发生互相交叠。

量子阱：禁带宽度分别为 E_{g1}、E_{g2} 的两种材料在一起构成薄的多层结构，$E_{g2}>E_{g1}$，禁带宽度为 E_{g2} 的半导体材料 2 将禁带宽度为 E_{g1} 的半导体材料 1 夹在中间，形成势阱。如果势垒层的厚度足够厚，大于德布罗意波的波长，那么不同势阱中的波函数不再交叠，势阱的厚度小于德布罗意波的波长，或者小于电子绕原子核运动的量子化轨道的波尔半径，势阱中的电子的能级状态变为阶梯的状态，这种结构称为量子阱。各种半导体材料的波尔半径在 1～50nm，GaAs 的波尔半径约为 15nm。

如果在 x 和 y 两个方向上的势阱的厚度都小于德布罗意波的波长，只在 z 向上是一维自由的，则构成**量子线**。同样地，如果三维都有限制，三维都不自由，同时三维的尺寸都小于德布罗意波的波长，则构成**量子点**。量子阱、量子线和量子点分别称为二维、一维和零维量子材料。

只有当势阱的宽度尺度足够小时才能形成量子阱，因此量子阱的基本特征是，量子阱宽度比电子的德布罗意波的波长还短，导致载流子的波函数在一维方向上被局域化，如果势阱旁边的势垒高度和厚度都足够高和厚，对势阱具有很强的限制作用，就使得载流子只在平行于阱壁的平面内具有二维自由度，与阱壁垂直的方向上的运动被限制了，因而其导带和价带分裂成子带。

上一章详细描述过双异质结构，但是我们没有称其为量子阱，其原因在于中间的有源区层厚度较大，通常为 100nm 左右或者更厚，不能够发生能带的分裂，依然是体材料的特性。显然，只有势阱层厚度小于德布罗意波的波长（～10nm）、势垒层厚大于德布罗意波的波长的结构才是量子阱。

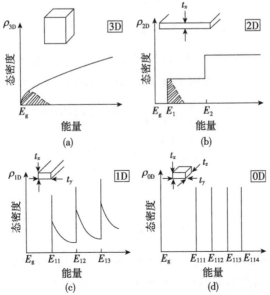

图 8-2　体材料(a)、量子阱(b)、量子线(c)和量子点(d)的结构和能带示意图

量子阱、量子线和量子点的结构和能带图如图 8-2 示意所示。可以看出,体材料中的电子是三维自由的,用 3D 表示,三个方向上都没有任何限制。量子阱中的电子受到一维势垒的限制,电子在二维空间上是自由的,用 2D 表示,形成二维电子气,其能带演变成阶梯状子能带。量子线中的电子受到二维势垒的限制,电子只在一维空间上是自由的,用 1D 表示,其能带演变成尖峰状的子能带。量子点中的电子受到三维势垒的限制,电子不再在空间上自由,用 0D 表示,其能带演变成分立的能级。

8.2.2 量子结构的能带图和态密度[7,8]

导带中,量子阱、量子线和量子点的分立能级本征值和态密度如下所示。

1. 量子阱

$$E^{(1)} = E_m + \frac{\hbar^2}{2m_e}(k_y^2 + k_z^2) \tag{8-1}$$

$$\rho_e^{(1)}(E) = \sum_m \frac{m_e}{\pi \hbar^2} H(E - E_m) \tag{8-2}$$

2. 量子线

$$E^{(2)} = E_m + E_n + \frac{\hbar^2}{2m_e}k_z^2 \tag{8-3}$$

$$\rho^{(2)}(E) = \sum_{mn} \frac{\sqrt{2m_e}}{\pi \hbar} \frac{1}{\sqrt{E - (E_m + E_n)}} \tag{8-4}$$

3. 量子点

$$E^{(3)} = E_m + E_n + E_l \tag{8-5}$$

$$\rho^{(3)}(E) = \frac{2}{t_x t_y t_z} \delta[E - (E_m + E_n + E_l)] \tag{8-6}$$

上式中,m_e 为电子有效质量;k_x、k_y 和 k_z 为 k 空间中三个方向上的波失;t_x、t_y、t_z 为实体三维空间中 x、y、z 三个方向上量子结构的厚度;E_m、E_n、E_l 和函数 $H(x)$ 分别为

$$E_m = \frac{\hbar^2}{2m_e}\left(\frac{m\pi}{t_x}\right)^2, \quad m=1,2,3,\cdots \tag{8-7}$$

$$E_n = \frac{\hbar^2}{2m_e}\left(\frac{n\pi}{t_y}\right)^2, \quad n=1,2,3,\cdots \tag{8-8}$$

$$E_l = \frac{\hbar^2}{2m_e}\left(\frac{l\pi}{t_z}\right)^2, \quad l=1,2,3,\cdots \tag{8-9}$$

$$H(x) = \begin{cases} 1, & x \geqslant 0 \\ 0, & x \leqslant 0 \end{cases} \tag{8-10}$$

能级本征值 E 和态密度 ρ 的右上角标(1)、(2)、(3)分别表示量子限制的维数。同样地,也可以用类似的方式表示价带中空穴的态密度。

图 8-3 给出了体材料和量子阱的电子和空穴的态密度分布。尽管量子阱中的电

子和空穴态密度为阶梯状,其包络线依然是抛物线。在该图中可以看到多个子能带。对于每一个子能带来说,其态密度都是一个常数。正是载流子二维运动的这种特性有效地改变了其能态密度和载流子的分布,因而有效地改进了量子阱中载流子的辐射复合效率。

当一束光照射到半导体材料上时,其吸收系数是光子能量的函数,正比于低能级上的电子数和高能级上的空穴数,因此光学跃迁主要发生在价带顶和导带底的空穴态之间。当光子能量达到带隙宽度时,吸收陡增,

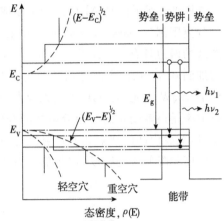

图 8-3　半导体材料和量子阱中的态密度分布

光子能量更大时吸收系数也更大。半导体体材料的吸收系数同态密度的函数关系为[10]

$$\alpha(h\nu)=\alpha_0\,(h\nu-E_g)^{1/2} \tag{8-11}$$

图 8-4(a)和(b)分别为体材料和量子阱的吸收系数同能量的关系。将图 8-2、图 8-3 和图 8-4 三个图对比地看,可以把图 8-4(b)看成量子阱结构能带图的最好的实验证明。无论是体材料还是量子阱的吸收系数在带边处不是完全陡峭的,这是由于掺杂使能带边缘变得缓变了一些。

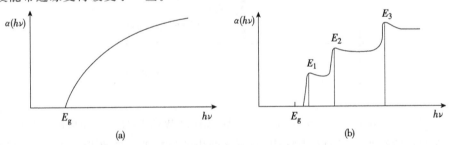

图 8-4　不同半导体的吸收系数同能量的关系[9]
(a)体材料;(b)量子阱异质结

依据上述分析可以得出结论,由于量子阱的存在,使得阱内的能带演变成多个阶梯状的子能带。同样也可以证实,量子线和量子点的能带演变为尖峰状的子能带和分立的能级。

8.2.3　单量子阱和多量子阱[11,12]

由一个势阱构成的量子阱结构为单量子阱,简称为 SQW(single quantum well);由多个势阱构成的量子阱结构为多量子阱,简称为 MQW(multiple quantum wells)。

图 8-5 所示的是 $Al_xGa_{1-x}As$ 制成的单量子阱激光器的结构和能带图。这是一个分离限制(separated confinement heterostructure,SCH)的单量子阱激光器。在有源区的两边各有一个组分缓变的 $Al_xGa_{1-x}As$ 波导层,其组分由有源区的 0.2 逐步增加到 0.6。在两个波导层的两边是两个光学限制层,因此这个结构简称为 GRIN-SCH-SQW 激光器。GRIN 是缓变折射率 grated index 的缩写,表示波导层的组分和折射率是逐渐变化的。组分渐变的好处在于能够改善异质结的晶格匹配和提高晶体质量,减少内部的缺陷和非辐射复合中心,同时又起到了波导的作用,增加了总的波导厚度和降低光能密度,这些都是为了获得优异的激光性能而进行的优化设计。

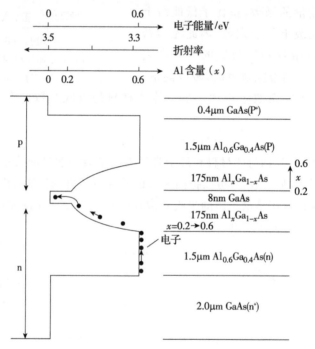

图 8-5　$Al_{0.4}Ga_{0.6}As$-$Al_{0.2}Ga_{0.8}As$-GaAs SCH-SQW 激光器的器件结构和能带图

在双异质结激光器的有源区中,有源区两边的导带差 ΔE_c 和价带差 ΔE_v 分别对电子和空穴提供了载流子限制。外加正向偏压时,电子和空穴注入分别从 n 区和 p 区注入到有源区中,准费米能级 F_n 和 F_p 分离得足够大,从而满足受激发射条件。由于量子阱中的阱宽很窄,注入到势阱中的载流子浓度提高得非常快,注入效率大为提高,因此比双异质结更容易实现粒子数反转。

单量子阱中的光限制因子为

$$\Gamma_s \approx 2\pi^2 (n_a^2 - n_c^2) \left(\frac{t_x}{\lambda_0}\right)^2 \qquad (8-12)$$

式中,下角码 s 表示单量子阱;t_x、n_a 和 n_c 分别为量子阱厚度、势阱和限制层的折射率。

单量子阱只有一个很窄的势阱,导致光学限制因子 Γ 很小。为了获得阈值增益 g_{th} 就需要较大的阈值电流密度 J_{th}。将多个量子阱组成在一起构成的多量子阱可以改进 Γ,使 Γ 增大了许多,因而使总的阈值电流密度变小。

1971 年苏联约飞研究所的 R. F. Kazarinor 和 R. A. Suris 提出[13],一个势阱的基态和相邻势阱的基态在能量上可以一致,势阱中电子同空穴复合产生光子,在外加电场作用下,这些复合产生的光子有助于激励该阱中的基态上的电子穿越势垒到达相邻的势阱中,因此超晶格中具有量子隧道效应,甚至电子可以通过隧道效应进入相邻势阱的激发态。这些对超晶格的分析也适用于多量子阱。虽然不同量子阱中载流子的波函数不相互交叠,但是量子阱之间的势垒依然比较薄,容许隧道效应的发生。基于这种量子隧道效应,可以将多个单量子阱组成在一起,构成多量子阱,利用量子隧道效应,实现不同量子阱之间的电子传输和能量的转换。

图 8-6 给出两个分离限制多量子阱(SCH-MQW)激光器的能带图。多量子阱可以等效地看作为一个有源层,其等效折射率 n 等于整个量子阱结构的总体平均折射率。显然,适当选择量子阱数目和各层厚度,可以很容易地使多量子阱的限制因子比单量子阱的限制因子提高一个数量级,从而使得模式增益大为增加。随着注入电流的增大,多量子阱的增益的增大要快得多,而且量子阱的个数 m 越大这种效应越明显[14]。

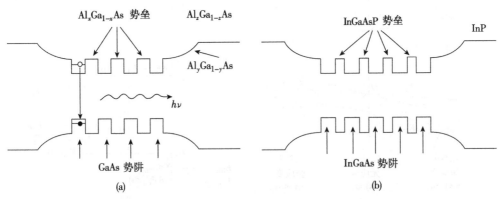

图 8-6 GaAs-Al_xGa_{1-x}As-Al_yGa_{1-y}As 和 In_xGa_{1-x}As-$In_yGa_{1-y}As_zP_{1-z}$-InP
SCH-MQW 激光器的器件结构和能带图

如果多量子阱的势阱和势垒的个数分别为 N_a 和 N_b,它们的厚度、折射率分别为 t_a、n_a 和 t_b、n_b,多量子阱激光器的限制层的折射率为 n_c,则有

$$\Gamma_m = \gamma \frac{n_a t_a}{n_a t_a + n_b t_b} \tag{8-13}$$

式中,

$$\gamma = 2\pi^2 (n_a t_a + n_b t_b)^2 \frac{n_e^2 - n_c^2}{\lambda_0^2} \tag{8-14}$$

$$n_e = \gamma \frac{N_a n_a t_a + N_b n_b t_b}{N_a t_a + N_b t_b} \qquad (8-15)$$

式中,下角码 m 表示量子阱的数目;n_e 为有源区势垒层和势阱层的平均有效折射率;有源区等效层厚为 $N_a t_a + N_b t_b$;等效折射率为 n_e;γ 为等效层的光限制因子。而 Γ_m 则为多量子阱的总的光限制因子,$N_a t_a$ 为多个势阱的总厚度,$N_a t_a + N_b t_b$ 为势阱与势垒的总厚度,如式(8-15)所示,多量子阱的光限制因子正比于这两个厚度的比值。单量子阱的光限制因子 Γ_s 大约为 0.1%,而多量子阱的光限制因子 Γ_m 可达 20% 或者更大,显然比单量子阱的光限制因子 Γ_s 大 $1\sim 2$ 个数量级。

8.2.4 应变量子阱[15]

异质结的晶格匹配一直是人们十分关心的课题,只有晶格匹配了才能够消除失配引起的缺陷。然而薄膜厚度小于临界厚度时[16],晶格发生应变,尚未发生晶格弛豫,不会产生失配位错[17]。图 8-7 给出了不同应变时量子阱的能带图。以 $In_x Ga_{1-x}$As/InP 为例,$x=0.53$ 时 $In_{0.53} Ga_{0.47}$As 同 InP 的晶格常数相同,完全晶格匹配,没有应变,其能带图如图 8-7(a)中间所示,带隙为 E_g,在 $k=0$ 处重空穴带和轻空穴带重叠一起,价带是简并的。

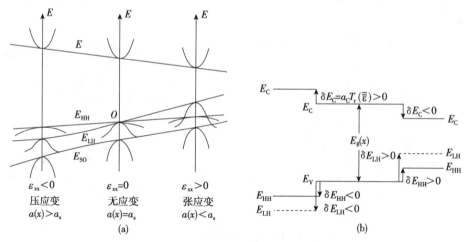

图 8-7 不同应变时量子阱的能带图
(a)k 空间中的能带图;(b)实空间中的能带图

$x<0.53$ 时能带图如图 8-7(a)左边所示,$In_x Ga_{1-x}$As 的晶格常数大于 InP 的晶格常数,因此该三元固溶体受到压应力。$x>0.53$ 时的能带图如图 8-7(a)右边所示,$In_x Ga_{1-x}$As 量子阱的晶格常数小于 InP 的晶格常数,受到张应力。由于量子阱层的厚度非常薄,小于它们的临界厚度,虽然压应力或者张应力的存在产生双轴应变,但是还没有产生弛豫,应力并没有释放出来,尚未引进位错。

应力的存在既改变了晶格的位置,也改变了应变层的能带结构,包括带隙宽度、子能带的形状、空穴带的简并度等。应变量子阱的效应不但改变了带隙宽度和价带的简并,还改变空穴有效质量的大小。从图 8-7 中可以看出,压应变时带隙增大,张应变时带隙减小。与此同时,压应变使重空穴带上升、轻空穴带下降,它们分裂开来,价带不再是简并的。能带的弯曲程度也发生改变,引起空穴有效质量的改变。同没有应变时相比,应变量子阱中空穴带的曲率发生改变,因此增加了导带同空穴带的对称性。参与辐射复合的导带和价带的态密度分布彼此更为接近,从而有效地提高了微分增益和辐射复合的内量子效率。

8.3 量子阱激光器[18]

首先,量子阱中的载流子受到一维的限制,能带发生分裂;其次,量子结构中的态密度分布被量子化了;第三,量子阱结构使得载流子限制作用大为增强,载流子的注入效率也大为增强,因而可以获得很高的增益;第四,基于上述几点,以量子阱为有源区的激光器在性能上获得了很大的改善,激射波长出现蓝移、受激发射阈值电流明显减小、温度特性大为改善等,因而出现了阈值电流为亚毫安甚至只有几微安的量子阱激光器。应当说,量子阱激光器的出现是半导体光子学的一次引人注目的飞跃,它已成为光纤通信、光学数据存储、固体激光器的泵浦光源、半导体光电子集成等应用中的理想光源。

8.3.1 量子阱激光器的工作原理[19]

在激光器具备的三大要素(激光物质、粒子数反转和谐振腔)中,激光物质(亦即有源区)历来最受人们的关注。在超晶格、量子阱等概念被人们充分理解,特别是量子结构的外延生长技术成熟之后,半导体量子阱激光器便应运而生了。将有源区制成量子阱结构,给器件的工作机理、发光特性带来众多的新特点。

1. 量子阱态密度和增益的提高

图 8-8 上半部示意表示出体材料的带边近似为抛物线形状,对应地增益呈高斯曲线状,最大增益对应的能量比带边大一些,并且随着注入载流子浓度的增加而线性地增加。

图 8-8 下半部示意表示出量子阱的特性,它具有一些鲜明的特点:①注入的载流子首先集中在第一个阶梯子能带中;②其增益同能量的关系呈近似三角状旗帜的上边线;③开始出现增益的能量比体材料的带隙能量高;④最大增益所需的载流子浓度比体材料时低;⑤最大值在带边能级处;⑥最大增益随着载流子浓度的增加而超线性地增加,在带边附近增加得特别快。这些特性正是实现受激发射所需要的,它们表明量子阱结构中注入的载流子集中在阶梯子能带中,在与双异质结同样的电流下可以获得更高的载流子浓度和更高的增益。

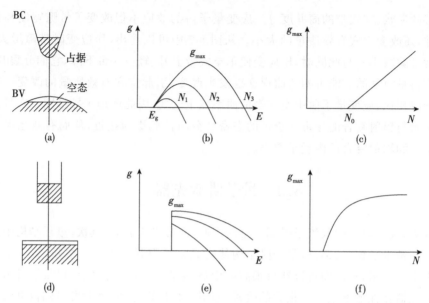

图 8-8 DH 激光器和 QW 激光器中有源区的能带示意图、载流子分布和增益特性

总之,由于有源区的结构和尺寸的变化,体材料的抛物线形状能带演变为量子阱的阶梯子能带。相应地,最大增益随注入载流子浓度的变化由线性演变为超线性。在同样的注入电流下,增益系数可以提高 1~2 个数量级。

采用辐射复合的速率方程求得量子阱激光器的增益为

$$g = \frac{he^2}{2n_r\varepsilon_0 m_0^2 cE} \int |\vec{M_b}|^2 \rho_{red}[f_C(E) - f_V(E)]dE \qquad (8\text{-}16)$$

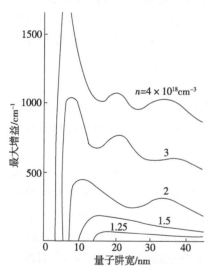

图 8-9 InGaAsP/InP 单量子阱激光器中增益同注入载流子浓度、阱宽 t_x 的关系

式中,$\vec{M_b}$ 为带间电子跃迁的动量矩阵元;ρ_{red} 是导带和价带中的态密度分布函数;$f_C(E)$ 和 $f_V(E)$ 分别为具有一定注入电流的情况下导带和价带中载流子的费米分布函数。值得指出的是,这时的态密度分布函数 ρ_{red} 可以表达为

$$\rho_{red} = \frac{1}{2\pi^2}\left(\frac{2m_r}{h^2}\right)E_q^2 \text{Int}\left[\frac{E-E_q}{E_q}\right]^{1/2} \qquad (8\text{-}17)$$

式中,E_q 为导带和价带中序号相同的子能级之间的能量差,Int 为取整号。

图 8-9 给出了 GaInAsP/InP 单量子阱激光器在不同注入载流子浓度下增益与量子阱宽的关系。可以看出,增益随着注入载流子浓度的增加而迅速地增大,例如注入载流子浓度为 $n = 4 \times 10^{18} \text{cm}^{-3}$ 时,量子阱阱宽 $t_x = 10\text{nm}$ 的增益高

达 1200cm^{-1},这比相同注入浓度时双异质结激光器的增益高出了 2 个数量级。进一步增大注入载流子浓 n,增益系数 g 超线性地增加得更快。图 8-9 中增益曲线的起伏是导带中的不同子能带的电子同价带中的重和轻空穴带中的空穴的复合造成的。

当量子阱的宽度进一步下降时,增益系数陡峭地下降了,这是由于量子阱太薄时,不同能谷出现交叉,Γ 子能带和 L 子能带上都有电子填充,L 能带中的电子有效质量比较大,它们参加非辐射复合,这就影响了 Γ 子能带上填充的电子数目,总体上是减少了辐射复合的载流子数目,因而使得增益急剧下降。

2. 阈值条件

量子阱中,导带底不再是 E_C,而是 E_{C1};价带顶不再是 E_V,而是 E_{HH1}。E_{C1} 与 E_{HH1} 之间的间隔大于体材料的带隙 E_g

$$(E_{C1}-E_{HH1})>E_g \tag{8-18}$$

式中,下角码 C1 表示导带的第一个阶梯子能带;HH1 表示第一个阶梯重空穴带。在外加正偏压的情况下,只有导带和价带的准费米能级差大于此时的带隙差,才可以发射光子。因此**量子阱中发光的阈值条件**改写为

$$(E_{FC}-E_{FV})>(E_{C1}-E_{HH1}) \tag{8-19}$$

进一步推广至各子能带情况,上式可以改写为

$$(E_{FC}-E_{FV})>(E_{Cl}-E_{Vi})=E_{gli}=h\nu \tag{8-20}$$

式中,l 和 i 为正整数,分别表示量子阱的导带和价带中能量的级数;下角码 Cl 和 Vi 分别为导带(CB)和价带(VB)中的子能带的编码;E_{gli} 为量子阱的带隙的阶梯能级差。该式的物理意义在于,要想实现粒子数反转,电子和空穴的准费米能级之差 $E_{Fn}-E_{Fp}$ 必须大于发生光学跃迁的两个阶梯能级的能量之差 $E_{Cl}-E_{Vi}$。

3. 多量子阱增大 Γg

如果有源区中的光强同整个器件发出的光强之比为光限制因子 Γ,激光器的阈值增益 g_{th} 应当满足

$$\Gamma g_{th}=\alpha+\frac{1}{2L}\ln\frac{1}{R_1 R_2} \tag{8-21}$$

式中,L 为激光器的腔长;R_1、R_2 为端面反射率;内部吸收损耗为 α。量子阱结构中,势阱的厚度很薄,电子和空穴的平均自由程(L_e 和 L_h)通常小于量子阱的厚度 t_x,因此注入进量子阱中的载流子被有效地收集到势阱内。

原则上,量子阱激光器的工作原理同双异质结激光器类似,也是由受激发射物质、量子数反转和谐振腔决定的。但是现在的受激发生物质发生了改变,因此在带隙宽度、准费米能级、增益系数等参数上都发生了重大改变。带隙宽度变宽使发射波长变短,出现蓝移。参见图 8-2 的上半部分,可以看到图中阴影部分表示的载流子浓度随能量的分布关系。由于体材料的抛物线能带演变为量子阱的阶梯状子能带,使态密度在带边附近急剧增加,外加正偏压后准费米能级进入带内,使注入的载流子浓度

急剧增大,特别是在带底附近的浓度比体材料时大得多,因此大大增加了光学增益。

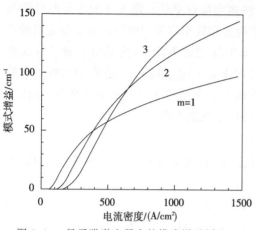

图 8-10 量子阱激光器中的模式增益同注入
电流密度和量子阱数目的关系

图 8-10 给出了量子阱激光器中的模式增益同注入电流密度和量子阱数目的关系。随着注入电流密度的增加,模式增益逐渐增大,多量子阱的模式增益增加得更快。这从另一个侧面说明了多量子阱的优越性。它不但增加了有源区的实际宽度,还增加了增益,更有利于降低阈值电流和提高光功率输出[20]。

虽然量子阱激光器的光限制因子很小,但由于增益很高,依然可望获得相当高的 Γg 乘积,因而足以克服内部损耗 α 和端面损耗 $(1/2L)\ln(1/R_1R_2)$,从而实现受激发射。

4. 声子的协助作用

体材料中位于带内的较高能级上的载流子通过释放声子的方式向同一能带的低能级转移时,会受到低能级的态密度较小的限制,因此这种转移不够有效。在量子阱中,子能带的态密度呈阶梯状,解除了态密度不足的限制。因此在势阱内的电子和空穴可以通过声子散射的作用相对集中在低的量子态上。这就是在量子阱激光器中声子协助激光发射的作用。

5. SCH 结构有效实现光和电的分离限制和降低能量密度

分离限制异质结构(SCH)能够有效地将载流子限制在有源层之内、而将光场有效地限制在光波导层之内。人们将光波导层制成组分渐变的外延层,组分的变化可以是线性变化或者阶梯状变化的,也可以是抛物线形渐变的,其折射率也随组分而变化,从而构成了梯度折射率(graded index, GRIN)结构。由于这种结构具有波导效应,因而提高了光学限制因子。

总之,量子阱激光器是利用量子效应有效地提升载流子的注入水平和增大模式增益,再进一步同分离限制结构和多量子阱结构结合在一起,实现低阈值和大于体材料带隙能量的激光发射。

8.3.2 应变量子阱激光器

如果激光器的有源区为应变的量子阱,那么充分利用应变量子阱中能带结构发生的各种变化,包括带隙的改变、价带中的轻重空穴带分裂、能带的曲率变缓、空穴有效质量变小等,这些特性为器件带来一系列的新型光学特性,包括发射波长、偏振特性等。

应变量子阱中,价带的重空穴带和轻空穴带不再是简并的,它们彼此分隔开来,相对位置也发生变化。压应变时重空穴带下降一些,轻空穴带下降更多。张应变时重空穴带上升一些,轻空穴带上升更多。在两种应变时它们升降程度是不同的,最终的综合效果是压应变使带隙变大,张应变使带隙变小(参见图 8-7)。因此其对应的发射波长也就变短或者变长。压应变时发射波长蓝移,张应变时发射波长红移。

半导体材料发生应变时,应变使正方晶胞产生四面体形变,使价带退简并。量子阱的量子尺寸效应改变了带隙宽度和量子阱平面内的能量色散关系和波函数的形式,子能带之间还有交叉效应。由于应变改变了能带结构,注入电流时空穴更容易堆积在价带顶附近,空穴浓度增加得很快,从而能够增大增益。例如压应变时,重空穴带上升为价带顶,其曲率变陡了一些,重空穴的有效质量变小了。与此同时,正偏压下的准费米能级降低了,空穴的浓度增大了,这些因素的综合效果是提升了微分增益。增益的增加有利于在较低的电流下达到阈值条件,容易实现受激发射。

应变不但使带隙变化和轻重空穴带失去简并,还改变晶体的对称性。价带中的各个子能带不再对称了,能带的曲率也发生改变。价带的曲率变化增加了价带同导带的对称性,减少了导带中的电子和价带中空穴之间的有效质量差异。能带的对称性的变化使得价带和导带的态密度分布彼此接近了,这一特性提高了微分增益 dg/dN。

图 8-11 给出了双轴应变的 InGaAs 量子阱中不同偏振模式的增益同能量的关系。张应变时 TM 模的增益比 TE 模大,而压应变时刚好相反,TE 模的增益比 TM 模大。由于有了应变,使得偏振增益获得明显的改善,利用此特性,可以获得需要的偏振光输出。

8.3.3 量子阱激光器的特性[21-23]

上一章中已经详细描述过半导体激光器的特性。量子阱激光器保留它们的大部分特点,同时又对阈值电流、输出光谱和温度特性改善了许多。同常规的激光器相比,由于有源区为量子阱结构,量子阱激光器便具有下列新特点。

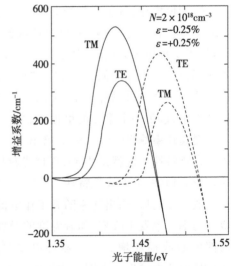

图 8-11 双轴张应变(实线)和双轴压应变(虚线)的 InGaAs 量子阱中的模式增益同能量的关系

波长蓝移:量子阱中,态密度呈阶梯状分布(参见图 8-3),量子阱中 E_{Cl} 和 E_{Vi} 之间的电子和空穴首先参与复合,所产生的光子能量 $h\nu = E_{Cl} - E_{Vi} > E_g$,即光子能量大于材料的禁带宽度。相应地,其发射波长 $\lambda=1.24/(E_{Cl}-E_{Vi})$ 小于 E_g 所对应的波长 λ_g,即出现了波长蓝移。

谱线变窄:量子阱激光器中,辐射复合主要发生在 E_{Cl} 和 E_{Vi} 之间,这是两个能级之间的电子和空穴参与的复合,不同于导带底附近的电子和价带顶附近的空穴参与的辐射复合,因而量子阱激光器的光谱的线宽明显地变窄了。

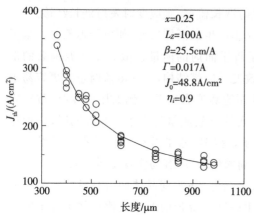

图 8-12 量子阱激光器的阈值电流密度 J_{th} 同腔长 L 的关系

高增益:图 8-12 给出了量子阱激光器的阈值电流密度 J_{th} 同腔长 L 的关系,可以看出阈值电流密度随着腔长的增加急剧地下降,阈值电流密度 J_{th} 同腔长的倒数(1/L)呈正比的关系。500μm 时 J_{th} 仅仅只有 220A/cm²。如果激光器的腔长为 500μm、条形宽度为 2μm,则器阈值电流仅仅只有 2.2mA。虽然该激光器的限制因子只有 0.017,但是由于其增益很高,导致增益系数 β 高达 25.5cm/A,内量子效率高达 90%。这些实验数据证实量子阱带来了高增益。

低阈值电流:量子阱激光器中,由于势阱宽度 t_x 通常小于电子和空穴的扩散长度 L_e 和 L_h,电子和空穴还未来得及扩散就被势垒限制在势阱之中,产生很高的注入效率,易于实现粒子数反转,其增益大为提高,甚至可高两个数量级。因此量子阱激光器的阈值电流密度降低了许多。如果采用窄的条形宽度和短的腔长,量子阱激光器的阈值电流甚至可以降至 1mA 以下。这就是所谓的亚毫安激光器。在激光器的发展进程中,这是一个重要的里程碑。

提高功率输出[24]:图 8-13 给出了一种可见光 AlGaInP 量子阱激光器的 P-I 曲线和光谱特性。这就是用于 DVD 光盘机的器件的典型特性。在室温至 90℃的范围内,有相当好的 P-I 线性特性,25、80、90℃下的阈值电流 I_{th} 分别为 25、53、67mA。大于阈值电流之后,输出功率随着工作电流的增大而线性地增加。但是不同温度下的微分功率效率发生改变,随着温度的增加,其功率效率不断地下降,这是因为高温时内部的吸收损耗增大了。器件以单纵模的方法稳定地工作,80℃下很容易获得 10mW 的功率输出。上图右边给出了不同温度下的发射光谱,直到 70℃仍然是单纵模工作,但是峰值波长随着温度的升高而向长波方向移动,这是由于半导体的带隙宽度 E_g 随着温度的升高而变小的结果。

温度稳定性:量子阱使激光器的温度稳定性大为改善,特别是 GaInAsP 量子阱激光器,其特征温度 T_0 可达 150K,甚至更高。因而,这在光纤通信等应用中至关重

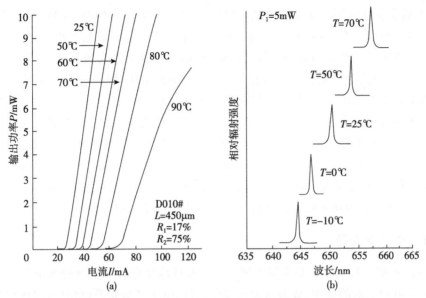

图 8-13 AlGaInP 量子阱激光器的 P-I 特性曲线和光谱特性[25]

要。双异质结 AlGaInP 中价带是简并的,俄歇复合引起的漏电流占总电流三分之一左右。量子阱激光器中,特别是应变量子阱激光器中,价带发生了很大的变化,大大减少了俄歇复合,降低了漏电流,改善了激光器的温度特性。

声子协助效应:量子阱激光器中而且还可以通过声子同电子的相互作用,使较高阶梯能态上的电子转移至低阶能态上,从而出现"声子协助受激辐射"。可见,声子协助载流子跃迁是量子阱结构的一个重要特征。声子协助效应又进一步改善了温度特性,使激光器的工作更为稳定。

量子阱结构中,只在一维方向上有势垒限制,另二维是自由的。如果两个方向上有势垒限制就构成量子线;三个方向上都有势垒限制就构成量子点。它们具有更高级的量子化特性。

事实上,量子线激光器和量子点激光器均已问世,对它们的研究必将为半导体光电学带来许多更新、更好的特性,也为光电子集成开拓出更美好的前景。

8.4 分布反馈激光器和分布布拉格反射激光器

在半导体激光器工作原理的三大要素(激发射物质、粒子数反转和谐振腔)中,已经对受激发射物质和粒子数反转进行过深入的研究和讨论,成功地降低了激光器的阈值并提高了工作稳定性。谐振腔是激光器的三大要素之一,有必要专门研究不同的谐振腔,并进一步改善激光器的性能。

在上一章描述的激光器中,所用的谐振腔都是法布里-珀罗(Fabry-Perot)腔,利用Ⅲ-Ⅴ族化合物的闪锌矿结构的晶体特性,解理出相互平行的两个(110)面,构成谐振腔。这一解理工艺非常简单,的确为制作半导体激光器的谐振腔提供了有效的实用方法。然而这类激光器有一个致命的弱点,就是它仅能在直流驱动下实现静态单纵模工作,而在高速调制状况下不能保证动态单纵模工作,增益峰值、振荡模式、工作频率都会随着驱动电流、环境温度等外部因素发生较大的变化。因此,有必要对激光器的谐振腔进行改进和提高。事实表明,采用布拉格光栅是非常成功的方法[26-28]。

采用布拉格光栅为谐振腔的激光器有分布反馈(DFB)激光器、分布布拉格反射(DBR)激光器和垂直腔面发射激光器(VCSEL)。利用布拉格光栅的周期性和对波长的选择性,可以准确地获得我们所需的光波波长,特别是能够非常精确地获得单模激光输出,这在长距离光纤通信和许多其他应用中是至关重要的。

8.4.1 布拉格光栅

1821年德国科学家夫琅禾费将细金属丝密排地绕在两个平行的细螺丝上,对光波产生透射和反射的作用,成为重要的光学元件,由于其形状类似栅栏,因此称作"光栅"。经过近200年的发展,光栅已经广泛应用于光纤布拉格光栅、精密仪器中的滤波器、分光器等上,成为光通信和精密仪器中的重要部件。初期的光栅周期是相同的,故为均匀光栅。现在已经发展成各种光栅。按光的透射和反射划分为透射光栅、反射光栅;按形状划分有平面光栅和凹面光栅。此外还有全息光栅、正交光栅、相光栅、啁啾光栅、闪耀光栅、阶梯光栅等。

威廉·劳伦斯·布拉格(William Lawrence Bragg)和他的父亲威廉·亨利·布拉格(William Henry Bragg)通过对X射线谱的研究,提出晶体衍射理论,建立了布拉格公式,并改进了X射线分光计。父子二人共同获得1915年的诺贝尔物理学奖。劳伦斯·布拉格当时年仅25岁,是最年轻的诺贝尔物理学奖获得者。现在对光栅的各种分析都是建立在布拉格父子的晶体衍射理论基础上的。

半导体中使用的布拉格光栅主要有两种:一种是DFB激光器和DBR激光器中使用的布拉格光栅,以半导体薄膜为介质,在其上刻蚀出一定周期的波纹,利用其折射率的周期变化形成的光栅;另一种是VCSEL激光器中的多层介质膜构成的布拉格光栅,每层的厚度只有四分之一波长的长度,多层介质膜就能够形成高反射率的反射面。这两种布拉格光栅都能构成谐振腔,在半导体激光器的发展进程中发挥重要的作用。

事实上,光栅有一维、二维和三维多种,不但在一维方向上可以有周期变化的光栅,还可以有二维和三维周期变化的光栅。晶体可以看作三维的周期光栅。在近年来迅速发展起来的光子晶体的研究中,把这些光栅看作一维、二维和三维的光子晶体,将光栅同光子晶体两种物理结构和概念联系在一起,这表明科学研究的不断深入的过程中,许多复杂的问题也在相互融合。

要想实现半导体激光器的动态单纵模工作,稳定地获得单一波长的激光,最有效的方法就是在其内部建立一个布拉格光栅(Bragg grating)。利用布拉格光栅来构成谐振腔,稳定地选择固定的波长,从而获得稳定的单纵模激光输出。

无论 DFB 激光器还是 DBR 激光器,所有光栅都必须满足布拉格反射条件,光栅的周期长度 Λ 等于光波在介质中半波长的整数倍,其倍数 m 即为光栅的级数。

$$\Lambda = m\frac{\lambda}{2} = m\frac{\lambda_0}{2n} \tag{8-22}$$

式中,Λ 为光栅的周期长度;m 为正整数,是光波模式的阶数;λ_0 为光波在真空中的波长;n 为折射率。

对于 $\lambda_0 = 1.55\mu m$ 的 InGaAsP 激光器来说,折射率的典型值为 $n = 3.4$。一级光栅的模式阶数 $m = 1$,因此光栅的周期长度 $\Lambda_1 = 0.23\mu m$。二级光栅 $m = 2, \Lambda_2 = 0.46\mu m$。

含有布拉格光栅的激光器有分布反馈激光器和分布布拉格反射激光器两种。分布反馈激光器通常简称为 DFB 激光器,DFB 是英文 distributed feedback 的英文缩写。而分布布拉格反射激光器通常简称为 DBR 激光器,DBR 是英文 distributed Bragg reflector 的缩写。

F-P(法布里-珀罗)腔激光器中反射是由分隔在两端的反射镜完成的,而 DFB 激光器中光栅分布在整个谐振腔中,反馈作用是在整个腔内分布地完成的,因此称为分布反馈激光器。DBR 激光器中,布拉格光栅位于激光器的两端或者一端,而在有源区中没有光栅。作为反射器的布拉格光栅是同有源区分隔开来的,因此称为分布布拉格反射器激光器。

8.4.2 DFB 和 DBR 激光器的结构

图 8-14 给出了 DFB-LD 和 DBR-LD 的结构简图。可以看出,在 DFB-LD 中,布拉格光栅分布在整个谐振腔中,所以称为分布反馈。所谓"分布"是相对于两个端面对光进行集中的法布里-珀罗腔而言的。在 DBR-LD 中光栅区和增益区相分开,布拉格光栅类似于端面那样在两端(或一端)起着反射器的作用。

图 8-15 为掩埋异质结型分布反馈(BH-DFB)InGaAsP 激光器的立体结构和截面示意图以及截面的 SEM 照片[29]。有源区 InGaAsP 被掩埋在 InP 层之中,它是通过二次外延生长的方法形成的。第一次外延生长时生长出相互平行的多层,InGaAsP 层像夹馅饼一样夹在 n-InP 层和 p-InP 层之间。通过光刻腐蚀形成倒锥形状的条形结构。之后进行第二次外延生长,依次生长出 p-InP、n-InP 两个掩埋层和 n-InGaAsP 上电极顶层。值得指出的是,条形结构是正向的 pn 结,而条形之外是反向 np 结。在电极上外加正向偏压时,电流只通过条形的 pn 结,而条形外的反向 np 结有效地阻止了电流的流通。因此,这种条形结构在横向上也同时提供了载流子限

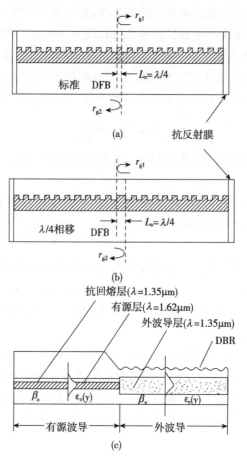

图 8-14 DFB-LD 和 DBR-LD 的结构图
(a)均匀光栅的 DFB 激光器的结构示意图；(b)有 λ/4 相移的 DFB 激光器的
结构示意图；(c)DBR 激光器的结构示意图

制和光学限制，是一种非常成功的条形激光器的结构，研究被广泛地使用。

DBR 激光器是介于 F-P(法布里-珀罗)激光器和 DFB 激光器之间的一种激光器。在结构上 DBR 激光器同 DFB 激光器更为相近一些，以布拉格光栅满足反射器是单模输出的要求，也是其特色。DBR 激光器将布拉格光栅设置在两端或者一端，同有源区分隔开来，这同 F-P(法布里-珀罗)激光器的两个镜面作反射器有些相像。

DBR 激光器的制作工艺和特性十分类似于 DFB 激光器，需要外延生长和刻蚀光栅。这种激光器的性能依赖于光栅的反射率和有源区同光栅区之间的耦合。DBR 激光器中的光栅对谐振波长具有十分强的选择性，而反射率的最大值同光栅选择出来的波长、增益的分布、光波的相位等相互关联在一起，共同决定受激发射的行为。正是这些因素需要一起优化影响了激光器的工作特性。

虽然 DBR 激光器也能够获得单模工作，但是其单模工作的稳定性不如 DFB 激

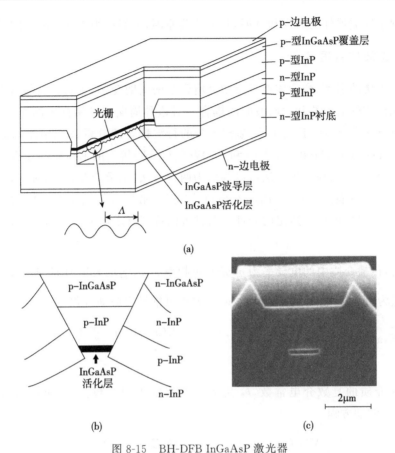

图 8-15　BH-DFB InGaAsP 激光器

(a)立体结构示意图；(b)BH 截面示意图；(c)激光器截面扫描电子显微镜(SEM)照片

光器。光波在 DBR 激光器的谐振腔内传输时光栅会改变相位，在有源区内的传输也会改变相位，载流子的不同浓度还会影响相位。这三个因素在一起的综合效应是改变了相位的大小。光波在谐振腔内来回反射之后的相位变化必须是 2π 的整数倍才能够形成激光，这些因素导致 DBR 激光器的单模稳定性变差。

DBR 激光器中光栅的反射率的大小和增益半高宽的大小都会影响其阈值增益和外微分量子效率。耦合系数大时半高宽也较大，如果激光器的纵模间隔较小，就导致多模工作，器件就不能够维持单模输出。要想实现 DBR 激光器的单模输出，就必须优化光栅同有源区之间的耦合系数。耦合效率的大小对激光器的阈值增益产生直接的影响。因此，对耦合效率有着非常严格的要求，显然这在设计和制造上增加了困难。

DBR 激光器中，有源区和光栅区的半导体材料是不同的，光栅区对有源区的激射波长是透明的，这就需要外延生长两种不同组分的外延层，从而增加了外延生长的难度。总之，DBR 激光器的性能并不比 DFB 激光器好，制作工艺要求却更高一些，因而限制了这类器件的研究和发展,基于这些原因,人们更为重视 DFB 激光器。

8.4.3 光波耦合理论[30,31]

由于光栅的引入,会造成波导层中介电常数的周期变化,从而会引起激光器中特定的激光模式的前向波和后向波间的耦合。对这种周期波导结构中的光波耦合,有三种分析方法[32-34]:①Kogelnik 与 Shank 的行波耦合波分析;②Yariv 的波导耦合波分析;③Dewanes、Hall、Cordero 和 S. Wang(王适)等人的 Bloch 波分析。

归纳起来,这三种分析方法可以等价为两种方法:①耦合波方法,规定边界条件,求出前向和后向耦合波方程的解;②Bloch 波方法,假定波导结构无限长,求出 Bloch 波的本征解,之后再用于特定的条件。两种方法都能够求出 DFB 激光器的阈值增益和纵模谱。

假定,传播介质中的电导率为 σ,光波角频率为 ω,电场矢量为 $\vec{E}(x,y,z,t)$,极化强度矢量为 $\vec{P}(x,y,z,t)$。根据 Maxwell 方程可推导出波动方程

$$\nabla^2 \vec{E}(x,y,z,t) - \frac{\sigma}{\mu_0 c} \frac{\partial \vec{E}(x,y,z,t)}{\partial t} - \frac{1}{c^2} \frac{\partial^2 \vec{E}(x,y,z,t)}{\partial t^2} = \frac{1}{\varepsilon_0 c^2} \frac{\partial^2 \vec{P}(x,y,z,t)}{\partial t^2} \tag{8-23}$$

如果 $\tilde{\varepsilon}$ 为介质的复数介电常数,k_0 为光波在真空中的波数,上式可以最终推导为 Helmholtz 波动方程

$$\nabla^2 \vec{E}(x,y,z) + \tilde{\varepsilon}(x,y,z) k_0^2 \vec{E}(x,y,z) = 0 \tag{8-24}$$

在 DFB 或 DBR 激光器中,$\tilde{\varepsilon}(x,y,z)$ 是 z 的周期函数,因此可以将 $\tilde{\varepsilon}$ 改写为

$$\tilde{\varepsilon}(x,y,z) = \tilde{\varepsilon}(x,y) + \Delta\tilde{\varepsilon}(x,y,z) \tag{8-25}$$

式中,$\tilde{\varepsilon}(x,y)$ 是 $\tilde{\varepsilon}(x,y,z)$ 对 z 方向的平均值;$\Delta\tilde{\varepsilon}(x,y,z)$ 是介电常数的微扰项。没有光栅时,复数介电常数在 z 方向上没有变化,因而不存在微扰项。然而引入光栅时,复数介电常数在 z 方向上会有变化,因此只在光栅区 $\Delta\tilde{\varepsilon}$ 才不为零。

无光栅时,$\Delta\tilde{\varepsilon}=0$,式(8-24)的通解为

$$E(x,y,z) = iE(x,y)[E_f \exp(i\beta z) + E_b \exp(-i\beta z)] \tag{8-26}$$

式中,E_f、E_b 分别为前向波和后向波;β 为复数传播常数。

有 Bragg 光栅时,复数介电常数的微扰项 $\Delta\tilde{\varepsilon} \neq 0$。由于 Bragg 光栅的衍射作用,前向和后向的振幅随 z 周期变化,$\Delta\tilde{\varepsilon}$ 是以光栅周期 Λ 为周期的函数,可展开成 Fourier 函数形式

$$\tilde{\varepsilon}(x,y,z) = \sum_{l=1}^{\infty} \tilde{\varepsilon}_l(x,y) \exp[i(2\pi/\Lambda)lz] \tag{8-27}$$

式中,l 为正整数。由此可以推导出

$$\beta = \beta_b + \Delta\beta = \frac{m\pi}{\Lambda} + \Delta\beta \tag{8-28}$$

$$\beta_b = \frac{m\pi}{\Lambda} \tag{8-29}$$

$$\Delta\beta = \beta - \beta_b = \beta - \frac{m\pi}{\Lambda} \tag{8-30}$$

式中，β_b 为 Bragg 波传播常数；$\Delta\beta$ 为相位失配因子。

当式(8-30)中的 $l=m$ 时，$\Delta\beta$ 为最小，此时其他项可忽略不计，这就满足了 Bragg 反射条件，光场的前向波和后向波传播过程中发生耦合。

以上分析表明，在介电微扰作用下，将产生无穷级次各异的衍射，但在 $\Delta\beta \approx 0$ 的 Bragg 波长附近，将有一对衍射振幅最大、相位同步的正、反向传播的波存在，可分别表示为

$$R(z) = A(z)\exp(i\beta_b z) \tag{8-31}$$

$$S(z) = B(z)\exp(-i\beta_b z) \tag{8-32}$$

式中，$\beta_b = m\pi/\Lambda$ 为 Bragg 波数，或叫 Bragg 传播常数，进一步推导可以得出

$$\begin{aligned} E(z) = & A_1(z)[\exp(i\beta_b z) + r(q)\exp(-i\beta_b z)]\exp(iqz) \\ & + B_2(z)[\exp(-i\beta_b z) + r(q)\exp(i\beta_b z)]\exp(-iqz) \end{aligned} \tag{8-33}$$

由此可见，上式方括号中的每项都是以 Λ 为周期的函数。考虑到 DFB 和 DBR 激光器中的介电常数是周期变化的，由此它们有可能出现 Bloch 型的本征模。

对激光器中的激光模式可以作如下物理解释，在 Fabry-Perot 腔中，光波由左向右传播，在右端反射腔面处被反射之后，光波由右向左传播，这两束波形成驻波，如果它们的振幅相同、来回的相位差等于 2π，它们就形成耦合干涉波。而在 DFB 激光器中，光波在传播的过程中驻波部分地、周期性地被反射了，如果光波的频率同 DFB 中的周期 Λ 一致或者非常接近，那么就会通过光增益获得光放大，实现受激发射，发出激光。

事实上，DFB 激光器的激光模式并不是正好在 Bragg 波长 λ_B 处，而是对称地出现在 λ_B 两边。DFB 激光器的受激发射波长为 λ_m 为

$$\lambda_m = \lambda_B \pm \frac{\lambda_B^2}{2nL}(m+1) \tag{8-34}$$

式中，$m=0,1,2,3,\cdots$ 为正整数；L 为衍射光栅的有效长度。通常模式阶数大的光波其光学增益很小，只有 $m=0$ 的光波才可能获得很大的光学增益，由此被放大形成激光。这样一来，完全对称的 DFB 激光器在 λ_B 附近出现两个相等的模式，如图 8-16(a)所示。

8.4.4 四分之一波长相移的 DFB 激光器

图 8-16 依次给出 DFB-LD 结构示意图、腔内驻波光强分布和发射光谱。图 8-16

(a)和(b)结构的区别在(a)中的光栅是完全均匀的,(b)中光栅有一个四分之一波长的相移。结果前者的光谱有两个峰值,后者是非常尖锐的单模。

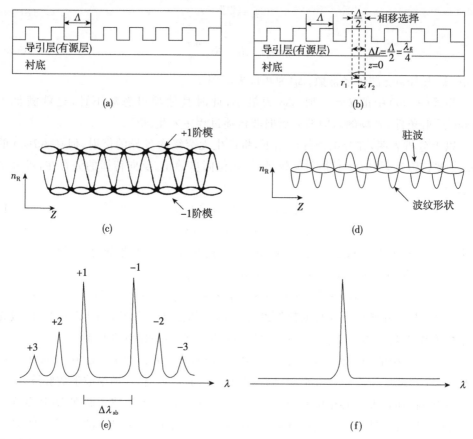

图 8-16　(a)均匀光栅 DFB-LD 结构示意图;(b)有 $\lambda/4$ 相移的 DFB 激光器结构示意图;
(c)和(d)分别为没有 $\lambda/4$ 相移和有 $\lambda/4$ 相移的 DFB 激光器的腔内驻波光强分布;
(e)和(f)分别为各自对应的发射光谱

由于光栅的引入,会造成波导层中介电常数的周期变化,从而会引起激光器中特定的激光模式的前向波和后向波之间的耦合。计算和实验都得出振荡模式为一对称的振荡模谱,并且两边的振幅对称地随模式指数的增加而减少。这种对称模式结构给我们带来了两个同时振荡的主模,光栅周期均匀分布的 DFB 激光器发射出来的激光不是单纵模,而是具有两个主模的多模光谱,这是我们所不希望的。

这两个主模是由完全对称的、均匀分布的周期光栅造成的。为了将辐射功率集中在同一主模上,同时使各振荡模式的阈值增益差增大,可以采用如下方法获得单模激光输出:

(1)在光栅中引进一个 $\lambda/4$ 相移;

(2)将解理面作成斜面,使该面与激光束不垂直,或将端面镀上增透膜,造成非对称的端面反射率；

(3) 在有源区中靠近腔面的一小段区域上，没有布拉格光栅，形成无分布反馈的透明区；

(4) 对光栅周期进行适当啁啾。

引进 $\lambda/4$ 相移和不对称端面反射率的两种方法比较可行，并且有效。没有 $\lambda/4$ 相移的 DFB 中，左段和右段的驻波在 DFB 区中心不能平滑相接，因此不能在布拉格波长 λ_B 上发生谐振，结果出现两个对称的模式。引进 $\lambda/4$ 相移之后，使其折射率产生 $\pi/2$ 的相移，从而导致驻波在 DFB 区中心平滑相接，含有 $\lambda/4$ 相移的 DFB 激光器的发射光谱为波长 λ_B 的单纵模，因此在有源区中引进 $\lambda/4$ 相移是获得单纵模的有效方法[35]。

实验还发现，$\lambda/4$ 相移不要位于有源区的中心，将其偏离中心、靠近一个端面，会更有利于获得单纵模。当 $\lambda/4$ 相移位于中心时，激光器的光场分布在中心处不再是连续变化的，而是在中心处出现尖峰，尖峰的高度随着前向波和后向波的耦合系数的增大而增大。由于中心处的光场高度集中，导致此处的载流子浓度被大量地消耗，形成空间烧孔效应。正如以前描述过的，由于载流子的等离子色散效应，材料的折射率随着载流子浓度的增加而下降。当烧孔效应使中心处的载流子浓度减少时，对应的折射率变大，从而破坏了 $\lambda/4$ 相移的作用。这样一来，激光器的光输出的单模稳定性被破坏了，激光的线宽也加大了。显然，$\lambda/4$ 相移位于激光器的中心是不利的。因此在实际的 DFB 激光器中，都将 $\lambda/4$ 相移设计在偏离中心的位置上。

8.4.5 DFB 激光器的特性

双异质结激光器的成功在于利用几乎完全的载流子限制和光学限制，实现了室温下的连续光子的激光输出。量子阱激光器的成功在于利用层厚仅仅只有 10nm 左右的量子阱，实现了极低的阈值电流和高度稳定的温度特性。分布反馈激光器的成功之处在于，这类激光器在具有上述激光器的各种优异特性的同时，还具有选择受激发射模式的特点，实现了动态单模的稳定工作。

单模稳定工作：DFB 激光器和 DBR 激光器的有源区可以是 DH 结构，因此具有 DH 激光器所有特性的同时，还具有单模稳定工作的特性。DFB 和 DBR 激光器的有源区可以是量子阱结构，其旁边的波导层上刻有布拉格光栅。这类既有量子阱有源区又有布拉格光栅的激光器就兼有这两类激光器的优点，不但阈值电流小、量子效率高，同时还以单纵模的方式稳定地工作。

图 8-17 为 1.3μm 的 InGaAsP DFB 激光器的 *P-I* 特性和受激发射前后的发射光谱。正偏压下，激光器开始是发射荧光（左上处的插图），类似 LED 的光谱，光谱较宽。在阈值电流时的发射光谱如右下处的插图所示，开始出现激光，发射光谱变窄，同时光功率输出随着工作电流的加大而迅速增大，直到 22mW 输出时 *P-I* 特性呈线

性关系,量子效率很高,发射光谱依然是单模。必须指出的是,该图中的光谱强度的纵坐标是对数坐标,因此单色性是非常好的。

窄线宽:从图 8-17 中还可以看出,DFB 激光器的模式行为和增益分布是不同的,因为 DFB 激光器的发射光谱峰值是由光栅的周期和导带与价带的准费米能级之差决定的。显然 DFB 激光器的发射光谱十分锐利并且相对稳定得多。

事实上,如果器件结构没有专门的设计,法布里-珀罗腔条形半导体激光器常常是处于多纵模工作状态,也就是说它的发射光谱图中包含有多个光谱峰。图 8-18(a)给出一个法布里-珀罗腔条形激光器的光谱图,这种具有多个峰值的光谱称为多模。进一步的分析表明,多模光谱中,两个相邻的纵模之间的距离为

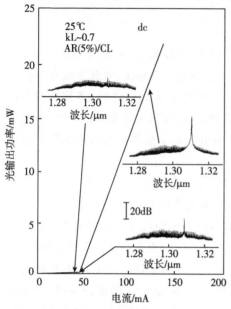

图 8-17 InGaAsP DFB 激光器在室温下的 P-I 特性和受激发射前后的发射光谱

$$\Delta\lambda_0 = \frac{\lambda_0^2}{2nL} \quad (8-35)$$

式中,$\Delta\lambda_0$ 为纵模间隔;λ_0 为空气中测得的激光峰值波长;n 为激光器有源区的折射率;L 为激光器的腔长。可以看出,模式间隔 $\Delta\lambda_0$ 随着腔长 L 的缩短而增大。

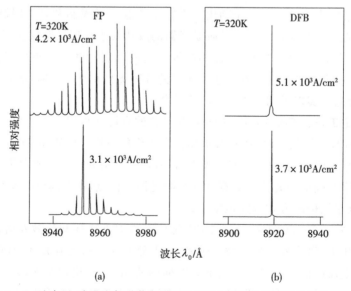

图 8-18 (a)法布里-珀罗腔条形激光器和(b)DFB 条形激光器发出的典型光谱图

图8-18(b)给出一个条形DFB激光器的光谱图,可以看出,即使注入电流发生改变,依然是单模工作,峰值波长没有发生改变,发射的激光波长很纯净。

高的温度稳定性:F-P(法布里-珀罗)腔的 $0.85\mu m$ AlGaAs DH 激光器的发射波长随温度飘移的系数为 $0.25nm/℃$,而F-P腔的长波长 InGaAsP DH 激光器的温度系数为 $0.4 \sim 0.6nm/℃$,这些同温度的关系是由材料的带隙宽度随温度的变化所决定的。与此形成鲜明对照的是,DFB激光器的波长同温度的关系是由材料的折射率同温度的关系决定的,只有 $0.1nm/℃$。

图8-19中的 λ_{DFB} 为不同温度下DFB模式波长,而增益的峰值波长为 λ_{gain},也就是F-P模式的波长。λ_{DFB} 的温度系数仅仅为 $0.1nm/℃$,而 λ_{gain} 的温度系数为 $0.4nm/℃$,比 λ_{DFB} 高4倍。因此DFB激光器的激光波长稳定得多。

采用 $\lambda/4$ 波长相移的DFB激光器使单模特性获得进一步改善,该相移器产生 $\pi/2$ 的相移,使得谐振腔内两个相向而行传播的光波相互重合,因此能够进一步降低阈值电流和确保单模工作[35]。

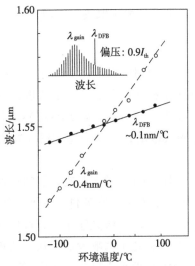

图 8-19 DFB激光器中受激发射波长(DFB模式)和增益峰值波长(F-P模式)同温度的依赖关系

偏振选择性:无论是F-P激光器还是DFB激光器,都是TE模占优势。DFB激光器中,TE模的耦合系数大于TM模的耦合系数,有源区中的限制因子也是TE模大于TM模,反射率也是TE模大于TM模。因此在耦合系数、限制因子和反射率三个参数上都有利于TE模。$\lambda/4$ 相移的DFB激光器中偏振的选择性较小,而量子阱激光器中的量子阱结构使得TE模的增益大于TM模的增益,因此也有利于TE模。总之,在DFB激光器中TE模是完全占主导地位的。

动态单模和啁啾:在直流偏压下工作时,DFB激光器表现出优异的窄线宽单模特性。实际应用时要求器件在各种信号调制下依然是单模工作,即要求动态单模,器件在高速动态调制时都能够稳定地工作。这是大容量、高速率、长距离光纤通信等应用中的要求。

为了获得动态单模工作,高速调制的速率可能很高,信号的周期与激光器中载流子的寿命同数量级,甚至信号周期比寿命更短。这就会引起载流子还没有来得及达到阈值条件就转向下一个信号了。为了能够尽快发射激光,就将注入电流快速加大,使载流子浓度有些过冲,超过阈值电流。在F-P激光器中,过冲电流有可能引起几个模式同时激射。在DFB激光器中,由于阈值增益的差别非常大,增益随着电流的增大超线性地增大,使得别的模式来不及参与受激发射,DFB激光器在高速率的调制下依然保持单模工作,这就是我们期待的动态单模特性。归根结底,正是增益的快速增加和布拉格光栅的选模特性,维持了激光器在直流和高速交流等不同条件下都能够单模工作。

在高速调制时,调制信号的电流注入的载流子浓度也发生高速的变化,这引起有源区中的折射率发生相应的变化,折射率的变化会引起相位的改变,进一步导致光的信号受到调制,从而改变了激光的波长和谱宽,也就是改变了光波的频率和频谱宽度,这种现象称为啁啾。显然啁啾对高速通信是非常不利的。

啁啾的大小取决于有源区中的折射率、增益同载流子浓度,也与发射波长相关

$$\alpha = -\frac{4\pi}{\lambda}\frac{\mathrm{d}n/\mathrm{d}N}{\mathrm{d}g/\mathrm{d}N} \tag{8-36}$$

式中,α 为啁啾因子;n 为折射率;N 为载流子浓度;g 为增益;$\mathrm{d}n/\mathrm{d}N$ 和 $\mathrm{d}g/\mathrm{d}N$ 分别为折射率和增益随载流子浓度的变化。DFB 激光器的有源区为 InGaAsP 体材料时,α 为 3~5,有源区为 InGaAsP/InP 量子阱或者是应变量子阱时,其 α 会小许多。这些数据比 F-P(法布里-珀罗)激光器有了很大的改善,因此 DBF 激光器降低了啁啾效应。

即使 DFB 激光器改善了啁啾特性,啁啾依然存在,没有根本消除。彻底去除啁啾效应的方法是外调制。在激光器上加直流正偏压,使其始终输出恒定的功率和固定的单模波长,激光输出后直接耦合电吸收调制器,在其外部对光学信号进行高速调制,从而避免了啁啾效应。从中认识到,虽然直接调制是半导体激光器的一个非常重要的优点,但是它只适用于中、低速率信号的调制,在 1GHz 以上的高速率通信中,需要采用外调制来克服啁啾效应。

8.5 垂直腔面发射激光器

目前所介绍的激光器的结构均为端面发射激光二极管,也就是说,它们的激光发射方向平行于 pn 结平面,激光束是由激光器的端面发射出来的。端面发射激光有一定的局限性:

(1)在芯片解理成激光器管芯之前,无法对单管进行性能测试;

(2)激光光束为一椭圆状锥体,平行于和垂直于 pn 结平面的两个方向上的光束发散角度不同,光束形状不对称;

(3)难于实现二维光束阵列,无法实现单片集成的二维器件阵列。

鉴于此,研究发展了一种可在线检测性能、光束为对称的圆形图样、能够实现面发射的激光器——垂直腔面发射激光器。该器件简称为 VCSEL,是英文 vertical cavity surface emitting laser 的缩写。顾名思义,它的腔面平行于 pn 结平面,激光的发射方向垂直于 pn 结平面。

VCSEL 结构能够将许多激光器集成在同一衬底上,实现二维激光器阵列,为二维图像信息的处理、超宽带光纤通信、超大规模集成电路的光互连以及未来的光计算机的并行处理等应用提供了非常有用的光源。

8.5.1 多层介质膜反射器

在垂直腔面发射激光器中,谐振腔既不是解理面构成的 Fabry-Perot 腔,也不是 DFB(或 DBR)激光器中波导层中厚度周期变化的 Bragg 光栅,而是多层介质膜构成的 Bragg 光栅。如果两种介质膜的折射率和厚度分别为 n_1 和 n_2、d_1 和 d_2,并且满足如下条件

$$n_1 d_1 + n_2 d_2 = \frac{1}{2}\lambda \tag{8-37}$$

则多层介质膜在界面处对所选波长的光波进行反射。由几何光学可知,在折射率为 n_s 的衬底上,交替蒸镀上折射率分别 n_1 和 n_2、厚度均为 $\frac{\lambda}{4}$ 的多层光学薄膜,如果一共镀上了 $2m$ 层,即 m 对介质膜,则其反射率为

$$R = \frac{n_1^m n_s - n_2^m n_0}{n_1^m + n_2^m n_s n_0} \tag{8-38}$$

若镀上 $2m+1$ 层,则反射率为

$$R = \frac{n_1^m n_s - n_2^m n_0}{n_1^m n_s + n_2^m n_0} \tag{8-39}$$

式中,n_0 为空气的折射率。通过选择合适的介质材料,也即选择合适的 n_1 和 n_2,再选择合适的层数,有效地控制介质层的厚度,总可以满足激光器对谐振腔的反射率的要求。

由于多层介质膜的折射率周期性地变化,它们一起构成反射镜面,实质上是多层介质膜构成 DBR(分布布拉格反射器)。在有源层上下两边,各有一个 DBR 反射镜面,从而形成非常有效的谐振腔。

直接利用半导体固溶体材料作光学介质膜,可以在外延生长中一次性的完成 DBR 和激光器结构的制备,非常有效地完成芯片的制作。这种 DBR 由 m 对介质,组成,每对介质由折射率分别为 n_1 和 n_2 的介质组成,平均折射率为 $n=(n_1+n_2)/2$,折射率差为 $\Delta n=(n_1-n_2)$,每层介质的厚度为 $\lambda/4$,其反射率可以表达为

$$R = \tanh^2\left(m\frac{\Delta n}{n}\right) \tag{8-40}$$

图 8-20 给出了模拟计算的和实验测出的 15 个周期 $Al_{0.2}Ga_{0.8}As/AlAs$ DBR 的反射率同波长的关系。可以看出,在 825~875nm,比较容易实现了 80% 的反射率,这比解理面的反射率(32%)高两倍多,这说明此类 DBR 是非常好的反射器。

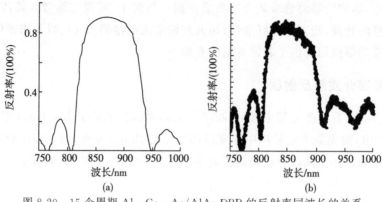

图 8-20　15 个周期 $Al_{0.2}Ga_{0.8}As/AlAs$ DBR 的反射率同波长的关系
(a)计算值；(b)测量值

8.5.2　VCSEL 激光器的结构

图 8-21 给出了几种不同的垂直腔面发射激光器的器件结构。从该图可以看出，为了构成谐振腔，研制出了多种镜面结构，有金属镜面和分布布拉格反射器(DBR)等。

图 8-21(a)为带有金属镜面的垂直腔面发射激光器。n-InP 衬底上依次外延生长了 n-InP 限制层、InGaAsP 量子阱有源区、p-InP 限制层和电极层，之后在外延层上淀积 SiO_2，光刻腐蚀出圆形开口，再蒸发上 Au/Sn，构成金属的反射镜面，同时也是下电极。在衬底上镀有一层 Au，构成另一个金属镜面，之上再淀积一个 Au/Sn 的环形电极，外加的偏压加在外延层上的圆孔电极和衬底上的金属电极之间，电流流经 pn 结时实现受激发射。

电流流动的过程中会有载流子的扩散，在下电极附近电流密度较大，在衬底面附近电流的面积加大，密度减小。由于有源区靠近外延层上的圆孔电极，电流来不及扩展得很开，这就保证了有源区受激发射所需的大电流密度。该器件是将外延层倒装在热沉上的，有利于散热，激光是经衬底向上射出的。

图 8-21(c)为带有介质镜面的垂直腔面发射激光器，采用 $SiO_2/TiO_2/SiO_2/Au$ 多层介质结构形成反射镜面。图 8-21(b)、(d)、(e)和(f)四种激光器中直接利用外延生长 AlGaAs/GaAs 多层 DBR 结构，提高腔面的反射率，形成谐振腔。在外延生长过程中激光器的 DBR 反射层、有源区、限制层和电极层等一同完成，显然对外延生长有较高的要求，但是简化了制作反射腔面的其他工艺，因而使面发射激光器的整个工艺简化了许多。

在 VCSEL 中，有源区既可以是双异质结构(DH)的体材料，也可以是上一节描述的量子阱(QW)结构，但通常是量子阱结构。无论是哪一种，其厚度总是相当薄的。也就是说，它连同上述腔面(金属腔面、介质腔面或 DBR)一起构成谐振腔很短的短腔激光器。

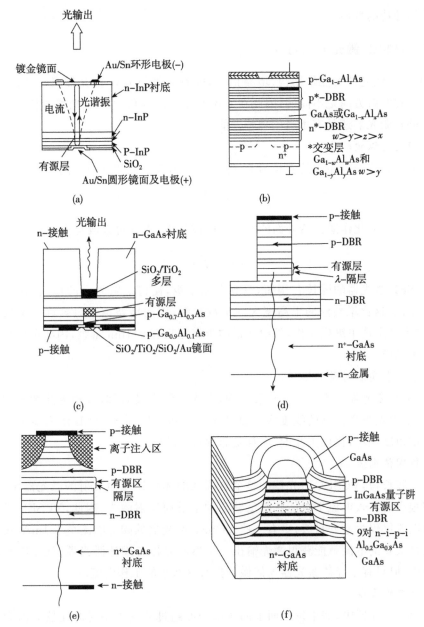

图 8-21 几种不同的垂直腔面发射激光器的器件结构
(a)金属镜面结构;(b)外延布拉格反射器结构;(c)介质镜面结构;(d)空气柱折射率导引结构;
(e)离子注入导引结构;(f)无源反波导区结构

与此同时,VCSEL 的发射面不再像端面发射激光器那样是一个细窄的条形,而是半径可达几微米至几十微米的圆形。因此,VCSEL 激光器的结构尺寸具有两大特性:短的谐振腔和大的发光面。这一"短"一"大"两种尺寸为 VCSEL 激光器带来了一系列独特的性质。

8.5.3 VCSEL 激光器的特性

VCSEL 激光器的能带结构、增益谱、温度效应等与 QW 激光器是一样的,但是其谐振腔和发射方向是不同的,因此在上述 DH 激光器和 QW 激光器的特性的基础上,VCSEL 激光器还具有本身的独特性能。

1. 稳定的纵模输出

如果激光器的谐振腔的腔长为 L,折射率为 n,发射光谱的模式间隔 $\Delta\lambda$ 为

$$\Delta\lambda \approx \frac{\lambda^2}{2L} \tag{8-41}$$

如果将发射波长化作激光器外面的空气中的波长 λ_0,上式可以改写为

$$\Delta\lambda_0 = \frac{\lambda_0^2}{2nL} \tag{8-42}$$

VCSEL 激光器的腔长 L 很短,只有微米量级,使得发射光谱的模式间隔 $\Delta\lambda$ 为 100nm 量级,这比增益谱的半高宽大一个数量级,因而增益谱下只容许一个模式振荡,非常容易实现单纵模工作,发射光谱的半高宽只有 0.1nm 量级,因此可以获得很纯净的单纵模。

2. 小发散角和对称的远场图

VCSEL 激光器通常具有圆形发光面,发光面既大又对称,直径为几微米到几十微米,比端面发光激光器的线度大一到两个数量级。因而 VCSEL 激光器发射的激光的发散角度很小,仅仅为几度,而且是非常对称的圆形光斑。

3. 低阈值电流

由于腔长短,VCSEL 激光器的整个有源区的体积比端面发射的激光器小许多,即使在很小的注入电流下也能获得足够高的增益而发射激光,因此,VCSEL 激光器的阈值电流仅仅为毫安量级,更有一些 VCSEL 激光器的阈值电流小于 1mA,仅由几十到几百微安的电流就能获得激光输出。虽然激光器有固体激光器、气体激光器等很多种类,但只有半导体激光器才能做到拥有这么小的工作电流。

4. 长工作寿命

半导体激光器中,如果发光面上的功率密度超过某一大小时激光器会因为出光面被损伤而灾变性快速退化,这种刚刚出现退化时的功率密度就为灾变性退化的功率临界值。VCSEL 激光器中发光面积很大,因而发光面上的激光功率密度很小,比端面出光的激光器小 1~2 个数量级。即使在很高功率输出的情况下,也不会因功率密度大于临界值而发生灾变性退化现象,因而这类器件的寿命长。

5. 构成激光器阵列

VCSEL 激光器的发光面就是外延生长面,其谐振腔就在该面上,因此无须解理

就已经形成了谐振腔。这样一来,在构成了谐振腔之后可以对器件性能进行在线检测,大大提高了工作效率、降低了成本。与此同时,可以在同一衬底上集成多个 VCSEL 激光器,制成多功能的 VCSEL 激光器阵列。

总之,VCSEL 激光器阵表现出低工作电流、单模激光输出、寿命长等一系列优点,成为非常实用的一类半导体激光器。

8.6 半导体光放大器

激光器的英文名称为 laser,其含义为受激发射的光放大,早期中文曾经将 laser 翻译为光放大器。现在普遍认为,光放大器是利用具有光学增益的介质对微弱光光信号进行放大的器件。因此,半导体光放大器是一类以半导体为增益介质对光学信号或者光的功率强度进行放大的光子器件。

光放大器有许多种,包括半导体光放大器(semiconductor optical amplifier,SOA)、掺稀土元素的光纤放大器和非线性的光纤放大器。掺稀土元素的光纤放大器有 1.55μm 的掺铒光纤放大器(erbium-doped fiber amplifier,EDFA)和 1.31μm 的掺镨光纤放大器(praseodymium-doped fiber amplifier,PDFA);非线性的光纤放大器有光纤拉曼放大器(fiber Raman amplifier,FRA)和光纤布里渊放大器(fiber Brillouin amplifier,FBA)。

半导体光放大器是所有光放大器中体积最小、效率最高、覆盖波段最宽的一类光放大器,其结构等同于半导体激光器,工作机理也与半导体激光器相同,结构上只在反射面、谐振腔上有差别。半导体光放大器具有体积小、结构简单、增益高、频带宽、功耗低等许多特点,在长距离光纤通信系统中相继在线光放大、波分复用、光开关等应用中发挥着重要的作用[36]。

8.6.1 半导体光放大器的结构[37,38]

双异质结 F-P(法布里-珀罗)腔激光器中,以前后两个解理面构成谐振腔。通常Ⅲ-Ⅴ族半导体材料的折射率为 3.5,它们同空气之间的反射率大约为 0.31~0.32。正是这一不算太大的反射率给半导体激光器提供了非常好的谐振腔,制成了早期许多性能优秀的室温下连续工作的激光器。这些也为半导体光放大器奠定了基础。

图 8-22 给出了 F-P 腔激光器、F-P 光放大器和行波光放大器。可以看出,F-P 光放大器同 F-P 腔激光器没有区别,只不过 F-P 光放大器对注入到有源区中的激光进行放大。受有源区材料带隙和谐振腔的限制,这种光放大器只能够对外来激光同有源区中增益峰值、波长相互匹配的光波进行放大,同时要求该放大器具有高度的温度稳定性,以便能够维持其正常工作。这些要求迫使器件的结构和工作状态非常严格,因此这类光放大器在早期的研究工作中只起着过渡的作用。真正的半导体光放大器

是图8-22(c)所示的行波半导体光放大器(TW-SOA)。

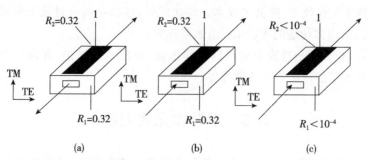

图8-22 (a)法布里-珀罗腔激光器二极管(LD)、(b)法布里-珀罗光放大器(FP-SOA)和(c)行波光放大器(TW-SOA)的器件结构

比较一下图8-22(b)和(c),不难发现它们在结构上是完全相同的,唯一的、也是最大的差别在于后者没有反射镜面,两个端面的反射率R_1,$R_2<10^{-4}$。也就是说,在外延生长了与激光二极管同样的多层结构之后,解理面镀上多层介质增透膜,以便增加其透射率,或者利用化学腐蚀破坏解理的镜面。总之,可以使用一切方法减少两个端表面的反射率、增加它们的透射率。

在第6章超辐射发光二极管一节中,描述过另外几种破坏谐振腔的方法,一种是斜的条形结构,使光波不能够在条形内能够在两端之间来回反射,经历了在侧墙的反射之后,光波不能够谐振了。另一种是双区结构(参见图6-12),端面附近有一个无源区,并且呈扇形,因此有效地减少了光波的反射,也就破坏了谐振作用,没有光波反馈了。

表8-1比较了半导体激光器和光放大器的工作原理和各种特性。归根结底,半导体光放大器同激光二极管的区别在于,前者没有谐振腔,后者有谐振腔。

表 8-1 半导体激光器和光放大器的性能比较

性能	半导体激光器	半导体光放大器
工作原理	受激辐射复合,谐振腔反馈放大和选模	受激辐射复合,没有谐振腔,有增益放大
放大方式	谐振放大	单程增益放大
谐振腔	采用 F-B 腔或者布拉格光栅作谐振腔,提供反馈	尽量避免谐振腔的反馈作用
阈值	等于克服内部损耗和端面损耗,有阈值	没有阈值,只有光放大
增益	对谐振选择出的波长需要提供增益,增益越大越好	增益谱尽可能宽,能够更多地覆盖较宽的波长范围
功率输出	线性的 P-I 特性	高饱和功率输出
模式	动态单纵模	维持注入光信号的模式
噪声	高的主边模抑制比	低噪声指数
偏振	TE 模为主	低的增益与偏振相关性

8.6.2 半导体光放大器的增益

光放大器无须激光器那样完全独立地完成受激发射、选择模式、输出激光,而只是被动地对耦合进来的光信号进行相同波长和模式的激光放大、放大信号和放大功率。因此,半导体光放大器的增益成为其最重要的特性。

单程增益:实用的半导体光放大器是图 8-22(c)所示的行波型光放大器,如果前后两个端面的反射率分别为 R_1 和 R_2,则外来光信号的增益 G 为

$$G=\frac{(1-R_1)(1-R_2)G_s}{(1-\sqrt{R_1R_2}G_s)^2+4\sqrt{R_1R_2}G_s\sin^2[\pi(\nu-\nu_0)/\Delta\nu]} \quad (8-43)$$

输入光在半导体增益介质内所获得的单程增益 G_s 为

$$G_s=\exp[\Gamma(g-\alpha)L] \quad (8-44)$$

式中,ν_0 为有源区中增益介质增益谱的中心频率;ν 为注入光的频率;$\Delta\nu$ 为 F-P(法布里-珀罗)腔的自由光谱范围,其大小为 $\Delta\nu=c/(2\bar{n}L)$;Γ 为有源区内光学限制因子;g 为有源区内注入载流子浓度和微分增益所决定的材料增益系数;α 为有源区内材料的内部吸收系数;L 为 F-P 腔的腔长。

对于自然解理的 F-P 谐振腔来说,$R_1=R_2=R$,式(8-43)可以简化为

$$G=\frac{(1-R)^2G_s}{(1-RG_s)^2+4RG_s\sin^2[\pi(\nu-\nu_0)/\Delta\nu]} \quad (8-45)$$

依据上述公式可以推断出,只有 $\nu-\nu_0=0$ 时才可能获得最大的增益,也就是说,只有入射到光放大器中的光波频率与增益介质的峰值频率相同时才有可能获得最大的增益

$$G_{\max}=\frac{(1-R)^2G_s}{(1-RG_s)^2} \quad (8-46)$$

这一公式表明,F-P 型光放大器中,只有耦合到有源区中的光波波长同谐振腔振荡的中心峰值波长完全一致时才能够获得光放大,即使这两个波长稍微有一点偏离,或者有源区受温度的影响使峰值波长发生偏离,都会使光放大器的增益急剧下降,因此实际上是很难实现有实际应用价值的光放大。

以上分析表明,为了实现光放大,应该尽可能地降低端面的反射率,$R\to 0$ 时,$G_{\max}\to G_s$,没有反射时的最大增益就等于单程增益。采用行波光放大(图 8-22(c)的结构)是半导体光放大器的必由之路。

饱和增益和增益抑制:在实用的光放大器中,其输出功率是随着注入电流的增大而线性地增大。然而耦合进入的光功率达到某一限度后,输入光引起的载流子的受激复合,从而使得光放大器的输出功率出现饱和,光放电器的增益不但没有增加,反而下降。此时可以固定耦合进入光的功率,同时增加光放大器的注入载流子浓度,也即增加工作电流,还是可以线性地提高输出的光功率。

载流子浓度的增加并不是无限制的,当增加载流子浓度达到一定值以后,受激辐射速率受到抑制,使放大器的增益偏离线性增长。

注入光足够强时引起的增益饱和和载流子浓度高到一定值时的增益抑制都会导致受激发射速率的饱和。这两种机制是互相关联和影响的。定义光放大器的输出功率下降 3dB 时的大小为饱和输出功率,则 P_{3dB} 可以表达为[39]

$$P_{3dB} = \frac{h\nu A \eta_0 \ln 2}{\tau \Gamma dg/dN} \tag{8-47}$$

式中,$h\nu$ 为耦合进入的光子的能量;A 和 Γ 为半导体光放大器的有源区横截面面积和光场限制因子;η_0 为输出耦合系数;τ 为载流子寿命;dg/dN 为微分增益系数。

增益同偏振的相关性:光纤光放大器中,增益同偏振的关联不大,但是半导体光放大器中增益是同偏振有关联的,这是其不足之处。

半导体激光器中,水平方向的光场(TE 模)限制因子 Γ_{TE} 比垂直方向的光场(TM 模)限制因子 Γ_{TM} 大许多,$\Gamma_{TE} > \Gamma_{TM}$。半导体中主要是导带中的电子同重空穴带的空穴复合发光,TE 模的增益比 TM 模的增益大,$g_{TE} > g_{TM}$。压应变量子阱中重空穴带上升,受激辐射发生在导带中的电子和重空穴带中的空穴之间,因此压应变量子阱更不适合于作光放大器。作为光增益器件,如果忽略增益介质内部损耗同偏振的相关性,则有 $\Gamma_{TE} g_{TE} > \Gamma_{TM} g_{TM}$。无论是用半导体体材料还是用晶格匹配的量子阱材料作光放大器的有源区,都会产生很强的增益同偏振的相关性。压应变的量子阱不适合作放大器的有源区。只有张应变的量子阱的轻空穴带移至重空穴带之上,使得 $g_{TM} > g_{TE}$,从而综合的结果为 $\Gamma_{TE} g_{TE} \approx \Gamma_{TM} g_{TM}$,采用张应变的量子阱作有源区的光放大器能够使偏振相关性大为减少。

增益谱宽和动态增益:为了能在光纤通信系统中广泛应用,要求半导体光放大器的压应变的量子阱尽可能地大,以便适应多波长传输的需求。对于端面为理想的增透面的行波光放大器来说,其 3dB 带宽大约为 45nm,有源区为量子阱时的 3dB 带宽可达 90nm。

半导体中的受激发射过程是在导带底和价带顶之间发生的,带边消耗的载流子通过带内的快速填充(亚皮秒量级)得以补充,这是一个快速的动态增益过程。虽然这种高速过程不利于获得高增益,但是它有利于高速小信号的调制和全光信号处理。在这些应用中,建立增益所需的时间和增益恢复的时间都是越短越好。

半导体光放大器具有较好的动态增益特性。通过光放大器、带通滤波器、探测器等优化组合,已经成功地实现了 320Gb/s 以上的高速全光信号处理[40]。

8.6.3 半导体光放大器的噪声[41,42]

光放大器在放大光信号的同时,也放大噪声。放大器的噪声指数 NF 为输入光信号的信噪比 $(S/N)_{in}$ 同对光进行放大之后的输出光信号的信噪比 $(S/N)_{out}$ 之比。

$$NF = \frac{(S/N)_{\text{in}}}{(S/N)_{\text{out}}} \tag{8-48}$$

光放大器的噪声包括光信号光子的散粒噪声和自发辐射光子的散粒噪声。后者来自半导体中的载流子在一定温度下同晶格的碰撞、载流子和光子因为热振动引起的能量的随机变化,包括了电子和光子在内的微观粒子与声子交换能量的结果。

由式(8-46)知,如果端面几乎没有反射,反射率 $R \to 0$,半导体光放大器的增益等于单程增益,$G = G_s$;如果 $G_s \gg 1$,则过剩噪声因子 χ 为

$$\chi = \frac{1 + R_1 G_s}{1 - R_1} \tag{8-49}$$

半导体光放大器的噪声指数可以近似地表示为

$$NF = \frac{1 + 2n_{\text{sp}}(G-1)\chi}{G} \approx 2n_{\text{sp}}\chi \tag{8-50}$$

上式中最右边的近似是在 $G_s \gg 1$ 的前提下推导出来的。在理想的行波光放大器中,假设有完全的粒子数反转,即 $n_{\text{sp}} = 1$,同时 $R_1 = 0$,即端面完全透明,没有任何反射,则可以求得散粒噪声指数。然而实际并非如此,不可能有完全的粒子数反转和端面完全透明,NF 为 7~8dB。该数值比光纤光放大器的噪声指数大 2dB 左右。因此,半导体光放大器具有尺寸小、效率高等优势的同时,也在其他特性上有不如光纤光放大器的地方。

8.7 结 束 语

半导体激光器的发展历程中,虽然双异质结功不可没,但是其发射波长的不稳定性、随温度变化的性能、多模发射光谱等特性限制了这类器件的发展和应用。科学研究的成功之处在于发现难题和寻求解决的办法。在光纤通信系统等应用的大力驱动下,分布反馈(DFB)激光器和量子阱(QW)激光器应运而生。

量子阱和量子线、量子点激光器、DFB 和 DBR 激光器等的研究开发为人们进一步打开新的领域,它们不但提供了非常好的器件性能,还进一步证明了 20 世纪的许多理论,包括量子理论等,这从一个侧面说明了基础理论研究的重要性和贡献。垂直腔面发射激光器和微腔激光器的不断发展进一步加快了应用的发展和光电子集成的发展。因此,有关半导体激光器的研究还在不断地深化。

在这一章中,我们以激光器的三大要素为主线,对受激发射物质、粒子数反转和谐振腔进行了深入细致的分析和研究,详细地介绍了量子阱激光器、分布反馈激光器、垂直腔面发射激光器以及光放大器的器件结构、工作原理和物理特性,从不同方面改进它们的性能,最终在增益、阈值、单模、温度稳定性和长寿命等方面获得重大突破,研制出一批真正能够实用的半导体光子器件,为长距离光纤通信系统等应用提供

了可靠、耐用的光源。

量子阱、量子线和量子点是继体材料之后出现的一类新型的受激发射物质，它们改变了半导体的能带结构，分别形成了阶梯、尖峰状能带和线状能级，通过 pn 结注入载流子，非常容易实现粒子数反转，因此大大提高了激光器的增益。量子阱激光器的性能表现出一系列的优秀特性：高增益、低阈值电流、波长蓝移、谱线变窄、高温度稳定性和声子协助效应等。

分布反馈激光器和垂直腔面发射激光器都是在激光器的谐振腔结构上进行深入研究的结果，用布拉格光栅作反射器代替 F-P（法布里-珀罗）腔，在发射光场模式选择和不同温度下稳定地工作上表现出优越的特性。DFB 激光器突出地显现出单模稳定工作、窄线宽、高的温度稳定性、动态单模和低啁啾等一系列优点。如果有源区采用量子阱结构，那么以量子阱为受激复合辐射物质和以布拉格光栅为谐振腔的 DFB 激光器就完全兼有这两大类激光器的优点：低阈值和低工作电流、单模稳定工作、窄线宽、高的温度稳定性、动态单模和低啁啾等。这些激光器已经成为各种光电系统和设备上的理想光源。

垂直腔面发射激光器将布拉格光栅制作在上、下两个平面上，彻底地改变了激光的发射方向，形成了一类完全不同于端面发光的新型光源，其腔长短、发光面面积大、发光方向垂直发光面，具有稳定的纵模输出、小发散角和对称的远场图、低阈值电流、生产线上能够实时检测、能构成激光器阵列等一系列特点。这是目前产量最多、应用最广的半导体激光器。

半导体光放大器自身不是独立的光源，除了没有谐振腔之外，器件结构同半导体激光器完全相同，能够对耦合进入到其中的光信号进行放大，提高输出功率，无须光-电-光的中继转换就能够实现全光的超长距离的光纤通信传输系统。

半导体激光器和光放大器是整个光电子领域中最为重要的有源器件，无论在光电系统、光子仪器中还是在家电设备中都有它们的身影，是现代光产业中的支柱，在信息社会中起着非常重要的作用。

参 考 文 献

[1] 余金中. 半导体光电子技术. 北京：化学工业出版社，2003：79
[2] 夏建白，朱邦芬. 半导体超晶格物理. 上海：上海科学技术出版社，1995
[3] 余金中，王杏华. 物理，2001，3：169-174
[4] 余金中. 半导体光电，2000，21(5)：305-309
[5] 康景鹤，杨树人. 半导体超晶格及其应用. 北京：国防工业出版社，1995
[6] Esaki L, Tsu R. IBM J. Res. Dev., 1970, 14：61-65

[7] Casey H C Jr, Panish M B. Heterostructure Lasers. New York: Academic Press, 1978: 156-269
[8] Gary M, Coleaman J J. Quantum well heterostructure lasers//Einspruch N G, Frensley W R. Heterostructrues and Quantum Devices. New York: Academic Press, 1994: 215-241
[9] Einspruch N G, Frensley W R. Heterostructure and Quantum Devices. New York: Acdemic Press, 1994: 219
[10] Kane E O. Phys. Rev., 1963, 131: 79
[11] 江剑平. 半导体激光器. 北京: 电子工业出版社, 2000: 262-267
[12] 杜国同. 半导体激光器件物理. 长春: 吉林大学出版社, 2002: 232-292
[13] Kazarinor R F, Suris R A. Soviet Phys. Semiconductor, 1971, 5: 707-709
[14] Tsang W T. Appl. Phys. Lett., 1981, 39: 786
[15] 黄德修. 半导体光电子学. 第二版. 北京: 电子科学出版社, 2013: 190-192
[16] Payoux F, Chanclou P. Proc. OFC, 2006
[17] Kasper E. 硅锗的性质. 余金中译. 北京: 国防工业出版社, 2002: 33-54
[18] van der Ziel J P, Dingle R, Miller R C, et al. Appl. Phys. Lett., 1975, 26: 463-465
[19] Gary M, Coleaman J J. Quantum well heterostructure lasers//Einspruch N G, Frensley W R. Heterostructrues and Quantum Devices. New York: Academic Press, 1994: 215-241
[20] Wilcox J Z, Peterson G L, Ou S S, et al. Appl. Phys. Lett., 1988, 53: 2272
[21] Chin R, Holoniyak N Jr, Vojak B A. Appl. Phys. Lett., 1980, 36: 19
[22] Arakawa Y, Vahala K, Yariv A. Appl. Phys. Lett., 1984, 45: 950
[23] Adams A R. Electro. Lett., 1986, 22: 249
[24] Bhumbra B S, Glew R W, Greene P D, et al. Electron. Lett., 1990, 26: 1755
[25] Ma X, Guo L, Wang S, et al. Proceeding of the Second Chines-Czech Symposium: Advanced Material and Devices for Optoelectronics, 1999: 46-51
[26] Nakamuna, et al. J. Appl. Phys., 1973, 22: 515
[27] Nakamuna, et al. Appl. Phys. Lett., 1975, 27: 403
[28] Striferet, et al. IEEE J. Quantum Electron., 1977, QE-13: 134
[29] Fukuda M. Reliability of Degradation of Semiconductor Laser and LEDs. Bodton and London: Artech House, 1991: 70-71
[30] 蔡伯荣, 陈铮, 刘旭. 半导体激光器. 北京: 电子工业出版社, 1995: 163
[31] 黄德修. 半导体光电子学. 第二版. 北京: 电子工业出版社, 2013: 130-137
[32] Yariv S, et al. IEEE J. Quantum Electron., 1973, QE-9: 919
[33] Wang S. IEEE J. Quantum Electron., 1974, QE-10: 413
[34] Kogenik H, Shank C V. J. Appl. Phys., 1972, 43: 2327
[35] Utada K, Akiba S, Sakai K, et al. IEEE J. Quantum Electron., 1986, QE-22: 1042
[36] O'mabong M J. J. Lightwave Technology, 1988, 6(4): 531-544
[37] 黄德修, 张新亮, 黄黎蓉. 半导体光放大器及其应用. 北京: 科学出版社, 2012
[38] 黄德修. 半导体光电子学. 第二版. 北京: 电子科学出版社, 2013: 201-217

[39] O'mabong M J. J. Lightwave Technology, 1988, 6(4): 531-544
[40] Liu Y, et al. IEEE/OSA J. Lightwave Technology, 2007, 25(1): 103-108
[41] Zyskind J L, et al. Erbium-doped Fiber Amplifier, Optical Fiber Communications. III B. New York: Academic Press: 13-68
[42] Suematsu Y. Optical Single Amplification, Optical Devices & Fibers. Amsterdam: Ohmsha and North-Holland Publishing Co., 1984: 56-57

第 9 章 光波导器件

电磁场理论是导波光学的基础,研究光波在光波导中的传播、散射、偏振、衍射等效应,成为各种光波导器件及光纤技术的理论基础。以半导体材料为传输介质,需要研究光在半导体中的传输、耦合及同外场的相互作用,因此特别需要研究这些波导中的单模条件和传输特性,并且在此基础上设计和制造各种半导体光波导器件,包括有源和无源的波导器件。

从麦克斯韦方程出发,以平面介质光波导为特例,全面分析单模条件及在各种波导截面中的模场分布,R. A. Soref 第一个用模匹配法得出 SOI 脊形波导的单模条件[1],之后许多人研究 SOI 脊形波导的单模和多模特性,数字模拟和实验为 SOI 单模波导结构的设计提供了非常方便和实用的工具与手段。分析波导模式的数值模拟方法有许多种,包括束传播法、时域有限差分法、薄膜匹配法等。

在这一章中,我们将集中研究 SOI 光波导中的模式、脊形波导单模条件,包括截面分别为矩形和梯形的脊形波导单模条件,介绍单模条件的数值计算方法,同时还介绍几种光波导器件的结构、工作原理和特性。本章的内容将构成设计和制造各种硅基光波导器件(光分/合波器、光滤波器、光开关/调制器、光耦合器、AWG、光互连、光子集成等等)的基础。

科学出版社 2011 年出版了余金中主编的《硅光子学》一书,其中有八章详细描述了光波导的工作原理和器件结构与特性[2],有兴趣的读者可以参考那本书,获得更多的信息和资料。

9.1 光波导中的模式的计算方法

求解半导体不同波导结构中的麦克斯韦(Maxwell)方程,可以得出光波导中的电磁波的表达式。麦克斯韦方程的边界条件包括光波导材料的折射率、结构尺寸以及外加电场下参数的变化等。通过求解麦克斯韦方程,就会得到多组不同的本征值及其相应的本征函数,本征值就是该模式在光波导中的传播常数 β,本征函数就是相应的电磁场分量在波导横截面的场分布,即所谓的光波导中的模式。

事实上,在一定的边界条件下求出麦克斯韦方程的解析解是非常困难,因此在实际应用中,人们利用计算机求出数值解。波导模式的数值计算方法有许多种,包括束传播法(beam propagation method,BPM)、时域有限差分法(finite difference time domain,FDTD)、薄膜匹配法(film mode-matching method,FMM)等。

9.1.1 束传播法

在各类计算方法中,束传播法(BPM)应用得最广泛。该方法的物理模型简单,数学表达清晰,容易实现最基本的计算。束传播法在原理上自动包含了导波和辐射现象,因此也包就含了模式耦合和能量守恒。

模拟计算时,计算量是与计算空间的离散点数成正比。通过优化可以减小束传播法计算量,因而计算效率较高。束传播法是一种灵活、可扩展的数值技术,适合各种复杂导波结构的数值模拟,为设计各种结构的光波导器件提供了方便。

波动方程

从麦克斯韦方程组出发,经过相应的计算可以得到介质中没有电荷时的波动方程

$$\nabla^2 \vec{E} + \nabla\left(\frac{\nabla \varepsilon_r}{\varepsilon_r}\vec{E}\right) + k^2 \vec{E} = 0 \tag{9-1}$$

式中,$\vec{E}$ 是电矢量;k 是波数;ε_r 是相对介电常数。如果导波结构在 z 方向上不变,也就是介电常数对 z 的偏微分等于 0

$$\frac{\partial \varepsilon_r}{\partial z} = 0 \tag{9-2}$$

此外,还可以得到基于侧向电矢量表达的矩阵形式的波动方程

$$\frac{\partial^2}{\partial z^2}\begin{pmatrix} E_x \\ E_y \end{pmatrix} + \begin{pmatrix} A_{xx} & A_{xy} \\ A_{yx} & A_{yy} \end{pmatrix}\begin{pmatrix} E_x \\ E_y \end{pmatrix} = 0 \tag{9-3}$$

右方作用矩阵的矩阵元为

$$A_{xx}E_x = \frac{\partial}{\partial x}\left[\frac{1}{n^2}\frac{\partial}{\partial x}(n^2 E_x)\right] + \frac{\partial^2}{\partial y^2}E_x + n^2 k_0^2 E$$

$$A_{xy}E_y = \frac{\partial}{\partial x}\left(E_y \frac{1}{n^2}\frac{\partial n^2}{\partial y}\right)$$

$$A_{yy}E_y = \frac{\partial}{\partial y}\left[\frac{1}{n^2}\frac{\partial}{\partial y}(n^2 E_y)\right] + \frac{\partial^2}{\partial x^2}E_y + n^2 k_0^2 E_y$$

$$A_{yx}E_x = \frac{\partial}{\partial y}\left(E_x \frac{1}{n^2}\frac{\partial n^2}{\partial x}\right) \tag{9-4}$$

式(9-3)和式(9-4)就是束传播法中的波动方程,由此派生出显格式方法和隐格式方法。前者比较简单、计算效率高,但显格式会导致不稳定;后者计算效率较低,但非常稳定,适用于绝大部分结构的数值模拟。

式(9-3)和式(9-4)为全矢量束传播法(FV-BPM)的表达式,是全矢量 BPM 方程,包含了偏振相关性,也包含不同偏振模之间的耦合,所以是最精确的束传播法,可以认为它们是严格的波动方程。

标量 BPM:该法中不考虑矢量特性,波动方程简化为标量方程

$$\nabla^2 E + k_0^2 n^2 E = 0 \tag{9-5}$$

标量 BPM 既没有考虑偏振相关性,也没有考虑耦合效应,所以只能适用于偏振不敏感且耦合较弱的光波传输。

半矢量 BPM(SV-BPM):如果不考虑侧向 x、y 分量之间的耦合,式(9-1)可以改写为

$$\frac{\partial}{\partial x}\left[\frac{1}{\varepsilon_r}\frac{\partial}{\partial x}(\varepsilon_r E_x)\right] + \frac{\partial^2 E_x}{\partial y^2} + \frac{\partial^2 E_x}{\partial z^2} + k_0^2 \varepsilon_r E_x = 0 \tag{9-6}$$

$$\frac{\partial}{\partial y}\left[\frac{1}{\varepsilon_r}\frac{\partial}{\partial y}(\varepsilon_r E_y)\right] + \frac{\partial^2 E_y}{\partial x^2} + \frac{\partial^2 E_y}{\partial z^2} + k_0^2 \varepsilon_r E_y = 0 \tag{9-7}$$

该式包含了偏振相关的信息,但没有考虑偏振模之间的耦合,因此不适用于强耦合结构。

如果光束接近 z 轴方向传播,则变化最快的是模场相位沿着 z 轴周期振荡,这给数值求解带来困难。为此人们将函数分解为缓变的和快变的两部分,缓变的为包络函数,快变的为相位因子。因此横向电场的两个分量可以分离表示为

$$E_x(x,y,z) = \widetilde{E}_x(x,y,z)\exp(-jn_0 k_0 z) \tag{9-8}$$

$$E_y(x,y,z) = \widetilde{E}_y(x,y,z)\exp(-jn_0 k_0 z) \tag{9-9}$$

式中,$\vec{E}_x(x,y,z)$ 和 $\vec{E}_y(x,y,z)$ 即为缓变包络函数;而 n_0 是参考折射率,一般用波导芯层的折射率或者基模传播常数的近似值来表示 n_0。将式(9-8)和式(9-9)代入式(9-1)和式(9-2)就得出

$$\left(2jn_0 k_0 - \frac{\partial}{\partial z}\right)\frac{\partial}{\partial z}\begin{pmatrix}\widetilde{E}_x \\ \widetilde{E}_y\end{pmatrix} = \begin{pmatrix}P_{xx} & P_{xy} \\ P_{yx} & P_{yy}\end{pmatrix}\begin{pmatrix}\widetilde{E}_x \\ \widetilde{E}_y\end{pmatrix} \tag{9-10}$$

其中,

$$P_{xx}\widetilde{E}_x = \frac{\partial}{\partial x}\left[\frac{1}{n^2}\frac{\partial}{\partial x}(n^2 \widetilde{E}_x)\right] + \frac{\partial^2}{\partial y^2}\widetilde{E}_x + (n^2 - n_0^2)k_0^2 \widetilde{E}_x$$

$$P_{xy}\widetilde{E}_y = \frac{\partial}{\partial x}\left(\widetilde{E}_y \frac{1}{n^2}\frac{\partial n^2}{\partial y}\right)$$

$$P_{yy}\widetilde{E}_y = \frac{\partial}{\partial y}\left[\frac{1}{n^2}\frac{\partial}{\partial y}(n^2 \widetilde{E}_y)\right] + \frac{\partial^2}{\partial x^2}\widetilde{E}_y + (n^2 - n_0^2)k_0^2 \widetilde{E}_y$$

$$P_{yx}\widetilde{E}_x = \frac{\partial}{\partial y}\left(\widetilde{E}_x \frac{1}{n^2}\frac{\partial n^2}{\partial x}\right) \tag{9-11}$$

式(9-8)~式(9-11)表示的变换即称为缓变包络近似,而式(9-10)和式(9-11)是最为常用的 BPM 波动方程,大多数束传播法都是从这两式发展而来。

9.1.2 时域有限差分法

1966 年 K. S. Yee[3] 提出了一种时域有限差分法(finite difference time domain, FDTD),采用分离变量法,将电场和磁场按照时间和空间进行分离,进一步将麦克斯

韦方程转化为一组差分方程。通过求解差分方程得出波导中的模式,从而得出电磁场分布。该法比较精确,在研究半导体波导中被广泛应用。

采用时域有限差分法对麦克斯韦方程进行变量分离,则电场可以表示为

$$E(x,y,z,t)=E(i\Delta x,j\Delta y,k\Delta z,n\Delta t)=E^n(i,j,k) \tag{9-12}$$

方程中的各个分量可以分别表示为

$$\begin{cases} \dfrac{\partial E^n(i,j,k)}{\partial x} \approx \dfrac{E^n\left(i+\dfrac{1}{2},j,k\right)-E^n\left(i-\dfrac{1}{2},j,k\right)}{\Delta x} \\[2mm] \dfrac{\partial E^n(i,j,k)}{\partial y} \approx \dfrac{E^n\left(i,j+\dfrac{1}{2},k\right)-E^n\left(i,j-\dfrac{1}{2},k\right)}{\Delta y} \\[2mm] \dfrac{\partial E^n(i,j,k)}{\partial z} \approx \dfrac{E^n\left(i,j,k+\dfrac{1}{2}\right)-E^n\left(i,j,k-\dfrac{1}{2}\right)}{\Delta z} \\[2mm] \dfrac{\partial E^n(i,j,k)}{\partial t} \approx \dfrac{E^{n+\frac{1}{2}}(i,j,k)-E^{n-\frac{1}{2}}(i,j,k)}{\Delta t} \end{cases} \tag{9-13}$$

将式(9-13)代入波动方程,经过整理得出电场和磁场的关系式为

$$\begin{cases} E_x^{n+1}\left(i+\dfrac{1}{2},j,k\right)=A\left(i+\dfrac{1}{2},j,k\right)E_x^n\left(i+\dfrac{1}{2},j,k\right)+B\left(i+\dfrac{1}{2},j,k\right) \\[2mm] \quad \left[\dfrac{H_z^{n+\frac{1}{2}}\left(i+\dfrac{1}{2},j+\dfrac{1}{2},k\right)-H_z^{n+\frac{1}{2}}\left(i+\dfrac{1}{2},j-\dfrac{1}{2},k\right)}{\Delta y}\right. \\[2mm] \quad \left.-\dfrac{H_y^{n+\frac{1}{2}}\left(i+\dfrac{1}{2},j,k+\dfrac{1}{2}\right)-H_y^{n+\frac{1}{2}}\left(i+\dfrac{1}{2},j,k-\dfrac{1}{2}\right)}{\Delta z}\right] \\[2mm] E_y^{n+1}\left(i,j+\dfrac{1}{2},k\right)=A\left(i,j+\dfrac{1}{2},k\right)E_y^n\left(i,j+\dfrac{1}{2},k\right)+B\left(i,j+\dfrac{1}{2},k\right) \\[2mm] \quad \left[\dfrac{H_x^{n+\frac{1}{2}}\left(i,j+\dfrac{1}{2},k+\dfrac{1}{2}\right)-H_x^{n+\frac{1}{2}}\left(i,j+\dfrac{1}{2},k-\dfrac{1}{2}\right)}{\Delta z}\right. \\[2mm] \quad \left.-\dfrac{H_z^{n+\frac{1}{2}}\left(i+\dfrac{1}{2},j+\dfrac{1}{2},k\right)-H_z^{n+\frac{1}{2}}\left(i-\dfrac{1}{2},j+\dfrac{1}{2},k\right)}{\Delta x}\right] \\[2mm] E_z^{n+1}\left(i,j,k+\dfrac{1}{2}\right)=A\left(i,j,k+\dfrac{1}{2}\right)E_{zx}^n\left(i,j,k+\dfrac{1}{2}\right)+B\left(i,j,k+\dfrac{1}{2}\right) \\[2mm] \quad \left[\dfrac{H_y^{n+\frac{1}{2}}\left(i+\dfrac{1}{2},j,k+\dfrac{1}{2}\right)-H_y^{n+\frac{1}{2}}\left(i-\dfrac{1}{2},j,k+\dfrac{1}{2}\right)}{\Delta x}\right. \\[2mm] \quad \left.-\dfrac{H_x^{n+\frac{1}{2}}\left(i,j+\dfrac{1}{2},k+\dfrac{1}{2}\right)-H_x^{n+\frac{1}{2}}\left(i,j-\dfrac{1}{2},k+\dfrac{1}{2}\right)}{\Delta y}\right] \end{cases} \tag{9-14}$$

在一定边界条件下以半个时间步长为间隔进行递推,就可以得出电磁场同时间和空间的函数关系,从而求出电磁场的分布。

时域有限差分法是采用差分方程的解代替原来电磁场偏微分方程组的解,只能计算有限空间区域的电磁场,如果计算大范围的散射和辐射场,必须应用等效原理。同时,由于模拟网格大小的限制,计算小于一个网格的区域时的结果会有误差,可以通过区域网格剖分技术减小这种误差。

9.1.3 薄膜匹配法

将波导的横截面按照横向和纵向划分为不同的区域,构成薄片(slice)和薄层(layer),对划分后的每个区域进行计算,得出 TE 模和 TM 模,之后再将具有相同传播常数的模式集中起来,通过调整模式幅值使不同区域的模式在边界上进行匹配,这就是薄膜匹配法(film mode-matching method,FMM)。同有限元方法相比,在不影响计算结果精度的同时,该法降低了对计算资源的要求。

典型的脊形波导的侧壁与衬底相互垂直,按照薄片和层次将波导横截面划分为不同的区域,如图 9-1 所示。对每个区域计算得到 TE 模和 TM 模、调整模式幅值、在边界上进行匹配。薄膜匹配法大大减少了需要划分的网格数,使得计算量适当减少,对垂直界面比较适用。但是计算倾斜界面的结构时,其精度往往不如时域有限差分法高。

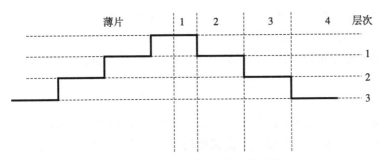

图 9-1　FMM 方法网格划分图示

综上所述,束传播法、时域有限差分法和薄膜匹配法是半导体波导中模拟计算电磁场模式的最常用的三种方法,已经在波导器件结构设计中广泛使用。它们各有优缺点,时域有限差分法精度最高,但是计算时间长;束传播法和薄膜匹配法计算原理简单,用途广,但计算精度不如时域有限差分法高。

9.2　脊形波导的单模条件

光纤是一类圆柱形的波导,对其分析比较简单,采用极坐标求解麦克斯韦方程就能够获得非常明晰的电磁场模式的解。然而,在半导体基片上制作波导就复杂许多,波导截面不再是对称的圆形,只可能是矩形或者脊形。为了对波导中传输的光波进行各种调控,波导中要注入自由载流子或者加上电场,需要形成 pn 结和引出电极,波导的截面不再是矩形了,常常是脊形。

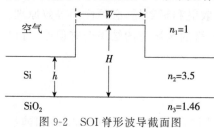

图 9-2 SOI 脊形波导截面图

图 9-2 是一个 SOI 脊形波导的截面图。显然,在设计脊形波导时首先要考虑脊形波导的单模条件。早在 1976 年 K. Petermann 首先提出了大截面脊型多模波导结构[4]。1991 美国空军研究所的 R. A. Soref 博士用模场匹配(mode matching)的方法研究了 SOI 和 SiO_2/GeSi/Si 脊形波导的单模条件[5],开创了硅基光波导研究的先河。Soref 的单模条件为

$$t \leqslant 0.3 + \frac{r}{\sqrt{1-r^2}}, \quad r > 0.5 \tag{9-15}$$

式中,$t = w/H$;$r = h/H$;w、H 和 h 分别为脊形波导的脊宽、内脊高和外脊高。

9.2.1 矩形截面脊形波导的单模条件

尽管 R. A. Soref 博士的公式具有重要的指导性作用,但是根据它制造的波导同实验结果具有很大的差别。A. K. Rickmann 等人用实验方法研究了 SOI 脊形波导的单模和多模特性[6]。结果发现,R. A. Soref 的单模条件与实验结果的误差为 30%。Pogossian 等人采用有效折射率方法(effective index method,EIM)及数值拟合技术对脊形波导单模条件进行了研究[7],获得了更接近实验结果的单模条件

$$t \leqslant \frac{r}{\sqrt{1-r^2}}, \quad r > 0.5 \tag{9-16}$$

式(9-16)同式(9-15)的区别在于 0.3,这修正了实验发现的 30% 的误差。

然而式(9-16)依然不能够给出高精度的单模条件。有效折射率方法是一种求解三维波导本征方程的简单近似方法,在远离模截止区时具有较好的精度,而外脊平板波导模截止时不能用这种方法进行计算。实验表明,当波导接近单模时,一阶模的传播倾角非常小,辐射速度也非常小,所以需要很长的传播距离才能去除干净,如果没有完全去除一阶模,空间频谱被认为是多模。

通过大量的模拟研究,利用等效折射率方法(EIM)求单模条件,结果表明 TE 和 TM 模的单模曲线存在差别,t 相差 0.08 左右,横磁场(TM)的单模条件更严格。通过对 TM 模进行数值模拟,得出的单模条件为

$$t \leqslant 0.29 + \frac{r}{\sqrt{1-0.97r^2}}, \quad r > 0.5 \tag{9-17}$$

式(9-17)的单模条件既适用于 SOI 脊形波导,也适用于 GeSi/Si 波导。

9.2.2 梯形截面脊形波导的单模条件

制作脊形波导的方法有干法刻蚀(离子腐蚀)和湿法刻蚀(化学腐蚀)。前者能够制成矩形截面波导,但是离子刻蚀会引进损伤缺陷,增加损耗;后者工艺简单、成本低廉,但是化学腐蚀对晶向的选择性只能刻蚀出梯形的截面。显然梯形截面的波导不同于矩形截面的波导。图 9-3 给出了梯形截面脊形波导的示意图,W_t 和 W_b 分别为梯形的上部和下部的宽度。

夏金松等人采用非均匀数值离散格式,用沿虚轴传播的半矢量 BPM 方法结合高效率的计算过程对脊形波导进行研究,并在此基础上得出梯形截面波导单模条件[8]。

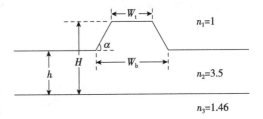

图 9-3 梯形截面 SOI 脊形波导截面简图

$$t \leqslant -1.12 + \frac{0.63r}{\sqrt{1-1.03r^2}} + 2.04r, \quad r > 0.5 \tag{9-18}$$

由于梯形截面波导比矩形截面波导更复杂一些,所以它的单模条件比较复杂,到目前为止,文献上有各种报道,没有定论。

9.2.3 纳米波导的单模条件

SOI 是一种十分特殊的材料,Si 和 SiO_2 的折射率相差很大,光学限制作用非常强,SOI 波导的截止尺寸通常小于 1μm。因此,要在 SOI 条形波导中实现单模工作,其横截面必须达到亚微米尺寸。通过不同的数值方法,可以精确计算出高阶模开始出现时波导的截止尺寸,从而得到纳米波导的单模条件。

硅基微纳波导结构通常有两种:条形波导和脊形波导(图 9-4)。前者又被称为硅光子线波导。横截面为矩形的条形波导和脊形波导,在水平和竖直方向上都存在限制,不能通过数学推导直接得到模场的解析解,而需要采用前面介绍的各种近似模拟或数值解。

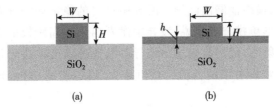

图 9-4 (a)条形波导和(b)脊形波导的横截面结构图

条形波导和脊形波导的宽度越大时导模的数目也越多。要实现单模工作,条形波导在垂直和水平两个方向上都要小于一定的截止尺寸。通过不同的数值方法,可以精确计算出高阶模开始出现时波导的截止尺寸,从而得到单模条件。

采用全矢有限差分方法计算出 TE 和 TM 单模条件,TE 和 TM 基模各有不同的截止条件,条形波导的单模工作区域应该位于这两个截止条件之间。图 9-5 中给出了 1550nm 波长下带有氧化层包层的条形波导的单模条件,波导的高度为 h,宽度为 w,图 9-5 中曲线下方区域为波导的单模工作区域。然而,这个结果只给出了一阶 TE 和 TM 模的截止条件,实际上,这类似于二维平板波导,

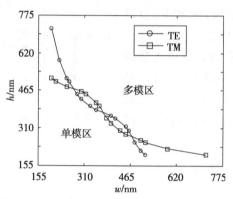

图 9-5 带有氧化层包层的条形波导 TE 和 TM 模的单模条件

S. T. Lim 等人利用三维虚位移束传播方法求解波导的模场截面和有效折射率,详细分析了这种带有氧化层包层的条形波导在 1310nm 和 1550nm 波长时的单模条件(图 9-6)[9]。考虑到两个偏振状态下同时满足单模条件,单模区域由两个条件决定:一阶 TE 模的截止条件(上限)和 TM 基模的截止条件(下限)。从图 9-6 可以看出,如果条形波导的横截面尺寸为 300nm×350nm,该波导在 1550nm 波长时是单模波导,其截止波长大于 1310nm,表明波长越短,单模条件越严格。将一阶 TE 模和基 TM 模的截止边界进行拟合,可以得到 1550nm 波长时光子线波导单模条件的经验公式

$$0.2+162e^{-H/0.03} \leqslant W \leqslant 0.3+5.9e^{-H/0.08} \tag{9-19}$$

当光波由光纤耦合入波导时,由于存在介质不连续的界面,因此在波导中将会激发出各种不同的光场模式。其中的一些模式构成了波导中的导模,而其他模式由于不能被波导所导引,最终泄漏出波导。波导中最终的稳定光场分布应该等于各阶导模的叠加。对于脊形单模波导来说,波导中激发出来的高阶模的有效折射率小于平板区基模的有效折射率,最终将逃逸出波导。其逃逸速度取决于该高阶模与平板区基模二者之间的有效折射率的差值。差值越大,逃逸速度越快,光场也越容易达到稳定。

当单模波导的结构参数选取为接近高阶模截止的临界数值时,高阶模需要很长距离的传输才能从波导中逃逸出来。如果波导的长度不够长,波导的输出光场中可能有高阶模存在,该波导将被认定为多模波导。

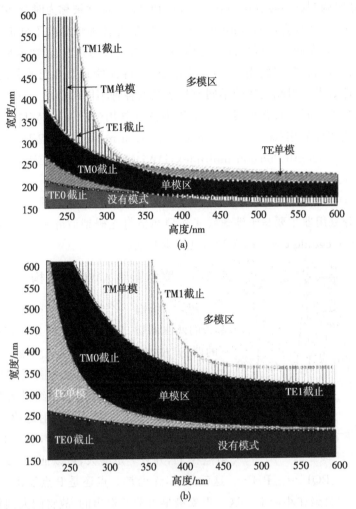

图 9-6　波长为(a)1310nm 和(b)1550nm 时光子线波导的单模条件

9.3　硅基阵列波导光栅

　　传输信息有三种主要技术:空分复用(space division multiplexer,SDM)、时分复用(time division multiplexer,TDM)和波分复用(wavelength division multiplex,WDM)。空分复用利用空间分割来构成不同信道,在空间上将不同信息分配在不同通道内,通过不同空间进行传输。光缆是许多光纤组合在一起的,在不同光纤中可以传输不同波长的光波,从而实现空分复用。时分复用是把同一传输通道进行时间分割、再在不同时段传送不同的信息,把 N 个通信设备接到一条公共的通道上,按一定的次序轮流地给各个用户分配一段使用通道的时间,它是数字电话多路通信的主要方法,因而脉码调制(pulse code modulation,PCM)通信常被称为时分多路通信。

利用复用器(亦称合波器,multiplexer)将携带着各种信息的不同波长的光载波信号汇合在一起,在同一光纤内同步传输多个不同波长的光波,让数据传输速度和容量获得倍增;在接收端,解复用器(demultiplexer)将各种波长的光波分离,然后通过光接收机处理获得发射端发送的不同波长运载的各种不同的信息。这种在同一波导中同时传输众多不同波长光信号的技术称为波分复用(WDM)。WDM 还可以进一步细分为稀疏波分复用(coarse wavelength division multiplex,CWDM)和密集波分复用(dense wavelength division multiplex,DWDM)。前者的信道间隔为 20nm,而后者的信道间隔小,在 0.2～1.2nm 范围。

在 WDM 传输系统中,波分复用/解复用器是最重要的核心器件。DWDM 系统使用的光波分复用器主要是干涉薄膜滤光型和衍射光栅型波分复用器,阵列波导光栅(arrayed waveguide grating,AWG)具有重要地位[10]。

9.3.1 罗兰圆和 AWG 的结构

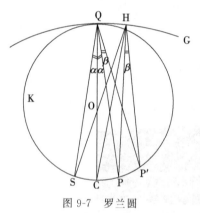

图 9-7 罗兰圆

图 9-7 给出一个罗兰圆。半径大小分别为 R 和 r 的两圆相切,且大圆的半径 R 正好是小圆半径 r 的两倍,$R=2r$,$R=CQ=2OQ=2r$。可以证明,小圆上任何一点发出的光被大圆反射后将会聚到小圆上。例如小圆上 S 点的光经过大圆反射后会聚在小圆的 P 点。依据光的反射定律,入射角和反射角正好相等,$\angle SQC=\angle CQP$,$SC=CP$。如果反射点在 H,并且 r 足够大,可以证实 $\angle \alpha=\angle SHC=\angle CQP$,$\angle \beta=\angle PQP'=\angle PHP'$。这就是说,无论是 S 点还是 P 点发出的光,经过大圆反射后,它们会聚在小圆上。这一现象最早由罗兰提出的,故将同大圆相切的小圆叫做罗兰圆[11]。

阵列波导光栅的结构

图 9-8 给出阵列波导光栅的结构,它由输入波导、输入平板波导、阵列波导、输出平板波导和输出波导等五个部分组成。输入和输出两部分是对称的,因此它可以交换使用,输入端可变为输出端,反之亦然。从图 9-8 可以看出,AWG 就是利用衍射光栅及罗兰圆构成输入和输出的两组波导阵列,实现对波长的复用和解复用的功能。

为了避免聚焦时对衍射光线所造成的损失,引进了凹面光栅,凹面光栅通常是在一个球面反射镜表面上按弦等间隔精密刻槽组成。大圆有光栅,因此称为光栅圆。

如图 9-8 所示,阵列波导是由 $2j+1$ 个波导组成的。$j=0,\pm 1,\pm 2,\pm 3,\cdots$ 为序列号。序列号 j 为 0 的波导长度为 L,其相邻的两个波导的长度分别为 $L+\Delta L$ 和 $L-\Delta L$,以此类推,其他波导的长度都是不同的,相邻波导的长度差都为 ΔL。这

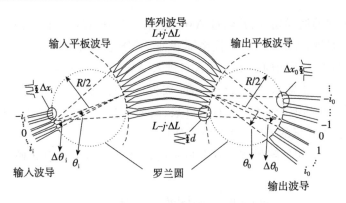

图 9-8 阵列波导光栅型复用/解复用器

$2j+1$ 个波导在一起组成阵列波导。它们的截面结构和尺寸是一致的,但是长度各不相同。当光波在不同波导中传输时,它们将经历不同的光程差。

9.3.2 AWG 的工作原理

当一束含有多个波长的光信号由一个输入波导进入输入平板波导区时,由于平板波导区在横向没有光学限制,光束在平板波导区(即第一个罗兰圆)中衍射,发散成一束光。这一束光在输入平板波导区的末端耦合进入阵列波导中不同的波导中,并进行传输。进入阵列波导中每根波导的光波都是多个波长的。相对波长而言,如果罗兰圆的直径 $R=2r$ 足够大,进入阵列波导每个端口光波的强度和相位都是一样的。

阵列波导区的相邻波导间具有一定的长度差 ΔL,因此经过阵列波导传输后不同通道的输出端的光波信号经历不同的光程,形成等差级数。

一束 N 个波长($\lambda_1,\lambda_2,\cdots,\lambda_i,\cdots,\lambda_N$)组成的光束从中心输入波导进入输入平板波导,在平板波导中衍射以等相位耦合进入阵列波导,由于相邻阵列波导间存在固定的长度差 ΔL,不同波长的光经阵列波导传输,在其输出端相邻波导间存在位相差 $2\pi n_c(\Delta L/\lambda_i)$,形成不同的波前倾斜,聚焦在输出平板波导的不同位置,最后经输出波导输出,完成解复用功能。

如果波导的有效折射率为 n_c,第 i 个波长为 λ_i,光波从阵列波导输出端输出、进入输出平板波导区(即第二个罗兰圆),阵列波导的输出端正好在大圆的圆周上,同一波导输出的光波中,不同波长的光波具有不同的相位。

在罗兰圆平板波导区中,将发生干涉效应,利用上述罗兰圆的反射特性,相同波长的光波将会聚到小圆的圆周某一个具体的位置上。因此,在罗兰圆圆周上,即输出波导的每一个入口处,光波已经是被分光为单色光了。

可以看出,AWG 像光学三角棱镜那样,能够将多波长的光依照波长的不同而分列在空间不同的位置上,起到分光的作用。反过来,按照光学的可逆性原理,不同波长的信号从不同的波导输入、并经过 AWG 之后，将会聚在同一输出波导输出实现复用功能。也就是说，AWG 像三角棱镜那样，除了分光作用外，还能够起到合光的作用，多个波长的光从不同的多个波导入口进入 AWG 后，经过合波，最终从 AWG 的另一端的一个波导中输出，完全合在一起，成为一束光了。

AWG 具有小的波长间隔、大的信道数、高的分辨率和易于集成等优点，特别适合于在超高速、大容量的 DWDM 系统中使用。

如图 9-8 所示，相邻阵列波导具有恒定的长度差 ΔL，起衍射光栅的作用，AWG 应该满足光栅方程[12]

$$n_s d\sin\theta_i + n_s d\sin\theta_0 + n_c \Delta L = m\lambda \tag{9-20}$$

式中，θ_i、θ_0 分别为阵列波导对中心输入、输出波导的夹角；n_s、n_c 分别为平板波导、阵列波导的有效折射率；d 为阵列波导的间距；m 为衍射级数；λ 为入射光的波长；ΔL 为相邻阵列波导的长度差。对中心输入、输出的波导，应该满足下列关系

$$n_c \Delta L = m\lambda_0 \tag{9-21}$$

可以看出，当衍射角为零时仍可得到高的衍射级数，这一点不同于普通的平面衍射光栅。在光栅中高的衍射级数可提高光栅的分辨率。

当阵列波导相对中心输出波导的夹角 θ_0 很小时，$\sin\theta_0 \approx \theta_0$，由式（9-21）可得出 AWG 的角色散关系式，即衍射角同波长的关系

$$\frac{d\theta}{d\lambda} = \frac{m}{n_s d} \cdot \frac{n_g}{n_c} \tag{9-22}$$

式中，$n_g = n_c - \lambda_0 \cdot \dfrac{dn_c}{d\lambda}$ 为群折射率。

在普通的平面衍射光栅中，角色散关系式为

$$\frac{d\theta}{d\lambda} = \frac{m}{n_s d} \cdot \frac{1}{\cos\theta} \tag{9-23}$$

比较式（9-22）和式（9-23）可以看出，在高衍射级情况下，AWG 中不同波长的响应峰值更容易分开。事实上，AWG 通过阵列波导将平面衍射光栅的相位差角度增大，是一种改进型光栅，因而命名为阵列波导光栅。根据 AWG 的角色散关系可以确定通道间隔 $\Delta\lambda$

$$\Delta\lambda = \Delta\theta \cdot \left(\frac{d\theta}{d\lambda}\right)^{-1} = \frac{\Delta x_0}{R} \cdot \frac{n_s d}{m} \cdot \frac{n_c}{n_g} \tag{9-24}$$

可以看出，$\Delta\lambda$ 反比于 $R \cdot m$ 的乘积，与输出波导间距 Δx_0、阵列波导间距 d 成正比。

在设计 AWG 时需确定通道数 N，从而确定 AWG 的总输出通道的能力，即自由波谱区（free spectra region，FSR）。由于 AWG 的周期性特性，超出这一范围的响应波长将重复在相应的通道上。自由波谱区可以用频率自由波谱区 FSR_f、波长自由波谱区 FSR_λ 和空间自由波谱区 FSR_x 三种形式表述

$$\text{FSR}_f = \frac{c}{n_g \cdot (\Delta L + d \cdot \sin\theta_i + d \cdot \sin\theta_o)} \tag{9-25}$$

$$\text{FSR}_\lambda = \frac{\lambda_0}{m} \cdot \frac{n_c}{n_g} \tag{9-26}$$

$$\text{FSR}_x = \frac{\lambda_0 R}{n_s d} \tag{9-27}$$

显然,衍射级数 m 不同时自由波谱区 FSR_λ 不同。

9.3.3 AWG 的特性

AWG 的特性包括信道中心波长 λ_0、通道间隔 $\Delta\lambda$、信道波长精度、光学插入损耗 IL、光串扰 C_T、通带宽度、损耗的非均匀性 L_u、回波损耗 L_R、偏振相关损耗 PDL、偏振模色散 PMD 和波长色散 CD 等。

在输入平板波导中,入射波发生衍射,等相位的光波最终耦合进入阵列波导。在输出平板波导中,经过在阵列波中相位累加的模场在其内部传播时逐渐聚焦,最后在其输出端的中心形成主衍射峰,在其两侧有两个次衍射峰。经过波长扫描可获得 AWG 整个传输光谱,图 9-9 是一个 64 通道、50GHz 硅基二氧化硅 AWG 的输出光谱,该输出谱直观地表示出 AWG 的分光的性能,它将 64 个不同的波长完整地分隔开来。

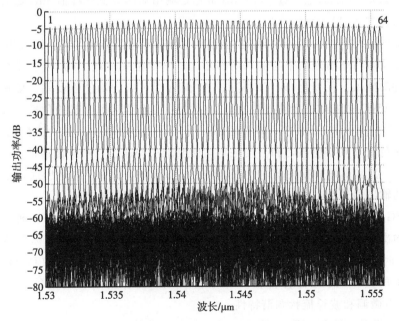

图 9-9 64 通道、50GHz 硅基二氧化硅 AWG 的输出光谱

信道中心波长 λ_0 为信道 3dB 点的中心波长 $\lambda_0 = (\lambda_A + \lambda_B)/2$。通道间隔 $\Delta\lambda$ 为固定信道中心之间的间隔,国际电信联盟(ITU)规定了间隔标准。信道波长精度由温度灵敏度、偏振相关波长(PDW)和信道波长漂移三个因素决定。温度发生变化时波

长会有所改变,其稳定性为温度灵敏度

$$\frac{\mathrm{d}\lambda_0}{\mathrm{d}T} = \frac{\mathrm{d}n_c}{\mathrm{d}T} \cdot \frac{\Delta L}{m} \qquad (9\text{-}28)$$

阵列波导有效折射率 n_c 随温度的变化会引起中心波长的漂移,$\mathrm{d}n_c/\mathrm{d}T=10^{-5}/℃$,相应地波长与温度关系为 $\mathrm{d}\lambda_0/\mathrm{d}T\approx 0.01\mathrm{nm}/℃$。为了波长漂移小于0.1nm,环境温度的波动应控制在10℃之内。

PDW 是中心波长随偏振而变化的量度,在输出光谱中,PDW 表示为横电场模(TE)与横磁场模(TM)在峰值强度处的波长差

$$\Delta\lambda_{0,\mathrm{TM}\to\mathrm{TE}} = |\lambda_{\mathrm{TM}} - \lambda_{\mathrm{TE}}| = \frac{\Delta L}{m}(n_{\mathrm{TM}} - n_{\mathrm{TE}}) \qquad (9\text{-}29)$$

实际上控制 PDW 就是控制阵列波导的横电模与横磁模的模式折射率。

信道波长漂移是另一个参数,它为器件的实际波长与 ITU 波长之差。

光插入损耗 IL 是中心波长处输出功率 P_{out} 与输入功率 P_{in} 比值,用 dB 表示

$$IL = 10 \cdot \log(P_{\mathrm{out}}/P_{\mathrm{in}}) \qquad (9\text{-}30)$$

光串扰 C_T 包括相邻信道串扰和非相邻信道串扰。通带宽度用来表征输出光谱的平坦度,分 1dB 带宽和 3dB 带宽。1dB 带宽是输出响应谱低于峰值 1dB 处上波长 λ_A 和下波长 λ_B 之差 $\Delta\lambda_{1\mathrm{dB}} = \lambda_A - \lambda_B$;3dB 带宽是输出响应谱低于峰值 3dB 处上波长 λ_A 和下波长 λ_B 之差 $\Delta\lambda_{3\mathrm{dB}} = \lambda_A - \lambda_B$。

损耗的非均匀性 L_u 为中心通道的损耗与最外侧通道损耗之差。回波损耗 L_R 是从 AWG 反射回来的光功率与输入功率之比。偏振相关损耗 PDL 为在整个偏振状态下器件的插入损耗变化,即 TE 模和 TM 模分别对应的峰值强度差。偏振模色散 PMD 为 AWG 中光的两个偏振模(垂直与平行)的传输速率引起的色散。波长色散 CD 又称为色度色散,光通过 AWG 时,随波长不同而速率不同,产生波长色散,它是材料固有色散和波导色散之和。损耗均匀性要求中心通道与最外侧通道损耗相差小于 1.0dB。为实现好的损耗均匀性,简单的方法为设计 AWG 的输出通道数大于实际使用的输出通道数,只使用中间损耗一致的部分输出通道。

AWG 器件可以根据输入/输出角的关系分为对称型和非对称型两种。当输入波导和输出波导与中心轴的夹角 $\Delta\theta_i$ 和 $\Delta\theta_o$ 关系满足 $\Delta\theta_i = \Delta\theta_o$,为对称型 AWG;当 $\Delta\theta_i \neq \Delta\theta_o$ 时,为非对称型 AWG。对称型 AWG 和非对称型 AWG 不仅具有波分复用和解复用的共性,而且各有特性。对称型 AWG 具有路由和周期特性。不对称 AWG 具有微调和波长梳状调谐特性。

AWG 既能作为复用器使用,也能作为解复用器使用。它们的工作原理相同,因此 AWG 具有互换性。

AWG 不仅能在 WDM 系统作为复用器、解复用器、路由器使用,而且能够与其他器件混合或单片集成,实现更为复杂的功能,包括复用/解复用器(multiplexer/

demultiplexer)、光上下路复用器(add/drop multiplexer)、AWG WDM 集成光接收芯片、光波长选择器(OWS)等。

9.4 微环谐振器[13]

微环谐振腔具有许多特点：①微环无须镜面或光栅就能够提供光反馈；②微环是一种行波谐振腔，支持正反两个方向传输简并模式，输入光、透射光和反射光的光路没有重叠，容易控制光的传输路径；③可以采用多个微环进行串联/并联级联，形成"箱形"传输谱，增大自由频谱宽度，使通带变平坦，增加信道数量；④微环适用于光子集成。因此微环是光波导器件的关键部件，在光滤波器、光开关/光调制器以及光波导阵列中发挥重要的作用。

9.4.1 微环谐振器的结构[14]

图 9-10(a-1)和(b-1)分别给出了单个微环同一根和两根直波导耦合的结构图，前者只有一个输入端和一个输出端，等价于图 9-10(a-2)的 G-T(Gires-Tournois)谐

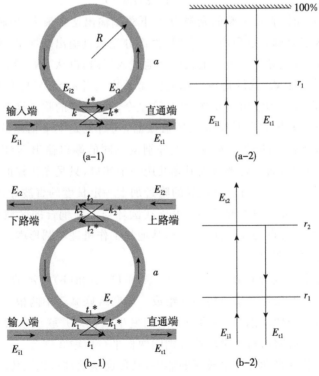

图 9-10 (a-1)微环与一条波导耦合；(a-2)G-T 谐振腔；
(b-1)微环与两条直波导耦合；(b-2)F-P 谐振器

振腔,后者有两个输入端和两个输出端,等价于图 9-10(b-2)的 F-P 谐振腔。

如果微环中只有一个导模,耦合区无损耗,且不存在偏振转换,则光在环内传播一周后的电场大小为

$$E_{i2} = \alpha e^{j\theta} E_{t2} \tag{9-31}$$

式中,α 为环内的衰减因子;$\theta = n_{\text{eff}} L / \lambda_0$ 为绕环一周的相变;r 为环半径;$L = 2\pi r$ 为微环的周长;n_{eff} 为微环波导的有效折射率;λ_0 为光的真空波长。$\alpha = 1$ 时,损耗为 0。

令输入端光强为 1,上下话路微环谐振器的输出端光强的传递函数为

$$|E_{t1}|^2 = \frac{|t_1|^2 + \alpha^2 |t_2|^2 - 2\alpha |t_1 t_2| \cos(\theta + \varphi_{t1} + \varphi_{t2})}{1 + \alpha^2 |t_1 t_2|^2 - 2\alpha |t_1 t_2| \cos(\theta + \varphi_{t1} + \varphi_{t2})} \tag{9-32}$$

$$|E_{t2}|^2 = \frac{\alpha |k_1 k_2|^2}{1 + \alpha^2 |t_1 t_2|^2 - 2\alpha |t_1 t_2| \cos(\theta + \varphi_{t1} + \varphi_{t2})} \tag{9-33}$$

式中,t_1 与 t_2、φ_{t1} 与 φ_{t2} 分别为两个耦合区的透过系数和相移。当 $\theta + \varphi_{t1} + \varphi_{t2} = 2m\pi$、$m$ 为整数时,微环发生谐振,此时有

$$|E_{t1}|^2 = \frac{(|t_1| - \alpha |t_2|)^2}{(1 - \alpha |t_1 t_2|)^2} \tag{9-34}$$

$$|E_{t2}|^2 = \frac{\alpha(1 - |t_1|^2)(1 - |t_2|^2)}{(1 - \alpha |t_1 t_2|)^2} \tag{9-35}$$

当 $|t_1| = \alpha |t_2|$ 时,直输出端的光强为 0,下载端输出达到最大,即临界耦合条件。输入光在耦合区部分耦合进环内,失谐时,大部分光从直输出端导出,而谐振时,由于光场的相干作用,直波导中的光将最大限度地进入环内,再从下载端输出。对全通滤波器,将 $t_2 = 1$ 代入上式,就得到输出端的传递函数。当 $\alpha = |t|$,即环内损耗与透过系数相等时,谐振微环的输出端光强为零,这是全通滤波器的临界耦合条件。

微环同两条直波导耦合时构成微环谐振器,同时也是上下话路滤波器(图 9-10(b-1))。它有四个端口,透射光和反射光分别从不同的端口输出,腔内的前向/后向传输光共振形成驻波,而反射光与入射光共用一个端口,只是光传输的方向不同。

微环可以不是圆,在平行于直波导的附近加上一定长度的直波导,构成类似田径场上的跑道,是一种常见跑道形微环。由于在圆环与波导耦合的区域增加一段直波导,因此增大了微环与直波导的耦合效率,其他的工作机理与圆形微环没有区别。

串联和并联级联微环[15]

将多个微环串联或者并联在一起,构成图 9-11(a)和(b)所示的多级微环结构,它们都是由单微环谐振器和平行传输线组成。串联级联微环中两根平行传输线分别同第一个和最后一个微环耦合,相邻微环之间发生耦合。并联级联微环中相邻微环之间距离较大,没有耦合;每个微环都分别同两根平行传输线耦合。

微环可以同各种光学元件组成新的器件,其传递函数都可以用传输矩阵法推导,基本思路是将复杂结构分解成小的单元,如:定向耦合器、传输线、微环谐振器等,然后构成传输矩阵,利用递推的办法来获得器件的传递函数。

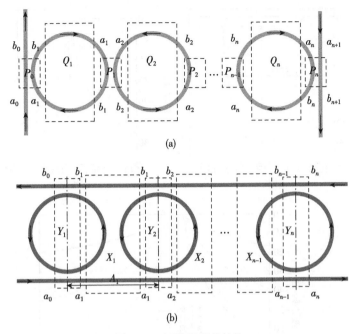

图 9-11 级联微环的结构
(a)串联级联微环;(b)并联级联的微环

9.4.2 微环谐振器的光学特性

微环的光学特性包括自由频谱宽度(free spectrum range,FSR)、品质因子(quality factor,QF)、消光比(extinction ratio,ER)、光强倍增因子(intensity enhancement,IE)等[16]。

传输谱:图 9-12(a)和(b)给出了上下话路滤波器的周期性传输谱和级联微环的"箱形"传输谱。理想的光滤波器的响应是"箱形"的,即通带(或阻带)的带内平坦,而带边陡变。在一定条件下,串联或并联级联微环都能获得比单环更好的"箱形"传输谱。图 9-12(c)给出了单环、双环和三环级联的传输谱,可以看到,随着微环个数的增加,滤波器的通带变得平坦,而带边变得更陡峭,如果微环个数更多,传输线形更趋于平坦的"箱形"。

自由频谱宽度 FSR:FSR 是指相邻谐振峰的波长间距,可以用波导传输常数对波长的微分表示

$$\frac{\partial \beta}{\partial \lambda} = \frac{\partial (2\pi n_{\text{eff}}/\lambda)}{\partial \lambda} = -\frac{\beta}{\lambda} + k\frac{\partial n_{\text{eff}}}{\partial \lambda} \tag{9-36}$$

如果波导的色散很弱,有效折射率不随波长变化,即 $\partial \beta/\partial \lambda \approx -(\beta/\lambda)$,则有

$$\text{FSR} = -\frac{2\pi}{L}\left(\frac{\partial \beta}{\partial \lambda}\right)^{-1} \approx \frac{\lambda^2}{n_{\text{eff}} L} \tag{9-37}$$

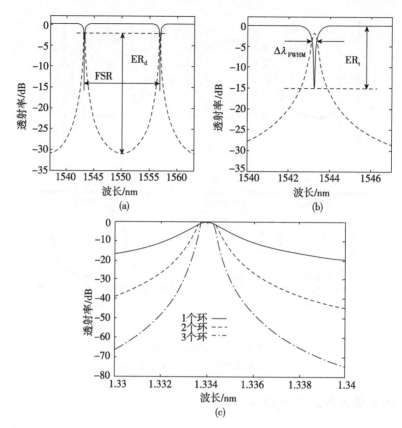

图 9-12 (a)和(b)上下话路滤波器的传输谱;(c)级联微环的传输谱

波导色散比较大时上式有较大误差,可以用群速度来分析

$$n_g = n_{eff} - \lambda \frac{\partial n_{eff}}{\partial \lambda} \quad (9-38)$$

因此,自由频谱宽度可以表达为

$$\text{FSR} = -\frac{2\pi}{L}\left(\frac{\partial \beta}{\partial \lambda}\right)^{-1} = \frac{\lambda^2}{n_g L} \quad (9-39)$$

品质因子 Q 值:品质因子等于峰值波长 λ_0 同峰值半宽 $\Delta\lambda_{FWHM}$ 的比值,即 $Q = \lambda_0 / \Delta\lambda_{FWHM}$。因此 Q 值是存储能量与耗散能量的比值,用来衡量谐振腔存储能量的能力。根据上下话路滤波器的传递函数,品质因子 Q 值可以表达为

$$Q = \frac{\pi n_{eff} L}{\lambda_0} \cdot \frac{\sqrt{\alpha t_1 t_2}}{1 - \alpha t_1 t_2} \quad (9-40)$$

消光比:等于输出端的最大输出功率与最小输出功率的比值,用来衡量谐振峰的深度或高度。上下话路滤波器中,直输出端和下载端的消光比常是不相等的。直输出端的输出功率为

$$|E_{t1}|^2 = \frac{t_1^2 + \alpha^2 t_2^2 - 2\alpha t_2 \cos\theta}{1 + \alpha^2 t_1^2 t_2^2 - 2\alpha t_1 t_2 \cos\theta} \quad (9-41)$$

消光比表示为

$$ER_t = \frac{\left|E_{t1}\right|^2_{\max}}{\left|E_{t1}\right|^2_{\min}} = \frac{\left|E_{t1}\right|^2_{\cos\theta=1}}{\left|E_{t1}\right|^2_{\cos\theta=-1}}$$

即

$$ER_t = \frac{(t_1-\alpha t_2)^2}{(1-\alpha t_1 t_2)^2} \cdot \frac{(1+\alpha t_1 t_2)^2}{(t_1+\alpha t_2)^2} \tag{9-42}$$

同样地可得下载端的消光比为

$$ER_d = \frac{(1+\alpha t_1 t_2)^2}{(1-\alpha t_1 t_2)^2} \tag{9-43}$$

显然，当 $t_1 = \alpha t_2$ 时，直输出端和下载端的消光比都将达到最大。

光强倍增因子 IE：谐振腔的反馈作用使腔内的光场增强，比直波导中的光强大得多，光强倍增因子 IE 表达光场增强的程度。上下话路滤波器中环内的电场满足

$$\frac{E_{t2}}{E_{i1}} = \frac{-k_1^*}{1-\alpha t_1^* t_2^* e^{j\theta}} \tag{9-44}$$

如果环内损耗特别小、环内光强分布是均匀的，那么谐振时，光强倍增因子为

$$IE = \left|\frac{E_{t2}}{E_{i1}}\right|^2_{\phi=0} = \frac{k^2}{1+\alpha^2 t_1^2 t_2^2 - 2\alpha t_1 t_2} \tag{9-45}$$

当 $k_1 = k_2 = k$，且 $k \ll 1$ 时，就有 $IE \approx 1/k^2$。

对全通型滤波器，$t_2 = 1$，上式仍适用。由于微环内局域的光强很大，因此腔内的非线性效应变得很明显，这是研究非线性光学现象的基础。

慢光或快光效应：通过控制结构色散或材料色散可以改变光传播的群速度。微环是一种基于结构色散的慢光器件，输入高斯脉冲光，脉冲光先被引入微环，被存储起来，经过一段时间，再被释放出来。

当输出光为谐振波长时，器件的慢光或快光效应表现最为明显；欠耦合时，直输出端为负延时，表明是快光效应，而下载端有慢光效应；临界耦合时，直输出端光场为零，而下载端有慢光效应；过耦合时，直输出端和下载端都有慢光效应。

损耗特性：微环的内损耗包括波导的弯曲辐射损耗、散射损耗、吸收损耗。体材料硅的吸收系数很小，一般情况下，非线性光学效应也很弱，双光子吸收效应等可以忽略，因此波导中的吸收损耗很小。实际上，波导损耗主要由弯曲辐射损耗与散射损耗构成。

辐射损耗是光波传输过程中在弯曲的侧墙处总有部分光波辐射到波导的侧壁外面、引起损耗。弯曲辐射不但与微环的半径有关，也和波导限制光的能力有关。模式有效面积越小时辐射损耗也就越小。因此降低辐射损耗的办法有：增大微环的弯曲半径；降低宽度和高度，缩小波导模式分布范围；增大弯曲波导刻蚀深度，将光场限制在脊区，抑制向外侧辐射。

散射损耗是传播过程中光线在波导中经历多次反射过程中界面上引起的光散射[17]。散射损耗的大小主要是由侧壁粗糙度、波导厚度和界面的折射率差决定，它

与均方根粗糙度、界面折射率差的平方成正比。波导的侧面和上下界面粗糙度越大，散射损耗就越大，而且界面上分布的光强越大，散射也会越大。SOI 光波导芯层和包层与衬底之间折射率差较大，散射损耗成为波导传输损耗的主要来源，尤其是波导侧壁粗糙带来的散射损耗。随着波导尺寸的减小，受光刻和刻蚀条件的限制，侧壁粗糙损耗会增大，降低侧壁粗糙度变得尤为重要。

微环谐振器具有许多应用，包括光滤波器、光开关/调制器、光谐振腔、拉曼激光器、全光逻辑器件、光缓存等。

9.4.3 光滤波器

全通滤波器：微环对波长敏感，又是行波谐振腔，是构成光滤波器的理想元件。全通滤波器是指低损耗通过的波段很宽、高损耗阻止的波段很窄的一种滤波器。

微环与直波导耦合，就是一个全通滤波器，光场振幅的传递函数表示为

$$T=\frac{\sqrt{1-k^2}-\alpha\exp(-jN_{\text{eff}}L)}{1-\alpha\sqrt{1-k^2}\exp(-jN_{\text{eff}}L)} \tag{9-46}$$

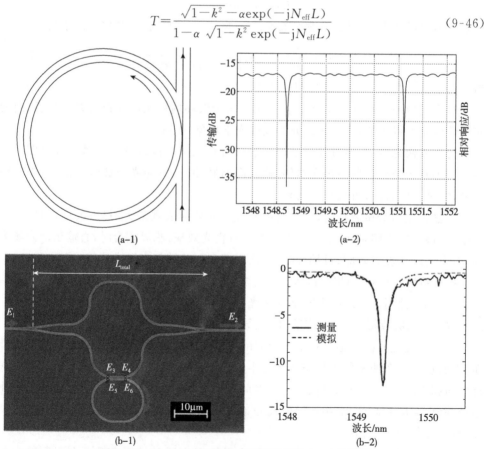

图 9-13 (a-1)单个微环的全通滤波器和(a-2)传输谱；
(b-1)微环与 MZI 组成的全通滤波器和(b-2)传输谱

其中,k 为微环与直波导的耦合效率;α 为环内光传输一周的衰减因子;N_{eff} 为环波导的模式有效折射率;L 为微环的周长。耦合效率越低,衰减因子越接近1,阻带带宽就越小。消光比由耦合效率与衰减因子的关系决定,满足临界耦合条件时,消光比最大。

图 9-13(a-1)和(b-1)分别给出了 SOI 单个微环全通滤波器和微环与 MZI 组成的全通滤波器的器件结构,右侧为它们对应的传输谱。

如图 9-13(b-1)所示,在马赫-曾德尔干涉仪传输臂上耦合微环[19],也能构成全通滤波器,其传递函数表示为

$$T=\frac{1}{2}\left[1+\frac{\sqrt{1-k^2}-\alpha\exp(-jN_{\text{eff}}L)}{1-\alpha\sqrt{1-k^2}\exp(-jN_{\text{eff}}L)}\exp(-j\Delta\phi)\right] \quad (9-47)$$

式中,$\Delta\phi$ 是两臂上的相位差。如果两臂长度相等,微环失谐时两臂的相位差为 $2m\pi$,m 为整数。微环谐振时,通过热光效应或者等离子色散效应在相邻的臂上引入 π 相

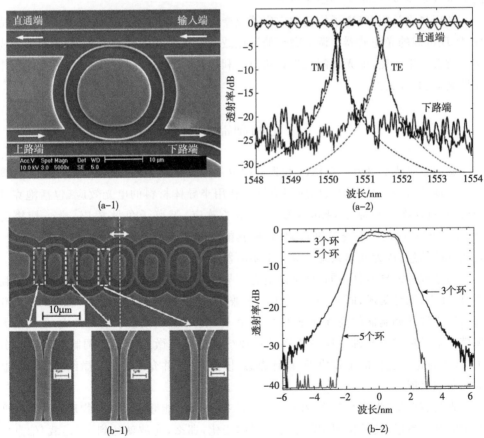

图 9-14 (a-1)单微环上下话路滤波器 SEM 图和(a-2)传输谱;
(b-1)级联微环上下话路滤波器的 SEM 图和(b-2)传输谱

移,两臂相位差为 $2m\pi$ 时,合束的两路光相叠加;两臂相位差为 $(2m+1)\pi$ 时,合束的两路光彼此相消。这种全通滤波器的设计自由度大,通过改变耦合效率可以调节阻带带宽。

上下话路滤波器:上下话路滤波器是波分复用系统中一类关键器件,它位于网络各节点处,选择性下载或加载本节点波长信号,而不影响其他节点信号的传输,能极大地提高网络的灵活性和透明性。微环与两条直波导耦合,就构成一个上下话路滤波器[20]。

图 9-14(a-1)和(a-2)为单微环上下话路滤波器的扫描电子显微镜照片和传输谱,可以看出,TE 模和 TM 模传输谱的不同,因此可以用来对不同偏振进行滤波。

将多个微环级联起来构成"箱形"的滤波器,其通带平坦、带边陡峭[21]。其结构的扫描电子显微镜照片和传输谱如图 9-14(b-1)和(b-2)所示。测试表明,五个微环级联时,通带更接近"箱形",带边抑制比达到了 40dB,级联微环的个数越多,滤波器的平带效果就越好,带边抑制比越大。

利用热光效应、等离子体色散效应等改变折射率,能够动态地调节微环的传输特性,实现可调的光滤波器。调节微环的谐振波长使信号光不再谐振,输出光的状态或路径就会发生改变,即光调制或光路切换。利用这一工作机理,可调滤波器可以用作光调制器、光开关。

9.5 光调制器/光开关

调制器是光交叉互连(OXC)和光分插复用(OADM)系统中的核心器件,在计算机和光通信系统的具有很大的应用前景。利用半导体材料的电光效应(包括泡克耳斯(Pockels)效应和克尔(Kerr)效应)、热光效应、等离子色散相应、量子斯塔克(Stark)效应等,能够对光波进行调制,使其能够运载各种信息,特别是传输高容量、高速率的信息,成为光学系统中极为重要的器件。

与常规的波导器件不同,硅基微纳光波导器件能够传输单模光波,速率高、损耗小、尺寸小、能够集成,同 CMOS 制作工艺兼容,已经成为硅基光子器件的核心。硅基微纳光波导调制器的高调制速率,能够很方便地和硅基微电子电路集成,是实现大规模光电子集成的基础。这一节将对各种结构的硅基微纳光波导调制器进行了分析,详细讨论了它们的工作原理、设计思想、模拟方法,并介绍了硅基微纳光波导调制器的研究进展。

光具有振幅(强度)、频率、相位、偏振等参量,如果能够通过某种物理方法来改变其中的某一参量,使其按照调制信号的规律变化,那么,光波就达到了"运载"信息的目的。根据被改变的参量的不同,调制可以分为频率调制(FM)、相位调制(PM)、幅度调制(AM)等形式。

在波导器件中,最常见的调制形式是相位调制和强度调制。相位调制主要是通过外加电场或载流子注入等方式来改变波导材料的折射率,从而改变光在波导中的传播常数。但是,相位的变化难于检测,不利于调制信号的提取。常用的调制形式还是强度调制,使光强按照调制信号的强弱规律变化。

强度调制可以通过改变波导材料的吸收系数而直接实现输出光强度的变化,例如对于电吸收(EA)调制器,也可以通过相位的变化转换为强度的变化,可以利用马赫-曾德尔(Mach-Zehnder)干涉仪或微环谐振腔结构来将相位调制转换为强度调制。

9.5.1 硅基波导的调制机理

在硅基材料中,可以利用许多物理效应对光进行调制,包括电光效应、热光效应、等离子色散效应、量子限制斯塔克效应等。

电光效应:在电场作用下,许多光学材料表现出光学各向异性的效应,包括泡克耳斯(Pockels)效应和克尔(Kerr)效应。电光效应是指材料的折射率会随着外加电场的变化而变化,通常是通过非线性作用引起的。由电场 E 引起的折射率变化可以表达为

$$n = n_0 + aE + bE^2 + \cdots \quad (9\text{-}48)$$

式中,n_0 为没有电场时材料的折射率。折射率随电场强度呈线性变化时为泡克耳斯效应,a 为线性电光系数。折射率随电场强度的平方变化时为克尔效应,b 为二次电光系数。泡克耳斯效应只存在于那些不是中心反演对称的晶体,如 $GaAs$、$LiNbO_3$ 中,它们的泡克耳斯系数分别为 1.6×10^{-10} cm/V 和 3.08×10^{-9} cm/V。这些晶体是理想的调制器材料,由于晶体中仅存在电场作用,不存在载流子的输运过程,更容易实现低功耗、高速的调制器。

单晶硅是典型的中心反演对称晶体,不具有泡克耳斯效应,而仅有很弱的克尔效应。在高达 $E = 10^6$ V/cm 的外加电场下,硅的折射率改变仅为 10^{-4},虽然这一变化已经基本上能够满足调制器的要求,但此时的电压已经超过了轻掺杂硅中的击穿电压。

Franz-Keldysh 效应:在外加电场的作用下,能带发生倾斜,电子和空穴的波函数将会扩展到带隙中,此时,在光子辅助隧穿的作用下,低于带隙能量的跃迁就可能发生,如图 9-15(a)所示。如果入射光的能量接近带隙,在外加电场的作用下吸收谱将会向长波长方向移动,这个效应可以用来制作直接强度调制的电吸收调制器;当入射光的能量小于带隙时,折射率的变化相对于吸收系数的变化来说占主导作用,这个效应就可以用作相位调制。图 9-15(b)中给出了在 Franz-Keldysh 效应作用下引起的电致折射率变化[22]。实验表明,波长为 1.07μm、外加电场为 $E = 10^5$ V/cm 时 Franz-Keldysh 效应引起的硅的折射率变化约为 $\Delta n = 1.3 \times 10^{-5}$。

热光效应:材料的折射率 n 随温度 T 的变化而变化,这就是热光效应。随着温

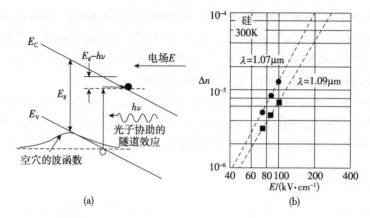

图 9-15 (a)在外加电场的作用下,Franz-Keldysh 效应引起的硅的能带倾斜;
(b)1.07μm 和 1.09μm 处硅的折射率变化 Δn 同电场 E 的关系

度的升高,硅的折射率增大。温度变化引起的材料折射率的变化称为热光系数。硅的热光系数比较大,在 1.55μm 处约为 $1.86 \times 10^{-4} K^{-1}$,大约为 $LiNbO_3$ 的 2 倍,是 SiO_2 的 15 倍。同时,硅又具有很高的热传导率(约 1.4×10^5 W/K),利用热光效应可以制作出结构简单的调制器。热光效应过程较慢,开关时间仅能达到微秒量级。

等离子色散效应:半导体材料中,自由载流子浓度的改变将引起折射率和吸收系数的改变,这就是等离子色散效应。硅材料的等离子色散效应十分显著,利用这种效应能够实现高速的光波导调制,是硅基光调制器的工作原理的基础。

如果光波在折射率为 $\tilde{n}$ 的介质中沿 z 方向的传播,则有

$$E(z,t) = E_{x0} \exp\left[i\left(\omega t - \frac{2\pi}{\lambda_0}\tilde{n}z\right)\right]$$
$$= E_{x0} \exp\left(-\frac{2\pi k}{\lambda_0}z\right) \exp\left[i\left(\omega t - \frac{2\pi}{\lambda_0}nz\right)\right] \quad (9\text{-}49)$$

式中,λ_0 为自由空间光波的波长。由此可知,电场沿传播方向的衰减系数为 $2\pi k/\lambda_0$。由于光强 $I = |E(z,t)]|^2 = I_0(t)\exp(-\alpha z)$,因此材料对光波的吸收系数 α 应为

$$\alpha = \frac{4\pi k}{\lambda_0} \quad (9\text{-}50)$$

上式表明,吸收系数 α 同折射率的虚部 k 直接相关,亦即同介电常数的虚部 $2\pi k$ 直接相关。

半导体的自由载流子的振荡角频率 ω_0 远比光波角频率 ω 小得多,所以有

$$n^2 - k^2 = n_0^2 - \frac{q^2 N}{m^* \varepsilon_0} \frac{1}{\omega^2 + r^2} \quad (9\text{-}51)$$

$$2nk = \frac{q^2 N}{m^* \varepsilon_0 \omega} \frac{r}{\omega^2 + r^2} \quad (9\text{-}52)$$

一般在复折射率中,与 n 相比,k 可以忽略不计,同时 $\gamma \ll \omega^2$,因此,

$$n^2 = n_0^2 - \frac{q^2 N}{m^* \varepsilon_0 \omega^2} \tag{9-53}$$

由于 $\frac{q^2 N}{2m^* \varepsilon_0 \omega^2 n_0} \ll 1$,因此由上式可得

$$n = \sqrt{n_0^2 - \frac{q^2 N}{m^* \varepsilon_0 \omega^2}} \approx \sqrt{n_0^2 - \frac{q^2 N}{m^* \varepsilon_0 \omega^2} + \left(\frac{q^2 N}{2m^* \varepsilon_0 \omega^2 n_0}\right)^2} = n_0 - \frac{q^2 N}{2m^* \varepsilon_0 \omega^2 n_0} \tag{9-54}$$

由方程的稳态解可以得出阻尼因子 r 为

$$r = \frac{|q|}{m^* \mu} \tag{9-55}$$

式中,μ 为材料中载流子的迁移率。可推导出

$$2nk = \frac{|q|N\mu}{\varepsilon_0 \omega} \frac{1}{1+(m^* \mu\omega/q)^2} \tag{9-56}$$

由于 $(m^* \mu\omega/q) \gg 1$,$n \approx n_0$,根据上式可得

$$k = \frac{|q|^3 N}{2(m^*)^2 \mu n_0 \varepsilon_0 \omega^3} \tag{9-57}$$

在上面的推导中,只考虑了一种载流子对材料的影响。当材料中电子、空穴两种载流子同时存在时,利用 $\omega = 2\pi c/\lambda_0$,则材料的折射率和吸收系数分别为

$$n = n_0 - \frac{e^2 \lambda_0^2}{8\pi^2 \varepsilon_0 n_0 c^2} \left[\frac{N_e}{m_e^*} + \frac{N_h}{m_h^*}\right] \tag{9-58}$$

$$\alpha = \frac{e^3 \lambda_0^2}{4\pi^2 \varepsilon_0 n_0 c^3} \left[\frac{N_e}{(m_e^*)^2 \mu_e} + \frac{N_h}{(m_h^*)^2 \mu_h}\right] \tag{9-59}$$

式中,下脚标 e、h 分别表示电子和空穴。此两式为半导体材料的折射率和吸收系数同载流子浓度的对应关系,即为材料的自由载流子等离子色散效应。由以上两式可知,随着半导体材料中载流子浓度的增大,其折射率将逐渐减小,对光场的吸收将会逐渐增加。因此通过改变载流子浓度,将在改变材料的折射率的同时还改变其吸收系数,利用折射率和吸收率的改变,可以改变光波的相位和光强,从而实现对光波的调制。

图 9-16 和图 9-17 中分别是波长为 1.3μm 和 1.55μm 时硅的折射率和吸收系数随载流子浓度的变化关系[22]。经数学拟合可得,λ_0 为 1.3μm 和 1.55μm 时,等离子色散效应可分别表示如下

$$\lambda_0 = 1.3\mu m \Rightarrow \begin{cases} \Delta n = -[6.2 \times 10^{-22} \Delta N_e + 6.0 \times 10^{-18} (\Delta N_h)^{0.8}] \\ \Delta \alpha = 6.0 \times 10^{-18} \Delta N_e + 4.0 \times 10^{-18} \Delta N_h \end{cases} \tag{9-60}$$

$$\lambda_0 = 1.55\mu m \Rightarrow \begin{cases} \Delta n = -[8.8 \times 10^{-22} \Delta N_e + 8.5 \times 10^{-18} (\Delta N_h)^{0.8}] \\ \Delta \alpha = 8.5 \times 10^{-18} \Delta N_e + 6.0 \times 10^{-18} \Delta N_h \end{cases} \tag{9-61}$$

式中,Δn、$\Delta \alpha$ 分别表示硅材料的折射率和光场吸收系数相对于本征情况的增量;ΔN_e 和 ΔN_h 表示材料中自由载流子浓度的增量,单位均为 cm^{-3};$\Delta \alpha$ 的单位为 cm^{-1}。相

对于 Kerr 效应和 Franz-Keldysh 效应，载流子的等离子色散效应引起的折射率变化要大得多，利用它可以很容易实现硅基电光调制器。

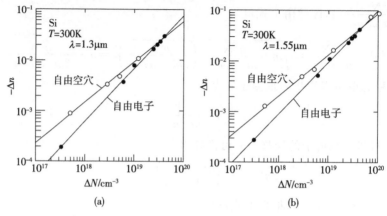

图 9-16　晶体硅的折射率随载流子浓度的变化关系
(a)$\lambda_0=1.3\mu m$；(b)$\lambda_0=1.55\mu m$

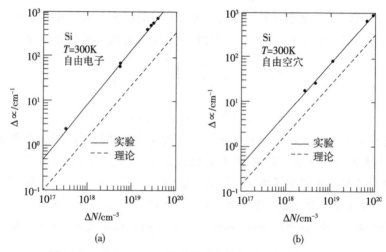

图 9-17　硅在 1.55μm 的吸收系数同电子空穴浓度的关系

其他效应

(1) 应变引起的线性电光效应

单晶硅因其中心反演对称性而不具有线性电光效应。然而，当在硅表面沉积一层应变层材料时，能够打破这种对称性，从而获得线性电光系数。当在 SOI 波导上沉积一层压应力层 SiO_2 或 Si_3N_4 时，它将会在水平方向上对硅晶格产生一个拉伸作用，由此打破了单晶硅的中心反演对称性，从而使硅具有线性电光系数，在外加电场的作用下会产生折射率的变化。实验测得由应力导致的硅材料的线性电光系数为 15pm/V。虽然不如 $LiNbO_3$ 等常用的电光晶体的电光系数大(后者为 360pm/V)，但应变硅还是可以在较大电场的情况下予以应用。此外，采用大群折射率的波导结构能够增大硅的电光系数,增强的非线性电光系数 $\chi_{\text{enh}}^{(2)}$ 与群折射率 n_g、材料非线性电光系数 $\chi^{(2)}$ 之间的关系为

$$\chi_{\text{enh}}^{(2)} = \frac{n_g}{n} \chi^{(2)} \tag{9-62}$$

式中,n 为材料的折射率。光子晶体波导通常具有较大的群折射率,实验上采用光子晶体波导已经能够得到约 830pm/V 的非线性电光系数。

(2) 量子限制斯塔克效应

当一个电场垂直加到量子阱结构上时,就可能产生量子限制斯塔克(Stark)效应。电子在量子阱结构中的跃迁由下面的方程决定

$$\hbar\omega = E_g + E_{\text{el}} - E_{\text{hl}} - E_{\text{ex}} \tag{9-63}$$

式中,$\hbar\omega$、E_g、E_{el}、E_{hl}、E_{ex} 分别为光子能量、量子阱材料的带隙、电子子带能级、空穴子带能级、激子束缚能。在外加电场的作用下,电子和空穴的波函数以相反的方向向阱边移动,电子子带能级下降,空穴子带能级上升,同时激子束缚能也减少,因此,总的有效带隙宽度减小,这就使得量子阱的吸收谱发生红移,向长波长方向移动。

在Ⅲ-Ⅴ族半导体量子阱结构中(如 InGaAs/InAlAs),量子限制斯塔克效应被广泛应用于电吸收调制器中。然而,硅基材料中的量子限制斯塔克效应通常很弱。最近,人们发现 Si/GeSi 量子阱结构中也存在较强的量子限制斯塔克效应。在 3V 的外加偏压下 Si/GeSi 量子阱结构在 1438nm 波长处的有效吸收系数高达 2800cm^{-1},利用这么大的吸收有可能制备出小尺寸、高速的电吸收调制器。

9.5.2 硅基光开关/调制器的光学结构

1. 马赫-曾德尔干涉仪型光开关/调制器

马赫-曾德尔干涉仪结构由输入/输出波导、两个 3dB 耦合器(一个光分束器和一个光合束器)、两个调制臂等几部分构成(图 9-18)。当入射光耦合进其中的一个输入波导时,光分束器把光波分成两束,并分别导入两个调制臂中。两束光在调制臂中

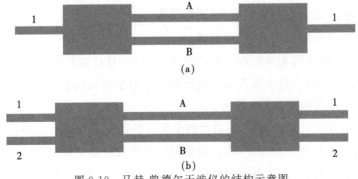

图 9-18 马赫-曾德尔干涉仪的结构示意图
(a) 1×1 光开关/调制器;(b) 2×2 光开关/调制器

传输一段距离之后,分别附加上一定的相位,引入一定的光程差,经过光合束器合波后输出。通过下一小节 9.5.3 描述的电学结构改变其中一个调制臂的折射率,可以调节两者之间的相位差大小,经过合束器干涉叠加之后维持或者改变光场分布,从而实现光从相位调制到强度调制的转化。

如果输入端的分束器和输出端的合束器都是对称的,输入端的分束器分光比为 $a/(1-a)$,附加损耗为 α,两个输出端口光的相位差为 $\Delta\varphi_s$,上下两个调制臂的长度分别为 L_A 和 L_B,调制臂波导的有效折射率分别为 n_{effA} 和 n_{effB},传输损耗分别为 α_A 和 α_B,当功率为 P_{in} 的光输入时,经过分束器后两个臂上的输入光场分别可以表示为

$$E_{1A} = \sqrt{\alpha a P_{in}} \exp[j(\omega t + \Delta\varphi_s)] \tag{9-64}$$

$$E_{1B} = \sqrt{\alpha(1-a)P_{in}} \exp(j\omega t) \tag{9-65}$$

在两个调制臂的末端,输出光场可以分别表示为

$$E'_{1A} = \sqrt{\alpha a P_{in}} \exp[j(\omega t + \Delta\varphi_s)] \exp(-jk_0 n_{effA} L_A - \alpha_A L_A) \tag{9-66}$$

$$E'_{1B} = \sqrt{\alpha(1-a)P_{in}} \exp(j\omega t) \exp(-jk_0 n_{effB} L_B - \alpha_B L_B) \tag{9-67}$$

输出端是一个 2×1 的合束器,可以认为它的输出光场为两个输入光场 E'_{1A} 和 E'_{1B} 的相干叠加,乘上一个损耗因子 β,即

$$\begin{aligned}E_{11} = \sqrt{\beta} \{ &\sqrt{\alpha a P_{in}} \exp[j(\omega t + \Delta\varphi_s)] \exp(-jk_0 n_{effA} L_A - \alpha_A L_A) \\ &+ \sqrt{\alpha(1-a)P_{in}} \exp(j\omega t) \exp(-jk_0 n_{effB} L_B - \alpha_B L_B) \}\end{aligned} \tag{9-68}$$

于是,输出波导中的光功率为

$$\begin{aligned}P_{out} = |E_{11}|^2 = \alpha\beta P_{in} \{ &a\exp(-2\alpha_A L_A) + (1-a)\exp(-2\alpha_B L_B) \\ &+ 2\sqrt{a(1-a)} \exp(-\alpha_A L_A - \alpha_B L_B) \cos[\Delta\varphi_s - k_0(n_{effA} L_A - n_{effB} L_B)] \}\end{aligned}$$
$$\tag{9-69}$$

MZI 型光学结构能够获得较大的消光比、较宽的光学带宽,且制作起来容易,有较大的工艺容差,是常用的光开关/调制器结构。

2. 法布里-珀罗腔型光开关/调制器

谐振腔结构能够将光场限制在腔内很小的区域,其传输特性对腔内材料的折射率变化非常敏感。利用这个原理可以制作出尺寸很小的调制器。常用光学谐振腔结构有法布里-珀罗腔和微环谐振腔等。

法布里-珀罗腔型光开关/调制器由两个平行的高反射率反射镜和它们之间的介质(或波导)构成,如图 9-19(a)所示。光束经过两个反射镜之间的介质(或波导)的传输,产生一定的相移后,到达右边的反射镜,经过来回的反射,在输出端就得到了多束透射光的叠加,在谐振波长处,输出端的透射光干涉相长,而在其他波长处干涉相消,

从而具有谐振的传输特性[23]。对于某个固定的波长而言,整个 FP 腔的透射率发生了变化,从而实现了开关/调制的功能。

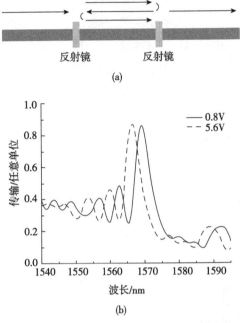

图 9-19　法布里-珀罗腔光开关/调制器
(a)结构示意图;(b)透射谱。实线和虚线分别表示偏压为 0.8V 和 5.6V 时的透射谱

这种光开关/调制器是通过共振峰的移动来实现的。法布里-珀罗腔的品质因子(Q 值)越大时,共振峰就越窄,峰值移动相同波长所需要的折射率变化就越小。因此,在消光比相同的情况下,高 Q 值的法布里-珀罗腔开关调制器的开关时间就能够更短,调制速率更高。

3. 微环型光开关/调制器

微环型光开关/调制器的结构如图 9-20(a)所示。与法布里-珀罗腔不同的是,微环谐振腔的透射光和反射光分别从不同的波导输出,因此,微环谐振腔更容易实现多输入、多输出的光开关。图 9-20(b)中给出了输出光谱,实线表示没有载流子注入时的输出谱,虚线表示有电注入时的输出谱。可以看到,在对特定的探测波长处,微环直通端的输出功率随着外加偏压的增大而发生变化。

将微环谐振腔中的环形波导换成微盘结构,就变成了微盘谐振腔。微盘谐振腔能获得更高的 Q 值,其光学响应速度远大于电学响应速度,有望实现更高频率的调制器。同 MZI 型调制器相比,谐振腔型调制器是窄带器件,它们都只能工作在特定的波长范围。

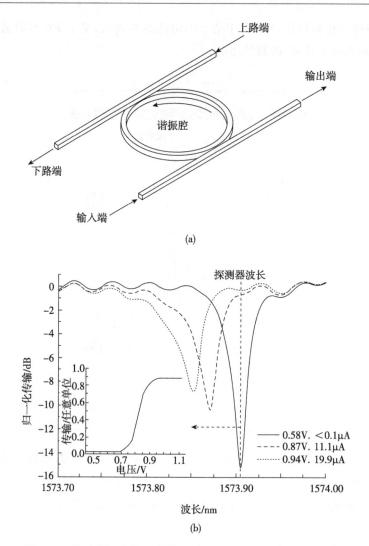

图 9-20　微环谐振腔的(a)结构示意图；(b)输出端的输出光谱[24]

9.5.3　光开关/调制器的电学结构

无论何种光学结构，都需要在光开关/调制器的传输波导中引进折射率的变化来实现相移，获得一定的光程差。改变折射率的效应很多，利用等离子体色散效应是最有效的方法之一，因此设计出各种电学结构，通过注入或者抽取载流子的方式实现高速率的光开关与光调制。

图 9-21 给出了四类光开关/调制器的电学结构，(a)为两种 PIN 注入结构，其上半部分为垂直注入型，下半部分为侧向注入型，(b)为反向偏置 PN 结型，(c)为 MOS 电容型，(d)为场效应晶体管型。

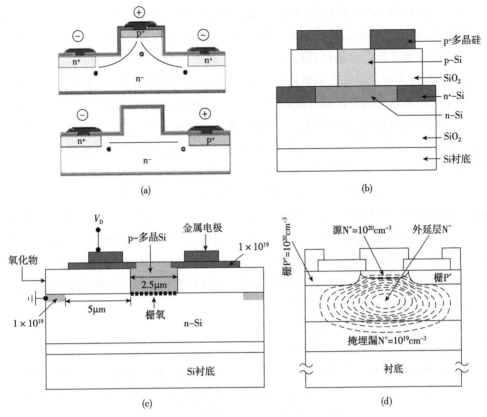

图 9-21　四类光开关/调制器的电学结构

图 9-21(a)PIN 型中加正向偏置时,本征区注入大量非平衡少数载流子,由于载流子色散效应,脊形波导内的折射率和吸收系数随之同时变化。由于非平衡载流子在高阻低掺的硅中具有一定的扩散长度,因此波导折射率变化的区域与光场具有较大的交叠,调制效率较高。侧向注入型 PIN 二极管的制作工艺难度最小,还可以通过减小两侧重掺杂区的间距来调制速率,是器件设计中常采用的结构。

图 9-21(b)为反向偏置 PN 结型,由一个 pn 结和 p^+、n^+ 两个电极层组成,未调制时波导中已经有一定的载流子分布,而施加反向偏压时,降低了 pn 结附近的载流子的浓度,同时增大耗尽区的宽度。载流子浓度分布的变化将改变波导层的折射率,从而调制波导内传输光场。在反偏压的作用下 PN 结处于耗尽状态,耗尽区中载流子的漂移速度较快,理论上可以实现数百 GHz 调制速度。

然而,调制过程中载流子浓度变化较小,仅集中在 PN 结的耗尽区,与光场的交叠积分也相应较小,因此调制效率较低。同时由于波导核心区为掺杂层,吸收损耗变大。这种结构与微环等强谐振结构组合可以降低调制过程对折射率变化量的要求,从而可以实现更好的调制效果和获得高的速率。

图 9-21(c)为 MOS 电容型,在脊形波导的 p 型和 n 型硅之间,插入了一层极薄的栅氧层构成了电容结构。外加偏压时,在栅氧层的两边将会出现自由载流子的积累,载流子浓度变化会引起材料折射率的变化,从而对光波调制。电极间波导层电阻和栅氧层电容决定了器件的调制速率。器件中自由载流子的运动受电压控制而不是电流控制,因此在电路中没有直流,器件功耗大大降低,调制时受热光效应的干扰就很小。由于这种结构折射率变化区域与光场的交叠积分较小,总的调制效率不高。栅氧层的引入使器件具有强烈的偏振相关特性,TE 模的调制效率远大于 TM 模。此外,这类结构的制作难度较大,对制作容差的要求也较高。

图 9-21(d)为 FET(场效应晶体管)型,工作时栅和源之间的 PN 结加正偏压,采用恒定的电流源驱动栅极。通过调节源和漏之间的电压,可以调节由栅极注入的电流在波导中的走向以及相应的载流子分布,因而调节波导芯区折射率的变化,实现光开关/调制。调制过程中注入电流维持不变,变化的只是电流的走向,因此载流子在电场作用下作漂移运动,调制速率也比较高。但这种结构的缺点是制作工艺较复杂,高掺硅层对光场有极为严重的吸收。

9.5.4 硅基微纳光开关/调制器的特性

硅基微纳光开关/调制器的特性包括光场调制效率、开关时间、调制速率、调制功耗、插入损耗、消光比等。表 9-1 列出了几种常见调制其电学结构的特性,可以看出,正向偏置 PIN 二极管和反向偏置 PN 结两种结构具有制作难度较小、调制效率较高、调制速率较快等优点,是目前采用比较多的电学结构。

表 9-1 几种常见调制其电学结构的特性比较

电学结构	正向偏置 PIN 二极管	反向偏置 PN 结	MOS 电容	FET
光场调制效率	较高	较低	低	较高
制作难度	较小	较大	大	较大
调制功耗	较大	较小	较小	大
热光效应的影响	较大	较小	较小	大
光场吸收	较小	较大	较大	大
调制速率	较低	较高	较高	较高

早在 20 世纪 80 年代,人们就已经开始了对硅基光波导电光调制器的研究,美国空军研究所的 R. Soref 博士是这方面的先驱。文献[25]报道的双注入场效应管(DIFET)电学结构,理论模拟的调制带宽为 3.2GHz,而当时实验上得到的最高调制带宽仅为 200kHz。从 90 年代起,SOI 逐渐被用作调制器的衬底材料,能够实现强限

制的波导结构。PIN二极管因其高的调制效率和简单的制作工艺,成为主要的电学结构,实验上制作的器件的最高调制带宽为20MHz[26]。

2004年Intel公司将MOS结构应用到硅基电光调制器上[27],成功实现了GHz的调制带宽。这是光调制器的一个突破性进展。2007年,Intel成功在实验上验证了这种PN结耗尽型电光调制器,器件的调制带宽为20GHz,数据传输速率达到30Gbps[28]。2007年美国Cornell大学采用预加重电学信号驱动,使传输速率达到了12.5Gbps[29],2005年,英国Surrey大学提出了一种基于反向PN结电学结构的调制器,器件工作在载流子的耗尽模式,理论预测其开关时间仅为7ps[30]。中国科学院半导体研究所采用交叉指型电极的方式大大缩短了载流子的漂移时间,成功地研制出70Gbps的高速调制器和纳秒量级的光开关,这些是至今报导的最好数据[31,32]。

自20世纪80年代出现以来,作为单片硅基光子集成芯片中的关键器件,微纳光波导光开关/调制器已经越来越受到人们的关注,并且取得了巨大的进展。器件尺寸缩小至纳米尺寸,调制速度达到70Gbps,而且,持续的研究将使器件的调制带宽能够在不久的将来再提高一个量级,这些进展不仅使硅基微纳光波导调制器的性能已经接近其他基于电光效应材料的器件,而且使全硅光子集成芯片变成现实。

9.6 硅基光耦合器

虽然SOI亚微米波导能够实现很多紧凑的结构和出色的功能,然而要让SOI亚微米波导大规模的应用于实际通讯系统,必须解决光纤同波导之间的耦合难题。波导中的模斑尺寸小于1μm,而光纤中的模斑尺寸为8~10μm,二者之间的面积相差200倍之多。光纤和硅基波导之间的耦合会有较大的损耗,包括光纤和波导之间的横向位错损耗、纵向间距损耗、轴向角度倾斜损耗、模场匹配损耗、数值孔径差异损耗等。

前三项损耗取决于光纤和波导的对准情况,后两项损耗取决于光纤和波导的本身结构尺寸,与对准无关,因此波导耦合器的结构成为降低损耗的关键。

模斑尺寸的失配会带来辐射模,而有效折射率的失配将会带来背反射,光从光纤进入这种小尺寸的波导经常会带来很大的损耗。因此两者之间的耦合问题是一个长期具有挑战性的课题。

9.6.1 硅基光耦合器的结构

图9-22给出了各种硅基光子器件耦合器的结构。表9-2对其性能和优缺点进行了比较。可以看出,现在的硅基光耦合器结构包括模斑变换器、镜耦合器和光栅耦合器,其性能和制作方法多种多样,彼此竞争和相互促进,有的耦合器还在研究改进之中,有的已经进入系统实用。

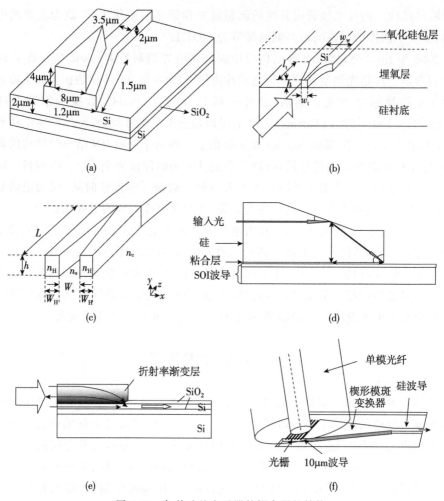

图 9-22 各种硅基光子器件耦合器的结构

(a)正向楔形耦合器;(b)反向楔形耦合器;(c)狭缝式耦合器;(d)反向棱镜耦合器;
(e)折射率渐变半透镜耦合器;(f)光栅耦合器

表 9-2 各种硅基光子器件耦合器的比较

器件结构	耦合效率	带宽	优点	缺点
正向楔形耦合器	较低	很大	工艺简单,易于实现	尺寸大,耦合效率低,难于集成
反向楔形耦合器	最高(89%)	很大	对准容差大	工艺难度高,偏振敏感
反向棱镜耦合器	较高(45%)	较宽	应用灵活,制作简单,对准可靠	难于集成,需要环氧黏合剂,偏振敏感
折射率渐变半透镜耦合器	高(78%)	较宽	制作容差大	工艺复杂,偏振敏感,对准容差小
光栅耦合器	较高	较宽	易对准,对准容差大,易于集成	偏振敏感

正向楔形耦合器耦合效率较低,带宽很大,但是器件尺寸大,不利于与亚微米波导器件单片集成。反向楔形耦合器耦合效率最高达89%[33],但是制作工艺难度高,对准容差大,对偏振敏感。折射率渐变半透镜耦合器耦合效率高,可达78%,但是工艺复杂,制作容差大,难于集成,对准容差小,对偏振敏感。光栅耦合器制作工艺简单,工艺容差大,易于对准,对准容差大,易于集成,无需划片,但是耦合效率没有前者高[34]。

9.6.2 模斑变换器

楔形模斑变换器利用楔形波导克服光纤和波导在有效折射率、芯径尺寸和对称性等方面的差异,改进模场匹配的程度和降低端面反射损耗,从而将光波耦合进尺寸为亚微米量级的 SOI 的波导中。

楔形模斑转换器有正向和反向两种楔形结构,它们不仅能改变光纤中模式的大小,而且能改变模式的形状,提高波导和光纤的模场匹配程度,从而达到同波导之间的高效耦合。正向楔形结构(参见图 9-22(a))是一种最直观的结构,与光纤连接的一端扩展为光纤尺寸大小,与波导连接的一端拉成楔形。正向模斑变换器从外形上可以分为水平楔形变换的模斑变换器[35]、垂直楔形变换的模斑变换器[36]和水平与垂直两个方向同时变化的模斑变换器[37]。反向楔形结构[38]和狭缝式(slot)波导结构[39]也是十分有效的模斑变换器。

1. 正向楔形模斑变换器

正向模斑变换器的尺寸跟光纤的尺寸接近,波导模场同光纤中的模场尽量匹配,光场耦合至耦合器中时,先分布在 8μm 厚的整个波导层内,然后压缩到中脊和平板波导部分,最后在单模脊形波导中稳定传播,完成了模场的转换。

正向楔形模斑变换器的耦合效率较高,但器件尺寸太大,制作工艺困难,端面之间的反射损耗较大,对偏振敏感性,这些不足限制了其发展。

2. 反向楔形模斑变换器

如图 9-22(b)所示,反向楔形结构是把与光纤连接的一端尺寸减小到几十纳米,削弱波导中心对模场的限制作用,模场离开波导中心,大量泄漏到包层中。采用与光纤纤芯折射率接近的二氧化硅或者是高分子材料作为包层,随着模斑尺寸的增大,模场的有效折射率随之减小,接近包层的折射率,从而实现与光纤模场有效折射率的匹配,同时波导模场跟光纤模场的交叠面积也得到增加。尖端处的模场大部分集中在二氧化硅层,使得波导折射率跟光纤折射率接近,降低了背反射,从而大大提高了耦合效率。

近年来,反向楔形耦合器成为了研究的热点,日本 NTT 公司报道的反向楔形模斑变换的损耗低于 1dB,总的插入损耗为 3.5dB。IBM 公司也报道端面损耗仅仅为 0.5dB 的反向楔形耦合器。

3. 狭缝式(slot)模斑变换器

狭缝式模斑变换器是基于狭缝式波导的一种由中科院半导体研究所提出来的新颖光耦合器[40]，由 SOI 衬底上的两侧波导、狭缝、外包覆层构成，如图 9-22(c)所示。

根据麦克斯韦方程的表述，在折射率突变的波导边界，为了保持电位移矢量法向分量的连续性，相应的电场在折射率突变处就产生了不连续，在高折射率处电场值小，在低折射率处电场值大。基于这个原理，这种不连续性能在低折射率区提高光场强度和模场限制作用。在端面处，光场在低折射率区域产生交叠，最终完全进入两侧的波导中，从而跟后端连接的亚微米光波导达到很好的耦合，减小了耦合损耗。

该耦合器的模式转换损耗很低，模拟结果表明，对于准 TE 模来说，当耦合器长度大于 90nm 以后，模式转换损耗将小于 0.5dB；对于准 TM 模来说，模式转换损耗几乎可以忽略。新加坡 IME 研究所已经在光纤和氮化硅波导的耦合中制作了这种耦合器[41]，具有尺寸小、耦合效率高的优点，制作工艺与传统微电子工艺兼容。但是制作狭缝的工艺难度较大，偏振相关性高。

9.6.3 棱镜耦合器

反向棱镜耦合器和折射率渐变半透镜耦合器如图 9-22(d)和(e)所示。反向棱镜耦合器和折射率渐变半透镜耦合器是利用几何尺寸的变化和折射率的变化实现光波模场和传输方向发生改变的结构，

反向棱镜的作用在于引入角度合适的导波，从而达到了高效率的耦合。其优点为制作简单、对准方便、耦合效率高、3dB 带宽较宽，但是耦合时需要将棱镜放在距离波导表面很近的地方，容易损坏波导，该耦合器对偏振敏感。

折射率渐变半透镜耦合器的 GRIN 半透镜结构和传统圆柱形 GRIN 透镜原理类似，都是利用输入光在 SOI 波导的核心层周期性的汇聚再扩散的过程，除掉第一个汇聚焦点之后的 SOI 部分就形成了如图 9-22(e)所示的耦合器。

理想的 GRIN 透镜的折射率跟距离波导表面的长度成二次方的衰减，简化的 GRIN 结构包括了两到三个均匀层结构，折射率分布呈阶梯型衰减，效果也很显著。即使用单一均匀层这种最简单的结构，只要折射率略小于波导核心层，也能把耦合效率提高好几倍。

这种耦合器的耦合效率高以外、制作容差高达 1μm、对外包层的厚度没有严格要求。焦距长度在 10μm 量级，所以 GRIN 层的传播损耗可以忽略。

9.6.4 光栅耦合器

光栅耦合器有垂直耦合和平行耦合两种结构。垂直耦合结构中，直接将与波导垂直的光纤中的光通过光栅耦合到较宽的平面波导中，再通过二维模斑转换器连接到小尺寸波导[42]。平行耦合结构中，先将光纤中的光直接耦合到一个大横截面尺寸

的波导中,再通过刻在波导上的光栅耦合到导波层中[43]。

光栅耦合器具有如下优点:①不需要划片与端面抛光,避免了划片抛光引起的波导端面损伤;②光栅耦合器的耦合区域尺寸与光纤芯径尺寸相当,都在10μm左右,对准容差大;③在芯片平面内任意位置都可以实现光的输出或输入,芯片的现场测试成为可能;④制作技术完全与CMOS工艺兼容。光栅耦合器的不足之处在于,耦合效率比反向楔形耦合器低。

垂直型光栅耦合器利用波导表面的衍射光栅将垂直于波导表面入射的光波衍射进宽平面波导中,光再经过模斑变换器进入小尺寸波导。光在传输的过程中改变了90°的传输方向,即光纤与波导平面是垂直的,因此是一种垂直型耦合方式。

图9-23给出了光栅的工作原理图,光束1与光束2平行地以入射角α照射到光栅表面,经过光栅衍射以后再以角度β平行出射。光束1与光束2经过光栅的衍射以后,两束光将发生干涉现象。如果两束光的光程差为波长的整数倍,两束光将会干涉相加。光栅的周期d、入射角α和衍射角β满足下式

$$d(\sin\alpha + \sin\beta) = m\lambda \tag{9-70}$$

式中,m为光栅衍射的阶次;$\lambda = \lambda_0/n_{\text{eff}}$;$\lambda_0$为光波在真空中的波长;$n_{\text{eff}}$为光传输介质的有效折射率。式(9-70)就是最基本的光栅方程。

在光栅耦合的过程中,如果光束垂直入射下来,散射后再相互干涉,变为同光栅表面平行的一束光,入射光与出射光垂直,即入射角$\alpha = 0°$,出射角$\beta = 90°$。这时的光栅方程式(9-70)就变为

$$dn_{\text{eff}} = m\lambda_0 \tag{9-71}$$

这就是说,光束垂直入射到光栅表面上,入射角为0°,出射角为90°。入射光经过光栅衍射并干涉之后,变为一束平行表面的光束。利用这种方式,光束就能够进入同光栅平行的波导层中,从而完成光波从光纤到波导的耦合过程。这就是垂直型光栅耦合器的工作原理。

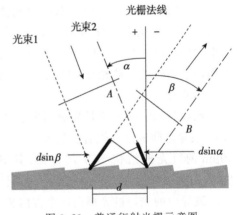

图9-23 普通衍射光栅示意图

式(9-70)为光栅处于共振态的共振方程,描述了光栅耦合器的周期、光栅波导的有效折射率、工作中心波长等之间的关系,在光栅耦合器设计中需要重点考虑这些参数。为了实现衍射光的最大强度,一般取$m=1$,即利用光栅的一阶衍射。

引入周期结构的基本公式——布拉格公式,对光栅耦合器原理作进一步说明。正如图9-24(a)所示,布拉格公式描述了光栅结构中入射光与衍射光波矢之间的关系。不同折射率的材料构成沿z向的单轴周期结构光栅,布拉格条件为

$$\vec{k}_z = \vec{k}_{\text{in},z} + m\vec{K} \tag{9-72}$$

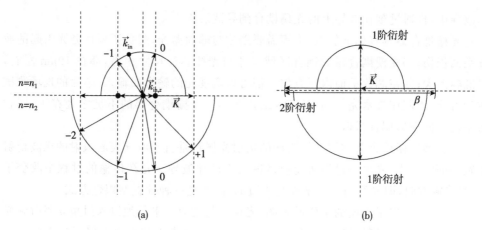

图 9-24 (a)布拉格条件波矢图;(b)共振态光栅布拉格条件波矢图

其中,在介质 1 中,$|\vec{k}_{in,z}|=k_0n_1$,介质 2 中,$|\vec{k}_{in,z}|=k_0n_2$,$|\vec{K}|=\dfrac{2\pi}{d}$。这是一个适用于各种光栅结构的公式,而在描述光栅耦合器这种共振耦合态时,可以用波导的导波模代替入射波,用它的传播常数 β 来表征。这时公式改写为

$$\vec{k}_z=\beta+m\vec{K};\qquad(9\text{-}73)$$

式中,$\beta=(2\pi/\lambda_0)n_{eff}$。图 9-24(b)为光栅处于共振态时的波矢图,其中入射光在水平方向入射,1 阶衍射光分别由垂直向上与垂直向下两个方向出射。假设光从波导中入射,则波导中的光经过光栅分别向波导表面上方与波导衬底衍射,其中垂直于波导表面向上衍射的光被光纤接收,就可以实现光波导的耦合输出。这就是光栅耦合器的基本原理。

比利时 Ghent 大学最先研制出这种耦合器,完成单模光纤和 240nm 厚的 GaAs-AlO$_x$ 波导之间的垂直耦合。后来进一步设计并制作了如图 9-22(f)所示的长度仅为 10μm 的短光栅结构 SOI 耦合器,其 SOI 的埋氧层厚度为 1μm,顶硅层厚度为 220nm,刻蚀深度为 70nm,光栅的周期设计为 630nm。

波导中的光经过光栅向四个方向传输:向上衍射、向衬底衍射、光栅向后反射及通过光栅向前透射。因为刻蚀深度较深,光栅耦合强度比较大,衍射的能量占了总能量的绝大部分,其中向上衍射的能量直接决定了光栅耦合器的耦合效率。如果用光栅的定向性来表示向上耦合的能量与总衍射能量的比值,在上图所述的这种结构中,其光栅定向性在 1550nm 时达到了 47%。因为标准单模光纤与衍射光的模式失配,最后测量得到的耦合效率只有 33%。可见增加光栅的定向性能够提高光栅的耦合效率。

常见的垂直光栅耦合器,光纤并不是与波导表面完全垂直,而是与波导表面的垂线有着 8°到 10°的倾斜角。通过这种方式可以避免光经过光栅时向后的二阶反射。实验和模拟均证明,倾斜一定角度的接收比完全垂直接收得到的耦合效率要高 10%

以上。

光栅结构不仅能够用于垂直耦合,也能用于水平耦合的设计中。双光栅辅助定向耦合器如图 9-25 所示[44]。

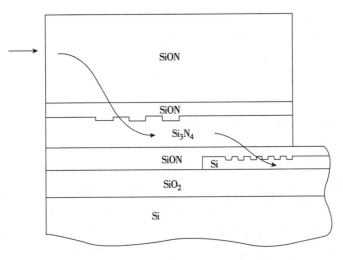

图 9-25　水平双光栅耦合器示意图

该结构最上面是一个与光纤相匹配的大尺寸 SiON 波导,中间是 Si_3N_4 波导,在大尺寸 SiON 波导和小尺寸 SOI 波导之间起过渡连接作用,三个波导是在垂直于衬底的方向上一层一层淀积而成,波导之间通过光栅相互连接。顶层 SiON 折射率为 1.478,跟光纤比较接近,折射率失配带来的插入损耗小于 0.05dB。所以光纤可以跟较厚的 SiON 层直接对接,然后用第一个光栅把光耦合进 Si_3N_4 层,用第二个光栅耦合进较薄的 SOI 层。整个中间层在折射率和厚度相差较大的 SiON 层和 Si 层中间起到了过渡作用,保证了两个光栅都有较高的耦合效率。中间层的两侧分别用到了两层很薄的 SiON 过渡层。Si 层下面的 SiO_2 层作为下包层起到了防止泄漏的作用。原材料采用了键合技术制造的 4in 硅衬底,二氧化硅层厚 3μm,硅外延层厚 230nm。制造工艺中,用 PECVD 淀积 SiON 层和 Si_3N_4 层,ICP 刻蚀硅波导。最上面三层用 CHF_3 等离子体刻蚀。SEM 照片表明刻蚀用到的感光保护膜在如此长的刻蚀过程中损耗较大,顶层 SiON 的厚度在刻蚀过程中明显减小,这将严重影响到耦合效率,所以理论最大耦合效率可达 93%,实际加工出来的耦合器的耦合效率为 60%。

采用光栅结构使得耦合带宽相当窄(4nm),可通过光栅啁啾和改变占空比来增加带宽;还需要关注侧向的波导模式匹配,尽管在垂直方向上能够获得较高的耦合效率,但侧向的模式失配同样可能造成很大的耦合损耗。采用楔形波导结构或梯形截面波导结构,通过合理设计波导尺寸和在生长过程中控制应力分布来降低耦合器的偏振相关性,实验测得水平双光栅耦合器的耦合效率为 55%,与偏振无关。

9.7 结 束 语

光通信系统广泛使用光纤，它们是目前应用最广的波导，也是信息领域中最重要的器件。同样地，硅基光波导器件虽然刚刚崭露头角，但是已经显示出强劲的生命力，将在计算机系统和光通信系统中的光互连中发挥重大作用。

SOI 是一种非常特殊的硅材料，被称为第二代硅。它由硅和二氧化硅构成。彼此的折射率差很大，因此 SiO_2/Si 界面处的光场会受到很强的限制，这就大大降低了 SOI 基光波导的尺寸，SOI 基单模光波导的截面面积只有单模光纤的二百分之一。这种小截面、单模波导带来的特点是器件非常小、功耗非常低、集成度可以很高，有着巨大的潜力，是光电集成回路的基本元器件。由于尺寸小，器件的制备变得更加困难，它们不仅仅要求刻蚀出各种纳米级尺寸的器件图案，还要求刻蚀出来的表面是光学平坦的，没有大的刻蚀损伤，从而能够降低光学损耗。这种小截面的波导之间和波导同光纤之间的耦合也是非常困难的技术。因此，应当将硅基光子器件尽可能地集成在同一芯片上，使其具有传输、开关、调制、探测等功能，另一方面，也要解决这类截面很小的波导同光纤的耦合问题，这样它们才能在实际应用中充分发挥作用。

在这一章中，我们从麦克斯韦方程出发，以平面介质光波导为特例，全面分析了单模条件及在各种波导截面中的模场分布，介绍了几种较为典型的方法，包括 BPM、FDTD、FMM 等方法，给出了 SOI 矩形截面和梯形截面脊形波导的单模条件，这些模拟和实验为 SOI 单模波导结构的设计提供了非常方便和实用的工具与手段。

与此同时，这一章还介绍了几种典型的 SOI 光波导器件，包括滤波器、AWG、光开关/调制器、光耦合器等。这些硅基光子器件的发展和应用，将会在信息领域掀起另一场技术革命，在信息传输速度、信息容量、节能、可靠性、器件成本等方面显示出巨大的优越性。

这些光子器件的制作工艺同 CMOS 工艺兼容，可以利用 pn 结、pin 结等电学结构实现电光转换和控制，也能够在同一衬底片子上制作出许多不同功能的高性能电子和光子器件，从而真正实现光电子集成。

参 考 文 献

[1] Soref R A, Schmidtchen J, Petermann K. IEEE J. Quantum Electron., 1991, 27: 1971-1974
[2] 余金中. 硅光子学. 北京：科学出版社，2011：177-400
[3] Yee K S. IEEE Trans. Antennas Propagat., 1966, AP-14(3): 302-307
[4] Petermann K. Archiv für Elektronik und Überetragungstechnik, 1976, 30: 139-140
[5] Soref R A, Schmidtchen J, Petermann K. IEEE J. Quantum Electron., 1991, 27: 1971-1974

[6] Richman A G, Reed G T, Namavar F. J. Lightwave Technol., 1994, 12: 1771-1776
[7] Pogossian S P, Vescan L, Vonsovici A. J. Lightwave Technol., 1998, 16: 1851-1853
[8] Xia J, Yu J. Optics Communications, 2004, 230(4-6): 253-257
[9] Lim S T, Png C E, Ong E A, et al. Optics Express, 2007, 15(18): 11061-11072
[10] Takata K, Abe M, Shibata T, et al. IEEE Journal of Lightwave Technology, 2002, 20(5): 850-853
[11] 玻恩 M, 沃而夫 E. 光学原理. 北京: 科学出版社, 1978
[12] Okamoto K, Ishida O, Himeno A, et al. Electronics letters, 1997, 33(10)
[13] Marcatilli E A J. B. S. T. J., 1969, 48: 2103-2132
[14] Caruso L, Montrosset I. J. Lightwave Technol., 2003, 21(1): 206-210
[15] Poon J K S, Scheuer J, Mookherjea S, et al. Opt. Express, 2004, 12(1): 90-103
[16] Grover R, Absil P R, Ibrahim T A, et al. III-V semiconductor optical micro-ring resonators//Microresonators as Building Blocks for VLSI Photonics. Internation School of Quantum Electronics, AIP Conference Proceedings, 2004, 709: 110-29
[17] Lee K K, Lim D R, Luan H C, et al. Appl. Phys. Lett., 2000, 77: 1617-1619
[18] Huang Q Z, Yu J Z, Chen S W, et al. Chinese Phys. B, 17(7): 2562-2566
[19] Xia F N, Sekaric L, Vlasov Y A. Opt. Express, 2006, 14(9): 3872-3886
[20] Huang Q Z, Yu Y D, Yu J Z. J. Opt. A: Pure Appl. Opt., 2009, 11: 015506
[21] Xia F N, Rooks M, Sekaric L, et al. Opt. Express, 2007, 15: 11934-11941
[22] Soref R A, Bennett B R. IEEE Journal of Quantum Electronics, 1987, 23(1): 123-129
[23] Schmidt B, Xu Q, Shakya J, et al. Optics Express, 2007, 15(6): 3140-3148
[24] Xu Q, Schmidt B, Pradhan S, et al. Nature, 2005, 435(7040): 325-328
[25] Friedman L, Soref R A, Lorenzo J P. J. Appl. Phys., 1988, 63(6): 1831-1839
[26] CutoloA, Iodice M, Spirito P, et al. Journal of Lightwave Technology, 1997, 15(3): 505-518
[27] Liu A, Jones R, Liao L, et al. Nature, 2004, 427
[28] Liu S, Liao L, Rubin D, et al. Optic Express, 2007, 15(2): 660-668
[29] Xu Q F, Manipatruni S, Schmidt B, et al. Optics Express, 2007, 15(2): 430-436
[30] Gardes F Y, Reed G T, Emerson N G, et al. Optics Express, 2005, 13(22): 8845-8854
[31] Xu H, Xiao X, Li X, et al. Opt. Express, 2012, 20(14): 15093-15099
[32] Xiao X, Xu H, Li X, et al. Opt. Exp., 2013, 21(4): 11804-11814
[33] McNab S J, Moll N, Vlasov Y A. Opt. Express, 2003, 11: 2927-2939
[34] Taillaert D, Bienstman P, Baets R. Optics Lett., 2004, 29: 2749-2751
[35] Liu Y, Yu J, et al. IEEE Photonics Technology Letters, 2005, 17: 1641-1643
[36] Sure A, Dillon T, Murakowski J, et al. Opt. Express, 2003, 11: 3555-3561
[37] Pavesi L, Lockwood D J. Silicon Photonics. Berlin : Springer, 2004
[38] Almeida V R, Panepucci R R, Lipson M. Opt. Lett., 2003, 28: 1302-1304
[39] Liu Y, Yu J. Applied Optics, 2007, 46: 7858-7861

[40] Liu Y, Yu J. Applied Optics, 2007, 46: 7858-7861
[41] Tao S H, Song J, Fang Q, et al. Optics Express, 2008, 16: 20803-20808
[42] Schrauwen J, Laere F, Thourhout D, et al. IEEE Photonics Technol. Lett., 2007, 19: 816-818
[43] Orobtchouk R, Schnell N, Benyattou T, et al. IEEE International Conference on Interconnect Technology, 2003, 6: 233-235
[44] Masanovic G Z, Passaro V M N, Reed G T. IEEE Photon. Tech. Lett., 2003, 15: 1395-1397

第10章 半导体光电探测器

光的发射与探测是光学信息的两个极其重要的过程。探测过程与光发射过程相反,半导体材料吸收光子的能量,产生电子-空穴对,形成光电流,据此,人们设计出了另一大类器件——光电探测器[1-5]。光子能量大于带隙宽度 E_g 时,将发生本征吸收,而能量小时,可观察到杂质吸收、自由载流子吸收。本征吸收是构成光电探测器的基础。

光发射和光探测是相互依存的两个逆过程,半导体发光器件(半导体激光二极管、发光二极管、超辐射发光二极管等)把电能转变为光能、光信号,半导体探测器件(半导体光电探测器、太阳能电池、电荷耦合器件(CCD)等)把光信号、光能(激光、荧光、太阳能等)转变为电信号、电能。任何光电系统中都包含这两类器件,它们共同在许多应用中发挥着重要的作用。

光电探测器的结构主要有四种[6]:光电二极管(photodiode,PD)、pin 光电二极管、雪崩光电二极管(avalanche photodiodes,APD)和金属-半导体-金属(metal-semiconductor-metal,MSM)光电二极管。它们各具特色,性能各异。pn 结光电二极管结构最简单、制造最容易;pin 光电二极管结构稍复杂一些,性能优异、应用最广;雪崩光电二极管结构复杂,同时兼有探测和放大两种功能;MSM 光电探测器无需制造 pn 结,适合于难于掺杂的半导体材料,使它们也能制成光电探测器,它同电子器件的制造工艺完全相容,能同 FET 场效应晶体管一起制成光电子集成回路。

在吸收区中引进异质结构和谐振腔结构,既利用异质结的不同带隙和不同折射率提供载流子限制和光学限制,又利用谐振腔内来回反射的作用,在很薄的吸收区中实现高光吸收量子效率,同时因为缩短吸收区的长度而减少渡越时间。

依照内部是否有增益可以将光电探测器划分为两类。pn 结光电二极管(PD)、pin 探测器和 MSM 光电导探测器是没有内部增益的光电探测器,而雪崩光电二极管是有内部增益的光电探测器。

半导体光电探测器覆盖了可见光波段、红外波段、远红外波段,近年来又覆盖紫色光和紫外波段。半导体光电探测器的结构多种多样,本章将对它们进行具体的分析,介绍半导体材料的光吸收性能、光电探测器的结构、工作原理和特性,着重研究其物理机理。

10.1 半导体中的光吸收[7,8]

无论是直接带隙半导体材料还是间接带隙半导体材料,都能够用来制备半导体光电探测器件。半导体发光器件要求半导体材料必须是直接带隙半导体材料。因此,在这一点上,半导体光电探测器件同发光器件是很不相同的,探测器的要求更为宽容一些。现在应用得非常广泛的半导体光电探测器主要是Ⅳ族、Ⅲ-Ⅴ族等材料制成的,例如Ⅳ族的 Si、Ge 和 SiGe 合金,Ⅲ-Ⅴ族材料的 GaAs、InGaAs、InGaAsP、InGaN等。异质结材料能够提供透明的窗口、很强的光学限制和优异的导波特性,因此,采用异质结材料来制备半导体光电探测器件的性能优异,显示出许多独特的性能,现在采用异质结材料研制出许多半导体光电探测器。

10.1.1 吸收系数[9]

如果一束光入射到半导体材料上,传输一段距离之后,它会因光学吸收过程而使光功率下降,其功率随着传输距离的变化为

$$P_i(z) = P_{i0} e^{-\alpha z} \tag{10-1}$$

式中,P_{i0} 和 $P_i(z)$ 分别为入射进入材料内部的光功率和传输一段距离 z 后在体内的光功率。式(10-1)表明,入射到半导体材料内的光功率会随着传输距离的增大而呈指数地衰减,其指数项中的系数 α 就是吸收系数。在 $z=d=1/\alpha$ 处,吸收使光功率衰减为原来功率的 $1/e$,我们定义此时的 d 为光波的**穿透深度**。因此我们很容易地明白损耗系数 α 的物理意义,波长为 λ 的光波在某种材料中传输时,其损耗系数 α 就是该光波在该材料中穿透深度 d 的倒数。

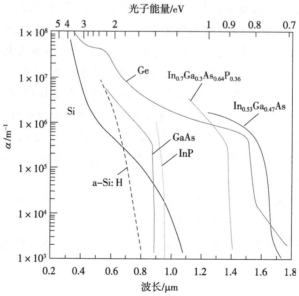

图 10-1 Si、Ge、GaAs 等材料的光吸收系数 α 同波长 λ 与光子能量 E 的关系

图 10-1 给出了 Si、a-Si:H、Ge、GaAs、InP、$In_{0.53}Ga_{0.47}As$ 和 $In_{0.7}Ga_{0.3}As_{0.64}P_{0.36}$ 等七种材料的吸收系数 α 同波长 λ 与光子能量 E 的关系。可以看出,它们的波长覆

盖范围是非常不同的。Ge 的波长覆盖范围很宽,包括可见光范围和直到 1.6μm 的红外范围,因此,在这一宽的波长范围内 Ge 是制作各种光电探测器的好材料,特别是用于各类仪器设备中的探测器。$In_{0.53}GaAs_{0.47}$ 是一种三元固溶体,特别适合于制作长距离光纤通信系统中的探测器,在 1.3μm 和 1.55μm 这两个光纤通信波段都表现出很好的吸收特性,能够制造出高性能的探测器,成为光纤通信系统中最常用的一类探测器。在可见光范围内,Si 和 GaAs 吸收系数也比较高,都是非常好的探测器材料。用 Si 制成的光电探测器表现出高速率、低噪声的优异性能,是所有探测器中的佼佼者。

无论是直接带隙半导体还是间接带隙半导体,都能制成光电探测器。光子能量较大($h\nu > E_g$)时,将发生本征吸收,而能量大于能带同杂质能级之差($h\nu > E_C - E_a$ 或 $E_d - E_V$)时,可观察到杂质吸收、自由载流子吸收。本征吸收、杂质吸收等是半导体吸收光的主要机制,从而构成光电探测器工作原理的基础。

从图 10-1 可以看出,对于每种材料来说,在其本征吸收边 λ_g 处,有一陡峭的吸收边,也就是说,入射波长小于 λ_g 时,会发生强烈的吸收,而波长比 λ_g 长时,材料是透明的,不吸收其光子。只要入射光的光子能量大于半导体材料的禁带宽度,都会发生光学吸收,因此,无论是直接带隙半导体材料(GaAs、InGaAs 等)还是间接带隙半导体材料(Si、Ge、SiGe 等),都能用来制备半导体光电探测器。

对于每种材料来说,本征吸收边 λ_g 同带隙宽度相对应

$$E_g = h\nu_g = h\frac{c}{\lambda_g} \tag{10-2}$$

$$\lambda_g = \frac{hc}{E_g} = \frac{1.2398}{E_g} \tag{10-3}$$

上式中,如果波长 λ_g 和带隙的单位分别为 μm 和 eV,则可以按照最后的进行波长同能量的转换。入射波长小于 λ_g 时,会发生强烈的吸收,而波长比 λ_g 长时,材料是透明的,不吸收其光子。从该图中还可以看出,在带边附近,GaAs 和 InGaAsP 等直接带隙材料的吸收系数 α 比 Si、Ge 等间接带隙材料的吸收系数 α 陡峭得多,这是由于直接带隙中有更高的跃迁速率,因此在同样的光子能量下,吸收系数更大,光穿透深度更小。

图 10-2 给出了直接带隙的 GaAs 和间接带隙的 Si 的光吸收过程,图 10-2(a)中价带的电子吸收光子能量直接跃迁至导带,跃迁过程只与跃迁前后的两个能级有关,没有声子参与,动量不发生改变,吸收系数大,因而在带边处非常陡峭。间接带隙材料中,当入射光子的能量大于带隙宽度 E_g 时发生光吸收,同时会有声子参与,跃迁前后的动量发生改变,吸收的光子能量引起晶格振动,致使整个系统的温度升高,吸收系数变得小些,并且随着能量的变化而逐渐变化,吸收曲线不很陡峭。在带边附近,Ge、Si 等的吸收系数都是缓变的。

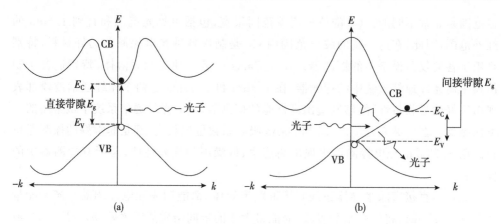

图 10-2 GaAs 和 Si 中的光吸收过程
(a)GaAs(直接带隙);(b)Si(间接带隙)

即使是间接带隙的半导体材料,一旦入射光子的能量大于该材料中 $k=0$ 处的带隙宽度时,即大于该材料的直接带隙时,吸收系数会陡然增大,吸收系数会变得近似线性地上升。在小于 1.55μm 附近,Ge 的吸收系数曲线明显地表现出了这一特性,吸收系数在直接带隙对应的波长处出现拐点。

即使间接材料带隙在带隙处的吸收系数不那么陡峭,但这并不影响它们作为探测器的材料应用。事实上,无论是 Si 还是 Ge 都研制出很好的探测器,Si 光电探测器在可见光范围、Ge 光电探测器在光纤通信波段中都获得广泛的应用。

探测的波段可分为紫外波段、可见光波段、红外波段、远红外波段等。可见光波段有 Si、InGaN 等探测器,紫外波段有 InGaN 探测器,红外波段有 Ge、InGaAs、GaAs 等探测器,远红外波段有 TeCdHg 等探测器。至今制成光电二极管的材料还包括 Ge_xSi_{1-x}/Si、$In_{0.53}Ga_{0.47}As/In_xGa_{1-x}As_{1-y}P_y/InP$、$In_{0.53}Ga_{0.47}As/Al_{0.52}In_{0.48}As$、$Al_xGa_{1-x}As/GaAs$、$In_xGa_{1-x}N/GaN$ 等异质结构,它们覆盖了紫外、可见光、近红外到红外的整个波段,为器件设计、性能改善提供了坚实的材料基础。

半导体对光的吸收机理可分为五种:本征吸收、杂质吸收、激子吸收、自由载流子吸收和晶格振动吸收。

本征吸收:电子吸收大于 E_g 的光子能量由价带跃迁至导带,产生一对电子-空穴对。

杂质吸收:电子吸收光子的能量在杂质能级间跃迁或者在杂质-能带间跃迁,能够产生自由载流子。掺杂半导体中,施主杂质能级同价带顶的能量差 E_d-E_v、导带底同受主杂质能级的能量差 E_c-E_a 和施主杂质能级同同受主杂质能级的能量差 E_d-E_a 都小于 E_g。E_d、E_a 分别为施主杂质能级和受主杂质能级。当电子吸收光子能量而实现带边-杂质能级(如 $E_a \to E_c$)或杂质能级之间($E_a \to E_d$)的跃迁,从而在导带或价带中产生自由载流子或使杂质能级电离,这种过程为杂质能级吸收。

激子吸收[10]：电子与空穴靠库仑力的作用相互束缚在一起，构成类氢原子态——激子，它们吸收入射光子的能量而产生自由的电子与空穴，这种由激子吸收光子而产生电子和空穴的过程叫做激子吸收。

自由载流子吸收：在导带中的电子或者价带中的空穴吸收光子能量跃迁到更高的能级，没有产生新的自由载流子。

晶格振动吸收：半导体材料中的电子或者空穴吸收外来光子的能量，产生声子，没有产生电子-空穴对，只是增强晶格振动使温度上升。

此外，还有光双子吸收、拉曼散射等过程，它们都是非线性光学问题。在光电子器件中，人们最关注的是带间跃迁光吸收和杂质能级光吸收，这些过程是线性光学问题。

10.1.2 带间本征光吸收[11]

能量为 $h\nu$ 的光入射到直接带隙为 E_g 的半导体材料上，如果入射光的光子能量 $h\nu$ 比半导体的禁带宽度 E_g 大，$h\nu > E_g$，位于价带的电子就可能吸收光子的能量而被激发至导带中。这一过程被称为带间本征光吸收。

直接带隙半导体中，假定导带底附近的能量同波矢之间的 E-k 关系呈抛物线关系，则 E 可以表达为

$$E(k) = E_g + \frac{k^2}{2\hbar m_r} \tag{10-4}$$

式中，m_r 为折合质量

$$\frac{1}{m_r} = \frac{1}{m_e} + \frac{1}{m_h} \tag{10-5}$$

从量子力学的一级微扰理论出发，可以推导出带间跃迁的光子吸收系数

$$\alpha(h\nu) = A\,(h\nu - E_g)^{\frac{1}{2}} \tag{10-6}$$

$$A = \frac{2\pi e^2\,(2m_r)^{\frac{3}{2}}\,|p_{m0}|}{3m_0^2 n\varepsilon_0 ch^3 \nu} \tag{10-7}$$

上式中，n 为材料的折射率；p_{m0} 为在电子由第 0 态到第 m 态跃迁的矩阵元。

$$p_{m0} = -\mathrm{i}h \int \left(\psi_m^* \frac{\mathrm{d}\psi_0}{\mathrm{d}x} + \psi_m^* \frac{\mathrm{d}\psi_0}{\mathrm{d}y} + \psi_m^* \frac{\mathrm{d}\psi_0}{\mathrm{d}z}\right) \mathrm{d}x\mathrm{d}y\mathrm{d}z \tag{10-8}$$

其中，ψ_0 和 ψ_m 分别为初态和末态的波函数；* 表示复数共轭。在直接带隙材料中，初态和末态的波矢相同

$$k_c = k_v = k \tag{10-9}$$

此时上式积分不为 0，也就是说竖直跃迁的几率最大。假定空穴的有效质量为电子的有效质量的一半，$m_h = \frac{1}{2} m_e$，式(10-7)就可以简化为

$$A = 3.38 \times 10^{17} \frac{1}{n} \cdot \left(\frac{m_e}{m_0}\right)^{\frac{1}{2}} \left(\frac{E_g}{h\nu}\right) \left(\frac{1}{m_0 e V^{\frac{1}{2}}}\right) \tag{10-10}$$

在这一讨论中,已经默认价带充满电子,而只考虑导带形状对光吸收的影响,实际半导体中,既要考虑杂质能级的光吸收,还要同时考虑导带和价带的能带形状对光吸收的影响。在间接带隙半导体中,光吸收过程还会有声子参与,因而需要采用二级微扰理论来处理光子吸收问题。

10.1.3 自由载流子光吸收

光子能量小于带隙时($h\nu < E_g$),虽然不能造成带隙跃迁光吸收,但会影响导带中的自由电子和价带中的自由空穴的运动,这些自由载流子吸收光子的能量而加速。这种由于自由载流子吸收光子能量而改变运动状态的过程称为自由载流子光吸收。

假定入射光的偏振方向为 x 轴,则入射光波的电场为

$$E = E_x e^{i\omega t} \tag{10-11}$$

在此电场的作用下,晶体中电荷的运动方程为

$$m \frac{d^2 x}{dt^2} + mr \frac{dx}{dt} + m\omega_0^2 x = -eE_x e^{i\omega t} \tag{10-12}$$

式中,m 为电荷质量;$mr \frac{dx}{dt}$ 和 $m\omega_0^2 x$ 分别为阻尼力项和恢复力项;r 和 ω_0 均为材料本身决定的参量。

求解方程式(10-12),可知电荷也以圆频率振动,其振幅 x_0 为

$$x_0 = \frac{eE_x/m}{\omega_0^2 + \omega^2 + i\omega r} \tag{10-13}$$

可以看出,x_0 为复数。一方面,电荷的运动同入射光电场有相位差;另一方面,由于有 r 的存在,入射光会在体内吸收过程中发生损耗。

在半导体材料中,假定其复数折射率为

$$\tilde{n} = n + ik \tag{10-14}$$

则复数介电常数为

$$\tilde{\varepsilon}_r = \tilde{n}^2 = (n+ik)^2 = (n^2 - k^2) + i2nk \tag{10-15}$$

由电学知识,电极化强度可表达为

$$\vec{D} = \varepsilon_r \varepsilon_0 \vec{E} = \varepsilon_0 \vec{E} + \vec{P} \tag{10-16}$$

对于一维运动来说

$$\varepsilon_r = 1 + \frac{P_x}{\varepsilon_0 E_x} = 1 - \frac{Nex_0}{\varepsilon_0 E_x} \tag{10-17}$$

将式(10-13)的 x_0 代入式(10-17),并与式(10-16)相结合,则 ε_r 的实部和虚部都可以表达为

$$n^2 - k^2 = 1 + \left(\frac{N_e^2}{m\varepsilon_0}\right)\frac{\omega_0^2 - \omega^2}{(\omega_0^2 - \omega^2)^2 + \omega^2 r^2} \tag{10-18}$$

$$2nk = \left(\frac{N_e^2}{m\varepsilon_0}\right)\frac{\omega r}{(\omega_0^2 - \omega^2)^2 + \omega^2 r^2} \tag{10-19}$$

电磁波 E 在折射率为 $\tilde{n}$ 的介质中传播时,如果传播方向为 z,偏振方向为 y,则其电场为

$$E(z,t) = E_y \exp\left[i\omega\left(t - \frac{\tilde{n}z}{c}\right)\right] = E_y \exp\left(-\frac{\omega k z}{c}\right)\exp\left[i\omega\left(t - \frac{nz}{c}\right)\right]$$

$$= E_y \exp\left(-\frac{\alpha z}{c}\right)\exp[i\omega(t - \beta z)] \tag{10-20}$$

式中,

$$\alpha = \frac{2\omega k}{c} = \frac{4\pi k}{\lambda_0} \tag{10-21}$$

其中,k 为复折射率的虚部;λ_0 为光波的自由空间波长。上式表明,吸收系数 α 同折射率的虚部 k 直接相关,亦即同介电常数的虚部 $2\pi k$ 直接相关。由式(10-19)看出,如果入射光的角频率 ω 逼近晶体中线性振子的角频率 ω_0,则 $2\pi k$ 逼近其最大值,此时出现强烈的光吸收,吸收系数为最大。

对于半导体中的自由载流子电子和空穴来说,其振荡角频率 ω_0 远比光波角频率 ω 小得多,所以式(10-18)和式(10-19)可以简化为

$$n^2 - k^2 = 1 - \left(\frac{N_e^2}{m\varepsilon_0}\right)\frac{1}{\omega^2 + r^2} \tag{10-22}$$

$$2nk = \left(\frac{gN_e^2}{m\varepsilon_0\omega}\right)\frac{1}{\omega^2 + r^2} \tag{10-23}$$

上式中,已将电子有效质量 m_e 代替原来的 m。式(10-22)的物理意义在于,半导体材料的折射率(实部)n 的平方同载流子浓度之间的关系存在一负号,也就是说,当半导体中注入高浓度载流子时,其折射率会因其浓度的增加而下降。由于注入载流子会引起激光器中不同区域的浓度差,因而引起折射率差,并由此构成波导层,对于光波的工作模式与波长频谱特性都会产生影响。

如果晶体中吸收损耗足够小,在复折射率中,与 n 相比,k 可以忽略不计,这相应于 $r \ll \omega_0$,式(10-22)可以简化为

$$n^2 = 1 - \frac{Ne^2}{m_e\varepsilon_0\omega^2} \tag{10-24}$$

可以看出,n^2 同载流子浓度 N 的关系存在一负号,这表明自由载流子对折射率有负贡献。也就是说,自由载流子的存在使晶体折射率减小。

若两种半导体中的自由载流子浓度分别为 N_1、N_2 时,对应的折射率分别为 n_1、n_2,那么

$$\Delta n = n_1 - n_2 = -\frac{N_1 - N_2}{2m_e\varepsilon_0\omega^2 n} \tag{10-25}$$

式中，$n = \frac{1}{2}(n_1 + n_2)$。上式表明，折射率差 $\Delta n = n_1 - n_2$ 同载流子的浓度差 $-(N_1 - N_2)$ 成正比，还要注意有一负号。如果 $N_2 \gg N_1$，上式可以简化为

$$\Delta n = -\frac{N_2}{2m_e\varepsilon_0\omega^2 n} \tag{10-26}$$

因此，载流子浓度高的半导体的折射率比其浓度低时的折射率低 Δn。

进一步计算得出阻尼因子 r

$$r = -\frac{e}{\mu_e m_e} \tag{10-27}$$

将该式与式(10-21)、式(10-23)联立，可推导出

$$2nk = \frac{nc}{\omega}\left(\frac{2\omega k}{c}\right) = \frac{nc}{\omega}\alpha = \frac{N_e\mu_e}{\varepsilon_0}\frac{1}{1+(\omega\mu_e m_e/e)^2} \tag{10-28}$$

如果 $\omega_e\mu_e m_e \gg e$，上式可进一步简化为

$$\alpha = \frac{\lambda^2 e^3}{4\pi^2 c^2 n\varepsilon_0}\frac{N}{m_e\mu_e} \tag{10-29}$$

该式表明，当半导体中具有自由载流子时，就会引起吸收损耗，并且其吸收系数 α 同载流子浓度 N 成正比。对于接近本征的半导体来说，电子浓度 N_e 和空穴浓度 N_h 大小接近，此时必须考虑它们两者对光吸收的影响，此时的光学吸收系数可表示为

$$\alpha = \frac{\lambda^2 e^3}{4\pi^2 c^2 n\varepsilon_0}\left(\frac{N_e}{m_e\mu_e} + \frac{N_h}{m_e\mu_e}\right) \tag{10-30}$$

自由载流子吸收并不能产生新的自由载流子，只是改变原有的载流子在能带内部的能量位置。对于探测光信号来说没有贡献，因此在吸收区中应该尽量减少自由载流子吸收，以便提高探测的量子效率。

10.2 pn 结光电二极管

半导体光电探测器有 PD、pin、APD 和 MSM 等不同的结构，即普通的 pn 结光电二极管、pin 光电二极管、雪崩光电二极管和金属-半导体-金属光电二极管等不同结构。其中 PD 是仅仅含有一个简单的 pn 结的探测器，它的结构最为简单，制作容易，然而性能比较一般，适用于各种新材料探测器的初期研究工作。

图 10-3 给出了 pn 结光电二极管的器件结构、体内的电荷密度分布和电场分布图。pn 结光电二极管由 n 型衬底和一个高掺杂 p^+ 型层组成，p^+ 型层非常薄，小于 1μm，通常是在外延层上通过扩散的方法制成。

如图 10-3 所示，外加反向偏压时，在 pn 结两侧形成电荷耗尽层，p^+ 边带负电，电

荷浓度为$-eN_a$，n边带正电，电荷浓度为eN_d，耗尽层扩展至轻掺杂的n区，宽度可以达几个微米。外加反偏压时，总的耗尽层厚度为W，包括p^+边中较薄的耗尽层和n边较厚的耗尽层。

整个耗尽层上的电压降为V_r+V_0，V_r为外加的反向偏压，V_0为自建电场对应的电压。只有耗尽层中才有电场存在，并且电场大小不均匀，其最大值在pn结的界面处，在p^+边很薄的范围内电场急剧下降为零，而在n边贯穿进入该区数个微米。在此范围内电场逐渐减小为零。在耗尽层外就没有电场了。

在入射光作用下，吸收区中价带中的电子吸收入射光子的能量并跃迁至导带中，产生电子-空穴对，形成自由载流子。自由的电子和空穴在电场的作用下会运动，空穴往负极漂移，电子往正极漂移，它们在耗尽层中以漂移速度分别向两端运动，在耗尽层外的扩散区中它们作扩散运动，最终分别到达光电二极管的两个电极，并在

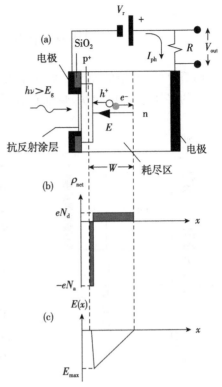

图10-3 pn结光电二极管的工作原理示意图
(a)器件结构图；(b)电荷密度分布图；
(c)电场分布图

外回路上形成光电流，其大小为光生电子数目N乘以电子的电荷e，等于eN。光生电流在负载上产生电压降，从而探测出光信号的强弱。这就是光电二极管能够探测光学信号的工作原理。

所有的光电探测器都是在外加反向电压的偏置下工作的。在反向偏置的作用下，入射的光子产生的光电流在外部回路的电阻上形成电压降，从而将光信号变为电信号。这样一来就起到了由光到电的转换作用。

在耗尽区中，电子和空穴在电场的作用下作漂移运动，速度比较快；但在耗尽层之外作扩散运动，速度比较慢。pn结光电二极管中耗尽层较薄，通常半导体中的入射光的穿透深度为几个微米甚至更深。光的穿透深度比耗尽层大，大多数光子要到耗尽层之外才被吸收，产生的载流子只能作扩散运动，速度较慢。耗尽层之外没有电场，不能够将电子和空穴分离开来，因而量子效率降低了。

同后面介绍的pin和APD等探测器相比较，由于pn结光电二极管的耗尽层厚度薄，扩散区很厚，因而对光信号的响应速度相当慢，不能适应响应速度快的应用。为了增加耗尽层的厚度，人们研制出pin结构的光电二极管。

10.3 pin 光电二极管[12,13]

同简单的 pn 结的光电二极管相比，pin 光电二极管的器件结构复杂一些，它具有很好的器件特性，响应快、暗电流小、率带宽、应用广，是目前用得最多的光电探测器件。

图 10-4 给出了 pin 光电二极管的器件结构、电荷密度分布、电场分布和外加反向偏压的电路结构。同 pn 结光电二极管最大的不同之处在于，在 p 和 n 区之间增加了一个没有掺杂、接近本征的 i 层。因此 pin 光电二极管是一个由 p 型层、i 层和 n 型层一起构成的半导体二极管。

虽然仅仅只增加了一层 i 层，但是它们的工作机理有很大的差别。图 10-4(c)表示出 pin 光电二极管的电场分布图。可以看出，在外加反偏置电压的作用下，整个 i 区都为耗尽层，而且在整个 i 区的电场是均匀的。

pin PD 中的电场范围加宽了，包括 p^+ 区中的电荷层、耗尽层和 n^+ 区中的电荷层，这三层的总厚度比 pn 光电二极管中具有电场的区域厚得多。在电场作用下，光生载流子电子和空穴会很快地扫过耗尽层，并分别到达 n^+ 和 p^+ 区。漂移运动的速度比没有电场的区域中的扩散运动快得多，相应地光电效应的速率高很多，这就是 pin 光电二极管比 pn 光电二极管优越许多的根本原因。

pin 光电二极管有平面结构和台面结构两种，入射光可以从顶层照射注入，也可以从底部反向照射注入。光从底部入射的探测器的性能常常更好一些，原因在于选择衬底为宽带隙材料，对入射光是透明的，入射光进入吸

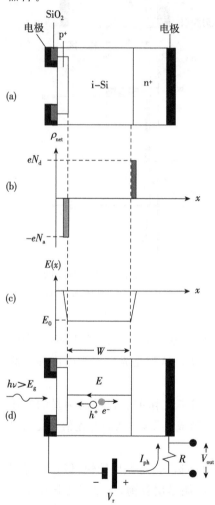

图 10-4 pin 光电二极管的工作原理示意图
(a)器件结构图；(b)电荷密度分布图；(c)电场分布图；(d)外加反向偏压的 pin 光电二极管

收区产生自由的载流子，效率较高，同时避免了器件外延生长层中的各类晶格失配和其他缺陷引起的损耗，因而表现出比正面入射更好的性能。图 10-5 给出一个台面 InGaAs 光电二极管的结构剖面图，这就是一个光从底部入射的探测器，是光纤通信

系统中应用得最多的一种光电探测器。

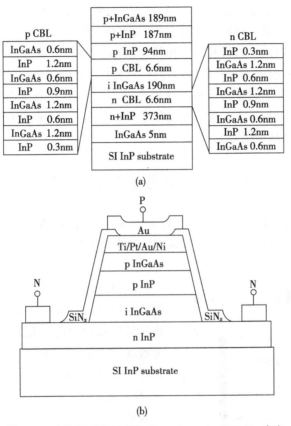

图 10-5　台面缓变双异质结 $In_{0.53}Ga_{0.47}As/InP$ pin 光电
二极管的(a)各层结构和(b)横截面示意图

在半绝缘(semi-insulated,SI)的 InP 衬底上依次生长了 n^+-InP、i-InGaAs 光吸收层、p-InP、p-InGaAs 电极层。可以看出,最下面的半绝缘 SI-InP 为衬底,支撑整个器件,而最上面的 P-InGaAs 为电极层,便于制作 P 型的欧姆接触电极。它的关键部分为 n-InP、吸收层 i-InGaAs 和 p-InP,它们一起构成 p-i-n 的器件核心结构。

当光波从背面即衬底入射到 pin 光电二极管上时,如果 InP 衬底的带隙 E_g 大于入射光子能量,入射光就会透过 InP 衬底进入未掺杂的高纯 i-InGaAs 光吸收层,最常用的三元合金为 $In_{0.53}Ga_{0.47}As$,该层 In 的组分 $x=0.53$ 是经过精心设计和实验验证的。$In_{0.53}Ga_{0.47}As$ 的带隙 E_g 小于 $1.0\sim1.6\mu m$ 波段的光子能量,因而价带电子吸收光子能量跃迁至导带,产生电子-空穴对。该器件工作时加有反向电压,因而在 i 区产生很强的电场强度。吸收光子产生的电子和空穴就在该电场的作用下分别扫向 n 边的电极和 p 边的电极。若外接回路上接有负载电阻 R_L,则光生载流子在外回路上流动形成光电流 I_p,流经负载电阻 R_L 的电压降构成电信号 $V_p=I_pR_L$,从而完成从光到电的转换。

相对于下面描述的雪崩光电二极管，pin光电二极管的结构比较简单，制作容易，外加一定的反向电压就能稳定地工作，具有相当好的光电响应、低噪声、宽频带等特性。它工作时没有增益，只有探测作用，没有放大作用。即使如此，它至今依然是光纤通信等应用系统中占主要地位的器件，常常同FET(场效应晶体管)或HBT(异质结双极晶体管)一起组合构成混合式的光电集成电路-光波接收模块，共同完成信号探测和放大的作用，在光纤通信等实际系统中获得了最广泛的应用，它们也是半导体光电子探测器中品种最多、产值最高的一类。

10.4 雪崩光电二极管[14,15]

雪崩光电二极管简称为APD，是英文avalanche photodiode的缩写。APD是一种具有内部增益、能将探测到的光电流进行放大的有源器件，这种放大作用可以增加接收机的灵敏度。

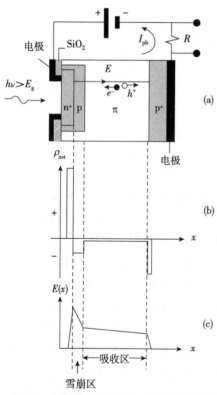

雪崩光电二极管可以看作是pin光电二极管和场效应晶体管的集成，同时兼有探测光学信号和放大电学信号的功能，它的探测灵敏度和效率都足够高，在一些实际系统中获得了一些的应用。但是它的制造工艺复杂、噪声比较大，又在某些方面限制了它的应用和发展。

图10-6示意出了雪崩光电二极管的截面结构、电荷和电场分布。雪崩光电二极管由一层薄薄的n^+层和三层p型层组成。同pin光电二极管不同的是，在pin的n^+层和吸收区i层之间，插入了薄薄的轻掺p型层，这一新加入的p型层是一雪崩区。原来的i层改为非常轻掺杂的p型，几乎是本征的，标记为π，因此整个结构表示为$n^+p\pi p^+$。

整个器件的电场分布如图10-6(c)所示。当外加足够大的反向偏压、n^+p结上的压降接近其击穿电压的95%时，虽然没有击穿，但是已经十分接近击穿了，于是形成一高电场的雪崩区。雪崩区内电场很高，最高电场出现在pn^+结的界面处，之后逐渐降低，并在$p\pi$

图10-6 雪崩光电二极管的工作原理示意图
(a)外加反向偏压的器件结构图；
(b)电荷密度分布图；(c)电场分布图

结界面处出现电场强度的转折。在 π 区中电场强度基本上是常数,实际上是略微有些下降,整个 π 区构成吸收区。

雪崩效应:当入射光进入器件内产生光生载流子之后,光生电子和空穴在高电场区中会被电场加速,从而获得足够高的能量,它们的运动速度非常快,并同原子相互碰撞使它们电离,产生新的自由载流子,这种产生载流子的过程称为碰撞电离。由于碰撞电离产生的载流子同样受高电场的作用获得高的能量,并进一步参与新的电离,使得总的自由载流子浓度成倍地增加,载流子的这种倍增现象称为雪崩效应。图 10-7 形象地给出了半导体中的雪崩效应,图中的空心圆和实心圆分别为电子和空穴,碰撞用爆破符号表示。可以看出碰撞产生很多的电子-空穴对。正是这种雪崩效应将光生自由载流子的数量放大了,起到了增益的作用。

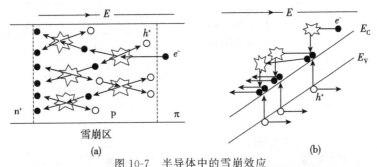

图 10-7 半导体中的雪崩效应

(a)外加反向偏压时 p 层中的雪崩效应;(b)雪崩效应在能带中的表现

光生电子经过 π 区漂移至 pn^+ 结,在该区高场作用下发生雪崩效应产生的自由载流子的数量增加了许多,是没有增益时的 M 倍。因此 APD 的响应度为 pin 光电二极管的 M 倍。显然,倍增因子 M 是外加反向电压的函数。

图 10-6 所示的雪崩光电二极管为"拉通型"探测器,"拉通"一词来源于光电二极管的工作特性。当外加反向偏压较低时,大部分电位降发生在 pn^+ 结两端。增大偏压,耗尽层的宽度随反向偏压的增加而增加。当反向偏压增大到雪崩击穿电压的 90%~95% 时,耗尽层的宽度刚好"拉通"到几乎整个本征的 π 区。在工作条件下,虽然 π 区内比 p 区宽得多,电场也比高场区弱一些,但足以使载流子保持一定的漂移速度,在较宽的 π 区内只需短暂的渡越时间。这样一来,雪崩光电二极管既能获得快的响应速度,又具有一定的增益,同时还降低了过量噪声。因此拉通型的结构能使载流子浓度获得倍增而使过量噪声又很小。

由此可见,拉通型雪崩光电二极管中,将吸收区与倍增区熔为一体、而将倍增区与漂移区分隔开来,这样的结构特点,使雪崩光电二极管既得到内部增益,又可以得到高的量子效率和响应速度。

通常情况下,拉通型雪崩光电二极管以完全耗尽的方式工作。入射光穿透 N^+ 区进入器件,被吸收区吸收后产生电子-空穴对,达到 PN 结处,需要电场的加速,通过倍增机理而产生倍增。然后在π区中,电场使产生的电子-空穴对分开。最终在外面的电路上产生光电流,并在负载电阻上产生电压降。

APD探测器有平面和台面两种器件结构。图10-8(a)和(b)给出了两种带有保护环的平面型雪崩光电二极管的结构。通过选择扩散或离子注入的方法在n^-区上制成保护区,从顶上往下观看,是一个圆形的保护环,它将表面漏电流短路掉,不会参与最终的电信号,起到了降低噪声的保护作用。

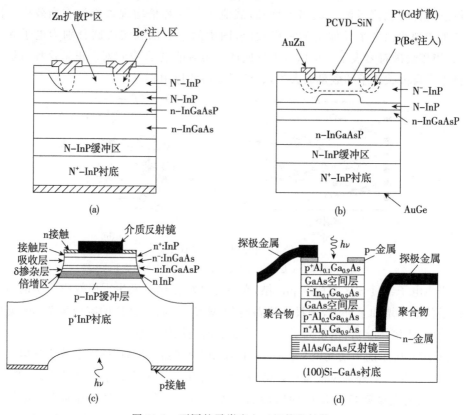

图10-8 不同的雪崩光电二极管的结构

(a)平面雪崩光电二极管;(b)掩埋雪崩光电二极管;(c)台面雪崩光电二极管;(d)谐振腔形雪崩光电二极管

图10-8(c)和(d)给出了两种不同的台面结构雪崩光电二极管,图10-8(c)为背面入射的台面雪崩光电二极管。图10-8(d)为谐振腔形雪崩光电二极管,这类探测器中增加了一个谐振腔,入射光进入探测器后在其内部的谐振腔之间来回反射,增加光的实际吸收区的长度和吸收过程的次数,从而增加探测器的效率。

进一步的研究开发出 SAM-APD 和 SAGM-APD,如图10-9所示。SAM-APD 是 separated absorption multiplication APD 的缩写,表示吸收与倍增区相互分离的雪崩光电二极管。SAGM-APD 是 separated absorption grading and multiplication 的缩写,表示吸收区与缓变和倍增区相互分离。

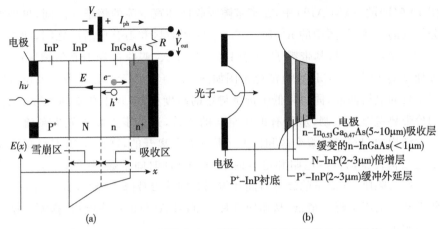

图 10-9　(a)SAM 雪崩光电二极管；(b)SAGM 雪崩光电二极管

如图 10-9(a)所示，SAM-APD 中电场的极大值出现 P^+-InP 和 N^--InP 的界面处，之后在 N^--InP 层内电场有所降低，依然比较高。进入 n^--$In_{1-x}Ga_xAs_yP_{1-y}$ 层后，电场进一步降低，最后在 n^--$InGAs_y$ 同 n^+-$In_{0.53}Ga_{0.47}As$ 界面附近降低至零。

从图 10-10(a)的能带图可以看出，由于窗口效应，P^+-InP 和 N^--InP 对于 1.3μm 和 1.55μm 两个波段的入射光是透明的，入射进来的光一直到达窄带隙的 n-InGaAs 层才发生光吸收，在此产生的光生电子-空穴对被电场分离开，在高电场的作用下，获得足够的能量，并在 N^--InP 层中同原子碰撞产生雪崩效应，产生大量的自由载流子。这样一来，雪崩发生在 N^--InP 层中，而吸收发生在 n-InGaAs 层中，因此吸收区与发生雪崩效应的倍增区是相互分离开的，这就是 SAM 的含义。

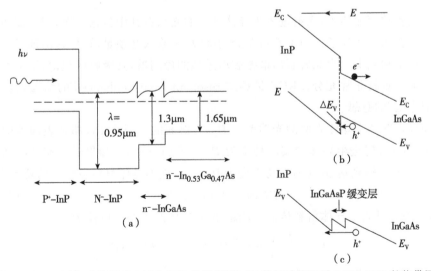

图 10-10　(a)无加反偏压时 SAM-APD 的能带图；(b)外加反偏压时 SAM-APD 的能带图；
(c)外加反偏压时 SAGM-APD 的能带图

图 10-9(b)的 SAM-APD 中，在窄带隙吸收区和宽带隙的倍增区之间，再增加一层组分缓变的过渡区，图中的 n^+-$In_{0.53}Ga_{0.47}As$ 吸收区和 InP 倍增区之间，增加一层 n^--$In_{1-x}Ga_xAs_yP_{1-y}$ 层，其带隙 E_g 介于 $In_{0.53}Ga_{0.47}As$ 吸收区和 InP 倍增区的 E_g 之间。外加反偏压时 SAGM-APD 的能带图如图 10-10(c)所示。该组分缓变层既有利于外延生长的晶格匹配，同时降低了价带势垒的高度差，空穴不会受到 SAM 结构中突变的价带势垒差的限制，从而有助于空穴的漂移，进一步提高了光生载流子的浓度。这种结构中，吸收区、缓变区和倍增区是相互分离开的，这就是 SAGM 的含义。

上述结构使得器件的电阻和电容的乘积 RC(即时间常数)降低，还会使异质结界面处的空穴陷阱、载流子的渡越时间和雪崩时间等参数降至最小，这些因素一起将影响频带宽度的因素降至最低，从而使这种 SAGM-APD 的频率响应、探测灵敏度等性能大为改进。

倍增因子 M： 雪崩光电二极管对光生电流具有放大作用。如果外加反向偏置电压不够大，此时的光生电流大小同 pin 光电二极管是一样的没有放大作用。实际上，反向偏置电压常常接近其反向击穿电压的 95% 或者更大。因此通过雪崩效应产生放大作用。如没有倍增时的光电流为 I_P，有倍增时的总输出电流为 I_M，那么雪崩光电二极管中产生的所有载流子的倍增因子 M 为

$$M = I_M / I_P \tag{10-31}$$

这就是说，雪崩光电二极管具有增益，探测到的光电流被放大了 M 倍。

10.5 RCE 光电探测器[16,17]

上述各类探测器中，入射进入半导体体内的光只在其中传输一次，很可能还没有完全吸收就逸出体外了。为了获得充分的吸收，吸收区必须足够厚，这增加了外延生长的工作量和成本。为此研制出谐振腔增进型的探测器，其吸收区很薄，谐振引起的来回反射使吸收非常充分。RCE 是英文 resonant cavity enhanced 的缩写，表示"谐振腔增进型"的意思。

如果入射到半导体表面的光功率为 P_0，入射面的反射率 R_f，那么表面处的透射率为 $1-R_f$，入射进半导体的实际功率为 $P_{i0} = P_0(1-R_f)$。如果耗尽层区的宽度为 w，则入射光传输到达 w 处的光功率变为 $P_{i0}e^{-\alpha w}$，被半导体材料吸收了的功率为

$$P(w) = P_{i0}(1-e^{-\alpha w}) \tag{10-32}$$

因此，入射光进入半导体材料传输一段距离 w 后所产生的光电流为 I_p

$$I_p = e\frac{P(W)}{h\nu} = \frac{e}{h\nu}P_0(1-e^{-\alpha w})(1-R_f) \tag{10-33}$$

式中，e 为电子电荷；$h\nu$ 为光子能量。从式(10-33)可以看出，光电二极管的光电流 I 与入射的光功率 P_0 成正比，光电流 I 会随着入射光的功率 P 的变化而变化，也就是

说,可以通过测量光电流 I 的大小来探测光信号 P 的强弱。

要想提高响应度,必需尽量改善器件结构,以便提高光电流 I_p。从式(10-33)可以看出,人为可变的参量为反射系数 R_f、吸收系数 α 和吸收区厚度 w,尽量优化各个参数,有可能获得高的探测响应度。

首先,可以改变入射面上的反射率来提高探测响应度。半导体同空气之间的界面的反射率 R_f 通常为 30% 左右,采用 SiN、Al_2O_3、Pb_2O_3、ZnS 或 MgF_2 等介质,可以在半导体表面制作多层介质增透膜,使反射率 R_s 降至 1%,相应地,透射率 $1-R_s$ 增大至 90%,因此由于反射所引起的光学损耗大为减少。

第二个可变的量是吸收系数 α,它是由材料本身的性质所决定的。提高吸收系数 α 的首选方法就是针对所用光波波长(如 1.3μm、1.55μm)选择合适的材料,例如 $In_{0.53}Ga_{0.47}As$ 在长波波段具有高的吸收系数 α,可达 $10^4 cm^{-1}$,同时它又同 InP 衬底晶格匹配,因而在光纤通信波段,$In_{0.53}Ga_{0.47}As/InP$ 是很好的异质结构。吸收区还应该具有高纯度和完整的晶体结构,以便减少杂质或缺陷的光吸收和散射引起的损耗。

第三个人工可变的量便是吸收区的厚度 w。图 10-10 中的吸收层 i-InGaAs 仅为 190nm,其旁边的缓变带隙层(graded bandgap layer,GBL)也仅为 6.6nm,因而是很薄的。由于吸收层很薄,入射光很容易穿过这一吸收层,有一部分光来不及被吸收就透过了,白白地浪费掉,这不利于提高电光转换效率。

于是人们研制出了端面耦合型光电二极管和谐振腔型光电二极管,端面耦合型光电二极管尽量增大吸收层的长度,谐振腔型光电二极管尽量增加光波在吸收层中来回传输的次数,从而增大光吸收[18]。可以这么说,半导体激光器的一些概念被应用到半导体探测器中了。

图 10-11 给出了正入射和背入射的两种 SiGe/Si MQWs RCE 光电探测器的结构示意图。在这一结构中已经将量子阱结构引入探测器,能够人工设计和制造覆盖合适波段的新型材料,这是能带工程中重大的进展[19]。图 10-11 的探测器的吸收区为 20 周期的 $Si_{0.65}Ge_{0.35}/Si$ 量子阱,由于 Ge 的组分 $x=0.35$,已经将其禁带宽度 E_g

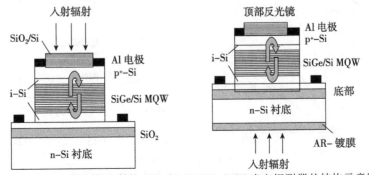

图 10-11 正入射和背入射的 SiGe/Si MQWs RCE 光电探测器的结构示意图

压缩至 1.01eV，因而能对 1.3μm 波段的光波产生很强的光吸收，适于制作该波段的光电探测器。

在激光器中，由于采用 F-P（法布里-珀罗）腔、DFB（分布反馈）或 DBR（分布布拉格反射器）等方式制作谐振腔，能使光在腔内多次反射，从而大大增加品质因素 Q。将这一物理概念应用于探测器，让进入探测器的入射光在谐振腔内来回反射，多次通过光学吸收区，从而充分、有效地吸收光能和更大地产生光生载流子，大大提高了光电转换效率。这种新颖的器件结构成为了近年来的研究亮点。

进一步研究表明，光波垂直入射时，RCE 光电二极管的量子效率为

$$\eta = \left\{ \frac{(1+R_2 e^{-\alpha L})}{1-2\sqrt{R_1 R_2} e^{-\alpha d} \cos(2\beta L + \varphi_1 + \varphi_2) + R_1 R_2 e^{-2\alpha d}} \right\} \cdot (1-R_2)(1-e^{-\alpha d})$$

(10-34)

式中，η 为量子效率；R_1 和 R_2 分别为底部镜面和顶部镜面的反射率；α 为吸收系数；β 为传输常数；d 为吸收层的等效厚度；L 为上下镜面间谐振腔的长度；φ_1 和 φ_2 为上下镜面引起的相移。

当 $R_2 = 0$ 时，即顶部镜面没有任何反射时，$\eta = (1-R_1)(1-e^{-\alpha d})$，这就是常规的 pin 光电二极管的量子效率。如果 $R_2 \neq 0$，并且 $R_1 = R_2 e^{-2\alpha d}$ 时，量子效率为最大值。也就是说，为了获得尽可能大的量子效率，R_2 要大，而且 R_1 应满足上式的要求，同时相位要满足共振的要求，入射光就会在谐振腔内来回振荡并被充分吸收。

图 10-12 给出了 RCE 光电探测器的量子效率 η 同归一化吸收系数 αd 的关系曲线。可以看出，常规的 pin 光电二极管是一条量子效率 η 随着归一化吸收系数 αd 线性变化的直线，同时也是该图中最下面的一条直线，这表明常规的 pin 光电二极管的量子效率 η 比 RCE 光电探测器的 η 低。

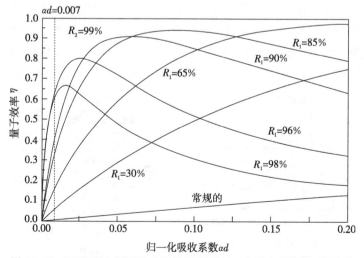

图 10-12　RCE 光电探测器的量子效率同归一化吸收系数 αd 的关系

增加 η 的办法包括尽量地加大吸收区的厚度或者增大吸收系数。既然吸收系数是材料的本身特性，不大容易改变，因此可以通过改变吸收层的厚度来改变归一化吸收系数 αd。这种改变的范围还是有限的。

正如图 10-12 最下面的曲线所示，即使归一化吸收系数 αd 为本图的最大值 0.2，量子效率 η 大约为 10%。这说明必须将吸收层做得非常厚才能够获得较高的量子效率。另一方面，如果吸收层太厚，光生载流子在吸收层中的漂移和扩散所需的时间就会延长。时间的延长就限制了探测器的频率响应时间，其速度就不可能太快。

在探测器的两边各镀上反射膜，如果 R_1 和 R_2 分别为底部镜面和顶部镜面的反射率，则量子效率 η 会随着 R_1 和 R_2 的变化而非常明显地变化。图 10-12 中，R_2 = 99% 时，通过改变 R_1 和吸收区的厚度 d 就可以获得高达 95% 的量子效率。与此同时，RCE 光电探测器的吸收区的厚度 d 比常规的探测器的吸收区的厚度小许多，光生载流子经过该区中作漂移运动，速度非常快，即使是光子来回反射的过程中，光速很快，所需的传输时间很短，光生载流子漂移通过吸收区的时间也很短，它们很快地到达探测器两边的电极，因而 RCE 光电二极管的响应速度很快，适合响应速度快的应用。

10.6　MSM 光电二极管[20-22]

MSM 是金属-半导体-金属光电二极管的英文缩写（metal-semiconductor-metal，MSM）。这种光电探测器中，最独特的一点是没有 pn 结，仅仅在半导体一个表面制作两个金属电极，就构成金属-半导体-金属的结构，形成 MSM 光电探测器。

图 10-13 示出 MSM 光电探测器的结构示意图，这是一种平面结构，在其表面上有两组互相错开的电极，它们是在半导体上淀积金属电极而成，构成了背靠背的肖特基二极管。

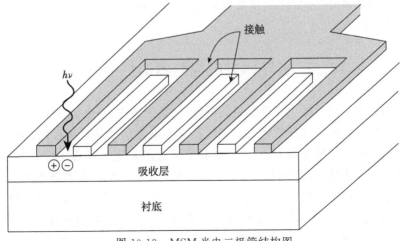

图 10-13　MSM 光电二极管结构图

当入射光通过电极之间的部分进入半导体内,产生光生载流子。如果两个电极上加有一定的电压,光生载流子会在电场的作用下运动,自由的电子和空穴会分别流向不同的两个梳状的金属电极,形成光生电流。这种器件结构非常简单,易于同场效应晶体管(FET)集成在一起,因此人们对它们进行了深入的研究,制成了光波系统的接收器光电集成电路(OEIC)。

MSM 光电二极管的主要优点如下:

(1)器件结构非常简单,便于制作。

(2)同 FET(场效应晶体管)和 HEMT(高电子迁移率晶体管)等电学器件的制作工艺相容,便于制作 OEIC 光电集成电路。

(3)单位面积的电容低,因而器件的面积可以做得相当大,这样能提高器件同光纤的耦合效率,便于应用。如果没有光电导增益,当电极间的间距足够小时,MSM 光电二极管的工作带宽可以非常高。

然而,MSM 光电二极管也有一些不足:暗电流较大,量子效率不高。这两个缺点限制了 MSM 光电二极管的广泛应用。由于半导体表面或异质结界面对横向电流的流动有很大的影响,因此 MSM 光电二极管中常常难于获得很低的暗电流,长波长的 MSM 光电二极管更是如此。采用异质结构有助于降低暗电流和提高量子效率。MSM 结构中,电极会构成阴影部分,只有那些没有电极遮盖的部分才能接受光照,因而电极会降低量子效率。采用电子束曝光的方法,使电极宽度降至亚微米量级,可以降低阴影所占的比例,提高量子效率。

影响 MSM 光电二极管的响应度的因素包括内量子效率、表面复合和电极的阴影比例。内量子效率的高低反映内部电光转换机制,表面复合会降低量子效率,而电极的阴影比例决定了外量子效率的最大值。

MSM 光电二极管的电容小,因而能够在很高的频率下工作。例如,MSM 光电二极管的电容通常小于 100fF,如果电阻为 50 Ω,则这一器件很容易地获得大于 32GHz 的频率带宽。

10.7 半导体光电探测器的性能[23-28]

半导体光电探测器的主要性能包括响应度、量子效率、暗电流、噪声、信噪比和频率带宽等。响应度表征探测器将入射光转换为光电流信号的好坏程度;噪声则表征其他因素引起的噪声信号的大小,它会限制整个探测系统达到某一特定误码率时所能允许的最小的信号强度;频率带宽表征探测系统能够工作的频率范围,它必须足以容纳应用系统传输信号的速率,通常光电探测器的带宽为系统传输比特率的1.5倍。

表 10-1 列出了一些半导体探测器的性能,包括 pin 和 APD 光电二极管的工作波长范围 λ_{rang}、峰值波长 λ_{peak}、响应度 R、增益 g、响应时间 t_r 和暗电流 I_{dark}。可以看

出,Si pin 光电二极管在维持较高的相应度的同时,暗电流 I_{dark} 可以低达 0.01nA,因此可以在高速率的系统中获得应用。Si pin 光电二极管的倍增因子可以高达 100,比其他 APD 器件都高。InGaAs pin 和 APD 在光纤通信波段具有很好的性能,因此也获得广泛的应用。

表 10-1 半导体探测器性能一览表

光电二极管材料和结构	λ_{rang}/nm	λ_{peak}/nm	R/(A/W)	g	t_r/ns	I_{dark}/nA
Si pn	200~1100	600~900	0.5~0.6	<1	0.5	0.01~0.1
Si pin	300~1100	800~900	0.5~0.6	<1	0.03~0.05	0.01~0.1
Si APD	400~1100	830~900	40~130	10~100	0.1	1~10
Ge pn	700~1800	1500~1600	0.4~0.7	<1	0.05	100~1000
Ge APD	700~1700	1500~1600	4~14	10~20	0.1	1000~10000
InGaAs pin	800~1700	1500~1600	0.7~0.9	<1	0.03~0.1	0.1~10
InGaAs APD	800~1700	1500~1600	7~18	10~20	0.07~0.1	10~100

10.7.1 量子效率和响应度[29-31]

在半导体内部,一个入射光子产生电子-空穴对的几率称为光电二极管的量子效率,其定义为

$$\eta = \frac{\text{生成的电子-空穴对数量}}{\text{入射光子数量}} = \frac{\dfrac{I_p}{e}}{\dfrac{P_{0i}}{h\nu}} = \frac{I_p h\nu}{eP_{0i}} \tag{10-35}$$

式中,I_p 为光电流;P_{0i} 为入射光到半导体内表面处的光功率;$h\nu$ 为入射光子的能量。实际的光电二极管中,常常用响应度 R 来表征单位入射功率所产生的光电流,它等于入射光所产生的光电流除同入射光的光功率之比

$$R = \frac{I_p}{P_0} = \frac{e\eta}{h\nu} = \frac{e\eta}{hc}\lambda \tag{10-36}$$

由该式可以看出,光电二极管的响应度 R 同它们的量子效率 η 和波长 λ 成正比,量子效率 η 越高响应度 R 也越高。实验上非常容易测量出入射光的功率和光电流的大小,因此响应度 R 是更常用的实验参量。

图 10-14 给出了不同材料制成的 pin 光电二极管的响应度 R 同波长 λ 的关系。量子效率和响应速率是光电探测器的两个重要特性,该图还标出了量子效率的座标线,虽然不是常规的水平直线,但是依然可以确定量子效率的大小范围。

从该图还可以看出:

(1)材料不同的光电二极管具有不同的响应度。在短波段,Si 的响应度较高,而

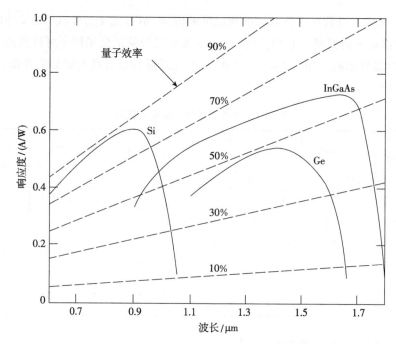

图 10-14 Si、Ge 和 InGaAs 的 pin 光电二极管的响应度 R 和量子效率同波长的关系

在长波段,InGaAs 的响应度较高。因此,对不同的探测波段,应该选择合适的材料来制造探测器。

(2) 当波长一定时,响应度 R 为一固定值,它表明量子效率同入射光功率无关,因而光电流的大小与入射光的光功率 P_0 成正比。入射光的光功率 P_0 变化时,探测到的光电流也相应地变化。正好可以利用这一关系来探测变化多端的光学信号。

(3) 响应度 R 同量子效率 η 呈对应的关系,它们是波长 λ 的函数。

(4) 在一定的波长范围内,响应度 R 同波长 λ 呈线性的关系。

实际的半导体光电二极管中,η 在 30%~95%。为了获得高的量子效率,耗尽层必须足够厚,以便能够吸收大部分的入射光线。然而耗尽层越厚,光生载流子电子和空穴漂移到加有反向偏压的 pn 结两端所需的时间越长,因为载流子的漂移时间决定了光电探测器的响应速率,因此必须在响应速率与量子效率之间进行折衷选择。

对于大多数光电探测器来说,当光子能量给定时,量子效率 η 是一定的,量子效率 η 同入射光功率无关。也就是说,对于一定的光子能量 $h\nu$ 而言,光电流 I_P 同入射光功率成正比,其比例常数 R 为一常数。例如在 $0.8\mu m$ 处,Si 光电二极管的 $R=0.65mA/mW$。在 $1.3\mu m$ 处,的 $R=0.45mA/mW$,而 InGaAs 的 $R=0.6mA/mW$。

10.7.2 雪崩倍增因子 M

对于雪崩光电二极管来说,由于雪崩倍增效应的作用,获得了 M 倍的放大,因而

雪崩光电二极管的响应度为

$$R_{APD} = \frac{e\eta}{h\nu}M = R_0 M \tag{10-37}$$

式中，R_0 是倍增因子为 1 时的响应度。

图 10-15 给出了 Si 雪崩光电二极管的倍增因子 M 同反向偏压 V 的关系。V_B = 380V 为该雪崩光电二极管的反向击穿电压。可以看出，在整个范围内倍增因子 M 随着反向偏压 V 的增加而增加，可以高达 50 甚至 100；同时，在反向击穿电压 V_B 附近，倍增因子 M 急剧增加，因此这类器件应当在稳定的反向偏置电压下工作。

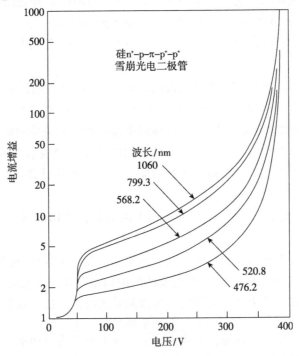

图 10-15　Si 雪崩光电二极管的倍增因子 M 同反向偏压 V 的关系

正如式(10-37)所示，响应度 R 同波长 λ 成正比。对于不同波长来说，Si 雪崩光电二极管的倍增因子 M 也是不同的。波长越长时，光的吸收效率更大，光注入进半导体内部的深度更深，同样功率的光注入会产生更多的电子-空穴对，雪崩效应更为明显，相应地倍增因子 M 也越大。

10.7.3　暗电流和信噪比

光电二极管中，没有光照时，在半导体内部，由于热电子发射等原因也会产生自由载流子电子和空穴，它们在电场的作用下也会产生电流，这种无光照时在电路上流动的电流称为暗电流。暗电流是一种噪声信号，并且越小越好。为此，必须了解产生暗电流的机制和原因，以便尽可能地降低它。

光电二极管中,暗电流由本体暗电流 i_{DB} 和表面漏电流 i_{DF} 两部分组成。前者是由光电二极管的 pn 结中因为热生成的电子和空穴所引起的,后者同表面缺陷、清洁度、偏置电压、表面面积等因素有关。

雪崩光电二极管中,因热释放出来的载流子同样受到 pn 结处高电场的加速,因而也有倍增作用。雪崩倍增是一种体效应,因此表面漏电流不受雪崩增益的影响。减小表面暗电流有一个有效方法,采用保护环结构,使表面漏电流通过保护环分流,不会流向负载电阻。在前面描述的各种器件结构中,都给出了保护环,它是器件的最上面的表层中通过扩散工艺形成的一个圆环,这一圆环能够将表面漏电流在环内短路。也就是说,保护环本身是一个闭路,同使得表面漏电流 i_{DF} 在环内闭路,不流经外电路的负载电阻,从而没有形成附加的噪声。因此,保护环结构是降低表面漏电流的有效方法。

光电探测器探测光信号产生光电流的同时,总不可避免地因各种原因产生噪声信号。噪声信号有许多种,对于 pin 探测器来说,其主要噪声如下。

(1) 体材料中的暗电流噪声:半导体体内受温度的影响造成的暗电流。

(2) 量子噪声(或称散粒噪声):半导体体内因为量子效应引起的量子噪声,它是当光信号入射到光电探测器上时产生和收集光电子并由统计性质所引起的,遵从泊松过程。

(3) 表面漏电流噪声:探测器的受光面上因为器件结构的问题所引起的表面漏电流。

采用半导体光电探测器和电子电路一起安装成光学接收机,它接收入射光、输出电信号。在光学接收机的输出端,光电流产生的信号功率同光电探测器的噪声功率与放大器电路的噪声功率之和的比值称为探测系统的信噪比。功率信噪比 S/N 为

$$\frac{S}{N} = \frac{\text{光电流产生的信号功率}}{\text{光探测器的噪声功率} + \text{放大器的噪声功率}} \tag{10-38}$$

显而易见,半导体光电探测器的灵敏度越高,信号就越强;探测器的噪声越小,光学接收机的信噪比就越小。为了提高信噪比,应当尽量提高探测器的灵敏度和降低探测器的噪声。为此光学接收机应该满足如下条件:

(1) 探测器具有高的量子效率,亦即高的响应度 R,以便产生大的光电流信号功率;

(2) 探测器的噪声尽可能地小,光学接收机的放大器电路的噪声也要尽可能地小。

对于 pin 光电二极管,主要噪声是热噪声 i_T 和电路中元件的噪声 i_{Nmp},其本体暗电流 i_{DB} 不太重要。而在雪崩光电二极管中,热噪声不太重要,主要噪声是探测器的噪声。

pin 光电二极管的信号电流的均方值为

$$\langle i_s^2 \rangle = \langle i_P^2(t) \rangle \tag{10-39}$$

APD 的信号电流的均方值为

$$\langle i_s^2 \rangle = M^2 \langle i_P^2(t) \rangle \tag{10-40}$$

在系统的带宽为 B 时,量子噪声电流与光电流 I_P 的平均值成正比,即

$$\langle i_Q^2 \rangle = 2eI_P BM^2 F(M) \tag{10-41}$$

式中,$F(M)$ 为与雪崩过程的随机特性有关的噪声系数。实验得出

$$F(M) \approx M^x \tag{10-42}$$

其中,x 值与材料有关,其范围为 $0 \leqslant x \leqslant 1$。

1. 暗电流

没有光照时,光电二极管上依然有电流流动,这种无光照时在电路上流动的电流称为暗电流。它由本体暗电流 i_{DB} 和表面漏电流 i_{DF} 两部分组成。前者是由光电二极管的 pn 结中热生成的电子和空穴所引起的,后者同表面缺陷、清洁度、偏置电压、表面面积有关。

APD 中,因热释放出来的载流子同样受到 pn 结处高电场的加速,因而也有倍增作用。本体暗电流的均方值为

$$\langle i_{DB}^2 \rangle = 2eI_P M^2 F(M) B \tag{10-43}$$

式中,I_P 是探测器没有倍增的本体暗电流。表面暗电流的均方值为

$$\langle i_{DB}^2 \rangle = 2eI_L B \tag{10-44}$$

式中,I_L 为表面漏电流。雪崩倍增是一种体效应,因此表面漏电流不受雪崩增益的影响。减小表面暗电流的一个有效方法是采用保护环结构,使表面漏电流分流,不走负载电阻。

反偏压一定时,暗电流随着器件受光面面积的增加而增加。本体暗电流正比于面积,而表面暗电流正比于面积的平方根。

综上所述,光电二极管的总噪声电流的均方值为

$$\langle i_N^2 \rangle = \langle i_Q^2 \rangle + \langle i_{DB}^2 \rangle + \langle i_{DS}^2 \rangle = 2e(I_P + I_D)M^2 F(M)B + 2eI_L B \tag{10-45}$$

假定负载电阻 R_L 远大于探测器的体电阻,其噪声也小得多。负载电阻产生的热噪声电流的均方值为

$$\langle i_T^2 \rangle = \frac{4kT}{R_L} B \tag{10-46}$$

式中,k 为玻尔兹曼常数;T 为温度。可见增大 R_L 可以降低这一噪声。

将上述表达式综合起来,得出信噪比为

$$\frac{S}{N} = \frac{\langle i_P^2 \rangle M^2}{2e(I_P + I_D)M^2 F(M)B + 2eI_L B + 4kT \dfrac{B}{T_L}} \tag{10-47}$$

对于 pin 光电二极管,主要噪声是热噪声 i_T 和电路中元件的噪声 i_{Nmp},其本身的

i_D 不太重要。而在 APD 中，热噪声不太重要，主要噪声是探测器的噪声。

2. 雪崩倍增噪声

雪崩光电二极管中，雪崩过程中产生的噪声与倍增有关，因此其噪声可能是相当大的。

过剩噪声因子 F 是雪崩光电二极管中实际的噪声同所有载流子在其倍增恰好是 M 时的噪声的比值

$$F=\frac{\langle m^2 \rangle}{\langle m \rangle^2}=\frac{\langle m^2 \rangle}{M} \tag{10-48}$$

上式中，m 为统计上变化的倍增系数，因此有

$$\langle m \rangle = M \tag{10-49}$$

$$\langle m^2 \rangle > \langle m \rangle^2 = M^2 \tag{10-50}$$

实验结果将上式修正为

$$\langle m^2 \rangle \approx M^{2+x} \tag{10-51}$$

其中，x 依赖于雪崩光电二极管的材料和结构，其大小为 $0\sim1$。Si 雪崩光电二极管中，$x=0.5$。Ge 雪崩光电二极管中，x 为 $0.85\sim1$。

过剩噪声因子 F 依赖于电子电离率和空穴电离率的比值和载流子的倍增系数。图 10-16 给出了几种半导体的电离率。电子的电离率是指一个自由电子在很高的电场作用下加速，它会同其他原子碰撞使它们电离，电离后形成的自由电子-空穴对数目便为电离率。从图 10-16 可以看出，在同样的电场强度下，Si 中电子的电离率比空穴的电离率大很多，而 GaAs 的电子电离率同空穴电离率相差不大。

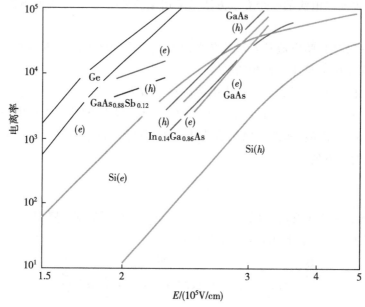

图 10-16 几种半导体的电离率

电子、空穴电离率之比 $\frac{\alpha}{\beta}$ 越大或者越小将有助于过剩噪声因子 F 的减小,因此,在制作雪崩光电二极管上时,Si 比其他材料优越。这就是为什么 Si 雪崩光电二极管比较实用的原因,而其他的雪崩光电二极管的应用受到过剩噪声因子 F 的限制。

载流子的电离率与温度有关,因而倍增因子十分依赖于温度。实验得出如下经验公式

$$M=\frac{1}{1-(V/V_B)^n} \tag{10-52}$$

$$V_B(T)=V_B(T_0)[1+a(T-T_0)] \tag{10-53}$$

$$n(T)=n(T_0)[1+b(T-T_0)] \tag{10-54}$$

式中,V_B 为击穿电压;$V=V_a-I_M R_M$;V_a 为外加的反偏压;I_M 为光电流;R_M 为总的串联电阻,它为器件体电阻同负载电阻之和;n 为 2.5~7;a、b 为正的常数,可由实验测定。为了在温度改变时保持增益不变,必须改变 pn 结的电场大小。因此,要在接收中设计补偿电路,使其工作时调整偏压大小而维持增益不变。

10.7.4 响应时间

当一束光入射到半导体光电探测器上,产生自由的电子-空穴对,它们在电场的作用下分别朝相反的电极流去。只有电子和空穴到达电极并形成光电流之后才能在外电路上探测出来,整个过程需要一定的时间。由入射光转变为光电流所需的时间就是响应时间。影响探测器响应时间的因素有三个。

(1)耗尽层中光生载流子的渡越时间:入射光被吸收层吸收后变为自由电子-空穴对,在耗尽层中电子和空穴在在电场的作用下运动,电子和空穴在电场的作用下运动所需的时间为载流子的渡越时间。

(2)耗尽层外载流子的扩散时间:在耗尽层外面,没有电场强度,光生载流子电子和空穴的运动依靠扩散运动来完成,光生载流子的浓度是不均匀的,高浓度处的电子和空穴会向低浓度处扩散,在耗尽层外完成这一过程所需的时间为载流子的扩散时间。

(3)RC 时间常数:光学接收机是由光电探测器及有关电路组成的,它们会有负载电阻和一些寄生电容,从而引起信号的延迟,这种负载电阻和分布电容引起的信号延迟所需的时间称为 RC 时间常数。

耗尽层中载流子的渡越时间为

$$t_d=\frac{w}{v_d} \tag{10-55}$$

其中,w 和 v_d 分别为耗尽层厚度和载流子的漂移速度。t_d 在决定探测器的响应速度中起主导作用。例如在 Si 光电二极管中,耗尽层厚 $10\mu m$,电场强度约为 2×10^4 V/cm 时,如果载流子的速度达到其极限速度,电子和空穴的漂移速度分别可

达 $8.6×10^6$ cm/s 和 $4.4×10^6$ cm/s，因此，响应时间的极限为 0.1ns。

扩散过程比漂移过程慢许多。为了获得高的量子效率，耗尽层的宽度必须比穿透深度(即吸收系数的倒数 $\frac{1}{\alpha}$)大得多，以便吸收大部分光线。结电容为

$$C = \varepsilon_0 \varepsilon A / w \tag{10-56}$$

其中，A 为结面积。耗尽层 w 很薄时，会增大电容。结电容过大会产生大的时间常数。因此，选择 $W \gg \frac{1}{\alpha}$，同时吸收区厚度为 $1/\alpha \sim 2/\alpha$，寻求折衷的办法是使 t_d 和 RC 时间常数尽量地小。

探测器的通带宽度 B 同其总电阻 R_T、电容 C_T(器件和电路的电容之和)的关系为

$$B = \frac{1}{2\pi R_T C_T} \tag{10-57}$$

该式表明，光接收机的频率带宽反比于系统的总电阻 R_T 和总电容 C_T，这也是在器件结构设计制造时要考虑的因素之一。

如果要设计出性能好的光接收机，应当尽可能地提高接收灵敏度或尽可能地降低最小可探测的功率，也就是说，尽可能地降低误码率为 10^{-9} 时所能探测到的最小入射光功率。pin 光电二极管的暗电流 I_d 和其后面的电子电路的热噪声决定了光接收机的总体接收灵敏度。雪崩光电二极管具有内部增益，有放大作用，光生载流子的雪崩倍增效应大大提高了光电探测器的接收灵敏度。

图 10-17 给出了不同速率下 pin 光电二极管和雪崩光电二极管的探测灵敏度。在 100Mbit/s 的速率下，它们的探测灵敏度分别为 -47dBm 和 -55dBm；在高达 1Gbit/s 的速率下，它们的探测灵敏度分别为 -35dBm 和 -47dBm。显然，APD 的灵敏度比 pin 探测器高出 10 多倍，这正是 APD 具有倍增作用的证明。雪崩光电探

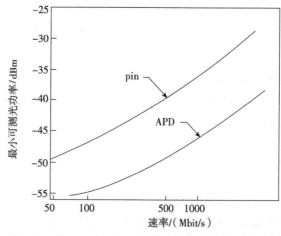

图 10-17 pin 光电二极管和雪崩光电二极管的探测灵敏度同探测信号速率的关系

测器能够探测功率为 -55dBm 的光学信号,可见弱至亿分之一瓦量级的微弱光信号也能被探测出来。从该图还可以看出,探测灵敏度十分依赖于探测信号的速率,由于总噪声随着调制速率(带宽)的增加而增加,因此半导体光电探测器的探测灵敏度随着调制速率(带宽)的增加而下降。

10.8 结 束 语

半导体光电探测器同半导体激光器一起构成光电发射与接收的完整过程。只有两类器件性能的完美匹配,才可能构成完善的光电子系统。

光电探测器是建立在半导体能带间本征光吸收基础上的器件,虽然杂质吸收、激子吸收、自由载流子吸收等对其性能有一定的影响,但是起决定性作用的还是带间的本征吸收,因为大多数情况下探测器不是工作在带边,而是工作在比带隙能量大一些的范围内,也即工作在比 λ 或比 λ_g 长一些的波段范围内。这就突出了本征吸收的重要性。

半导体探测器的结构有 pn 结、pin、APD、MSM、RCE PD 等许多种,最为重要的结构是 pin 和 APD,前者应用最广,后者具有倍增放大作用,探测灵敏度最高。因此它们在各种光纤通信系统中获得广泛的应用。pn 结和 MSM 光电二极管适用于由各种新材料制作探测器的早期研究工作,制作比较简单,后者甚至不需要制作 pn 结,还容易同电子器件集成在同一衬底片上,显示出频率高、成本低、能集成的优点。

在制作工艺上,外延上高性能的外延片是至关重要的,主要难度在于高掺杂的 p^+ 层或 n^+ 层的旁边是不掺杂或者非常低掺杂的吸收层和耗尽层,这就要求生长好高掺杂层的同时,还要在外延过程和之后的电极工艺中防止杂质的互扩散,保持很好的杂质浓度的分布是制作高性能光电探测器的关键。

在研制高性能的光电二极管的过程中,异质结构起了关键的作用。采用异质结构改善了带宽、增大了响应度、降低了暗电流。采用边耦合型的 InGaAs 多模波导光电二极管,带宽大于 40GHz,量子效率可达 68%。谐振腔型光电二极管可以将吸收区做得很薄,大大缩短了载流子的渡越时间,而布拉格谐振腔又使光吸收大为增强,从而研制出了一批 InGaAsP/InGaAs、SiGe/Si 光电二极管,并获得了许多好的性能。MSM 光电二极管在设计 OEIC 回路中显示出了独特的优越性,为制作多功能的回路提供了便利。雪崩光电二极管以其具有内部增益而独树一帜,InGaAsP/InGaAs SAGM APD 的增益-带宽乘积高达 107GHz,$Al_xGa_{1-x}As/GaAs$ APD 的增益-带宽积高达 126GHz。随着 InGaN 蓝绿光激光器的出现,一些在可见光波段的新材料和新结构的光电探测器也陆续登场,光电二极管家族呈现出一派繁荣景象。

综合地考虑半导体材料、波长范围、器件结构、制备的难易程度、器件性能和应用领域之后,可以研究制造出性能非常好、非常经济实用的半导体光电子探测器件。相对而言,半导体光电探测器的设计、制造要比半导体激光器件容易一些,使用也比较方便,受温度环境的影响要小一些。

与此同时,由于半导体光电探测器的结构、制备同半导体电子器件有很好的相容性,因而最早的半导体光电子集成回路就是 pin 光电二极管同 FET 场效应二极管的集成。这为我们打开了深入研究和开发的思路,虽然 OEIC 光电子集成回路多种多样,但是最早实际应用的光电子集成回路是由探测器同 FET 组成的 OEIC 回路。对半导体光电探测器的研究为半导体光电子领域的进步提供了十分重要的、十分活跃的、快速发展的新技术、新器件、新应用,它必将在未来的半导体光电子技术发展中扮演更为重要的角色。

参 考 文 献

[1] 余金中. 半导体光电子技术. 北京:北京化学工业出版社,2003:106-126

[2] 宋菲君,羊国光,余金中. 信息光子学物理. 北京:北京大学出版社,2003:396-431

[3] 余金中. 硅光子学. 北京:科学出版社,2011:153-176

[4] 黄德修. 半导体光电学. 北京:电子工业出版社,2013:235-269

[5] Keiser G. Optical Fiber Communicatios. New York:Academic Press,1983;凯泽 G. 光纤通信原理. 于耀明等译. 北京:人民出邮电版社,1988:183-217

[6] Campell J C. Heterojunction photodetectors for optical communicatio//Einspruch N G, Frensley W. Heterostructures and Quantum Devices. New York:Academic Press,1994:243-271

[7] Keiser G. Optical Fiber Communicatios. New York:Academic Press,1983;G 凯泽. 光纤通信原理. 于耀明等译. 北京:人民出邮电版社,1988:183-217

[8] Naval L, Jalali B, Gomelsky L, et al. J. Lightwave technology,1996,14(5):787

[9] Kasap S O, Optoelectroncs and Photonics:Principles and Practices. Beijing:Publishing House of Electronics Industry,2003:217-253

[10] 白藤纯嗣. 半导体物理基础. 黄振岗,王茂增译. 北京:高等教育出版社,1982:282-288

[11] Smith R A. Semiconductor. Second Edition. Cambridge:Cambridge University Press,1978:309-314

[12] Campell J C. Heterojunction photodetectors for optical communicatio//Einspruch N G, Frensley W. Heterostructures and Quantum Devices. New York:Academic Press,1994:243-271

[13] Kasper E, Oehme M, Werner J, et al. International SiGe Technology and Device Meeting,2006:38-39

[14] Temkin H, Antreasyan A, et al. Appl. Phys. Lett.,1986,49(13):809

[15] Ejeckam F E, Chua C L, Zhu Z H, et al. GaAs substrates. Appl. Phys. Lett.,1995,67:3936

[16] Li C, Yang Q, Wang H, et al. Appl. Phys. Lett.,2000,77(2):157

[17] 毛容伟. 硅基长波长共振腔增强型探测器的研制. 北京:中国科学院研究生院博士学位论文,

2005.
- [18] Ünlü M S, Samuel S. J. Appl. Phys., 1995, 78 (2): 607
- [19] Temkin H, Pearsall T P, Bean J C, et al. Appl. Phys. Lett., 1986, 48(15): 963
- [20] Colace L, Masini G, Galluzzi F, et al. Appl. Phys. Lett., 1998, 72(24): 3175-3177
- [21] Colace L, Masini G, Assanto G, et al. Appl. Phys. Lett., 2000, 76(10): 1231-1233
- [22] Rouvière M, Vivien L, Roux X L, et al. Appl. Phys. Lett., 2005, 87(23): 231109-3
- [23] Kressel H. Semiconductor Device for Optical Communication. Berlin: Spring-Verlag, 1982: 63-85
- [24] Kressel H. Fundamentals of for Optical Fiber Communication. New York: Academic Press, 1981: 257-274
- [25] Dosunmu O I, Cannon D D, Emsley M K, et al. IEEE Photon. Technol. Lett., 2005, 17 (1): 175-177
- [26] Ahn D, Hong C, Liu J, et al. Opt. Express, 2007, 15(7): 3916-3921
- [27] Vivien L, et al. Opt. Express, 2007, 15(15): 9843-9848
- [28] Kagawa T, kawamura Y, Asai H, et al., Appl. Phys. Lett., 1990: 1895-1897
- [29] Nishida K, Taguchi K, Matsumoto Y. Appl. Phys, Lett., 1979: 251-253
- [30] Ekholm D T, Gerary T M, Hollenhorst J N, et al. IEEE Trans. Electron. Dev., 1988: 2434

第 11 章　太阳能电池

人类的文明史也是一部能源发展史。原始人燃烧木材生火，用来取暖、照明、做饭，这仅仅是文明的开始。随着18世纪以来的工业革命到信息社会的进程，开发和利用能源成为了判断文明水平的一项标志。其中电力是所有能源中最为重要的能源。

《今日物理》杂志2002年报导了当时一些发达国家和中国的人均年耗电量[1]，其数据如表11-1所示。可以看出，当年加拿大的数据最好，人均年耗电量15500度（千瓦小时），美国的人均年耗电量为12000度，而中国当年的人均年耗电量只有1200度，仅仅为美国人的十分之一。这就是发达国家同发展中国家在能源上的差别。一个国家的发达程度是同耗电量紧密地联系在一起的。虽然近年来中国提升得非常快，但是要赶上发达国家的水平尚待时日。因此，开发能源和利用能源成了发展中国经济的必由之路。

表 11-1　2002年发达国家和中国的人均年耗电量数据比较表

国家	美国	加拿大	日本	法国	德国	英国	中国
人均年耗电量/kWh	12000	15500	7200	6300	5800	5300	1200

地球上的绝大部分能源来自太阳，即使是石油、天然气、煤等燃料也是亿万年前的太阳能经过转化和地壳的变迁而储存下来的能源；地球表面存在的动植物的能量、水能、风能、潮汐能等是现时经过转化的太阳能；太阳光照是现在每天及时由太阳辐射到地球上的能源。因此，太阳能是地球上占绝对地位的能源。我们在充分挖掘和利用储藏在地上、地下的能源的同时，更为重要的是利用好每天照射到地球上的太阳光。

1839年法国的物理学家Edmond Becquerel发明了光伏效应，经过百年的沉寂，1941年才由美国贝尔实验室的Charpin、Fuller和Pearson三人发明制作出第一个太阳能电池。近三十年来，特别是近十年来，太阳能的研究和开发进入了一个高速发展期，太阳能电站应运而生，在全世界的发电量中所占的比例呈指数上升的趋势。

利用太阳能的有水电站、风电站、潮汐电站和太阳能电站等。前几种是间接地利用太阳能，受河流、风力、潮汐的限制，只有太阳能电池是直接将太阳光能转换为电能的高效率方式，只受太阳光强弱的限制，不受水和风的限制，是最有前途的可再生能量来源，是绿色环保、长久可靠的能源。

利用太阳能电池已经建成许多电站，显示出一系列优点：①不受地域限制，安全可靠。②无噪声、无污染;不用水,不消耗燃料。③不需要架设远距离输电线路。④安装简单、方便,建设周期短。⑤分散建设,就地发电;便于分步实施。

与此同时,太阳能电站也有其不足之处:①目前成本较高,每千瓦的成本为4万元左右,带蓄电池则需要4万～6万元。资金需要在前期投入,建成电站后在运行期间才能陆续有效益回报。②太阳光的能量密度低,峰值辐射的密度为$1kW/m^2$,$1m^2$的太阳光满发电时也只能够产生100W的电能。③发电时数低,只在白天能够工作,夜晚和阴雨天不能发电,每年满功率工作的时间只有大约1500小时。④不连续,受天气影响,存在储能问题。

随着时间的推移和各类燃料的价格变化,随着太阳能电池高新技术的开发与应用,太阳能发电将会变劣势为优势,在未来的能源产业中发挥越来越重要的作用。

太阳能电池的种类很多,包括硅太阳能电池、聚光多结太阳能电池、聚合物太阳能电池等。硅太阳能电池中有单晶硅、多晶硅、非晶硅、纳米硅等多种电池。它们现在占整个太阳能电站中电池种类的90%以上。聚光多结太阳能电池是近年来新发展起来的新型电池,效率高是其主要特点。然而存在成本高、需要聚光和跟踪太阳光的伺服系统等不足,这些缺点限制了其发展。显然,开发新型太阳能材料和结构、提高太阳光能转化为电能的效率、降低成本和减少制造工程中的污染是研究太阳能电池时经常遇到的问题,这些科学问题将在深入的研究中得到解决。

作为半导体光子学的一个重要的组成部分,太阳能电池是一种将光能转化为电能的器件[2,3]。本章将在介绍地球上的太阳能的强度和分布之后,重点描述光伏效应、太阳能电池工作原理、太阳能电池的结构和特性,并对太阳能电池的发展趋势作出展望。

11.1 太阳能——最好的能源

石油、煤炭、天然气等是储藏在地球上的固有能源。几千年来人们开采和利用它们的速度比较慢,很少有人会考虑这些能源是否能够再生,一次性消耗掉是否就不再存在。随着社会的不断发展进步,煤炭、石油的消耗日益严重,能源危机不断恶化。

依照2001年数据,全世界石油剩余可开采总量约为1.43×10^{11}吨,中国石油剩余可开采总量约为3.3×10^9吨;全世界煤炭可开采总量约为9.84×10^{11}吨,中国的煤炭剩余可开采量占世界的11.6%。2001年一年内世界石油消耗总量为3.51×10^9吨,煤炭消耗总量为2.26×10^9吨,据此计算,石油、天然气、煤炭和铀可开采的年限分布在45至200年之间[4]。这些数据是以当时探明的储藏量和当年的能耗量推算出来的。近10多年来世界上又探明了许多新的矿藏,人们耗能的速度也在增加,上述预计会有一些偏差,然而地球上的能源十分有限、人类消耗能源在不断的增速却是不争的事实。这就给人类提出了一个非常严峻的难题,能源的出路何在?显然,向太阳光要能源是最好的出路。

图 11-1 给出了 2000～2100 年全世界各种能源资源开发利用势态,可以看出,石油、天然气、煤炭和铀等都呈快速下降的趋势,而太阳能的利用,包括太阳能发电、发热以及风能和水力等都呈快速上升的趋势,到 2100 年,太阳能在能源中占绝大部分,成为绝对的领军者。

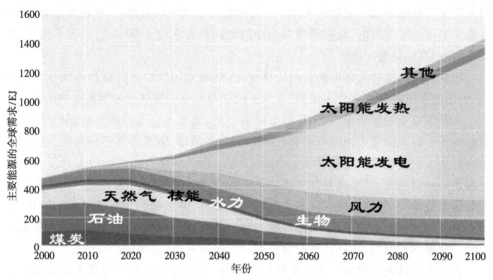

图 11-1　2000～2100 年全世界各种能源资源开发利用势态图

研究表明,太阳每时每刻都向地球发射 1.9×10^{14} kW 的太阳能,途经大气层反射和大气吸收的两种损耗之后,其中 47% 的太阳能到达地球表面。通过计算,每秒钟太阳向地球输送的能量相当于燃烧 500 万吨煤所供给的能量,因此太阳是一个巨大的、持久的能源。

中国是一个太阳能资源非常丰富的国家,广大的中西部地区平均太阳辐射量在 6000MJ/m^2 以上,相当于日辐射量 5kWh/m^2。此外,西藏的西部地区是中国太阳能资源最丰富的地区,太阳能辐射量为 2333kWh/m^2,位居世界第二位,仅次于非洲的撒哈拉沙漠。

太阳是一颗恒星,直径约为 139 万公里,距地球 1 亿 5 千万公里。太阳辐射的能量来源于太阳核心的热核聚变。4 个氢原子热核聚变时就成为 1 个氦原子,与此同时释放出巨大的能量。由于"质子-质子"循环核聚变,反应过程的质量亏损 $\Delta m=4m_{\text{H}}-m_{\text{He}}$,按照爱因斯坦质能关系 $\Delta E=\Delta mc^2$(c 为光速)计算,相当于 25MeV 的能量。

太阳核心每秒大约有 700 亿吨氢聚变成氦,每秒钟释放出来的能量大约相当于 3.9×10^{26} 焦耳。太阳的温度非常高,其表面温度约为 5758K。如此高温之下就会产生光的辐射,太阳光向四周空间辐射,穿越大约 1.5 亿公里后到达地球表面,在地表外层空间太阳光的强度约为 1366 W/m²。

太阳从诞生至今大约已经过了 46 亿年,估计太阳寿命至少还有 50 亿年。

图 11-2 给出了太阳光在大气层外和穿过大气层到达地面后的光谱分布。可以看出,太阳光在大气层外的光谱分布同黑体辐射的光谱几乎是完全一致的,最强值出现在 450nm 的蓝光处。外层空间中太阳光的强度密度约为 1366 W/m²,被定义为 AM0。太阳光偏离头顶以入射角 46.8 度射向地面的太阳光谱曲线如图 11-2 中第二条曲线所示,其功率密度为 768.3W/m²,通常称为 AM1.5D。穿越大气层时太阳光被水气、氢气、氧气、氮气等所吸收,出现了图中所示的一些吸收峰,能量也就相对地有许多下降。即使如此,依然有很高的功率密度。在大气层中,各种气体吸收能量的同时,大气中的微粒还会对太阳光产生散射,这种散射作用使得到达地面的光强得到加强,因此入射角偏离头顶 46.8 度、同时包含散射部分的太阳光在地面上的实际功率密度为 1000W/m²,通常称为 AM1.5G。

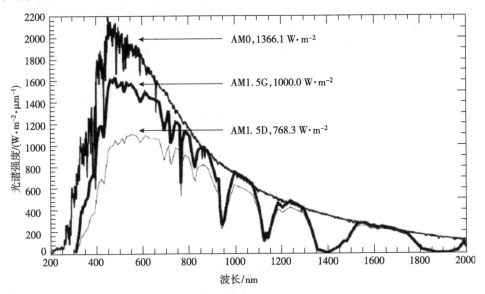

图 11-2 太阳光谱 AM0,AM1.5G 和 AM1.5D 的光谱分布

太阳光的强度会依赖不同地域和海拔高度。所谓标准光强,在空间应用时,是参照地球大气层外的太阳光谱(AM0)确定的,其光强为 1366 W/m²。而在地面应用时,是参照穿过 1.5 倍大气质量的太阳光谱(AM1.5)确定的,光强定义为 1000 W/m²。由于太阳光穿过大气层时受到散射,到达地面的太阳光总谱(AM1.5G)中,包含了沿太阳光线方向的直接分量(AM1.5D)和散射而来的弥散分量。

图 11-2 给出 AM0,AM1.5G 和 AM1.5D 光谱。可以看出,由于大气层的吸收作用,AM1.5 光谱短波部分的相对强度已明显降低,而且出现了 H_2O、O_2、CO_2 等气体的吸收峰。如果只标出 AM1.5,实际就是 AM1.5G。太阳能电池性能对温度敏

感,规定的标准温度为 25℃。在以后的各种研究和测试中,都是以太阳光强度 AM1.5G、温度 25℃为标准条件。

11.2 太阳能电池工作原理

11.2.1 光伏效应

半导体材料中掺有不同型号的的杂质而成为 p 型半导体和 n 型半导体,它们各自有不同的费米能级 E_{Fn} 和 E_{Fp}。当这两种不同型号的半导体材料在一起组成 pn 结时,就会形成一个自建势垒区,接触势垒的高度 ϕ_b 等于形成 pn 结之前的 n 区和 p 区的费米能级之差

$$\phi_b = eV_{bi} = E_{Fn} - E_{Fp} \tag{11-1}$$

式中,e 为电子电荷;V_{bi} 为 pn 结的内建电势。热平衡、无偏压、无光照的平衡条件下,pn 结的能带图处于平衡态,由于有 pn 结,在界面出现一个自建势垒区,pn 结的两边有电荷的积累,整个半导体的费米能级是共同的 E_F,处处相等,处于平衡态下的 pn 结能带图如图 11.3(a)所示。

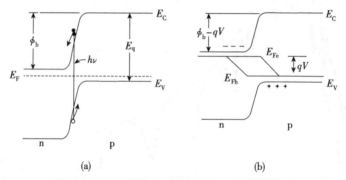

图 11-3 (a)热平衡和(b)光照时 pn 结的能带图

当光子能量大于带隙宽度 E_g 的光照射到半导体 pn 结上时,电子吸收光子的能量从价带跃迁到导带,产生电子-空穴对。如果这些光生载流子(电子和空穴)扩散到 pn 结的势垒区,则在内建电场的作用下,电子被扫向 n 区,空穴被扫向 p 区,从而在 n 区形成电子的积累,在 p 区形成空穴的积累,在 pn 结两端产生光生电压,p 端为正极,n 端为负极,如图 11.3(b)所示。在这种光照下半导体 pn 结两端产生电位差的现象称为**光生伏特效应**,简称光伏效应。

11.2.2 太阳能电池的电流-电压特性

半导体材料中,在均匀外加电场 E 的作用下,非平衡载流子会作漂移运动和扩散运动,电子和空穴产生的电流密度 J_n 和 J_p 分别为

$$J_n = J_{ns} + J_{nd} = ne\mu_e E + eD_n \frac{d\Delta n}{dx} \tag{11-2}$$

$$J_p = J_{ps} + J_{pd} = pe\mu_h E - eD_p \frac{d\Delta p}{dx} \tag{11-3}$$

式中，脚码 p 和 n 分别表示 p 区和 n 区所对应的参数；脚码 s 和 d 分别表示载流子的漂移运动和扩散运动；D_n 和 D_p 分别为电子和空穴的扩散系数。应用爱因斯坦关系式，可以得出总的电流方程为

$$J = J_p + J_n = e\mu_n \left(nE - \frac{k_B T}{e} \frac{d\Delta n}{dx} \right) + e\mu_h \left(pE - \frac{k_B T}{e} \frac{d\Delta p}{dx} \right) \tag{11-4}$$

该式为一维的载流子连续方程。式中，p 和 n 分别表示空穴和电子的浓度，Δp 和 Δn 分别为有外加电场之后浓度的变化。

如果半导体上有外加场（电场或者光场等），引起载流子的产生和复合，载流子的产生率和复合率分别用 G 和 U 表示，则单位面积内电子和空穴的浓度变化速率分别为

$$\frac{\partial n}{\partial t} = \frac{1}{e} \nabla J_n(x) + (G - U_n) \tag{11-5}$$

$$\frac{\partial p}{\partial t} = \frac{1}{e} \nabla J_p(x) + (G - U_p) \tag{11-6}$$

将式(11-2)和式(11-3)代入式(11-5)和式(11-6)，同时考虑到电场 E 是位置 x 的函数，可以得出非平衡稳态载流子的连续方程

$$\frac{\partial n}{\partial t} = D_n \frac{\partial^2 n}{\partial x^2} + n\mu_n \frac{\partial E}{\partial x} + \mu_n E \frac{\partial n}{\partial x} + (G - U_n) \tag{11-7}$$

$$\frac{\partial p}{\partial t} = D_p \frac{\partial^2 p}{\partial x^2} + p\mu_p \frac{\partial E}{\partial x} + \mu_p E \frac{\partial p}{\partial x} + (G - U_p) \tag{11-8}$$

电场强度 E 的空间分布是由泊松方程决定的

$$\nabla E = \frac{\rho(x, y, z)}{\varepsilon_0 \varepsilon_s} \tag{11-9}$$

$\rho(x, y, z)$ 是半导体内部的电荷密度分布

$$\rho(x, y, z) = (p - n + N_D - N_A) \tag{11-10}$$

在稳态情况下，电子和空穴的浓度不随时间变化，因此

$$\frac{\partial p}{\partial t} = \frac{\partial n}{\partial t} = 0 \tag{11-11}$$

如果半导体材料是均匀掺杂的，其带隙宽度、载流子的迁移率、介电常数和扩散系数等参数都同位置 x 无关，式(11-7)和式(11-8)就可以改写为

$$D_n \frac{d^2 n}{dx^2} + n\mu_n \frac{dE}{dx} + \mu_n E \frac{dn}{dx} + G - U = 0 \tag{11-12}$$

$$D_p \frac{d^2 p}{dx^2} + p\mu_p \frac{dE}{dx} + \mu_p E \frac{dp}{dx} - (G - U_p) = 0 \tag{11-13}$$

式(11-9)、式(11-12)和式(11-13)三个微分方程是计算半导体中电荷密度、载流子浓度和电场强度的基本方程组。在一定边界条件下,原则上是可以求出解的,然而联立求解它们的解析解是非常困难的,可以通过计算机求出具体情况下的数值解。

实际的半导体太阳能电池中,电场强度非常小,可以近似看成没有电场,$E \approx 0$。在这类器件中没有外加的电场时,载流子的漂移运动很小,因此可以不考虑漂移电流,只考虑扩散电流。在通常的太阳光照下,n型和p型材料的复合项分别为

$$U_n = \frac{p_n - p_{0n}}{\tau_p} = \frac{\Delta p_n}{\tau_p} \tag{11-14}$$

$$U_p = \frac{n_p - n_{0p}}{\tau_n} = \frac{\Delta n_p}{\tau_n} \tag{11-15}$$

式中,Δp_n 和 Δn_p 分别为n区和p区中非平衡载流子的浓度;τ_p 和 τ_n 为少数载流子的寿命。在上述电场强度非常小的条件下,式(11-12)和式(11-13)可以进一步简化为少数载流子的扩散方程

$$D_n \frac{d^2 \Delta n_p}{dx^2} - \frac{\Delta n_p}{\tau_p} + G(x) = 0 \tag{11-16}$$

$$D_p \frac{d^2 \Delta p_n}{dx^2} - \frac{\Delta p_n}{\tau_n} + G(x) = 0 \tag{11-17}$$

这些方程描述了太阳能电池中载流子浓度的变化和载流子产生的速率之间的关系,它们一起构成了太阳能电池的基本方程。

在开路的情况下,pn结太阳电池两端的光电压为开路电压 V_{oc}。在短路的情况下,电池的光电流为短路电流 I_{sc}。有负载时,太阳能电池就会有电功率输出。

在势垒区和两侧扩散区内,费米能级将分裂为电子的准费米能级 E_{Fe} 和空穴的准费米能级 E_{Fh},分别与导带电子和价带空穴达到平衡,如图11-3(b)所示。此时,如果pn结两端为理想电极接触,电池的光电压 V 将取决于电子和空穴的准费米能级之差

$$eV_{oc} = E_{Fe} - E_{Fh} \tag{11-18}$$

实质上,在光照下形成光生的电子气和空穴气,它们具有不同准费米能级,两种载流子和不同的准费米能级是发生光伏效应的前提条件。

对于一个理想的pn结太阳能电池而言,电池的光电流密度 J_{oc} 为pn结暗电流密度 J_d 与短路电流密度 J_{sc} 之差,即满足**电流叠加原理**

$$J_{oc} = J_d - J_{sc} = J_s [\exp(eV_{oc}/k_B T) - 1] - J_{sc} \tag{11-19}$$

式中,J_s 为pn结反向饱和电流密度;k_B 为玻耳兹曼常数。短路电流密度 J_{sc} 是一个不依赖于电压的常数,pn结上的电压变化只改变 J_d 的大小,不影响光生载流子的收集效率。

在开路条件下,电池的光电流密度 J_{oc} 等于0,由此得出开路电压

$$V_{oc} = \frac{kT}{e} \ln\left(\frac{J_{sc}}{J_s}\right) \tag{11-20}$$

太阳能电池的光电**转换效率** η 定义为在标准光强下电池的最大输出功率与输入光功率 P_0 的比值

$$\eta = \frac{V_{oc} J_{sc} F_F}{P_0} \tag{11-21}$$

其中，F_F 为电池的填充因子，定义为电池的最大输出功率 $V_m J_m$ 与开路电压和短路电流密度乘积之比

$$F_F = \frac{J_m V_m}{J_{sc} V_{oc}} \tag{11-22}$$

图 11-4 给出了有光照和没有光照两种情况下太阳能电池的 J-V 特性曲线。可以看出，没有光照时的 J-V 特性曲线就是常规的伏安特性曲线。有光照时，即使处于短路状态，pn 结两端的电压降为 0，此时的短路电流为 J_{sc}，因此有光照时的伏安特性曲线向下位移了 J_s。虽然此时的电流最大，但是由于压降为 0，所以没有功率输出。如果外电路断开，电流为 0，此时电压最大，开路电压为 V_{oc}，也没有功率输出。可以看出，只有当电压和电流密度分别为 V_m、J_m 时，其乘积才为最大输出功率。图中标明了最大功率点 $V_m J_m$。

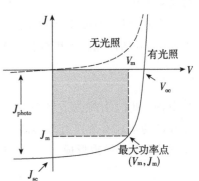

图 11-4 无光照时和有光照时太阳能电池的 J-V 特性曲线

11.2.3 光伏效应同材料的关系

半导体材料的性质，如带隙宽度、杂质浓度、载流子迁移率和少子寿命等，都对太阳电池的光电转换效率产生重要的影响。电池的短路电流密度 J_{sc} 的上限是由能量大于 E_g 的光子在器件中产生的载流子的总浓度决定的，在 $\lambda < \lambda_g$ 的波长范围内，对所有能够产生自由载流子的光波和整个器件的厚度进行积分，计算出的短路电流密度 J_{sc} 为

$$J_{sc} = e \int_0^L \int_0^{\lambda_g} Q N_{ph} d\lambda dx \tag{11-23}$$

其中，N_{ph} 为光子流密度；Q 为光子在太阳能电池材料中激发光生电子-空穴对的几率；空间积分的上限为电池的厚度 L；波长积分上限 λ_g 为 E_g 对应的波长

$$\lambda_g = \frac{h}{e} \frac{c}{E_g} \approx \frac{1.24}{E_g} \tag{11-24}$$

式中，h 为普朗克常数；c 为真空中的光速；λ_g 以 μm 为单位；E_g 以 eV 为单位。在 pn 结两边的少子扩散长度范围内，电池中的光生载流子都被收集到了，因此短路时单位

时间内所产生的自由载流子数目为波长范围($0\sim\lambda_g$)内所产生的载流子浓度同长度(L_e+L_h+W)的乘积,该乘积再与电子电荷 e 相乘就为短路电流密度 J_{sc}

$$J_{sc} = e(L_e + L_h + W)\int_0^{\lambda_g} QN_{ph}d\lambda \tag{11-25}$$

式中,W 为 pn 结电场区的宽度;$L_e=(D_e\tau_e)^{1/2}$,$L_h=(D_h\tau_h)^{1/2}$,分别为 p 区的电子扩散长度和 n 区的空穴扩散长度,它们依赖于少子的寿命 τ 和扩散系数 D 或迁移率 μ。D 和 μ 之间存在爱因斯坦关系式

$$D = \frac{kT}{e}\mu \tag{11-26}$$

可见短路电流 J_{sc} 与少子扩散长度、少子寿命都密切相关。

由式(11-20)可知,电池的开路电压 V_{oc} 十分依赖于 J_{sc}/J_s,反向饱和电流密度 J_s 主要由 pn 结两侧少子扩散长度范围内少子的复合速率(n_p^0/τ_e 和 p_n^0/τ_h)决定

$$J_s = e\frac{n_p^0}{\tau_e}L_e + e\frac{p_n^0}{\tau_h}L_h \tag{11-27}$$

其中,n_p^0 和 p_n^0 分别为 p 区的电子浓度和 n 区的空穴浓度;τ_e 和 τ_h 为 p 区的电子寿命和 n 区的空穴寿命。通常,太阳电池采用 n^+p 或 p^+n 结构,例如在 p 型硅(掺杂浓度 N_A)衬底上扩散磷形成 n^+p 结,此时反向饱和电流密度可以近似表示为

$$J_s = \frac{eL_e}{\tau_e N_A}10^{20}\exp\left(-\frac{E_g}{kT}\right) \tag{11-28}$$

由此可见,J_s 和 V_{oc} 十分依赖于带隙宽度 E_g、电子的扩散长度 L_e、载流子的寿命 τ_e 以及杂质的浓度 N_A。显然带隙宽度 E_g 小时能够吸收的太阳光光波范围更宽,晶体的完整性好、掺杂浓度低时电子的扩散长度长,这样能够产生更高的光生电流。此外,少子寿命依赖于太阳能电池中的各种复合机制,如辐射复合、俄歇复合、通过复合中心的复合等;同时,陷阱效应对少子寿命也起着重要的作用。

11.2.4 太阳能电池的效率

对于太阳能电池来说,接收太阳发射过来的光能,转化为能够利用的电能,其转换效率是最重要的特性参数。从热力学第二定律出发,对效率进行了理论分析。能量只能够由从高温物体传向低温物体,如果没有外来能量的残余,能量是不可能从低温物体传向高温物体的。热力学系统所进行的不可逆过程中,初态和终态之间有着重大的差异,这种差异决定了过程的方向。

图 11-5 示意表示了太阳和地球之间的能量转化过程。太阳和地球的的热能分别为 Q_1 和 Q_2,两者之差为转换的能量 W,如果太阳和地球的的温度分别为 T_h 和 T_c,依据热力学第二定律计算出的理论效率为

$$\eta_{Carnot} = 1 - \frac{T_c}{T_h} = 1 - \frac{300}{5900} \approx 95\% \tag{11-29}$$

这一估计值过于理想,于是进行修正后

$$\eta_{\text{Carnot}} = 1 - \frac{T_c}{T_h \cdot (3/4)} = 1 - \frac{300}{4425} \approx 93\% \quad (11\text{-}30)$$

即使如此,依然是高达 93%,这一理论值是由于没有认真研究太阳能电池中的损耗机理的结果,自然同实际的效率特性相差甚远。这就引来人们对于太阳能电池中各种损耗的分析。

太阳能电池除了将太阳能转化为电能的有效部分以外,还通过各种方式消耗掉许多能量[5]。

图 11-6 给出了太阳能电池中的五种损耗机理:①透射损耗,如果半导体材料的带隙宽度为 E_g,太阳光中能量比 E_g 小的光波不被吸收,完全透射过去了,不可能产生电子-空穴对;②任何材料内部都存在缺陷、非辐射复合中心、界面态等,电子和空穴通过

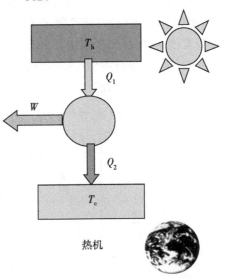

图 11-5 太阳和地球之间的能量转化示意图

这些深能级的复合也会消耗掉一些太阳光的能量;③光生载流子通过辐射复合重新发光,这是太阳光产生了载流子之后的物理过程,它对于太阳能发电来说是一种损耗;④太阳光照射下产生声子,使材料发热,耗去了许多太阳能量;⑤自由载流子吸收等过程也会消耗能量。

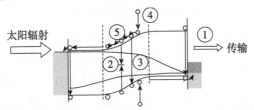

图 11-6 太阳能电池中的主要损耗机理示意图

对于每一种半导体材料来说,其带隙宽度 E_g 是确定的,相应地用该材料制成的太阳能电池的效率具有一个极限值,即采用该材料所能够达到的最高效率。因为由内建电势限制的开路电压 V_{oc} 必须小于 pn 结的内建电势,它们还要小于带隙宽度 E_g,即 $V_{oc} \leqslant V_{bi} \leqslant E_g$,而由式(11-27)和式(11-28)决定反向饱和电流密度 J_s。

由于光伏材料吸收光子产生的电子-空穴对的几率小于 1,因此光生电子-空穴对的数目总是小于能量大于 E_g 的所有光子数 $N_{ph}(E_g)$,依此可以计算出带隙宽度为 E_g 的太阳能电池的极限效率为

$$\eta_{\max} = \frac{E_g N_{ph}(E_g)}{I_0} \quad (11\text{-}31)$$

假定填充因子 $F_F=1$,由此计算出 AM0 和 AM1.5 光谱下 η_{max} 随 E_g 的变化关系如图 11-7 所示。可以看出,电池极限效率随 E_g 的变化存在一个极大值。假定一个光子只能激发一对电子-空穴对,如果 E_g 过大,将减少可以被电池材料吸收的光子数目,而如果 E_g 过小,将使高能光子激发的载流子的热损耗增加。所以,存在一个最佳带隙宽度,使电池极限效率达到最大。在 AM0 和 AM1.5 光谱下,由电池材料带隙限制的极限效率分别为 43.7% 和 49.1%。这一结果与 P. Rappaport 早期对 AM0 光谱计算的结果一致[6]。

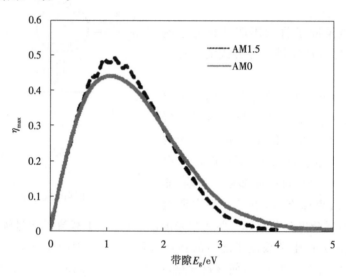

图 11-7 早期理论预计的 AM0 和 AM1.5 光谱下
太阳电池极限效率同带隙的关系

值得指出,在 AM0 光谱下此极限效率对应的材料带隙宽度为 1.07eV。对于 AM1.5 光谱而言,此极限效率在 $1.0 \sim 1.4$eV 范围存在两个峰值,1.13eV 和 1.33eV,而且前者相应的峰值略大。

如果再考虑到电池表面的辐射损失,或光子的吸收和发射之间细致平衡的限制,得到单一带隙材料太阳能电池的 Shockley-Queisser 极限效率如图 11-8 所示[7]。图中曲线(a)和(b)为非聚光和全聚光 6000K 黑体辐射条件下的极限效率,前者近似于 AM0 光谱曲线;(c) 和(d)为 AM1.5D 和 AM1.5G 条件下的极限效率。可以看出,对于非聚光和全聚光 6000K 黑体辐射条件

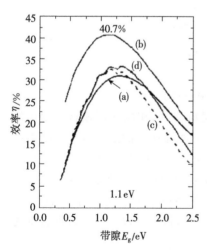

图 11-8 Shockley-Queisser 极限
效率与带隙之间的关系

而言,电池极限效率分别约为 31.0% 和 40.7%。对于 AM1.5G 光谱(曲线(d))而言,电池极限效率在 1.13eV 和 1.35eV 处存在两个十分相近的峰值,大约为 32.8%。这里的情形与前面材料带隙限制的 AM1.5 太阳电池极限效率(图 11-7)相似。在常用的半导体光伏材料中,硅的带隙宽度 1.12eV 接近 1.13eV,而砷化镓的带隙宽度 1.42eV 接近 1.33eV,它们都很接近太阳能电池的最佳带隙宽度。

进一步研究的单结太阳能电池的理想效率如图 11-9 所示。该图是没有非辐射损耗的理想条件下的单结太阳能电池的效率同能量的关系,图 11-9(a)为在大气层外的高空和地面的不同测试标准能量的条件下(AM0、AM1.5G 和 AM1.5D)的理想功率输出效率同带隙宽度 E_g 的关系。如果通过聚光透镜,将太阳光聚光 1、300 和 1000 倍,图 11-9(b)为不同聚光条件下理想的功率输出效率同带隙宽度 E_g 的关系。

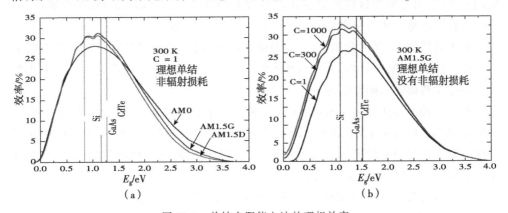

图 11-9 单结太阳能电池的理想效率

图中还标出了 Si、GaAs 和 CdTe 三种材料的理想功率输出效率,表明这些材料适合制作太阳能电池,有较高的效率。

在描述太阳能电池的工作原理时指出,光伏效应起源于光生载流子和 pn 结的内建电势,它们联合起来,在吸收太阳光的能量产生载流子之后,pn 结的内建电势将电子和空穴分隔开来,并且使它们在不同的两端积累并形成电位差。然而,pn 结的内建电势不是光伏效应唯一的起源。这些描述对于同质结器件是完全正确的。对于异质结构来说,由于不同半导体材料的带隙宽度不同,因此在异质结界面处会出现导带差和价带差,这些带隙差就形成内建的势垒,即使是同型的异质结也有这种势垒的存在。异质结中的内建势垒的作用有助于太阳能电池的工作。

由于是异质结构,材料的带隙宽度 E_g、电子亲合势 χ、导带和价带边的有效态密度 N_C 和 N_V、电导率 σ 等都是空间位置 x 的函数。在等温条件下,如果异质结半导体电池结构中的两端为欧姆接触,长度为 L,在光照下,异质结构内的静电场 E_0 发生变化,开路时将这一变化 $(E-E_0)$ 对整个电池积分,就能够求出电池的开路电压 V_{oc}

$$V_{oc} = \int_0^L (E - E_0) dx \qquad (11\text{-}32)$$

其中，E 为开路条件下的静电场。求解 $E-E_0$ 的表示式，得出开路电压 V_{oc} 为[8]

$$V_{oc} = -\int_0^L \left(\frac{e\mu_n \Delta n + e\mu_p \Delta p}{\sigma}\right)\xi_0 \mathrm{d}x$$

$$+ \int_0^L \left[\left(\frac{\mu_n \Delta n}{\sigma}\right)\frac{\mathrm{d}\chi}{\mathrm{d}x} + \left(\frac{\mu_p \Delta p}{\sigma}\right)\left(\frac{\mathrm{d}\chi}{\mathrm{d}x} + \frac{\mathrm{d}E_g}{\mathrm{d}x}\right) - kT\left(\frac{\mu_p \Delta p}{\sigma}\frac{\mathrm{d}}{\mathrm{d}x}\ln N_V - \frac{\mu_n \Delta n}{\sigma}\frac{\mathrm{d}}{\mathrm{d}x}\ln N_C\right)\right]\mathrm{d}x$$

$$+ kT\int_0^L \left[\left(\frac{\mu_p}{\sigma}\frac{\mathrm{d}\Delta p}{\mathrm{d}x} - \frac{\mu_n}{\sigma}\frac{\mathrm{d}\Delta n}{\mathrm{d}x}\right)\right]\mathrm{d}x \quad (11-33)$$

式中，μ_n 和 μ_p 为电子和空穴的迁移率；Δn 和 Δp 为光生电子和空穴的浓度；$(e\mu_n \Delta n + e\mu_p \Delta p)/\sigma$ 为光电导在总电导中所占的比例。从式(11-33)可以看出，对于异质半导体电池结构而言，开路电压 V_{oc} 的起源应包括三部分：①第一项为 pn 结的内建静电场的贡献；②第二项为材料组分变化即有效力场(effective force field)的贡献；③第三项为扩散电势差或丹倍电势(Dember potential)的贡献。

对于同质的 pn 结太阳能电池，如晶体硅电池，第一项内建电场是光伏效应的主要来源。然而，在某些异质结构中，光伏效应并非起源于 pn 结内建电场。一个典型例子便是染料敏化太阳能电池。

对于一种半导体材料来说，由于它的带隙宽度是一定的，波长比其吸收边长 λ_g 长的光波都透射过去了，不被吸收，不能对光伏效应起到贡献，因而 AM1.5G 的光照条件下最理想的功率转换效率为 32% 左右。实际的器件会受材料缺陷、制作工艺技术等的限制，不可能达到这一理论值。

采用不同带隙宽度的多种材料是解决这一难题的出路之一。图 11-10 就是在 Ge 衬底上制作三个或者四个 pn 结的太阳能电池的能量和光谱的对应关系示意图，例如 Ge/GaAs/GaInP 的三结太阳能电池，它们的带隙宽度分别为 0.7eV、1.4ev 和 1.8eV，对应地分别吸收红外与红光、可见光、紫光与紫外光，覆盖了整个太阳能的光谱范围，能够全面地吸收太阳能不同波段的能量，因而能够真正提高太阳能电池的光电转化效率。

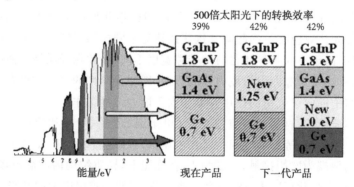

图 11-10　Ge 基三结和四结太阳能电池结构和对应的光谱范围图

图 11-11 由两种理论推算出的太阳能电池的能量转换效率同 pn 结数目的关系。

显然,随着不同材料的数目的增加,转换效率也相应地增大。当材料的种类由一种增加到 6 种时,这种由不同带隙材料组合而成的多结太阳能电池的效率比较快地增长。进一步增加材料的数量时,虽然效率也有所增加,但是越来越趋近饱和。

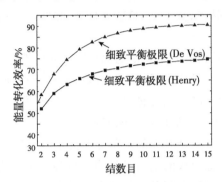

图 11-11　计算得出的太阳能电池的能量转换效率同 pn 结数目的关系

特别值得指出的是,不同材料构成多结太阳能电池时,一定是 pn-pn 相互串联的结构,在两个 pn 结之间必然引入了一个反向的 np 结。因此光生电流既要流过 pn 结,也要流过反向的 np 结。为了获得最终的光生电流,就需要制成隧道结,光生载流子必须通过隧道效应穿过这一反向的 np 结。太阳能电池的结数越多,这种反向结的数目也越多,带来的负作用会更大。最终不但没有能够增加光电转换效率,反而降低了效率。因此,必须在效率和结的数目之间进行优化选择。

多结太阳能电池的另一个难题是如何选择晶格常数尽可能接近的异质结材料,只有晶格匹配才能够外延生长出高质量的外延层,才能够获得好的光电性能。Ⅳ族元素半导体材料是立方晶系结构,而Ⅲ-Ⅴ组化合物半导体材料大多是闪锌矿结构,它们在一起时具有极性的问题。只有解决了这些生长技术难题才有可能实现高效率的多结太阳能电池。

大量的实验表明,采用三个或四个结的方式是明智和有效的。已经实现了 43% 的高效率多结太阳能电池的制备,福建三安集团日芯光伏科技有限公司在青海格尔木建成了 50MW 和 60MW 两个聚光高效三结太阳能电站,是我国成功应用多结太阳能电池的典型范例。

11.3　硅太阳能电池

同光电探测二极管一样,无论直接带隙材料还是间接带隙材料都能够制作太阳能电池。不过前者是探测光学信号,通常光谱范围比较窄,而后者是将太阳光的能量转化为电能,需要接收和转化的光谱范围很宽。这些不同的应用对制作器件的材料要求是不同的。光电探测二极管要求很高的响应度和很小的暗电流,而太阳能电池的主要要求是高的光电转换效率，对噪声、速率等没有要求。这样一来，能够制作太阳能电池的材料就广泛得多，不但包括硅、锗等Ⅳ族半导体材料，还包括Ⅲ-V族、Ⅱ-Ⅵ族半导体材料；不但包含同质结材料，还包含异质结材料；不但包含晶体材料，还包含多晶、非晶、纳米晶体、量子点、黑硅等材料，此外，一些聚合物也是有前途的太阳能电池材料。

太阳能电池的光电转换效率主要由电池材料的光电性质决定，如半导体带隙、少数载流子寿命、迁移率和半导体光吸收系数等，因此根据电池材料不同，目前太阳能电池可以分为晶硅(Si)太阳能电池、铜铟镓硒(CIGS)薄膜太阳能电池、Ⅲ-V族半导体太阳能电池和染料敏化太阳能电池(DSSC)。

在如此多的材料中，采用硅制作的太阳能电池是产量最多、产业化程度最高的太阳能电池，由硅太阳能电池建成的电站已经遍布世界各地。究其原因在于地球上硅的储藏量最大、硅材料的提纯和制备单晶技术最成熟、各种各样设备最充足和工艺流程最完善。因此有必要研究和分析各种硅太阳能电池。

20 世纪 60 年代，在能源需求的驱动下，单晶硅电池效率提高很快，达到 15%[9]。那时太阳能电池的基本结构是在 p 型单晶硅基底上热扩散磷形成 pn 结，在背面蒸镀金属 Al 电极，在正面蒸镀金属栅电极和减反射涂层。选取 p 型单晶硅作为基底，是因为它具有较好的抗辐照性能。

70 代晶硅太阳电池的主要进展包括应用浅结扩散以减少蓝光的表面吸收损失（"紫"电池)[10]；采用铝背场以增强载流子的收集电场和增加长波光的背反射[11]；选择性腐蚀形成表面织构（金字塔结构），以减少光在表面的反射和增加光的有效吸收长度（"黑"电池)[12]。其结果是使单晶硅电池效率增加到 17%。这些措施的主要目的在于减少光的损失和增加光生载流子的收集效率。

80 年代以来，单晶硅电池工艺是研究的努力方向，主要是减少电池的各种复合损失以提高电池的开路电压等光伏参数。例如，通过高性能热氧化层钝化硅表面，降低表面复合速度，形成钝化发射极电池(PESC)，使电池效率提高到 20%[13]。

图 11-12 给出了一个高效率的单晶硅太阳能电场的器件结构，它是一种钝化发射极、背面点扩散 pn 结的电池结构，半导体芯片由 p^+-p-n-n^+ 四种型号组成，pn 结两边的 p 区和 n 区都是低掺杂的单晶硅，而上下两个电极层 p^+ 和 n^+ 层都是高掺杂的，以便降低接触电阻。顶部指形的金属电极是非常窄的条形光栅状结构，尽量减少其宽度，以便尽量降低它们遮掩的部分所占的比例。

特别值得指出的是，该器件的受光面做成了，还有很薄的氧化层和双层抗反射涂层。这些层的作用是增加透射率，使入射进来的太阳光透射进入太阳能电池内部。倒金字塔结构能够大大增加漫散射，再次让光线能够进入体内被吸收。由于采取了这么多的技术措施才使得该太阳能电池的效率达到 25%，对于只有一种材料、一个固定的带隙宽度的电池来说，这的确是一个很好的数据。

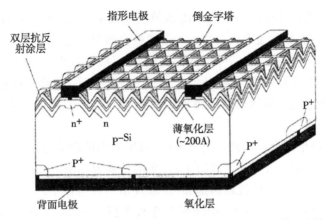

图 11-12 效率为 25.0% 的单晶硅钝化发射极、背面点扩散电池结构

通过高性能热氧化层钝化硅表面和背面,形成钝化发射极与背电极电池(PERC),使电池效率提高到 24%[14]。这种双面钝化电池,已衍生出若干品种。其中,最简单的 PERC 结构,采用低阻衬底,让背电极通过背面钝化层上的光刻孔与衬底接触。更为复杂的结构有钝化发射极、背面全扩散电池(PERT)和钝化发射极、背面点扩散电池(PERL),后者如图 11-12 所示。1999 年澳大利亚新南威尔士大学赵建华等采用 PERL 结构,结合合理的发射结设计和金属接触设计,正表面倒金字塔结构与背表面镜相结合的陷光结构设计,以及接触区两次扩散钝化等,在 AM1.5、25℃ 光强与温度的条件下,获得了当时最高的 24.7% 的单晶硅电池效率,其中开路电压 V_{oc}=706mV,短路电流 J_{sc}=42.2mA/cm^2,填充因子 F_F=82.8%[15]。2008 年对国际太阳电池测试标准进行了修订,这一世界记录被校正为 25.0%[16]。

表 11-2 列出了国内外部分晶体硅太阳能电池的结构、转换效率和代表性的技术。新南威尔士大学采用钝化发射极和背面局域化等技术实现了 25% 的转换效率,这是关于硅太阳能电池所报道的最好数据。事实上这是实验室中的研究结果,在实际建成的晶体硅太阳能电站中,效率通常在 18%~12%,这是公认的较好数据。

表 11-2 国内外各种晶硅太阳能电池的电池结构及转换效率

电池种类	研究机构	转换效率	电池结构
单晶硅电池	Fraunhofer 研究所	23.4%	n 型半导体底板、发射极和背面钝化
	新南威尔士大学	25.0%	钝化发射极、背面局域化
	北京太阳能研究所	19.8%	倒金字塔、发射区钝化
多晶硅电池	新南威尔士大学	19.8%	背面局域化
	日本京瓷公司	17.7%	RIE 技术
	美国 NREL	20.4%	——

理论上计算得出单带隙材料太阳电池的极限效率在 AM1.5 光谱下为 49.1%。实际上受复合机制、辐射复合损失以及光子的吸收和发射之间细致平衡等的限制,计算出的电池极限效率为 32.8%(Shockley-Queisser 极限效率)。再进一步考虑到俄歇复合损失,电池极限效率下降为 29%[17]。上面提到的实验晶硅电池最高效率 25.0% 大约相当于这一俄歇复合限制极限效率的 85%。因此进一步提高晶体硅电池效率的余地不大。

研究表明,俄歇复合对晶硅电池 AM1.5 极限效率的影响与芯片的厚度有关[18],如图 11-13 所示。如果表面是平坦的平面,光电转换效率随着芯片厚度的增加而增大,芯片厚度在 100μm 之后就趋向饱和,极限效率不再增加了。如果表面是不平坦的朗伯兴陷光结构,电池厚度为 80μm 时效率极大值为 29%。当前的太阳能电池的厚度为 250~350μm,这比理论预计的值厚得多。因此减低硅片厚度、发展薄片工艺是现在生产晶体硅太阳能电池的一个好办法,既节约了硅材料,也能够提高电池的效率。

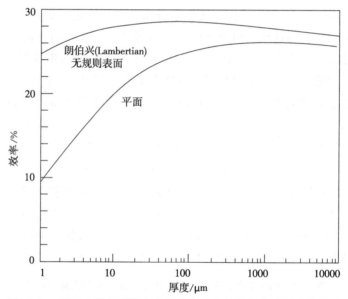

图 11-13 晶硅电池极限效率与朗伯兴陷光结构和电池厚度的关系

对于薄片工艺而言,陷光结构尤为重要。如果具有理想的朗伯兴(Lambertian)无规则表面,光线在电池内向各个方向散射,其有效光程将增加 $n(n+1)^2$ 倍[19]。利用这种结构,将光线"陷"在电池内,大大减少了反射、增加了光的吸收。图 11-12 的表面具有理想的朗伯兴陷光结构,厚度仅为 100μm 的晶体硅电池的效率可以达到 24%。

晶体硅电池当前的目标是将产业化电池的效率提高到 20% 或者更高,目前采用的主要方法有:

(1)采用高质量的 FZ(浮区熔)n-型硅作衬底,在其背面扩散硼发射极,形成钝化发射极、背面全扩散(PERT)电池。这类材料的有效载流子寿命长,可高达数毫秒。通过限定背面结的面积,减小了背面结边缘处的复合损失和短路损失,在22cm²面积上电池效率可达 22.7%[20]。

(2)Fraunhofer 太阳能研究所研制出激光打点接触(LFC)钝化发射极与背电极电池(PERC)的工艺技术,它无需光刻版,加工速度快,可采用各种导电类型和电阻率的衬底,得到了 21.6%的高效率[21]。

(3)SunPower 公司研制出高效背面点接触(BPC)电池,实验室里效率达到23%。该公司在马尼拉建成一个年产 25MW 高效背面接触电池厂,电池效率达到19.9%[22]。

(4)三洋公司采用掺杂非晶硅与晶硅衬底形成异质结,研制出非晶硅异质结(HIT)电池。在异质结中加入数纳米厚的本征非晶硅层,可提高表面钝化的效果,从而开路电压提高到 718 毫伏。在 n-型 CZ 衬底上制造的 HIT 电池,在 100.5cm² 电池面积上得到 22.3%的转换效率[23]。

(5)我国尚德太阳能电力公司发展了一种简单的 PLUTO 技术,成功地将高效PERL 电池商品化。通过激光扫描刻线和自对准光电化学镀形成宽度为 25μm、间距为 0.9mm 的栅状的细密金属电极,在 p 型 CZ(直拉)硅片上制备出效率达 19%的电池组件,并有望将电池组件的效率进一步提高到 21%[24]。

11.4 非晶硅薄膜太阳能电池

硅基薄膜电池包括非晶硅、微晶硅和多晶硅薄膜电池。这里所谓非晶硅(a-Si)实际上是指氢化非晶硅(a-Si:H)。经过多年的努力,人们在改进非晶硅基薄膜材料、太阳能电池器件性能和稳定性、产业化等方面取得了重大的进展。目前,小面积(1cm²)三结叠层硅基薄膜电池效率可达 15.0%,大面积(5.7m²)两结叠层硅基薄膜电池组件稳定效率已达 8%~9%。

11.4.1 非晶硅薄膜的结构和电子态

晶体硅中的原子排列为正四面体结构,具有严格的晶格周期性和长程序(LRO),原子的键合为 sp^3 共价键。非晶硅中的原子键合也是共价键,原子的排列基本上保持 sp^3 键结构,只是键长和键角略有一些变化,这使非晶硅中原子的排列在保持短程序(SRO)的情况下,丧失了严格的周期性和长程序。

事实上,非晶硅基本上保持了 sp^3 键结构和短程序,其电子态保持了晶体硅能带结构的基本特征,同样具有价带、导带和禁带。由于非晶硅丧失了原子排列的周期性和长程序,电子波失 k 不再是一个描述电子态的好量子数,E 与 k 的色散关系不确定,只能用电子的能态密度分布函数 $N(E)$ 来描述非晶硅能带的特征。因此,不能确认非晶硅是间接带隙还是直接带隙材料。

无序结构使价带和导带的一些尖锐的特征结构变得模糊,一些奇点(如范霍夫奇点)消失,特别是明锐的能带边向带隙内部延伸出定域化的带尾态。结构缺陷(如悬键等)在带隙中部形成了连续分布的缺陷态。

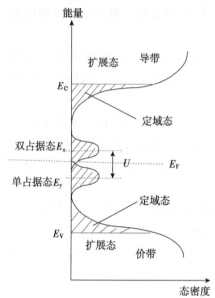

图 11-14 非晶硅 Mott-CFO 能带模型

图 11-14 给出非晶硅的 Mott-CFO 能带模型,简单标明了能带边和带隙的电子态密度随能量的分布[25]。在能带扩展态与定域化带尾态之间存在一条明显的分界线,即导带迁移率边 E_C 和价带迁移率边 E_V。材料中的悬键构成缺陷,在带隙中部造成定域态,其密度分布为 E_x 和 E_y,分别相当于硅悬键的双占据态(类受主态)和单占据态(类施主态)。同获得第一个电子时相比,悬键获得第二个电子时需要更多的能量,许多实验所证实该相关能是正的($\sim 0.4 \text{eV}$)。但在 a-Si:H 中,一些局部网络的结构通过弛豫过程也可能导致负相关能的出现。

在 a-Si:H 中,由于氢的键入使能带结构发生变化,使带隙态密度降低和使价带顶下移,从而使其带隙加宽。此外,Si-H 键的键合能比 Si-Si 键的键合能大。这些 Si-H_x($x=1,2$)键在价带中就形成一些特征结构,这些结构的存在已为紫外光电子发射谱(UPS)观测所证实。在能带变化的同时,导带底向上移动,但是很小。实验发现,a-Si:H 薄膜的光学带隙 E_g(eV)的大小近似地正比于氢含量 C_H:$E_g = 1.48 + 0.019 C_H$,呈线性的关系。

11.4.2 非晶硅薄膜的光学特性

a-Si:H 薄膜的光电特性不稳定,会受光照、温度的影响而发生变化。采用功率密度为 200mW/cm^2、波长为 $0.6 \sim 0.9 \mu\text{m}$ 的光、照射辉光放电法制备的 a-Si:H 薄膜,其暗电导率和光电导率随时间的推移而逐渐减小,并趋向饱和,但经过 150℃ 或者更高温度退火 $1 \sim 3$ 小时后,光电导又可恢复到原来的状态,如图 11-15 所示[26]。

非晶硅的这种光致亚稳变化现象被称为 Staebler-Wronski 效应(SWE),中文为光致变化效应,它是 a-Si:H 膜的本征体效应,不是由杂质引起的或表面能带弯曲引起的。经电子自旋共振和次带吸收谱等技术测定,光照在 a-Si:H 材料中产生了亚稳的悬键缺陷态,其饱和缺陷浓度约为 10^{17}cm^{-3},能量位置靠近带隙中部,主要起非辐射复合中心的作用,导致 a-Si:H 薄膜材料光电性质和太阳能电池性能的退化,限制了 a-Si:H 电池转换效率的稳定性,同时也降低了效率。

许多论文都提出过很多物理模型,试图解释光照产生 a-Si:H 亚稳悬挂键的微观机制,如 Si-Si 弱键断裂模型、电荷转移模型(负相关能模型)和氢碰撞(hydrogen collision)模型等。现在普遍认为,光生电子-空穴非辐射复合时释放出能量,该能量通过带尾态产生亚稳态的悬键。每对光生电子-空穴对通过带尾态复合、所释放的能量约为 1.3eV,这一能量将传递给周围的硅原子,将它们加热到很高的温度。例如,传递给周围 10 个硅原子,可将它们加热到大约 1600K。这样高的温度足以改变它们的原子结构,偏离其退火的平衡态,并将其热量扩散到更远的晶格范围。

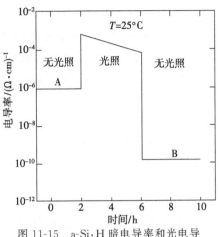

图 11-15　a-Si:H 暗电导率和光电导率的光致变化

在前面提到的光照条件下,非晶硅的光致效应所涉及的光生电子-空穴对复合可达 $10^{25}\,cm^{-3}$,这么多光生电子-空穴对的复合能使 a-Si:H 的整个网络结构发生光致变化。相应地产生的亚稳态的悬键密度大约为 $10^{17}\,cm^{-3}$,因此,光致亚稳态悬键与光致结构变化相伴发生,该过程的效率很低[27]。

许多研究表明,在非晶硅的光致退化过程中,不仅产生亚稳态悬键,Si-H 键和非晶硅网络结构也会发生光致变化,前者正是后者的后续效应[28]。

为了改进材料的稳定性,应该抑制 a-Si:H 膜的光致亚稳态变化、尽量改善无序网络的结构和降低 H 含量。为此,人们发展了氢稀释(hydrogen dilution)技术[29,30],并在制作非晶硅太阳能电池器件中得到广泛应用。

11.4.3　非晶硅和非晶锗硅电池

由于 a-Si:H 是一种低迁移率和短寿命材料,a-Si:H 电池采用了 p-i-n 结构或 n-i-p 结构,而不是晶体硅电池常用的 pn 结构。p 层和 n 层的作用是建立内建电势,并同电极形成良好的欧姆接触。i 层的作用主要是吸收阳光,将电子由价带激发到导带,以产生电子-空穴对。由于非晶硅对阳光中最强的可见光谱区有较强的吸收系数,所以不到 1μm 厚的 i-a-Si:H 层就可以较充分地吸收阳光。同时,i-a-Si:H 层中内建电场的存在有助于光生载流子的收集。这时,光生载流子的收集不仅依靠扩散运动,还依赖于电场作用下的漂移运动,从而克服了非晶硅扩散长度小带来的限制,大大提高了光生载流子的收集效率。

用作薄膜太阳能电池的衬底有两大类:透光的玻璃衬底和不透光的衬底(如不锈钢箔、金属化聚酯膜等)。通常利用 p 层作为迎光面,起着窗口层的作用,以有利于短寿命光生空穴的收集。玻璃衬底上的硅基薄膜太阳能电池采用 p-i-n 层的淀积顺序，而不锈钢衬底上则采用相反的 n-i-p 层的淀积顺序。

由于非晶硅电池光生载流子的收集效率与电场有关，电流叠加原理对非晶硅电池不再成立，所以非晶硅电池的填充因子往往偏低，有时光、暗 J-V 曲线还会出现交叉。R. Crandall 曾经报导，非晶硅电池的光电流密度 J_{oc} 为[31]

$$J_{oc} = eGl_d \left[1 - \exp\left(-\frac{d_i}{l_d}\right)\right] \tag{11-34}$$

其中，G 为光生载流子的产生率；d_i 为本征层的厚度；l_d 为电场作用下载流子的漂移长度

$$l_d = \mu\tau E \approx \mu\tau \frac{V_{bi} - V}{d_i} \tag{11-35}$$

式中，E 为电场强度；V_{bi} 为内建电势。本征层的厚度 d_i 远小于漂移长度 l_d 时，$J_{oc} = eGd_i$，即本征层中产生的光生载流子全部被收集，这相当于短路电流密度；当 d_i 远大于 l_d 时，相当于接近开路的条件，J 与 V 近似有线性关系。

将式(18-17)代入式(18-16)，可以看出，式中含有本征层厚度 d_i 的平方项，即光生载流子的收集效率对本征层的厚度 d_i 很敏感。实际上，存在一个最佳本征层厚度范围，一般不应超过 300nm。超过这一范围，单纯增加本征层厚度，虽然可增加对阳光的吸收，但难以显著提高非晶硅电池的短路电流，还会使填充因子下降，光致退化幅度增大[32]。

非晶锗硅(a-$Si_{1-x}Ge_x$:H)单结太阳能电池也采用 p-i-n 结构。为了改善电池在长波波段的响应，本征层采用了窄带隙的非晶锗硅合金(a-SiGe:H)。通过调整锗的含量，禁带宽度可以得到相应的调整。当 i-a-$Si_{1-x}Ge_x$:H 层中锗的含量 x 约为 15% 时，带隙宽度为 1.5～1.6eV，在有良好陷光结构的条件下，电池的短路电流约为 20mA/cm^2，开路电压降为 0.84V 左右，而填充因子仍可保持在 70%。迄今报道的非晶锗硅单结电池的最高初始效率为 12.5%～13.0%，经 1000 小时模拟太阳光照后的稳定效率为 10.4%[33]。

采用不同带隙宽度的电池组合起来构成叠层电池，这是提高电池效率的重要手段。在 a-Si/a-$Si_{1-x}Ge_x$ 两结叠层电池中，上下电池分别为 a-Si:H 电池和 a-$Si_{1-x}Ge_x$:H 电池，它们的 i 层带隙分别为 1.8eV 和 1.5～1.6eV，从而拓宽了电池吸收太阳光谱的波长范围，提高了电池的转换效率。

图 11-16 给出在不锈钢柔性衬底上生长的 a-Si/a-SiGe/a-SiGe 三结叠层太阳能电池结构。上、中、下三个子电池之间采用隧道结连接。电池的迎光面为宽带隙纳米硅 p 型窗口层，背面为高电导 n 型接触层，电池的背电极为淀积在不锈钢柔性衬底上的织构 Ag 和 ZnO 复合增反膜。为获得电流的匹配，上电池本征层的带宽和厚度分别为 1.8eV，120nm；中电池本征层为 1.6eV，150nm；下电池本征层为 1.4eV，

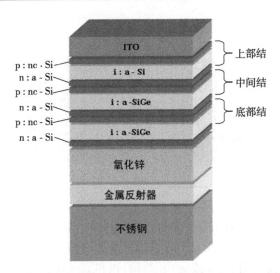

图 11-16　不锈钢柔性衬底非晶硅基三结叠层太阳能电池结构

200nm。通过不同的 Ge 含量调节 a-SiGe:H 的带隙宽度,并采用适当的梯度分布,形成有效的力场。

据报道,a-Si/a-SiGe/a-SiGe 三结叠层太阳能电池初始效率和稳定效率分别为 14.6% 和 13.0%[34],已经有一些生产线能够制造出大规模柔性衬底非晶硅/非晶锗硅多结太阳能电池,电池组件稳定效率可达 7.5%~8.5%。

11.5　其他硅基太阳能电池

11.5.1　非晶硅/微晶硅叠层电池

氢化微晶硅(μc-Si:H)简称为微晶硅(μc-Si),是一种非晶硅基薄膜材料,它是由晶粒尺寸在数纳米至数十纳米的硅晶粒自镶嵌于氢化非晶硅基质中构成的[35]。

近年来,国际上有人将微晶硅统称为纳米硅。微晶硅具有较窄的能隙和较好的光照稳定性,原则上可用作单结硅基薄膜太阳电池的吸收层,或与非晶硅构成叠层电池作为底电池吸收层。

微晶硅的光电性质十分依赖于结构参数,包括带隙宽度、光吸收系数、光电导、暗电导、太阳能电池的光伏参数等。微晶硅的复相结构如图 11-17 所示[36]。图左面的晶相比较高,非晶相只是作为晶粒间界而存在。从左到右,材料随着晶相比的降低变为非晶相占据优势,形成晶粒镶嵌结构。从纵向看,晶粒是呈柱状生长的,因为在低温下晶粒之间不易发生合并,这就形成柱状生长的晶粒和晶界,在某些晶界处还有微空洞存在。靠近衬底表面的区域可能存在一层微晶粒孵化层。随着孵化层厚度增加,微晶粒逐渐形成和长大,晶相比也随之增大。

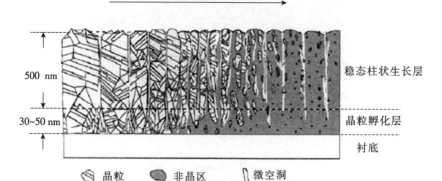

图 11-17 微晶硅的两相结构示意图

同非晶硅相比,微晶硅中载流子的输运特性明显改善,但载流子的寿命依然短,所以微晶硅电池仍需采用 p-i-n 或 n-i-p 结构,以提高光生载流子在电场作用下提高收集效率。微晶硅在长波长范围内的吸收系数比非晶硅高,但基本上还是间接带隙材料,其短波吸收系数小得多。为了提高电池的短路电流,微晶硅电池的本征层厚度一般需要 $1.3\sim2.0\mu m$。微晶硅对于氧沾污非常敏感。微晶硅中与氧有关的类施主态的密度较高,导致其暗电导增大,光敏性变差,难以用作电池的本征层,因此应该尽量减少氧的沾污。现在已报导的各种微晶硅膜电池的效率在 $6.37\%^{[37]}\sim 15.0\%^{[38]}$。

多晶硅薄膜与微晶硅薄膜之间并没有严格的区分,据称非晶硅和微晶硅多结电池组件产品的稳定效率可达到 $10\%\sim12\%$。2009 年河北新奥集团在上海的学术会议上报道,他们利用引进设备试生产非晶硅/微晶硅叠层太阳能电池组件,效率不低于 8%。据称在非晶硅和微晶硅多结电池组件产品的稳定效率可达 $10\%\sim12\%$。

实验结果表明,多晶硅薄膜太阳电池组件的可靠性优于标准商用单晶硅电池组件的可靠性。

11.5.2 硅量子点电池和黑硅电池

量子点材料中电子与空穴处于分立的能级,它们的运动受三维限制。跃迁过程中动量守恒,无需声子参加,库仑相互作用大大增强;而电子与声子的相互作用显著削弱。这样一来,高能的光子能够激发出多个电子-空穴对,因此太阳能电池的效率大大增加,可有望研制出量子点太阳能电池。

在硅量子点超晶格中还可能形成声子带隙,控制声子的能量弛豫过程,从而可研制热载流子太阳能电池,并可以通过小量子点的共振隧穿效应将高能光生热载流子直接输出到外电路,以降低其热损耗。显然,如何制备出量子点和如果提高量子点的密度是两个技术要求很高的难题,这是硅量子点电池还只是处于研究之中、没有形成实用器件的原因。

1998年哈佛大学的研究发现,在SF_6气氛中采用大功率的飞秒激光对硅片表面进行处理,在其表面形成亚微米针状金字塔结构,导致表面发黑,入射的太阳光在针状结构之间经过多次来回反射,几乎全部被吸收,因此这种经过激光处理过的硅被称为"黑硅"[39]。

黑硅对于太阳光的吸收特别强,吸收的光谱范围特别宽,可延伸到 2.6μm 之外的红外区域。由于在针状结构上形成了掺杂硫的重掺杂层(~0.5at.%),使 Si 的带隙从 1.1eV 降低到 0.4eV[40],所以凡是能量大于 0.4eV 的光波都能够被吸收。曾经预计黑硅在红外光探测和高效太阳能电池方面有较好的应用前景。虽然之后有许多相关的研究,但进展不大,利用黑硅研制的太阳能电池的效率只达到 15.1%(J_{sc}=32.52mA/cm^2)[41],没有原来期待的那么高。

11.6 聚光多结太阳能电池

随着硅太阳能电池的研究、开发和光伏电站的建设,其优点和缺点都非常突出地呈现出来,硅材料丰富、硅基太阳能电池的生产成本低是其巨大的优势,然而其光电转换效率不高、生产过程的污染严重、电站的维护管理等影响了它的发展。于是人们在寻求新的解决办法,聚光多结太阳能电池应运而生,其主要特点为,多结的太阳能电池大大提高了光电转换效率,由原来的晶硅太阳能电池的 25% 提高到 43%,这是器件特性的一大突破。与此同时,采用聚光透镜对太阳光进行会聚,聚焦倍数可以高达 1000 倍甚至更高,这就大大降低了半导体芯片的尺寸,只用千分之一大小的芯片能够完成大芯片都无法完成的转换功能。因而聚光多结太阳能电池是一种能够会聚太阳光和提高光电转换效率的新型光子器件。

高倍聚光光伏发电简称为 HCPV,是 high concentrated photovoltaic 的缩写。HCPV 是指使用透镜或镜面将接收到的太阳光线进行聚焦,使聚焦后的高能量密度光斑对准在小面积、高效率的多结化合物太阳能电池芯片上,进而获得能量输出。太阳能电池仅需聚焦斑面积的大小即可,从而大幅减少了太阳能电池的用量,同样条件下,倍率越高,所需太阳能电池面积越小[42-44]。

图 11-18 给出聚光多结太阳能电池模块组件的结构,它由菲涅耳透镜、多结的太阳能电池芯片、散热器等组成,太阳光经过聚焦后大大提

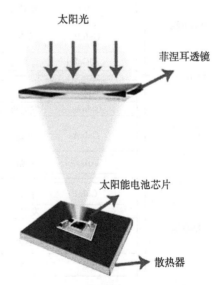

图 11-18 聚光多结太阳能电池模块组件结构示意图

高了能量密度,因此使得能量可以提高 1000 倍之多,电池芯片的效率比硅基太阳能电池提高 2 倍,综合效率获得相当大的改善。

然而太阳和地球是在不停地运行的,如果透镜固定不动的话,聚焦的光斑也会不停地移动。为了使聚焦光波始终会聚在芯片上,就需要有太阳光跟踪器、系统支架等部件,还需要一套完整的计算机控制程序对整个系统进行即时的跟踪和控制。显然,这些伺服系统将增加电站的成本和管理的难度。因此建设和运转聚光光伏电站包含锗衬底、MOCVD 外延生长、芯片器件制备、接收器封装、模块组件、系统安装与维护等多个工艺流程,涉及光电、机械、热力工程、自动化控制等综合性技术,需要提高光电转换效率、跟踪太阳光和散热降温等一系列问题。

11.6.1 多结太阳能电池的结构

多结太阳能电池的结构有许多种,一类是采用完全机机械的方法将不同半导体材料制作的芯片拼装组合在一起,另一类是完全采用外延生长的方法一次性地完成多种材料多个 pn 结的制备,这就需要解决不同组分、不同掺杂、不同厚度的外延生长技术,需要解决不同半导体材料的晶格匹配、不同杂质的扩散、反向 pn 结的隧道效应等一系列工艺技术问题。经过多年的研究,国内外许多实验室和公司已经解决了这些难题,成功地制造出高质量的芯片[45]。

现在常用的高倍聚光光伏芯片的结构是 GaInP/GaInAs/Ge 三结太阳电池,在高倍聚光条件下,这类三结太阳电池已获得超过 40% 光电转换效率。如图 11-19 所示,这种结构是由三个子电池组成,分别为底部的电池 n-p Ge,中部的电池 GaInAs 和顶部的电池 n-p GaInP。三结电池是串联在一起的,每两个电池之间有一个 $p^{++}n^{++}$ 隧道结。因此整个电池的工作电流相互叠加在一起,在两个电池之间电流是通过隧道效应穿过反向的 $p^{++}n^{++}$ 隧道结。

这三个电池所用的材料的晶格应该尽量匹配。由此对各种材料的组分和晶格常数等进行综合考虑和优化选择,最终底部的 Ge、中间的 GaInAs 和顶部的 GaInP 的带隙分别为 0.661、1.405 和 1.85eV。

三个电池的结构参数如下:① 底部的 Ge 电池生长在 p-型 Ge 衬底上,其背

图 11-19 三结 GaInP/GaInAs/Ge 太阳能电池的结构图

场层的厚度和 p-型掺杂浓度分别为 150μm 和 $6\times10^{17}\,cm^{-3}$，Ge 发射极的厚度和 n-型掺杂浓度分别为 300nm 和 $1\times10^{19}\,cm^{-3}$；②中间电池背场层厚达 3.6μm，p-型掺杂浓度 $2\times10^{17}\,cm^{-3}$，发射极 100nm 厚、n-型掺杂浓度 $1\times10^{18}\,cm^{-3}$；③顶部电池的参数经过了许多实验的优化，该电池的背场层采用多种厚度，p-型掺杂浓度 $1\times10^{17}\,cm^{-3}$，发射极 100nm 厚，n-型掺杂浓度 $1\times10^{18}\,cm^{-3}$。

实验结果表明，三结太阳能电池的电流十分依赖于顶电池的厚度。由于顶电池是带隙最大的电池，凡是能量比其带隙大的太阳光的能量都会被其吸收转变为电流。如果三结电池中顶部的电池的厚度足够厚的话，那么整个电池的电流主要受中部的 GaInAs 电池的电流所限制。顶部电池的背场层厚度为 500nm 时，由于这种情况下顶部电池和中间电池相互匹配，串联的电池效率达到 31.27%。实验还发现，经过各种优化，顶层电池的掺杂浓度在 $5\times10^{16}\sim1\times10^{17}\,cm^{-3}$ 时可以获得较高的效率。以上描述说明，在制作太阳能电池的过程中，需要对材料的组分、掺杂型号和浓度、各层的厚度等参数进行反复的选择和实验，才能够获得期待的结果。

虽然它们在材料生长上是成功的，但是在器件特性上存在不足，中、顶、底三个子电池的电流不相同，彼此不匹配。底电池吸收的光强较大，产生加大的光电流，远大于中电池与顶电池的光生电流。由于三结电池是串联在一起的，三个子电池中电流最小的那一个限制了整个器件的总电流，因此这种结构的三结电池会造成光生电流的损失，降低了电池的转换效率。

为了提高光电转换效率，必须解决电流叠加效应中的匹配问题。一方面，适当降低中层和顶层两个电池的带隙，从而增加它们对太阳光的吸收能力，提高它们各自的光生电流；另一方面适当降低最下面的底电池的光生电流，最终实现三个子电池各自的电流相互电匹配。

元素半导体材料 Ge 和 InGaAs 化合物半导体材料之间存在晶格失配和不同极性两个问题，Ge 是金刚石结构，没有极性，InGaAs 和 GaInP 是闪锌矿结构，由离子组成的晶体，具有极性，因此在 Ge 上生长 InGaAs 和 GaInP 会引进位错等晶体缺陷，这对器件的光电转换效率和器件长期工作的稳定性是非常有害的。

为了实现晶格匹配，需要采用适当组分的 InGaAs 和 GaInP 固溶体材料。如果按照所需要的带隙宽度来选择固溶体的组分，在带隙大小上满足了吸收不同太阳光谱范围的要求，结果这些材料同 Ge 衬底的晶格常数不同，存在晶格失配的问题，外延生长时容易引入穿透位错。如果位错密度较多，子电池 pn 结的性能会严重降低。为了有效地阻止穿透位错穿透到子电池的有源区和降低位错密度，采用组分渐变的缓冲层是解决这一难题的好办法。目前国际上最常用结构是三结的 $Ga_{0.44}In_{0.56}P/In_{0.08}Ga_{0.92}As/Ge$ 结构[46,47]。

三结电池由带隙分别为 0.67eV、1.35eV 和 1.83eV 的三个子电池组成，覆盖了太阳光的整个波长范围，能够充分吸收太阳光的能量，又解决了三个子电池之间的电流匹配和叠加的难题,因此获得了高达41.6%的光电转换效率。

11.6.2 多结太阳能电池的特性[45]

多结太阳能电池的特性主要表现在波长覆盖范围、光电转换效率、J-V 特性、长期野外工作的稳定性等。

对于任何太阳能电池来说,人们最为关心的是其光电转换效率。只有高效率的电池才能有高的功率输出。为了提高效率,首先要提高电池能够吸收的太阳能量,需要从两个方面来解决难题:一方面要提高进入半导体内部的太阳光的能量,尽量减少反射损失;另一方面要扩宽电池对太阳光谱的覆盖范围,能够将全波段的太阳光的能量都利用上。显然三结电池甚至四结、多结电池就能解决波段的覆盖问题。而解决反射问题的方法有表面钝化形成倒金字塔结构、强激光照射形成黑硅表面等。对于多结太阳能电池来说,表面镀抗反射膜、增加表面的透射率是明智的选择。

图 11-20 给出了没有和有抗反射涂层两种情况下的量子效率同波长的关系,显然不同子电池在不同的波段表现出不同的效率。但是,由于适当选择了子电池的材料组分,已经使它们的效率比较接近,以便能够形成大小相近的子电流。可以看出,在太阳能电池的表面上镀膜,增加它们的透射率,减少反射,能够使太阳光入射进入材料内部被吸收,从而能够提高能量的转换效率。这些结果同硅基太阳能电池的表面进行处理的机理是一致的。

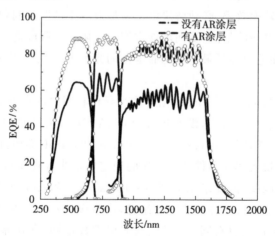

图 11-20 GaInP/GaInAs/Ge 三结太阳能电池的量子效率同波长的关系

在三结电池结构中,通过改变各子电池的组分,调整了它们的波长覆盖范围,全面地吸收太阳光的能量。正如图 11-20 所示,底电池吸收的光谱范围在红外和远红外波段,光谱范围最宽,将太阳能的长波部分的能量充分吸收和转化了。中部的 GaInAs 电池覆盖了可见光波段,虽然覆盖的波段范围是最窄的,但是由于到达地球的可见光部分非常强,这个子电池贡献出同样的子电流。顶部的 GaInP 覆盖了紫外光波段,覆盖的波段范围比较宽,也贡献出同样的子电流。最终的结果是三个电池的子电流比较接近,彼此串联叠加在一起形成总的光电流。

在太阳能的表面蒸发镀上 Al_2O_3/TiO_2 薄膜抗反射层,有效地降低了反射率,能够使外量子效率提高 25%。图 11-20 的实验结果证实了这一点。

图 11-21 给出了三结 GaInP/GaInAs/Ge 太阳能电池的 I-V 特性。从图中提供的数据可以看出,对于有和没有抗反射膜的太阳电池来说,它们的开路电压 V_{oc} 和填充因子 F_F 相差不大,没有抗反射膜时 $V_{oc}=3.20$,$F_F=89.20\%$,有抗反射层时 $V_{oc}=3.23$,$F_F=87.30\%$。但是有和没有抗反射膜对于短路电流和光电转换效率影响很大,有了抗反射膜之后,短路电流由没有抗反射膜时的 10.27A 提高到 13.78A,光电转换效率由 29.33% 提高到 39.30%。

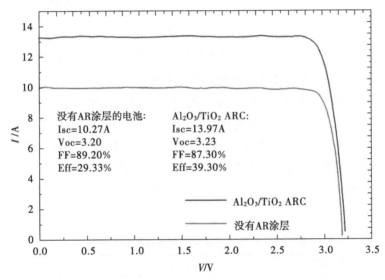

图 11-21 三结 GaInP/GaInAs/Ge 太阳能电池的 I-V 特性

图 11-22 给出的是由 227 块聚光高效的太阳能接收模块组成的电站的输出电流、功率同电压的关系。这已经不再是电池芯片的测试结果,是更为实用的小电站的测试结果,它是由 227 个太阳能接收模块组成,每个模块中包含了菲涅尔透镜、多结的太阳能电池芯片、散热器等,已经是实用的模块了。

这些模块在一起构成了一个小的电站。依据该图的数据可以看出,整个系统的接收面积为 12.34m^2,短路电流 $I_{sc}=4.99$A,开路电压 $V_{oc}=655.733$V,填充因子 $F_F=70.96\%$,光电转换效率 $\eta=24.03\%$。这些数据表明,在聚焦透镜上有各种灰尘的野外实际条件下能够获得 2400W 的高功率输出,从而证明了这种聚光高效的三结太阳能电池模块接收器的实用性,为电站的开发和建设提供了有力的保证。

在 -40℃ 到 85℃ 的温度范围内,以 120 分钟为一个周期,以每天 12 个周期对多结太阳能电池组模块接收器进行环境老化实验,经过 560 次热循环后的相对功率退

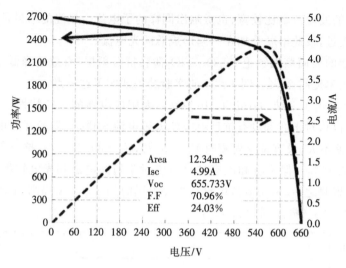

图 11-22 227 块太阳能接收模块的输出电流、功率同电压的关系

化率为 12.85%,1000 次热循环后的相对功率退化率为 14.89%,老化实验数据表明这些太阳能接收模块在野外相当恶劣的气候条件下能够长期工作约 25 年之久。

表 11-3 列出了世界各个研究机构发表的多结级联太阳能电池的结构和转换效率的数据。可以看出,2007 年以来实现了 40% 以上的效率,这表明多结太阳能电池的研究水平已经普遍地提高,也表明高效率的多结太阳能芯片的制备技术达到了批量生产的工艺水平。因此,世界各国开始建设聚光高效多结太阳能电站,这是光子学应用的成功范例。

表 11-3 不同多结级联太阳能电池转换效率

时间	研究机构	电池结构	转换效率
1989	Boeing	GaAs/GaSb 机械叠加双结电池	32.6%(100suns)
1990	NREL	InP/InGaAs 双结电池	31.8%(50suns)
1993	Spectrolab	GaInP/InGaAs/Ge 三结电池	23.3%(1sun)
1994	NREL	GaInP/GaAs 双结电池	30.2%(160suns)
1998	Fraunhofer	GaAs/GaSb 机械叠加双结电池	31.1%(1sun)
2001	Fraunhofer	GaInP/InGaAs 双结电池	31.3%(300suns)
2003	Sharp	GaInP/InGaAs/Ge 双结电池	36%(500suns)
2005	Spectrolab	GaInP/InGaAs/Ge 三结电池	39%(236suns)
2007	Spectrolab	GaInP/InGaAs/Ge 三结电池	40.7%(240suns)
2008	NREL	GaInP/GaAs/InGaAs 三结电池	40.8%(326suns)
2009	Spectrolab	GaInP/InGaAs/Ge 三结电池	41.6%(364suns)
2009	Fraunhofer	GaInP/InGaAs/Ge 三结电池	41.1%(454suns)
2011	Solar junction	GaInP/InGaAs/InGaNAs/Ge 四结电池	43%(1000suns)

11.7 太阳能电池的发展趋势[48,49]

太阳能光伏发电已经研究和发展了三代技术,第一代为晶体硅电池技术,第二代为薄膜电池技术,第三代为高倍聚光光伏发电,它们各有优缺点。

第一代的晶体硅电池技术发展比较成熟,已实现了工业大批量制造,但是高纯度硅材料生产过程中能耗高,同时产生污染。目前能够达到的电池转换效率在10%左右、组件效率在8%左右。这一代技术已经成熟,未来系统转换效率提升空间和成本压缩空间较为有限。

第二代是薄膜电池,使用的材料大量减少,电池转换效率依然不高,建成的电站系统稳定性差,占地面积大。

第三代高倍聚光光伏发电技术(HCPV)效率高、制造过程中的能耗低、维护相对容易,但是材料来源有限,外延生长技术要求高,需要聚光和跟踪太阳光的伺服系统。因此三代太阳能电池建设起来的电站各有优势,也各有不足。

采用多晶硅材料制作电池,其性价比比单晶硅电池好,然而其发电成本仍然很高,目前多晶硅电池的发电成本是常规燃烧煤炭、石油能源发电价格的3倍以上。为了进一步降低成本,推动光伏技术的地面应用,人们开发出了非晶硅太阳能电池,生产成本较低。具有更高的吸收系数,几乎是单晶硅吸收系数的10倍,大大降低了电池对原材料的使用量,大幅度降低了生产成本。非晶硅电池厚度很薄,故被称为薄膜太阳能电池。此类单结薄膜电池的转换效率仍在10%以下,叠层多结串联的非晶硅电池转换效率可以略大于10%。

随着技术水平的不断进步和相关辅助产业的不断完善,光伏发电成本将逐步降低。据统计,2006年世界光伏发电装机容量已达到1744MW,比2005年同期增长了19%。在北美、欧洲地区光伏太阳能发电市场应用前景十分广阔,仅屋顶应用就超过50万兆瓦,加上地面应用之后的总容量甚至要超过百万兆瓦。

我国"十二五"时期重点要对太阳能光伏发电和太阳能热发电给予更多政策性支持和技术开发的投入。全球太阳能光伏发电,从2000年至2007年,发电装机容量年均增长32%左右,到2007年已达1043万千瓦。我国光伏产业从20世纪80年代开始起步,却已成为世界最大的光伏电池生产基地,到2007年生产能力已达180万千瓦,产量已达118万千瓦,约占全球的1/3。而我国生产的光伏电池98%用于出口。近年来,在加大生产光伏电池的同时,我国自行安装的太阳能电站也在快速发展。据SEMI预测,到2016年中国太阳能发电在一般的地区也将实现一元一度电的价格[50]。

图11-23为世界光伏年产量分布。可以看出,自从2000年以来,世界光伏年产量均以40%的速率快速增长,按此预测,光伏发电到2015年应在150万千瓦,到2020年将在1000万千瓦左右。本世纪初,日本的太阳能电池的产量比中国高,2007

年之后中国超过了日本。近些年来,中国的增长速度更快,已经成为光伏产业的大国。此前我国的光伏产品大都出口国外,现在已经在国内建成了许多太阳能电站,一个太阳能产业的新时期正在持续地发展。

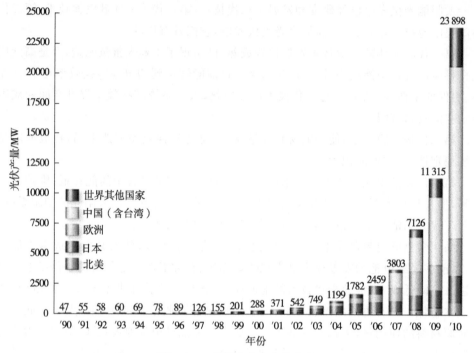

图 11-23 世界光伏年产量分布

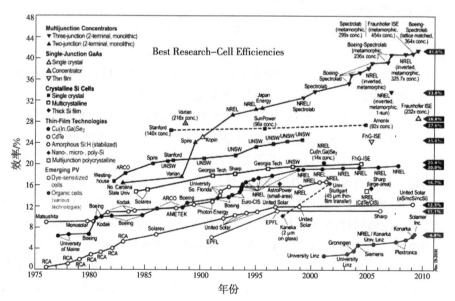

图 11-24 各种太阳能电池的光电转换效率进展图

图11-24为各种太阳能电池的效率进展图。这是一个从20世纪80年代开始绘制的一张进展图,它承载了历史,也给出了希望。可以看出,晶体硅、薄膜硅和多结太阳能电池的光电转换效率随时间推移的发展情况,从20世纪70年代的百分之几发展到目前的20%、24%和43%。在这些进展中,晶体硅、薄膜硅多结太阳能电池的发展是最快的。与此同时,近年来新发展的聚合物太阳能电池以其成本低、建设方便、使用简单等特点受到人们的注意,但是它的效率比较低、工作不够稳定等不足是目前遇到的发展瓶颈。

图11-25给出了各种太阳能电池的光电转换效率发展趋势,晶体硅、薄膜硅和多结太阳能电池的光电转换效率都在随着时间的推移而增长。相对而言,2010年之后晶体硅、薄膜硅太阳能电池的光电转换效率增加的速率变缓,并且开始出现饱和,Ⅲ-Ⅴ族化合物太阳能电池的效率增加最快、也最高,不过进一步发展的余地也不是很大,在45%之后趋向饱和。值得指出的是,一些新型材料具有很好的潜力,其光电转换效率的增长速率最快,可能异军突起,将来出现新材料、新机理、新结构、新性能,这是科技研究人员的责任,也人们期待的结果。

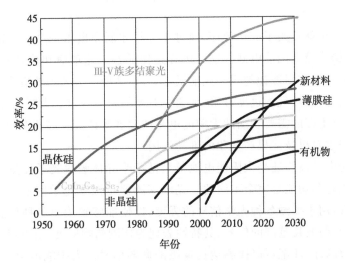

图11-25 各种太阳能电池的光电转换效率发展趋势图

图11-26为各种太阳能电池的价格发展趋势图。目前各种太阳能电站的成本都高于燃煤方式的发电成本,2015年之后有可能低于0.1美元/kWh。因此发展潜力还是非常巨大的。

总之,随着科学研究和产业开发的进步,太阳能发电是一个绿色产业,将在电站的装机容量、光电转换效率和用电价格上有着非常美好的前景。

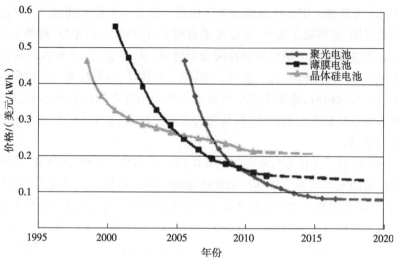

图 11-26　各种太阳能电池的价格发展趋势图

11.8　结　束　语

　　早在 1839 年就发明了光伏效应,经过 102 年才制作出第一个太阳能电池,再经过 50 年才开始建设太阳能电站。这一历程是伴随着工业革命和信息社会的进程发生的。社会的发展使得能耗超乎预想地增加,人类文明的进展需要更多、更清洁的能源,加上石油、煤、天然气的过度开采,加快了对新能源的渴求。太阳能电池是社会的需要,也是人类生存的需要。因此太阳能电站的发展既证实了科技发明的重要性,更证实了社会需求对科技成果产业化的推动作用。

　　无论是光电二极管还是太阳能电池都是基于半导体吸收光子能量的有源器件,但是它们的机理和功能是完全不同的。光电探测器是探测光学信号、工作在反向偏压下的二极管,用于探测各种光学信号的强度,以便能够解读出各种信息,通常探测特定的、比较窄的波长范围的信号,其特性表现为探测的响应度、暗电流、噪声等。这类器件越灵敏越好,甚至可以探测纳瓦量级的微弱信号。太阳能电池以太阳光为能源,以光电转换为手段,将太阳能转变为电能,能够在太阳光谱的整个范围内尽可能多地吸收太阳光的能量,以便以尽可能高的转换效率获得高的电能输出,其特性主要表现为量子效率、开路电压、短路电流等。

　　太阳能电池是基于光伏效应的光子器件,人们已经开发出了晶体硅、薄膜硅、聚光多结等三代太阳能电池,而且已经建成许多几十到几百兆瓦量级的发电站,并且在为人类提供能源。这三代太阳能电池各有优缺点,现在最高的光电转换效率为 43%,电价在 0.2 美元/度左右。然而依然存在许多待解决的科学课题和产业难题,还有很大的发展空间。这些将在未来的深入研究中得到解决。

人类需要清洁、绿色的能源,研究和开发太阳能电池是满足这一需求的必由之路。

参 考 文 献

[1] Benka S. Phys. Today, 2002, 38: 38
[2] 熊绍珍,朱美芳. 太阳能电池基础与应用. 北京:科学出版社, 2009: 1-17
[3] 余金中. 硅光子学. 北京:科学出版社, 2011: 427-448
[4] Chapin D M, Ruller C S, Pearson G L. J. Appl. Phys., 1954, 25: 676
[5] Shockley W, Queisser H J. J. Appl. Phys., 1961, 32: 510
[6] Rappaport P. RCA Rev., 1959, 20:373
[7] Shockley W, Queisser H. J. Appl. Phys., 1961, 32: 510
[8] Fonash S J, Ashok S. Appl. Phys. Lett., 1979, 35: 535
[9] Wolf M. In Solar Cells//Backus C E. Piscataway: IEEE Press, 1976
[10] Lindmayer J, Allison J. COMSAT Tech. Rev., 1973, 3: 1-22
[11] Godlewski M P, Baraona C R, Brandhorst H W. Conf. Record 10th IEEE Photovoltaic Specialists Conf. Piscataway: IEEE Press, 1973: 40-49
[12] Haynos J, Allison J, Arndt R, et al. Int. Conf. on Photovoltaic Power Generation, 1974: 487
[13] Green M A. Silicon Solar Cells: Advanced Principles and Practice. Sydney: Bridge Printery, 1995
[14] Zhao J, Wang A, Altermatt P, et al. Appl. Phys. Lett., 1995, 66: 3636
[15] Zhao J, Wang A, Green M A. Prog. Photovolt: Res. Appl., 1999, 7: 471
[16] Zhao J. SNEC, 2009
[17] Green M A. Silicon Solar Cells: Advanced Principles and Practice. Sydney: Bridge Printery, 1995
[18] Green M A. Silicon Solar Cells: Advanced Principles and Practice. Sydney: Bridge Printery, 1995
[19] Yang X, Liao X, Du W, et al. IEEE PVSC-33, 2008
[20] King R. 21st IEEE PVSC, 1990: 227
[21] Glunz S W, et al. 19th European Photovoltaic Solar Energy Conference, 2004: 408
[22] Mulligan W P, et al. 19th European Photovoltaic Solar Energy Conference, 2004: 387
[23] Tsunomura Y, Yoshimine Y, Taguchi M, et al. Solar Energy Materials & Solar Cells, 2009 (93): 670
[24] Shi Z, Wenham S, Ji J. IEEE PVSC-34, 2009: 7-12
[25] Cohen M H, Fritzsche H, Ovshinsky S R. Phys. Rev. Lett., 1969, 22: 1065
[26] Staebler D L, Wronski C R. Appl. Phys. Lett., 1977, 31: 292
[27] Fritzsche H. Solid State Commun., 1995, 94:953
[28] Shimizu K, Tabuchi T, Iida M, et al. J. Non-Cryst. Solids, 1998, 227: 267
[29] Guha S, Narasimhan K L, Pietruszko S M. J. Appl. Phys., 1981, 52: 859
[30] van den Donker M N, Rech B, Finger F, et al. Appl. Phys. Lett., 2005, 87: 263503
[31] Crandall R S. J. Appl. Phys., 1983, 54: 7176

[32] Liao X, Du W, Yang X, et al. J. Noncryst. Solids, 2006, 352: 1841
[33] Liao X, Du W, Yang X, et al. Proc. IEEE PVSC-31, 2005: 1444
[34] Yang J, Banerjee A, Guha S. Appl. Phys. Lett., 1997, 70: 2975
[35] Konuma M, Curtins H, Sarott F A, et al. Philos. Mag., 1987, B55: 377
[36] Vetterl O, Finger F, Carius R, et al. Solar Energy Materials & Solar Cells, 2000, 62: 97
[37] Cao X, Stoke J, Li J, et al. Journal of Non-Crystalline Solids, 2008, 354: 2397
[38] Yamamoto K, Nakajima A, Yoshimi M, et al. 4th World Conference on Photovoltaic Energy Conversion, 2006
[39] Her T, Finlay R, Wu C, et al. Appl. Phys. Lett., 1998, 73: 1674
[40] Crouch C, Carey J, Shen M, et al. Applied Physics A, 2004, 79: 1635
[41] Yoo J, Yu G, Yi J. Materials Science and Engineering B, 2009, 159-160: 333
[42] King R R, Bhusari D, et al. Progress in Photovoltaics: Research and Applications, 2012, 20(6): 801-815
[43] Jones R K, Ermer J H, et al. Japanese Journal of Applied Physics, 2012, 51: 10ND01
[44] Cui M, Chen N, et al. Journal of Semiconductors, 2012, 33(2): 024006
[45] Lin G J, Bi J F, Song M H, et al. Optoelectronics-Advanced Materials and Devices. 2012: 445-471
[46] Cánovas E, Fuertes D, Marrón A, et al. Applied Physics Letters, 2010, 97: 203504
[47] King R R, Haddad M, Isshiki T, et al. The 28th IEEE Photovoltaic Specialists Conference, 2000: 15-22
[48] Luque A. Journal of Applied Physics, 2011, 110(3): 031301
[49] Bosi M, Pelosi C. Progress in Photovoltaics: Research and Applications, 2007, 15(1): 51-68
[50] 孙云, 王俊清, 杜兆峰. 太阳能学报, 2001, 2: 192-195

第 12 章 半导体光子晶体

在生活中经常能见到非常漂亮的动物、植物和天然的矿石,还有孔雀羽毛、蝴蝶翅膀、澳洲蛋白石、海老鼠的毛发、金龟子的背壳等,它们五颜六色、美丽绝伦。人们一直对它们的颜色来源不甚了解。直到高倍显微技术的使用,特别是电子显微镜的发明,让我们看到了这些五光十色的物品是由一些非常小的周期性物质构成的。于是类似设计和制造的新型材料应运而生了,这就是现在十分引人注目的光子晶体。

进入 20 世纪,随着科学研究的深入开展,人们对于材料的需求越来越高,在研究提纯、拉制单晶之后,转入对异质结构、微纳量级的薄膜、纳米量级的量子结构的深入研究与开发。这些研究比较集中在晶体材料上,即材料的原子、离子、分子都是按照一定的周期、一定的方向和对称性排列和组合而成。事实上,它们还局限于材料的纯度和量子尺寸。这些微纳量级晶体的研制成功就构成了当今社会的大规模集成电路、本书前面几章介绍的各种 LED、激光器、探测器、光波导等光子器件。这些材料和器件都没有跳出固态晶体的范畴。

随着材料提纯、薄膜生长的进步,特别是三十多年来微纳加工技术的发展,一类非常特殊的结构应运而生了,这就是 1987 年被明确提出的光子晶体。

光子晶体是材料的介电常数(或者折射率)周期性地变化的材料,其周期大小与光波的波长同数量级。这种折射率的周期性带来了一系列的材料特性,包括光子晶体带隙和光子局域态等。完整的周期性带来类似半导体晶体的能带结构,同时周期结构中的一些人为制造的缺陷又提供了光波传输、透射、衍射、反射、谐振、负折射率、全息、滤波等功能,这就引发了人们对其研究的兴趣。

事实上,在提出光子晶体概念之前的许多年就已经有关于光子晶体的研究了。例如布拉格光栅、多层介质膜都是一维的光子晶体,利用它们研制出的 DFB 激光器、DBR 激光器、VCSEL 垂直腔面发射激光器、各种探测器和太阳能电池上的增透膜都是光子晶体。不过现在要探讨的是结构更为复杂、功能更全面的光子晶体,特别是对于它们的带隙设计、各种光电性质及其工作原理进行深入的讨论。

光子晶体的诞生与传统光学、电子学的发展有着千丝万缕的联系。一方面,随着各种光学理论与加工技术的深入发展,光学研究必然进入到微纳米量级的光子学阶段,对应着从普通光学晶体到光子晶体的进步;另一方面,光子与电子作为天然的孪生兄弟,既然半导体晶体中周期性的势场能够产生电子能带结构,那么,光子所能感受到的折射率的周期性改变,亦必然产生相应的光子能带结构。基于这种类比思维,还有人提出了"声子晶体"的概念并开展了相关研究。此外,由波长量级的光子晶体器件与芯片取代传统微米级别的集成光学器件,也适应了目前的**微电子**技术进入到集成度更高的**纳电子**阶段发展的要求,因为波长量级的光子晶体被认为是实现高密度、大规模光子集成的重要途径。

本章在介绍光子晶体概念之后,重点描述光子晶体能带结构的计算方法、在半导体器件中的各种应用以及制备方法,包括波导、反射器、滤波器、谐振腔、慢光、光子晶体 LED 和激光器等。

12.1 光子晶体

12.1.1 光子晶体概念

1987 年 S. John 和 E. Yablonovitch 分别独立地提出光子晶体的概念[1,2],**光子晶体**是折射率在空间周期性地变化、存在一定光学能带间隙的介质结构。光子晶体的特点如下:①折射率在空间排列的周期是波长量级;②具有一定的光学禁带,对应的波长不能透射过该光子晶体;③光子晶体的材料对工作波段的光的吸收很小。

光子晶体中,由于介电常数存在空间上的周期性,进而引起折射率在空间的周期变化。当介电系数的变化足够大且变化周期与光波长相当时,光波的色散关系会出现带状结构,也就是光子能带结构(photonic band structures)。能带之间存在有光子带隙(photonic band gap,PBG),在带隙中是没有能态的。能量对应光波的一定的波长,也即对应于一定的频率。这些被终止的频率区间称为"光子的禁带频率",落在禁带中的光(电磁波)是无法传播的。这种具有"光子频率禁带"的周期性的介质结构称作为光子晶体。特别需要指出的是,介电常数周期性排列的方向并不等同于带隙出现的方向,在一维光子晶体和二维光子晶体中,也有可能出现全方位的三维带隙结构单晶,包括金属、半导体和绝缘体的单晶等固态的单晶体,是原子、离子或分子在空间周期性排列的物质,也是存在一定能带间隙的材料。

光子晶体分为一维、二维和三维光子晶体,它们分别在一维、二维和三维上具有周期性。图 12-1 为它们的结构示意图,该图同量子阱、量子线和量子点的结构示意图在视觉上是一样的,然而在尺寸上是完全不同的,光子晶体的线度在百纳米量级,量子阱、量子线和量子点在零点几纳米量级,两者相差几百到几千倍。

光子晶体与半导体晶体的相同点:它们都是周期性排列的结构,都具有一定的能带结构,都存在能带间隙。

光子晶体与固态晶体的主要不同点如下:①材料组成不同,前者只要是介质就行,后者必须是固定的元素或者化合物以及它们的固溶体;②周期尺寸不同,光子晶体的周期为波长数量级,例如在半导体中的光子晶体的周期为数百纳米,而晶体的周期就是原子或者分子的间距,是零点几纳米,两者相差很大;③光子晶体的理论建立

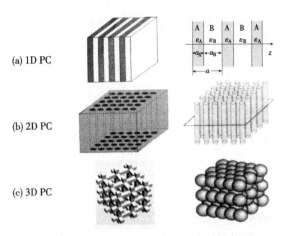

图 12-1　(a)一维、(b)二维和(c)三维光子晶体结构示意图

在 Maxwell 方程基础上，半导体的理论建立在 Schrödinger 方程基础上，它们分别属于电动力学和量子力学的范畴。

12.1.2　光子晶体的特性[3]

光子晶体的主要特征有 5 点：①光子带隙；②缺陷局域态；③反常群速度；④偏振依赖；⑤负折射率。

图 12-1 的右上角所示的一维光子晶体就是由材料 A 和 B 交替叠起来的结构，它们的介质常数分别为 ε_A 和 ε_B，厚度分别为 a_A 和 a_B，周期为 $a = a_A + a_B$。在这样的周期结构中，如果光波在介质常数周期性变化的介质中传输，其电场 $E(z,t)$ 满足波动方程

$$\frac{\partial^2 E(z,t)}{\partial z^2} - \frac{1}{c^2}\frac{\partial^2}{\partial t^2}\varepsilon(z)E(z,t) = 0 \tag{12-1}$$

介质 $\varepsilon(z)$ 的周期性变化可以表达为

$$\varepsilon(z) = \begin{cases} \varepsilon_A, & 0 < z < a_A \\ \varepsilon_B, & a_A < z < a_B \end{cases} \tag{12-2}$$

周期函数 $\varepsilon(z)(-\infty < z < \infty)$ 可以用傅里叶函数展开

$$\varepsilon(z) = \sum_{p=-\infty}^{\infty} \varepsilon_p \mathrm{e}^{\mathrm{i}\frac{2\pi p}{a}z} \tag{12-3}$$

因此上式中的基本函数 $(\mathrm{e}^{\mathrm{i}\frac{2\pi p}{a}z})_{p=-\infty}^{\infty}$ 是以倒晶格为周期的，在这种倒晶格中的"倒格矢"被定义为

$$\frac{2\pi p}{a} \quad (p = 0, \pm 1, \pm 2, \pm 3, \cdots) \tag{12-4}$$

式(12-3)中的傅里叶系数为

$$\varepsilon_p = \frac{1}{a}\int_0^a \varepsilon(z)\mathrm{e}^{-\mathrm{i}\frac{2\pi p}{a}z}\mathrm{d}z \tag{12-5}$$

上式中的第一个因子 $1/a$ 是倒晶格中"单位体积"的大小,式(12-2)表达了其大小范围,上式的积分是对其进行的。对式(12-5)进行积分得出

$$\varepsilon(z) = \varepsilon_A \frac{a_A}{a} + \varepsilon_B \frac{a_B}{a}, \quad p=0 \tag{12-6}$$

$$\varepsilon(z) = \frac{1}{2\pi p}(\varepsilon_A - \varepsilon_B)(e^{-i\frac{2\pi p}{a}z} - 1), \quad p \neq 0 \tag{12-7}$$

如果将电场的时间和位置的变量分离表达为 $E(z,t) = E(z)e^{-i\omega t}$,可以求出式(2-1)的解为

$$E(z) = \sum_{p=-\infty}^{\infty} c_p e^{i(k+2\pi p/a)z} \tag{12-8}$$

该式就是一个平面波的解析表达式。依照这种表达的方式,很容易发现,有关固态晶体的一些表达式和运算方程都可以应用到光子晶体上,计算出的结果具有很严格的周期性和对称性。由此可以计算和画出一维光子晶体在第一个布里渊区的能带图,如图12-2所示。

例如,在硅上制作的周期性结构中,硅的介电常数 ε 为12,空气的 ε 为1。在计算图12-2的一维光子晶体结构的能带图时取 $p=5$,可以在式(12-7)中采用11个平面波($-5<p<5$)。在第一个布里渊区($-\pi/a<p<\pi/a$)范围内计算,图12-2所示的就是其计算结果。这一结果表明,介质常数的周期性为光子晶体带来了类似固态晶体的能带结构,不过它们的内涵的差别还是很大的。本章12.2节将进一步介绍如何计算光子晶体的能带结构。

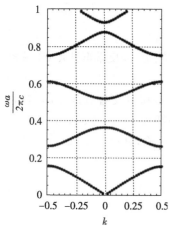

图 12-2 一维光子晶体结构的能带图

在图12-2中各个子能带之间存在带隙,能量位于该带隙内的光波不能够传输。根据能量守恒的原理,能量是不会消失的。该能量范围内的光波在光子晶体中不能够传输,这一特性相当于对这些能量范围内的光起着反射作用,因此利用它可以制成反射器或者构成谐振腔。事实上各种DFB、DBR激光器就是利用多层介质膜的这种带隙性质构成谐振腔,不过此前没有从光子晶体的层面上来分析认识它。

一维的光子晶体最简单,二维(2D)和三维(3D)的光子晶体就复杂一些,图12-1中的(b)和(c)采用光刻和定向腐蚀的工艺手段制成了复杂的光子晶体,这样也就带来更多的特性。

图12-3给出了二维(2D)和三维(3D)的光子晶体的能带图。(a)所示的二维光子晶体是由空气空洞组成的三角形构成的。(b)所示的三维光子晶体是由反金刚石结构构成的,因此该光子晶体的倒晶格结构是金刚石型的。无论是二维还是三维光

子晶体都具有能带和带隙,在图中,带隙是用灰色标出的区域。这就说明,光子晶体的首要特征是具有光子带隙,该带隙中不能够传输其对应的频率的电磁波。

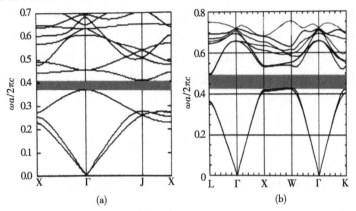

图 12-3　(a)二维(2D)和(b)三维(3D)的光子晶体的能带图

值得指出的是,这里画出的能带图分别是空气空洞三角形和反金刚石结构构成的二维和三维的光子晶体的能带图,也就是这两个特定结构的光子晶体的能带图。就像不同的半导体材料有不同的能带图一样,不同光子晶体的能带图也是各式各样的。这就为设计不同的光子晶体和不同的光子能带结构提供了巨大的空间,给人们带来了极大的灵活性和选择性。

在完整的周期结构中,如果加入一个或者多个不同的材料、或者缺少某种材料形成空洞或空管、或者周期介质的尺寸在某处发生变化等,都会引进缺陷。图 12-4 给出了二维光子晶体中的缺陷。图 12-4(a)为顶视图,在二维光子晶体中有尺寸发生改变的零维(0D)点缺陷,左上的二维光子晶体中间有一个圆孔的直径加大了,变成受主的局域态。左下的二维光子晶体中有一个圆消失了,变成施主的局域态。图 12-4(b)给出的是在圆柱状阵列中缺少了一行,构成一维(1D)线缺陷。

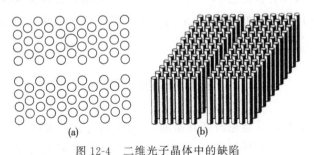

图 12-4　二维光子晶体中的缺陷
(a)零维(0D)点缺陷的顶视图;(b)在圆柱状阵列中的一维(1D)线缺陷

缺陷的引进破坏了原来严格的周期性,引进一个或者一些局域模式,在能量上是局域态。"缺陷"不再是"缺点",只是结构上的奇异,它们是人为特意加入的。这些有意识地创造的局域态能够引起光波的偏转、方向改变,或者模式改变,因而为各种光子器件,包括 LED、激光器、垂直腔面激光器、探测器、光开关、滤波器等,提供了非常方便的设计手段和实用功能。

光子晶体中传输的光波可以具有反常的群速度。在布里渊区的边缘附近,由于降低了群速度而使得光子的传输很慢。特别值得指出的是,在二维(2D)和三维(3D)的光子晶体中常常出现非常平坦的能带,可以获得非常小的群速度[4,5]。

在光子能带结构中,常常观测到变慢的群速度 v_g,不仅出现在布里渊区的边缘,还出现在 $k=0$ 的 Γ 点附近。在 $k=0$ 的 Γ 点上,每个能带在 $k=0$ 时的群速度 v_g 消失了。在二维和三维光子晶体结构中,能带的相互排斥作用比一维光子晶体更明显。由于带边的状态使得群速度 v_g 消失,二维和三维光子晶体中群速度 v_g 常常会变小,因此出现了慢光。

如果光子的态密度(DOS)为 $\rho(\omega)$,那么在 $(\omega,\omega+\Delta\omega)$ 范围内的能态的数目为

$$N(\omega)=\rho(\omega)\Delta\omega \tag{12-9}$$

由于 k 被量化了,每个 k 的间距为 $2\pi/L$,L 为一维光子晶体的大小。状态数目 $N(\omega)$ 就应该等于在间隔 Δk 内所允许存在的 k 的数目。可以推算出

$$\Delta\omega=\frac{\partial}{\partial k}\omega_n(k)\Delta k \tag{12-10}$$

$$\Delta k=\left[\frac{\partial}{\partial k}\omega_n(k)\right]^{-1}\Delta\omega \tag{12-11}$$

将 Δk 按照间距 $2\pi/L$ 分割成许多份来计算状态的数目,得出态密度(DOS)为

$$\rho(\omega)=2\frac{L}{2\pi}\left[\frac{\partial}{\partial k}\omega_n(k)\right]^{-1} \tag{12-12}$$

态密度(DOS)既同群速度 v_g 的倒数有关,还同光子传输的两个偏振方向有关。光子晶体中的光波对偏振是非常敏感的[6,7],有很强的偏振依赖关系,可以非常明显地区别不同的 TE 和 TM 模式。

光子晶体可以具有负折射率[8],因此在成像等上出现许多反常的物理现象。在镜面的另一边不再是对称的图像,而是同原来一模一样的图像。这为许多应用带来了新的功能。

12.2　光子晶体能带的计算[9]

光子晶体的研究是从理论研究开始的,在有关概念提出来以后,首先出现的是理论研究的热潮。即使没有任何实验,许多有关各种不同形状的光子晶体的能带被计算出来,例如各种形状的空洞、柱形的带隙被一一计算出来,后来各种三角形、正方形、矩形、六角形、圆形、椭圆形等二维几何形状,还有圆球、椭圆球、立方体,甚至面心立方体、金刚石结构的光子晶体的能带图都计算出来了。虽然制作这些光子晶体还有待时日,但是这些理论分析为我们提供了美好的图像,指出了潜在的特性,为后续

的工艺技术研究预先指明了方向,这在以往的光电子研究中未曾有过的。这就说明,随着人们对光子学研究的深入,理论研究可以走在实验研究的前面。

计算光子晶体的能带结构的方法很多,主要建立在半导体能带理论的基础上。不过对于周期尺寸为数百纳米的大尺度来说,应用的主要方程是电动力学中的麦克斯韦方程和由此推导出来的速率方程,其最基本的假定为,在光子晶体中传输的电磁波是 Bloch(布洛赫)波,其光波频率非常高,在 $10^{14} \sim 10^{15}$ Hz 频率范围,因此将这些光子晶体中的电流和电荷都略去不计,即假定在通信、计算机等应用中的比光波频率小得多的高频信号($10^6 \sim 10^{11}$ Hz)都可以近似看作直流,与时间无关。

这些不计及电流和电荷的假设大大简化了对麦克斯韦方程和速率方程的求解。即使如此,在给定了光子晶体的参数和各种边界条件后,要求出这些方程的解析解依然是非常困难的。因此,在实际计算光子晶体的能带结构时,常常使用计算机求出数值解。

在这一节中,我们将介绍基于 Bloch 理论的平面波展开法,之后给出几个实际的例子来说明光子晶体的特性。

12.2.1 基于 Bloch 理论的平面波展开法[10,11]

虽然光子晶体是新近提出的概念,但其基本理论仍然是传统的电磁理论和半导体能带理论。光是一种电磁波,它在材料中的运动规律由麦克斯韦方程组决定

$$\nabla \times \vec{D} = \rho \tag{12-13}$$

$$\nabla \times \vec{B} = 0 \tag{12-14}$$

$$\nabla \times \vec{E} = -\frac{\partial \vec{B}}{\partial t} \tag{12-15}$$

$$\nabla \times \vec{H} = \frac{\partial \vec{D}}{\partial t} + \vec{j} \tag{12-16}$$

其中,$\vec{E}$ 和 $\vec{H}$ 分别代表电场和磁场;$\vec{D}$ 和 $\vec{B}$ 分别代表电位移与磁感应强度;ρ 和 $\vec{j}$ 分别是自由电荷与电流密度;c 是真空中的光速。对于各向同性的线性光学材料来说,则有

$$\vec{D} = \varepsilon_0 \varepsilon \vec{E} \tag{12-17}$$

$$\vec{B} = \mu_0 \mu \vec{H} \tag{12-18}$$

式中,μ、ε 分别是材料中的磁导率和介电常数;μ_0、ε_0 是真空中的磁导率与介电常数。对大多数我们感兴趣的材料来说,μ 接近于 1。而且,进一步假定没有自由电荷与电流,则 $\rho=0$,$\vec{j}=0$。利用这些假设,并认为电场和磁场为 Bloch 波,且满足简谐波的方程

$$\vec{H}(\vec{r},t) = \vec{H}(\vec{r}) e^{-i\omega t} \tag{12-19}$$

$$\vec{E}(\vec{r},t) = \vec{E}(\vec{r}) e^{-i\omega t} \tag{12-20}$$

代入麦克斯韦方程组式(12-13)～式(12-16),分离电磁场的时间部分,经过简单的代数运算后,可得出以磁场为变量的方程

$$\nabla \times \left[\frac{1}{\varepsilon(\vec{r})} \nabla \times \vec{H}(\vec{r}) \right] = \left(\frac{\omega}{c} \right)^2 \vec{H}(\vec{r}) \quad (12\text{-}21)$$

式(12-21)决定了光子晶体中磁场 $\vec{H}(\vec{r})$ 的分布和相应的频率 ω。从上式可以看出,当光子晶体的介电常数分布发生一定比例的改变。由 $\varepsilon(\vec{r}) \to \varepsilon'(\vec{r}/s)$ 时(s 为比例因子),模场分布与频率性质也发生类似改变 $\vec{H}(\vec{r}) \to \vec{H}'(\vec{r}/s)$, $\omega \to \omega/s$,这意味着光子晶体中不存在长度的绝对性,而存在比例的绝对性。这种比例不变性也是在能带结构中采用归一化频率 $\omega a/2\pi c$ 而非传统角频率 ω 的原因。比如,具有相同介电常数差和相同占空比的光子晶体都具有相同的能带结构,光子晶体晶格常数 a 的改变只是使能带往高频或低频方向移动。据此,可将归一化频率 $\omega a/2\pi c$ 改写为 a/λ,波长 λ 就能由晶格常数 a 很容易地求出。

由于 $\varepsilon(\vec{r})$ 具有平移对称性,解的形式也应具有 Bloch 函数的性质,因此可以借用固体物理中的 Bloch 理论求解。将式(12-19)中的磁场用一系列平面波展开

$$\vec{H}(\vec{r}) = \sum_{\vec{G}} \sum_{\lambda=1,2} h_{\vec{G}\lambda} \hat{e}_\lambda e^{i(\vec{k}+\vec{G}) \cdot \vec{r}} \quad (12\text{-}22)$$

其中,$\vec{k}$ 是第一布里渊区的波矢;$\vec{G}$ 是倒格矢;$\hat{e}_1, \hat{e}_2$ 是单位矢量,垂直于 $\vec{k}+\vec{G}$。同时,由于介电常数呈周期性地排列,故可以用傅里叶函数展开

$$\varepsilon^{-1}(\vec{G}) = \frac{1}{S_{\text{cell}}} \int_{\text{cell}} \varepsilon^{-1}(\vec{r}) e^{-i\vec{G} \cdot \vec{r}} d\vec{r} \text{(对应二维光子晶体)} \quad (12\text{-}23)$$

其中,S_{cell} 是元胞面积。晶体中所有的结构信息都包含在式(12-22)和式(12-23)之中。将这两式代入式(12-21)中,从而得到两个标准的本征值方程,分别对应于两种偏振情况。

对于 TE 模,电场在传输方向 z 上没有分量,因此 $E_z = 0$,对应地在 x 和 y 两个方向上没有磁场,$H_x = H_y = 0$,由此推导出本征值方程为

$$\sum_{\vec{G}'} |\vec{k}+\vec{G}| |\vec{k}+\vec{G}'| \varepsilon^{-1}(\vec{G}-\vec{G}') h_{\vec{G}'\lambda'} = \frac{\omega^2}{c^2} h_{\vec{G}\lambda} \quad (12\text{-}24)$$

类似地,对于 TM 模,$E_x = E_y = H_z = 0$,本征值方程为

$$\sum_{\vec{G}'} (\vec{k}+\vec{G})(\vec{k}+\vec{G}') \varepsilon^{-1}(\vec{G}-\vec{G}') h_{\vec{G}'\lambda'} = \frac{\omega^2}{c^2} h_{\vec{G}\lambda} \quad (12\text{-}25)$$

以上两个方程可以用标准的对角化方法求解,对应不同的 $\vec{k}$,可以得到一系列频率值,从而得到光子能带结构。在求解过程中,最关键的是确定出光子晶体晶格的第一布里渊区,从而给出 $\vec{k}, \vec{G}$ 的取值范围,进一步给出重复结构单元的傅里叶积分。

求出光子晶体的本征频率之后,可以代回本征方程求解对应的本征函数,即对应固定的 $\vec{k}$ 和本证频率 $\omega a/2\pi c$ 的光电场分布。

对于 TE 模,其磁场沿 z 方向,可以表示为

$$\vec{H}(\vec{r}) = \sum_{\vec{G}} e^{i(\vec{k}+\vec{G})\cdot\vec{r}} h_G \hat{e}_z \tag{12-26}$$

根据式(12-16)和式(12-17),可从磁场求出电场的大小

$$\vec{E}(\vec{r}) = -\frac{ic}{\omega\varepsilon(\vec{r})}\nabla\times\vec{H} = -\frac{ic}{\omega\varepsilon(\vec{r})}\nabla\times\sum_{\vec{G}} e^{i(\vec{k}+\vec{G})\cdot\vec{r}} h_G \hat{e}_z$$

$$= -\frac{ic}{\omega\varepsilon(\vec{r})}\sum_{\vec{G}} e^{i(\vec{k}+\vec{G})\cdot\vec{r}} i(\vec{k}+\vec{G})\times\hat{e}_z h_G = \frac{c}{\omega\varepsilon(\vec{r})}\sum_{\vec{G}} e^{i(\vec{k}+\vec{G})\cdot\vec{r}} (\vec{k}+\vec{G})\times\hat{e}_z h_G \tag{12-27}$$

求出了电场与磁场之后,就可求出表示能量大小的 Poynting 矢量

$$\vec{P} = \vec{E}\times\vec{H} = \left[\frac{c}{\omega\varepsilon(\vec{r})}\sum_{\vec{G}} e^{i(\vec{k}+\vec{G})\cdot\vec{r}} (\vec{k}+\vec{G})\times\hat{e}_z h_G\right]\times\sum_{\vec{G}'} e^{i(\vec{k}+\vec{G}')\cdot\vec{r}} h_{G'} \hat{e}_z$$

$$= \frac{-c}{\omega\varepsilon(\vec{r})}\sum_{\vec{G}} h_G e^{i(\vec{k}+\vec{G})\cdot\vec{r}} (\vec{k}+\vec{G}) \sum_{\vec{G}'} e^{i(\vec{k}+\vec{G}')\cdot\vec{r}} h_{G'} \tag{12-28}$$

对于 TM 模来说,电场沿 z 方向,也可以依照同样的方式求出相应的电场、磁场和 Poynting 矢量

$$\vec{E}(\vec{r}) = \sum_{\vec{G}} e^{i(\vec{k}+\vec{G})\cdot\vec{r}} h_G \hat{e}_z \tag{12-29}$$

$$\vec{H}(\vec{r}) = \frac{ic}{\omega}\nabla\times\vec{E} = \frac{ic}{\omega}\sum_{\vec{G}} e^{i(\vec{k}+\vec{G})\cdot\vec{r}} h_G i(\vec{k}+\vec{G})\times\hat{e}_z$$

$$= -\frac{c}{\omega}\sum_{\vec{G}} e^{i(\vec{k}+\vec{G})\cdot\vec{r}} (\vec{k}+\vec{G})\times\hat{e}_z h_G \tag{12-30}$$

$$\vec{P} = \vec{E}\times\vec{H} = \sum_{\vec{G}'} e^{i(\vec{k}+\vec{G}')\cdot\vec{r}} h_{G'} \hat{e}_z \times \left[\frac{-c}{\omega}\sum_{\vec{G}} e^{i(\vec{k}+\vec{G})\cdot\vec{r}} (\vec{k}+\vec{G})\times\hat{e}_z h_G\right]$$

$$= \frac{-c}{\omega}\sum_{\vec{G}} h_G e^{i(\vec{k}+\vec{G})\cdot\vec{r}} (\vec{k}+\vec{G}) \sum_{\vec{G}'} e^{i(\vec{k}+\vec{G}')\cdot\vec{r}} h_{G'} \tag{12-31}$$

通过上述推导,就能求出不同本征频率下不同 $\vec{k}$ 的光场分布,也就是求出光子晶体的第一布里渊区中的能带形状和分布。因此,通过求解周期性介电常数分布下的麦克斯韦方程,同时结合 Bloch 理论,就能够把光子晶体中的电场与磁场分布和能带结构一一求出来,从而为我们提供了光子晶体的有用信息。

这些计算的工作量非常大,于是发展出了多种计算方法,包括时域有限差分法(FDTD)、超元胞(super-cell)法等。相对而言,时域有限差分法计算量较少,计算结果比较准确,应用得比较多。

12.2.2 时域有限差分法[12,13]

时域有限差分法是求解麦克斯韦方程组的最常用的数值方法,广泛应用于各种

电磁波的传播、散射等问题中。它直接求解时域麦克斯韦旋度方程,利用二阶精度的中心差分近似地把旋度方程中的微分算符转换成差分形式,然后通过傅里叶变换把时域的求解结果转化在频域进行,从而求出各种相关的物理量。该方法直接对麦克斯韦方程进行离散处理,没有引入过多的计算假定,因此可以准确地计算出任意几何形状的光子晶体。

在时域有限差分法计算中,最重要的三大要素为边界条件、离散格式和解的稳定性。为简明起见,下面描述如何用时域有限差分法来计算二维光子晶体的能带结构。

1. 离散格式

对于 TE 模,电场垂直传播方向,在 z 轴上没有电场分量,$E_z=0$,在 x,y 两个方向上有电场分量,因此 $E_x\neq 0, E_y\neq 0$。磁场同电场相互垂直,因此 $H_z\neq 0, E_x=E_y=0$。这样一来,我们只需要求解相关电磁场分量的麦克斯韦方程

$$\begin{cases}\dfrac{\partial H_z}{\partial t}=\dfrac{1}{\mu_0}\left(\dfrac{\partial E_x}{\partial y}-\dfrac{\partial E_y}{\partial x}\right) & (12\text{-}32)\\[2mm] \dfrac{\partial E_x}{\partial t}=\dfrac{1}{\varepsilon}\dfrac{\partial H_z}{\partial y} & (12\text{-}33)\\[2mm] \dfrac{\partial E_y}{\partial t}=-\dfrac{1}{\varepsilon}\dfrac{\partial H_z}{\partial x} & (12\text{-}34)\end{cases}$$

对于 TM 模,只有 E_z、H_x 和 H_y 三个分量不为零,其麦克斯韦方程为

$$\begin{cases}\dfrac{\partial E_z}{\partial t}=\dfrac{1}{\varepsilon}\left(\dfrac{\partial H_y}{\partial x}-\dfrac{\partial H_x}{\partial y}\right) & (12\text{-}35)\\[2mm] \dfrac{\partial H_x}{\partial t}=-\dfrac{1}{\mu_0}\dfrac{\partial E_z}{\partial y} & (12\text{-}36)\\[2mm] \dfrac{\partial H_y}{\partial t}=\dfrac{1}{\mu_0}\dfrac{\partial E_z}{\partial x} & (12\text{-}37)\end{cases}$$

要对上述方程进行离散,离散时采用二阶精度的中心差分,但必须考虑磁场与电场的相互空间关系与时间关系。为此,1966 年,K. S. Yee 提出了著名的 Yee 差分

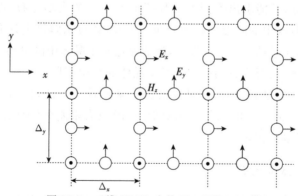

图 12-5 二维 FDTD 中的 Yee 元胞(TE 模)

格式[14],即 Yee 元胞。该差分格式认为空间上每个磁场分量由四个电场分量环绕,每个电场分量也被四个磁场分量环绕,而在时间轴上,电场与磁场分量交错相差半个步长,如图 12-5 所示。这种电磁场分量的空间排列与时间取样方法符合法拉第电磁感应定律和安培环路定律。因此,只要给定电磁问题的初始值,用这种离散方法就能逐步求出以后各个时刻空间电磁场的分布。

根据上述分析,对于 TE 模,式(12-32)~式(12-34)离散后可得

$$H_z\big|_{i+0.5,j+0.5}^{n+0.5} = H_z\big|_{i+0.5,j+0.5}^{n-0.5} + \frac{\Delta t}{\mu_0}\left(\frac{E_x\big|_{i+0.5,j+1}^n - E_x\big|_{i+0.5,j}^n}{\Delta y} - \frac{E_y\big|_{i+1,j}^n - E_y\big|_{i,j}^n}{\Delta x}\right)$$
(12-38)

$$E_x\big|_{i+0.5,j}^{n+1} = E_x\big|_{i+0.5,j}^n + \frac{\Delta t}{\varepsilon\big|_{i+0.5,j}}\frac{H_z\big|_{i+0.5,j+0.5}^{n+0.5} - H_z\big|_{i+0.5,j-0.5}^{n+0.5}}{\Delta y} \quad (12-39)$$

$$E_y\big|_{i,j+0.5}^{n+1} = E_y\big|_{i,j+0.5}^n - \frac{\Delta t}{\varepsilon\big|_{i,j+0.5}}\frac{H_z\big|_{i+0.5,j+0.5}^{n+0.5} - H_z\big|_{i-0.5,j+0.5}^{n+0.5}}{\Delta x} \quad (12-40)$$

同理,对于 TM 模,式(12-35)~式(12-37)可以离散为

$$E_z\big|_{i,j}^{n+1} = E_z\big|_{i,j}^n + \frac{\Delta t}{\varepsilon\big|_{i,j}}\left(\frac{H_y\big|_{i+0.5,j}^{n+0.5} - H_y\big|_{i-0.5,j}^{n+0.5}}{\Delta x} - \frac{H_x\big|_{i,j+0.5}^{n+0.5} - H_x\big|_{i,j-0.5}^{n+0.5}}{\Delta y}\right)$$
(12-41)

$$H_x\big|_{i,j+0.5}^{n+0.5} = H_x\big|_{i,j+0.5}^{n-0.5} - \frac{\Delta t}{\mu_0}\frac{E_z\big|_{i,j+1}^n - E_z\big|_{i,j}^n}{\Delta y} \quad (12-42)$$

$$H_y\big|_{i+0.5,j}^{n+0.5} = H_y\big|_{i+0.5,j}^{n-0.5} + \frac{\Delta t}{\mu_0}\frac{E_z\big|_{i+1,j}^n - E_z\big|_{i,j}^n}{\Delta x} \quad (12-43)$$

式(12-38)~式(12-43)就是采用时域有限差分法求算时求解电磁场问题的计算公式。同理也可以推导出三维情况下的相关公式。

2. 算法稳定性

执行 FDTD 算法时,随着时间步数的增加,如何保证算法的稳定性是十分重要的。研究结果表明,为了保持 FDTD 算法的稳定性,时间步长 Δt 与空间步长 Δx, Δy, Δz 需要满足如下关系

$$\Delta t \leqslant \frac{1}{v\sqrt{\frac{1}{(\Delta x)^2} + \frac{1}{(\Delta y)^2} + \frac{1}{(\Delta z)^2}}} \quad (12-44)$$

即 Courant 稳定性条件。这一条件表明,在一定的离散步长下,Δt 的取值必须小于一定数值,否则就会导致数值计算发散。

3. 边界条件

为了在有限的范围内对无限大空间的局域情形进行计算,必须设定一定边界条件,同时设定的边界条件要使计算结果尽可能与实际、开放的无界空间中的计算结果一致,因此,如何选取边界条件对最终的计算结果的精度有很大的影响。

在 FDTD 算法中,最常用的是完全匹配层边界条件(PML)。它是应用某种依赖于方向的、满足匹配条件的导电和导磁媒质来吸收反射波。通常在计算域的截断面之外设置完全匹配层,当波进入 PML 中时,由于波的阻抗保持不变而无发射发生。而外面的行波达到 PML 的最外层时,其幅度近似衰减为零。微弱的反射波在此产生,但在反射回计算区域之前,又要经过完全匹配层的再次衰减,从而进入计算域的反射波将十分微弱,对计算结果影响很小。完全匹配层实际上是人工边界与计算区域内的波阻抗匹配,需要满足一定的条件,关于该问题的分析可参考相关文献[12,13]。

12.2.3 超元胞法

基于 Bloch 理论的平面波展开法非常适合求解无缺陷的光子晶体。然而,该方法基于完整的周期结构,因此其应用范围较小。

正如半导体中丰富的物理性质是通过形形色色的掺杂表现出来的一样,光子晶体的特性和功能只有在缺陷中才充分体现出来,对于有缺陷的光子晶体,同样地借用了半导体能带结构中的超元胞方法进行求解,即假定每个足够大的超元胞中都有缺陷存在,由于这些元胞足够大,其中的缺陷并不发生互相影响,也就是说,计算时假定光子晶体结构中引入的缺陷是周期排列的阵列,而非单个缺陷。

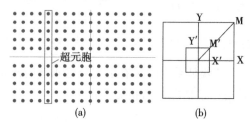

图 12-6 (a)计算光子晶体线缺陷波导时采用的超元胞;
(b)单元胞与超元胞相应的第一布里渊区 YMX 和 Y′M′X′

如果需要计算一个线缺陷光子晶体波导的能带结构或者同色散的关系,就不能再以原来的单元胞作平面波展开,而应该像图 12-6(a)那样选取超元胞,即由该超元胞构成了整个带有缺陷态的光子晶体结构。计算过程中,单元胞方法与超元胞方法的区别主要体现在式(12-23)积分结果的不同。与此同时,选择超元胞之后,由于构成光子晶体的重复结构由 1×1 扩大成 $N\times N$,那么在波矢空间中,其第一布里渊区的大小在相应方向上会缩小 N 倍,如图 12-6(b)所示。

需要指出的是,必须综合考虑如何选取超元胞的大小,如果选取过小,计算的结果将引入缺陷之间的互相耦合,导致计算结果不准;如果选取的超元胞过大,又会消耗大量的计算机资源,导致计算效率很低。通常在兼顾计算的精确性和计算工作量之间进行平衡,利用有限的计算机资源尽量获得较高精度的结果。

12.2.4 计算举例——负折射效应[15,16]

在充分了解了光子晶体的基本理论和常用的数值计算方法之后,以光子晶体中一个典型的效应(负折射效应)为例,说明平面波展开法、时域有限差分法的应用。

对于传统的正折射材料来说,频率越高的电磁波对应波矢的模也越大,而负折射材料正好相反,它并不符合传统的折射定律。比如,传统的折射定律认为,折射光和入射光分居法线两侧,而在负折射中,折射光与入射光位于法线同一侧,其直接原因是材料的折射率为负值。采用上述的数值计算方法,可以分析负折射这一反常现象的物理本质。

设定二维光子晶体是由空气中的硅柱以六角晶格方式排列而成的,硅柱的半径同六角晶格的周期之比为 $r/a=0.35$。采用平面波展开法计算出来该完整光子晶体的能带图如图 12-7(a)所示。

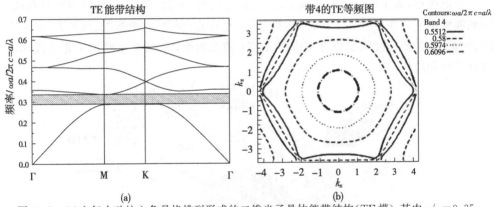

图 12-7 (a)空气中硅柱六角晶格排列形成的二维光子晶体能带结构(TE模),其中 $r/a=0.35$;
(b)空气中硅柱六角晶格排列形成的二维光子晶体的等频图

从该图可见,在归一化频率($\omega a/2\pi c = a/\lambda$)为 $0.28\sim0.34$ 的区域内,出现了 TE 模的光子禁带。在该图中,仅仅计算了布里渊区中几个高度对称方向的波矢所对应的本征值,如 Γ-M、Γ-K 方向。如果把整个布里渊区内的波矢对应的本征值都计算出来,然后将相同频率对应的波矢相互连接起来,就能够得出对应的等频图,如图 12-7(b)所示,该图给出了第四个能带对应的等频线图。从该等频图可以看出,频率从小到大所对应的波矢的模从大变到小,这符合出现负折射效应的物理特征。

为了验证等频图所揭示的负折射特性,采用 FDTD 法来模拟频率为 $0.58C/a$ 的连续电磁波从空气中入射到光子晶体的传

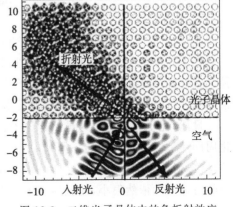

图 12-8 二维光子晶体中的负折射效应

播过程。当入射光和折射光达到稳态以后,其光电场的分布如图 12-8 所示。如果入射的光波为高斯型的电磁波,其宽度为 $6a$,入射角为 $30°$,沿 $x、y$ 方向均设置宽度为 $0.3\mu m$ 的 PML 匹配层。图中的入射光是从左下方向右上方入射的。计算结果表明,除了从界面反射回来向右下方射出的反射光外,所有进入到光子晶体内的光波(即折射光)都与入射光一样地位于法线的同一侧,射向左上方,而并不像传统折射定律描述的那样位于法线的另一侧,从而证明了负折射的真实存在。

12.3 光子晶体的应用[17,18]

12.3.1 光子晶体的能带同器件的关系

如前所述,光子晶体具有传输、反射、折射、衍射、谐振、全息、非线性等各种功能,因此能够用来制作各种光子器件,包括波导、光开关/调制器、谐振腔、滤波器、光束偏转、棱镜、偏振器、光纤、负折算率成像、LED、激光器等,图 12-9 示意出了光子晶体的各种特性和应用。

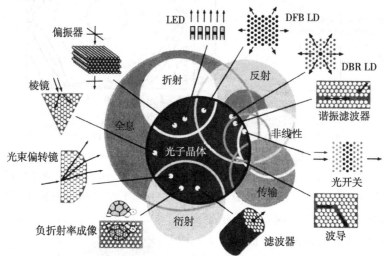

图 12-9 光子晶体的特性和应用示意图

光子晶体表现出奇异的衍射、折射、散射等功能,广义而言,可以将光子晶体看作一种全息材料。同常规的全息相比,光子晶体的新颖之处在于它具有精确的设计,即能够精确地计算出光子能带,能够预先设定出其功能和特性,能够人为地达到特定的目的。

显然,光子晶体的尺寸虽然比原子、分子大许多,但是光子晶体的介质常数的变化周期还是同波长长度同一量级,光子晶体的整体大小仅仅只有几微米到几百微米的量级,因此是非常小的。这样一来,可以将不同功能的器件制作在同一芯片上,它们的总体尺寸依然很小,这就为光子集成提供了非常有利的技术,将使光子集成成为可能。

从已经给出的一维、二维和三维光子晶体的能带图可以看出，这些能带图有不同的频率范围，图 12-10 所示的是三角形晶格的二维光子晶体，它的三个频率范围有不同的应用。在最上面的能带中，光子晶体表现出异常的色散和超级棱镜的效应，利用这些特性就可以设计出各类透射类型的光子器件，包括分光器、滤波器、偏振器等。最上面的能带也是最复杂的能带，能带的斜率正比于光的群速度，因此在带边的能带呈水平形状，这就意味着群速度 v_g 为零、光能被定位了。在二维和三维光子晶体中，无论是在带边处还是在能带内部，群速度 v_g 都可能为零，它们将有效地增进光波同光子晶体各种材料的相互作用。此外，二维和三维光子晶体的能带具有色散特性，这为光波的传输提供了一些非常独特的功能，因此最上面的能带范围常常用来制作传输型的光子功能器件。

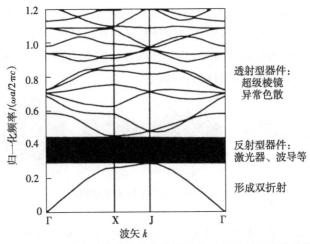

图 12-10　二维光子晶体中的能带图及其三个频率范围的应用

在图 12-10 的中间黑色所示的能带中，频率在其范围的光波被禁止传输，它就具有了反射特性，可以用来制作谐振腔、反射器等，因而既可以作成反射镜，也能够在 LED、垂直腔面发射激光器、DFB 和 DBR 激光器中获得应用。与此同时，上面的和中间的频率范围结合起来可以构成许多波导器件，包括直波导、弯曲波导、光调制器/光开关、慢光器件、偏振器等。光子晶体可以组合成各种有源和无源的光子器件，给设计和制造带来了极大的灵活性。

在图 12-10 最下面的频率范围内光子晶体表现出双折射的特性，利用这一特性也能够设计和制造具有双折射功能的器件。相对而言，该范围内的特性比较简单，相关的器件也就比较少。

一维光子晶体比较简单，在以往的布拉格光栅、增透膜等应用中已经被人们熟知。三维光子晶体制作十分困难，工艺技术还不成熟，至今的应用依然很少。相对而言，二维光子晶体是最热门的。一方面，其二维的变化给结构设计带来了许多方便，采用平面理论进行处理一些数学问题也相对容易一些；另一方面，也是最为重要的，半导体平面工艺的发展,特别是 CMOS 加工技术的成功运用和近 30 年来微纳技术的高速发展,为二维光子晶体的制作创造了有利的条件。现在我国既有在建的 22 纳米 CMOS 工艺线,又有小到 8nm 的电子束曝光机和 ICP(感应耦合等离子体)刻蚀机,使得制作各种硅基、Ⅲ-Ⅴ族以及氧化物等材料的微纳加工成为可能,这就为研究光子晶体器件提供了非常坚实的基础。

12.3.2 光子晶体波导

至今的各种光子晶体器件中,波导器件的种类最多、特性最好、应用最广,这得益于光子晶体能带中(图 12-10)上面和中间的两个频率区域的有机结合和制备工艺的高度进展,包括直波导光开关、调制器、滤波器等都已经成功地研制出来。在周期性非常正规的光子晶体中引进各种线缺陷,就构成图 12-11 所示的二维和三维波导结构图。图 12-11(a)为平板波导,左边的波导是没有开孔形成的,而右边的波导是通过改变孔径形成的;(b)为柱状体波导,其波导部分的圆柱直径更大一些;(c)为堆集木材状的三维波导;(d)为复杂的自组装的波导。

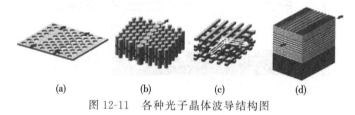

(a) (b) (c) (d)
图 12-11 各种光子晶体波导结构图

1. 直波导

在完整周期的光子晶体中,引入一些破坏原有周期的二维缺陷,就能够制成波导。图 12-12(a)的照片就是二维光子晶体直波导的扫描电镜照片,其中有一行没有刻蚀图案,是一条线缺陷,结果构成直波导。图 12-12(b)的曲线中,细的曲线是采用

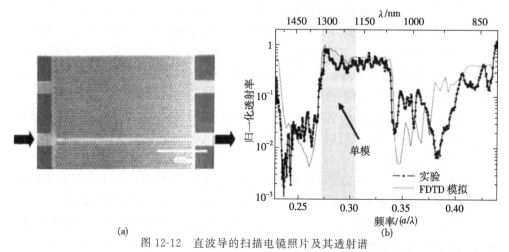

(a) (b)
图 12-12 直波导的扫描电镜照片及其透射谱

FDTD 法模拟计算的结果,粗的曲线是实验测量的结果。可以看出,模拟计算和实际测量的结果十分相符。在 1070～1320nm 有一个传输透射带,其损耗比较低;图中灰色标出的 1190～1320nm 为单模带,该波长范围内只传输单模光波。这些理论研究和实验结果为光子晶体波导器件提供了技术基础。

除了利用光子晶体的线缺陷导光之外,还可以采用光子晶体中的自准直效应实现光波导效应[19]。

2. 弯曲波导

图 12-13 给出了三种弯曲波导的结构和它们的透射谱[20]。这三种弯曲波导都是由两根直波导交叉构成,在交叉处分别引进了三种点缺陷,分别引进了 $2r/a=$ 0.278、0.778 和 0.278 三种点缺陷,并且点缺陷的个数和位置各不相同。结果它们对应的透射谱也不相同,如图 12-13 右边所示,归一化的频率 a/λ 范围也不相同。这就导致它们的反射率也不相同。这些结构在各种波导期间中获得广泛的应用。特别值得指出的是,这些弯曲波导的尺寸非常小,仅仅只有几个周期。同常规的弯曲波导相比,其尺寸收缩小到几十到几百分之一。这对于光子集成来说无疑是非常有利的。

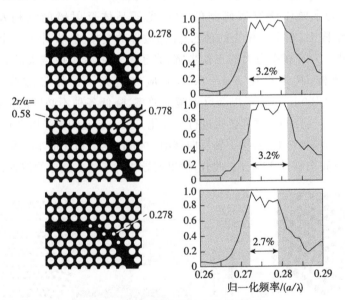

图 12-13 弯曲波导的结构及其透射谱

采用光子晶体同适当的缺陷图案(包括一定的形状、位置和尺寸)相结合,能够制造出具有各种传输性能的直波导、弯曲波导等,这为各种光子器件提供了相互连接、转换的路径,成为未来的光子集成中不可或缺的元部件。

表 12-1 列出了光纤、硅基常规波导和硅光子晶体波导的特性,包括波导的粗糙度 $\sigma(nm)$、相对折射率差 $\Delta(\%)$、散射损耗 $\alpha_s(dB/nm)$、芯片的面积 $S(mm^2)$、弯曲波导的半径 $R(mm)$ 和器件的数目 N(个数)。在这里假定波导的损耗主要是由散射损

耗引起的,由于光子晶体的辐射模式被光子带隙抑制了,因此光子晶体的散射损耗是普通硅基波导的十分之一。此外,由于器件的尺寸主要由弯曲波导所决定。因此,从表 12-1 看到,硅基常规波导的尺寸比石英光纤缩小了许多倍,在此基础上,光子晶体进一步缩小了波导的尺寸,这就使得光子集成成为可能。值得指出的是,只有将光子晶体的粗糙度降低至小于 10nm,散射损耗低于 1dB/cm 时才有可能实现大规模光子集成。

表 12-1 光纤波导、硅波导和硅光子晶体波导的比较

材料和结构	σ/nm	Δ/%	α_s/(dB/nm)	S/mm²	R/mm	N/个
石英光纤	50	0.3	<0.01	50	>2	50
Si 波导	20	45	10	0.05	0.002	50
	4	45	0.4	>1	0.002	20000
Si 光子晶体	4	45	<0.1	>4	0.002	>100000

3. 光子晶体反射镜

常规的波导中,为了降低弯曲波导的损耗,常常使用较大的弯曲半径。采用光子晶体反射镜能够实现低损耗、宽带宽、小尺寸的弯曲。

图 12-14 为半导体研究所研制的 SOI 光子晶体反射镜的结构及其 SEM 照片[21]。在该结构中,在垂直相交的输入/输出波导的交接处,设计了一个完整结构的光子晶体区域。为了获得更大的工作带宽,光子晶体的带隙应越大越好,因此,采用了六角晶格结构,其占空比 $r/a = 0.3$,对应完整光子晶体带隙范围是 1450~1800nm,周期为 450nm。为了提高反射镜的效率,降低各种不必要的损耗,对界面处的第一、第二行空气孔的尺寸和位置进行了优化。第一行孔的半径增大到 1.1 倍,并且分别沿 x 轴正向移动 200nm、沿 z 轴反向移动 100nm;第二行孔的半径和 z 坐标保持不变,但沿 x 坐标正向移动 100nm。此外,输出波导相对于输入波导的位置 $d=1\mu m$。

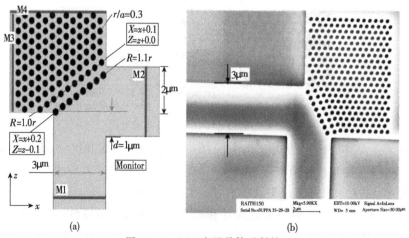

图 12-14 SOI 光子晶体反射镜
(a)设计结构图;(b)SEM 照片

实验结果表明,反射镜的附加损耗约为 1.1±0.4dB,这与常规的半导体反射镜的损耗相当,但是尺寸收缩到 1/10。这就表明,采用很小的光子晶体反射镜获得了普通反射镜的同样的性能,因此将用于光子集成。

12.3.3 光子晶体分束器和定向耦合器

采用二维光子晶体平板,在 Y-分支处的中央加进一个小的空洞,构成一个 Y 形光子晶体分束器(图 12-15),图中上面部分为实物的扫描电子显微镜照片,下面为采用 FDTD 模拟计算出的透射谱和实验测量的结果。实验表明,采用光子晶体和这种结构,在 Y-分支处的中央加进这个小空洞使透射率增加了 50%[22]。

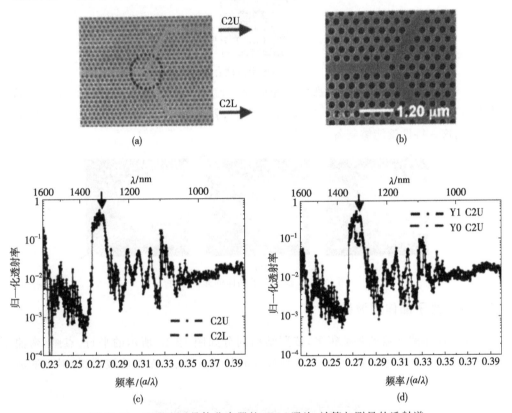

图 12-15　Y 形光子晶体分束器的 SEM 照片、计算与测量的透射谱

图 12-16(b)为二维光子晶体三路的 Y 形分路器;(c)为 N_c1 型定向耦合器;(d)为 N_c2 型定向耦合器;(e)为耦合强度控制的定向耦合器;(a)为定向耦合器在一起组合成对称的 MZI 型光子晶体光开关示意图。对于这些定向耦合器来说,只要微纳加工时能够将粗糙度控制好和降低散射损耗,再结合第 9 章描述的各种光开关结构,就能够在非常小的面积中实现开关、分光、合波等各种功能。由于尺寸小了,可以在速率和功耗上获得许多好处,从而改善光开关和耦合器的指标和功能。

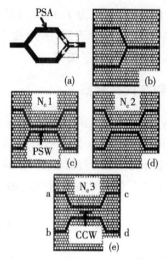

图 12-16　光子晶体定向耦合器的顶视图

光子晶体能够象光学棱镜那样使光束发生偏转。正如图 12-17 所示，在光子晶体中适当选取不同的周期、不同密度、不同方向，就可以使得光速的传输方向发生变化，利用这一特性就能够制备光控器件。

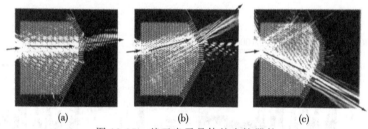

图 12-17　基于光子晶体的光控器件

12.3.4　光子晶体滤波器

光子晶体滤波器的种类很多，依照结构划分如图 12-18 所示的平行、点画、弯曲等波导组合的各种滤波器，依照功能划分为波长滤波器、谐振型滤波器、衍射型滤波器、偏振型滤波器等。

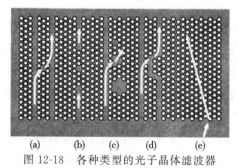

图 12-18　各种类型的光子晶体滤波器

图 12-18(a)、(b)和(c)都为谐振型滤波器,它们能够获得非常宽的自由空间谱范围(FSR),虽然光子晶体中的点缺陷构成的谐振腔受光子晶体带隙的限制,但是他们依然能够覆盖光通信的 C 波段和 L 波段($1.53\sim1.61\mu m$)。通过提高 Q 因子到 $1000\sim10000$,可以将滤波器的滤波特性提高到 10000。

图 12-18(d)为定向耦合器构成的滤波器;(e)为基于超棱镜效应的折射型滤波器。

正如图 12-10 所示,在一定的频率范围内光子晶体表现出色散的效应,利用这种特性就可以制作衍射型滤波器。在一维的光子晶体中,就是利用波长的色散效应产生波长同衍射的关系,从而获得滤波的功能。在二维和三维光子晶体中,可以进一步运用这些特性,结构会复杂一些,然而能够获得更好的滤波性能。

12.3.5 光子晶体光开关/调制器

图 12-19 给出了全光型的光子晶体光开关的结构,其基本工作原理都是基于对称的 MZI(马赫-曾德尔干涉器),这些在第 9 章中已经详细描述过了,在此不再赘述。此处同第 9 章描述的波导结构的最大区别在于,前者是由不同厚度、不同截面构成的脊形或者矩形波导,而光子晶体中的波导是由尺寸非常小的周期变化的折射率结构构成的,其大小仅仅为前者的十分之一甚至千分之一。

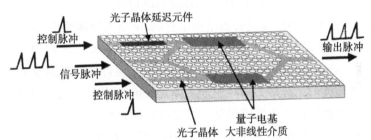

图 12-19 全光型的光子晶体光开关的结构示意图

12.3.6 光子晶体发光器件

图 12-20 给出了四种光子晶体发光器件。(a)为均匀的光子晶体中有一个点缺陷,构成阈值极低的微型激光器;(b)为利用光子晶体的整个面积作成的 DFB 激光器,具有高功率分布,从边缘发射激光;(c)为用空气空洞阵列构成的垂直腔面发射激

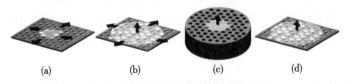

图 12-20 四种光子晶体发光器件
(a)点缺陷激光器;(b)带边激光器;(c)VCSEL;(d)LED

光器(VCSEL);(d)为高效率 LED。这些结构有效地将发光材料同光子晶体结合在一起,大大提高了发光效率,使得器件尺寸缩小了许多,成为微纳尺寸的器件。

1. 光子晶体 LED

通常的发光管的发光效率不高,复合发光后能够射出的功率在 10% 以下,即抽取的效率小于 10%,采用光子晶体后可以大大提高这一效率,器件结构和实验结果如图 12-21 所示[23]。

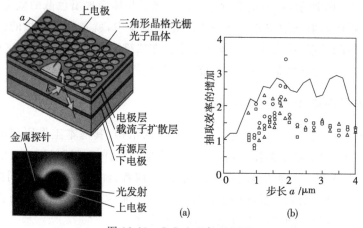

图 12-21 GaInAsP/InP LED

图 12-21(a)的上面为该发光管的结构示意图,下面为近场照片,在这个器件的表面刻蚀出三角形光子晶体阵列,有源区发出的光被耦合进其周围的区域,并在半导体中自由地传输。由于半导体光子晶体中的全内反射,使得这些光的发射角度变得很大,再通过光子晶体的倒晶格矢的作用改变传输的角度,使这些光尽可能地发射到外面的自由空间,因此提高了内部辐射复合发光的抽取效率。

图 12-21(b)的实线为采用 FDTD 方法模拟计算的结果,数据点为实验测量出的抽取效率。结果表明,抽取效率提高了 2~3 倍。值得指出的是,这种光子晶体的结构非常简易,在表面做出周期为几个微米、深度为 $0.5\mu m$ 的刻蚀,成本很低,而且增加发光强度的效果很好,为白光工程提供了一种很好的技术。这种光子晶体结构不但适用于半导体,也适用于聚合物发光器件。

2. 光子晶体激光器

单异质结、双异质结、条形、量子阱结构的相继出现,极大地推动了半导体激光器的进步。光子晶体的问世又将光限制提高到一个新阶段,激光器的体积甚至小于波长的立方。利用光子晶体微腔来控制自发辐射,大大增加了耦合到激光模式的能量,从而降低了激光器的阈值。

众所周知,Q 值定义为单位时间内光腔中存储的能量与损耗的能量之比,即损耗能量越小 Q 值就越大,微腔的作用就是要尽量地降低激光器的能耗。对于一个二维光子晶体平板上的微腔来说,平面内的光限制是通过光子带隙效应完成的,而在垂直于平面的方向是通过折射率差来实现光限制。微腔能够使光场受到限制,其原理可以看做由一系列不同波矢的平面子波组成,而平面外、空气中存在的光场的波矢只能在 $0\sim 2\pi/\lambda$ 的范围内。由于波矢守恒或广义的 Snell 定律,光腔内波矢位于同一范围的平面子波将能与空气中的辐射模耦合而逃逸到平面之外,产生能量损耗。因此,设计微腔时要尽可能地降低这部分损耗。另一方面,在常规的波导结构中,如果宽度不同的波导直接相接,则突变界面处的损耗会极大提高,因此常常采用锥形波导来实现窄波导到宽波导的逐渐过渡。在光子晶体中,不同宽度的波导也采用同样的原理进行设计,光子晶体波导也是由窄波导逐渐过渡到宽波导,同样也能够降低损耗。

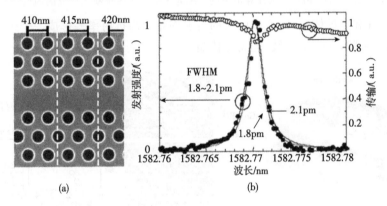

图 12-22 (a)高 Q 值的光子晶体微腔的结构;(b)光子晶体的透射谱和激光输出强度

分析表明,可以将微腔中的光场看成一个基本的波函数与包络函数的乘积 Γ,这个包络函数是由微腔的结构决定的。如果微腔的边界是突变的,则 Γ 经傅里叶变换后在 $0\sim 2\pi/\lambda$ 的波矢损耗区内产生大量分量,这些分量将增大微腔的损耗、降低 Q 值。如果同常规的波导一样,微腔的边界是缓变的,包络函数是高斯函数,则 Γ 经傅里叶变换后在 $0\sim 2\pi/\lambda$ 的损耗区内没有波矢分量,从而避免了能耗,提高了 Q 值。

光子晶体微腔在激光器的应用中具有举足轻重的地位,采用图 12-22 所示的结构,实验已经能够将微腔的 Q 值提高到 10^6 [24]。可见利用微腔来实现光学反馈是很容易的事情,这就为光子晶体激光器的制作提供了非常有力的工具。

采用 FDTD 法计算二维光子晶体中各种缺陷的局域模式(图 12-23),不仅有点缺陷的模式,还有一些大缺陷的波导模式,其中许多模式可以用于发光和波导器件。图 12-23(e)是简单的线缺陷,在光子能带的边缘处扩展了波导的模式。因此,在光子晶体中,可以通过这些点和线缺陷组合成各种需要的模式。

1999 年加州理工学院首次报导 1.55μm InGaAsP 光子晶体激光器在低温下发射出激光[25],从那时以来,光子晶体激光器一直是热门的研究课题。光子晶体激光器中的微腔是一个"缺陷"区域。在半导体中蚀刻一系列孔,从而在微结构区域的两

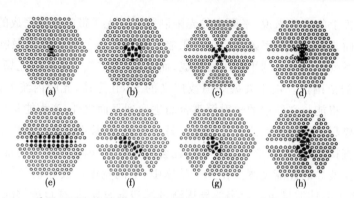

图 12-23 采用 FDTD 法计算出来的二维光子晶体中各种缺陷形成的局域模式

种材料(空气和半导体)之间产生巨大的折射率差。高折射率差形成一个带宽为几百纳米的光子带隙,在带隙区域,光无法传输。

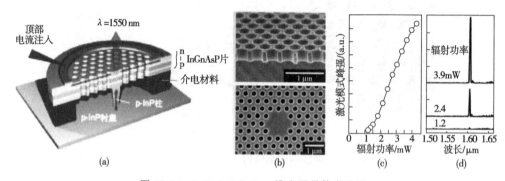

图 12-24 InGaAsP/InP 二维光子晶体激光器

图 12-24 给出了光子晶体激光器的结构、照片和特性,这是一个光泵浦的光子晶体激光器。(a)为激光器结构的立体示意图;(b)为二维光子晶体的显微镜照片;(c)为激光器的激光峰值强度同照射光功率的关系;(d)为不同照射功率下光子晶体激光器的输出光谱。

在这个器件中,量子阱位于Ⅲ-Ⅴ族化合物(如 InGaAsP)层中。制作光子晶体时,采用刻蚀技术使一些空洞穿透多量子阱。激光从孔中间半导体区域发出来,被周围的微结构限制在微腔的平面内,所以光只能在垂直方向输出。半导体及周围空气之间的折射率差提供反馈,形成谐振腔,维持垂直方向的激光输出。

设计二维的微腔时,需要控制光子晶体的尺寸使输出的激光波长与半导体的带隙宽度相匹配。对于 1500nm 的 InGaAsP 光子晶体激光器来说,腔长约为 500nm。光子晶体微腔的微小尺寸既降低了激光阈值,又保证了在腔的垂直方向上激光的单模输出,光子晶体微腔的 Q 因子非常高,双异质结材料中实测值达到 60 万,理论上指出,通过优化结构参数可以使 Q 因子超过 2000 万[26]。这就表明光子晶体可以形成性能非常好的谐振腔,这对于制备微纳体积的高性能激光器来说是非常有利的。

通过在光子晶体薄层上设计微腔阵列,可以实现电磁场在微腔之间相互耦合,从而获得较高的输出功率。将多个光子晶体激光器做在一起可以构成激光器阵列,总体尺寸依然很小,但是输出功率提高了很多倍。波长为1500nm的阵列光子晶体激光器的输出功率是单个光子晶体激光器输出功率的100倍[27]。由于光子晶体中的微腔的尺寸约等于波长的平方,因而可以获得很高的信号调制速率。斯坦福大学采用光泵浦单个光子晶体腔,在室温下获得了3ps的激光输出,并且预计可以将响应时间降低到1ps[28],从而将激光器的速率提高到太赫兹频段,这对于高速光互联是非常有用的。

12.4 光子晶体的制备

制作光子晶体的方法有许多种,包括外延生长、蒸发淀积、光刻、压印、钻孔、叠层法、自组装、拉制光纤等。

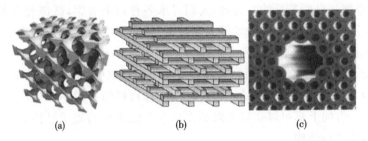

图 12-25 钻孔法、叠层法和拉制光纤法制备的光子晶体

图 12-25 为钻孔法、叠层法和拉制光纤法制备的光子晶体。钻孔法是利用机械加工制备三维光子晶体(图 12-25(a)),但是周朝尺寸比较大,为毫米量级,不适用于半导体。

自组装法(self assembly method)适用于聚合物材料,例如聚苯乙烯(polystyrene)、聚甲基丙烯酸甲酯(PMMA)等,但是也不能够用于半导体。自组装法中,将聚合物材料均匀地悬浮在液体中,由于这些悬浮颗粒带电,它们之间有短程的排斥相互作用以及长程的 van der Waals 力,经过一段时间,悬浮的胶体颗粒受重力的作用而沉降,无序的结构自然地发生相变,成为有序的面心立方结构,最终形成胶体晶体。这种制作三维光子晶体的方法十分简单、也很经济法,但容易产生缺陷,很难制作高质量的三维光子晶体结构。

拉制光纤法是将多根光纤捆绑在一起,先熔合成石英预制棒,再将预制棒拉制成光子晶体光纤,如图 12-25(c)所示。由于事先在其中心留有一根空的光纤位置,因此就形成了带有一个缺陷的二维光子晶体光纤。至今,这类光纤光子晶体是最为成功的光子晶体,已经可以实用了。

虽然这几种方法成功地制备出二维或者三维光子晶体结构,但是难以应用到半导体中。在半导体上制备光子晶体的方法主要是使用外延生长、蒸发淀积、光刻和压印技术。

叠层法又称为材堆结构(woodpile structure)法(图 12-25(b)),可以用于半导体,实际就是采用外延生长或化学沉积同蚀刻相结合的方式,对层状结构制作三维光子晶体,先外延生长或化学气相沉积一层厚度为 h 的 Si,然后蚀刻出相互距离为 a、深度为 d 的平行槽,再在槽中填充 SiO_2,之后重复上述工艺过程。这样就能够制出三维光子晶体。

纳米压印技术(nanoimprint)是一种新近发展起来的高技术,直接以较硬的刚性模子将纳米级图案压印在高分子蚀刻阻剂层上,具有快速、低成本的特性。纳米压印刷技术的精度可以在 100nm 以下,甚至可降至 10nm。但是在对准度及多层结构的制造能力上尚嫌不足。

虽然三维光子晶体具有完全的光子禁带,但在三个方向都要周期性地改变折射率,其加工难度是显而易见的。为此,人们寻求各种解决方案,既能充分利用光子晶体带隙的性质,也使加工工艺的难度大为降低、提高加工效率和成品率。于是,研究和发展了一种光子晶体平板技术[29]。

所谓光子晶体平板(PC slab),是指在平板上通过成熟的微电子平面工艺产生光子晶体结构,而在垂直于平板平面的方向上,通过材料的折射率差形成光限制,因而在空间的三个方向上都可以获得光限制作用。在已报道的光子晶体和器件中,大都基于光子晶体平板结构。

在 SOI 上已经成功地制造出高质量的光子晶体,其工艺流程如图 12-26 所示。(a)为清洗 SOI 晶圆、(b)为旋涂抗蚀剂、(c)为预烘烤、(d)为深紫外光刻(DUV)或电子束曝光(EBL)、(e)为后烘烤、(f)为刻蚀、(g)为显影与定影、(h)为清除残胶。

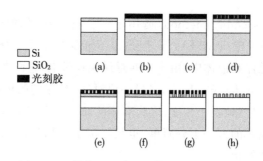

图 12-26 制作 SOI 光子晶体的典型工艺步骤

这些工艺与成熟的 CMOS 工艺是完全兼容的,因此在未来的大规模生产中非常实用。图 12-27 为中国科学院半导体研究所采用电子束曝光和 ICP 刻蚀制作出来的非对称光子晶体空气桥照片,可以看出,我国已经掌握了光子晶体的制造技术。

图 12-27 采用电子束曝光和 ICP 刻蚀制作出来的非对称光子晶体照片

12.5 结 束 语

固体物理的理论研究和微纳加工技术的结合成就了光子晶体,也开辟了新器件的应用。

固态晶体和光子晶体具有一些共同点:周期性、能带。与此同时,它们也有许多不同:①组分不同,晶体由相同的原子、分子、离子等组成,光子晶体则不是严格意义上的晶体;②光子晶体的周期为亚纳米量级,光子晶体的周期为波长的量级,通常为数百纳米,甚至毫米;③研究晶体需要求解薛定谔方程,研究光子晶体需要求解麦克斯韦方程;④晶体的电子和光子器件已经被广泛应用,光子晶体器件大都还处于研究阶段,只有光子晶体光纤获得了实际应用。

光子晶体充分利用材料的完整周期性构成了能带,同时光子晶体充分利用缺陷构成局域态。无论是周期性还是缺陷都是人为设计和制造的,因此这些缺陷不再是真实意义的缺陷,而是具有某种功能的实际需要。这样一来,缺陷不是可有可无,而是非常有用;缺陷不在是无意产生的,而是人为设计制造的。因此,无论是光子晶体中完整周期的部分还是缺陷的部分都需要精确控制。

同常规的半导体光子器件相比,光子晶体器件的性能获得非常重大的进展,器件尺寸缩小到十分之一,甚至百分之一。尺寸的减小提高了光子器件的速率并降低了功耗。因此,光子晶体将为光子集成提供了非常有用的技术基础。

光子晶体波导器件是目前发展最快、应用可能最早的器件,包括光子晶体直波导、弯曲波导、反射镜、滤波器、光开关/调制器等。由于尺寸的降低,各种开关/调制器阵列、上下路和复用/解复用器件将得到进一步的发展。

光子晶体微腔激光器的研究依然处于起步阶段,要开发出实用的、能在室温下工作的电泵浦激光器仍然是巨大的挑战。难题之一是如何实现光子晶体微腔激光器与其他光电器件的集成、与光纤和波导的耦合,精细调谐光子晶体的结构也许可以解决这些问题。

在光互连中,光子晶体激光器对信号的太赫兹调制具有巨大的优势。利用微腔阵列可以产生中等距离传输所要求的高功率,而且其调制速度可能比目前的 VCSEL 更快。这些应用的前景是好的,困难在于微纳加工技术的加工精度和加工成本。

从 20 世纪 80 年代末至今,人们对光子晶体的研究已经有二十多年,实现了从光子晶体理论到实验的飞跃。目前,几乎各种传统光子学领域的器件都已经在光子晶体中得到实现,同时,一些新颖的光子器件也不断涌现,从而使该领域的研究非常活跃。

人们正在挖掘光子晶体的潜能,研制出性能更好的光子器件,其中最典型的是光子晶体微腔。可以预计,Q 值超越千万的光子晶体微腔将在短期内实现。

近年来,光子晶体得到了越来越多的关注。科学家们从各个方面来寻求开发应用光子晶体的途径。然而,要使光子晶体得到广泛应用,还需要解决可见光范围内的光子晶体、三维光子晶体、在需要的位置上引入需要的缺陷、在光子晶体上提高外加电场、电流、光场的调控光子性能等科学问题和技术问题。

光子晶体的研制工作将从分立器件转入集成芯片研究阶段。目前报道的各种实验结果基本上都是单个、分立的器件,随着集成加工技术的进一步成熟、完善以及对单个器件特性的深入研究,光子晶体的研制将很快进入到芯片的集成技术阶段。

光子晶体器件与芯片将很快从实验室走向社会、走向市场,其中最可能的方向是根据光子晶体独有的性质加工出器件来,如光波导器件、负折射效应器件、基于慢光效应的群时延补偿、控制或光存储器件等。

一些光子晶体的新特性将被继续发现。随着研究的深入,人们将认识光子晶体的新特性、新机制、新结构、新器件、新应用。

参 考 文 献

[1] Yablonovitch E. Phys. Rev. Lett.,1987,58:2059
[2] John S. Phys. Rev. Lett.,1987,58:2486
[3] Inoue K, Ohtaka K. Survey of fundamental features of photonic crystals//Inone K, Ohtaka K. Photonic Crystals, Physics, Fabrication and Applications. Berlin:Springer,2003:9-38
[4] Inoue K, Kawai N, Sugimoto Y, et al. Phys. Rev.,2002,B65:121308R
[5] Sakoda K. Opt. Express,1999,4:167
[6] Sozuer H S, Haus J W. J. Opt. Soc. Am.,1993,B10:962
[7] Ho K M, Chan C T, Soukoulis C M. Phys. Rev. Lett.,1990,65:3152
[8] Notomi M. Phys. Rev.,2000,R62:10696
[9] 余和军,余金中. 硅基光子晶体//余金中. 硅光子学. 北京:科学出版社,2011:335-360
[10] Joannapolous J D, Meade R D, Winn J N. Photonic Crystal-Molding the Flow of Light. New Jersey:Princeton University Press,1995

[11] Sakoda K. Optical Properties of Photonic Crystal. Berlin: Springer-Verlag, 2001
[12] Yee K S. IEEE Trans. Antennas Propagat. , 1966, AP-14: 302
[13] Tavlove A. Computational Electrodynamics: The Finite-Difference Time-Domain Method. Norwood: Artech House, 1995
[14] Yee K S. IEEE Trans. Antennas Propagat. , 1966, AP-14: 302
[15] Luo C, Johnson S G, Joannopoulos J D, et al. Phys. Rev. B, 2002, 65(20): 201104
[16] Eleftheriades G V, Balmain K G. Negative Refraction Metamaterials: Fundamental Principles and Applications. New Jersey: Wiley-IEEE Press, 2005
[17] Baba T. Photonic crystal devices//Inone K, Ohtaka K. Photonic Crystals, Physics, Fabrication and Applications. Berlin: Springer, 2003: 237-260
[18] Asakawa K, Inoue K. Application ultrafast optical planarintegrated circuits//Inone K, Ohtaka K. Photonic Crystals, Physics, Fabrication and Applications. Berlin: Springer, 2003: 261-284
[19] Kosaka H, Kawashima T, Tomita A, et al. Appl. Phys. Lett. , 1999, 74: 1212-1214
[20] Yonekura J, Uceda M, Baba T. J. Lightwave Technology, 1999, 17: 1500
[21] Yu H J, Yu J Z, Yu Y D, et al. IEEE Journal of Quantum Electronics, 2007, 43: 876-883
[22] Boscolo S, Midrio M, Krauss T F. Opt. Lett. , 2002, 27: 1001
[23] Baba T, Ichkawa H. Optoelectronics and Commun. Conf. ,2002, 9c2-1
[24] Asano T, Song B S, Noda S. Optics Express, 2006, 14(5): 1996-2002
[25] Painter O, Lee R K, Scherer A, et al. Science, 1999, 284: 1819
[26] Song B S, et al. Nature Materials, 2005, 4: 207
[27] Altug H, Vuckovic J. IEEE Lasers and Electro-Optics Society News, 2006, 20: 4
[28] Englund D, et al. Appl. Phys. Lett. , 2007, 91: 071126
[29] Fan S, Villeneuve P R, Joannopoulos J D, et al. Physical Review Letters, 1997, 78: 3294-3297

第 13 章 半导体光子集成

13.1 信息时代需要光子集成

电子集成是科学研究和技术革命的必然,20 世纪成就了电子集成。光子集成是信息时代的需要,21 世纪将成就光子集成[1-4]。

1947 年 Shockley 等发明晶体管,电子器件从体积很大的电子管进化到体积很小的晶体管。然而单个的晶体管依然不能够满足各种应用的要求。时隔 11 年,1958 年 Kilby 等发明集成电路,从此人类社会进入了一个高速发展的新时代。1964 年 Moore 博士提出了摩尔定律,集成电路的集成度最初 12 个月翻一倍,至今该定律依然适用,只不过集成度翻番的周期变为 24 个月了。国外 2007 建成 45nm 的 CMOS 生产线,2010 建成 32nm CMOS 生产线,在同一芯片上集成 10 亿支晶体管。到 2019 年 CMOS 生产工艺将达到物理极限。既然达到了物理极限,集成电路还能够发展吗? 答案是肯定的,人们还会发展不同方式的更高集成度的集成电路。与此同时,还会发展光子器件,因此光子集成就成为必然出路。

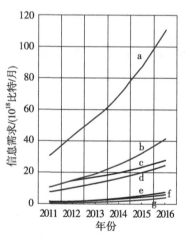

图 13-1 全世界信息需求和发展趋势图

集成电路的发展历程告诉我们,科学研究是生产力,社会需求是推动力。全世界对信息的需求越来越大,2011 年全世界每月的信息量为 3×10^{19} 比特,到 2014 年已经发展到 6.5×10^{19} 比特,到 2016 年将超过 1.1×10^{20} 比特。可以说是呈指数上升的。图 13-1 给出了全世界和各个地区的信息需求发展态势图。a 为全世界的增长数据;b 为亚太地区;c 为北美;d 为西欧;e 为拉丁美洲;f 为中东欧;g 为中东地区和非洲。

毫无疑问,亚太地区的信息量最大,增长速率最快。这得益于中国和印度在这一地区,人口最多,又都是发展中国家,各方面的需求都处于快速发展上升期,因此成为信息量和增长速率的大户。

由于信息量的增加,方便快捷的互联网就成为客观的需求。现在全球的电话连接数量比全球的人口数量还多,移动数据的复合年均增长率(CAGR)高达 92%。CAGR 是 compound annual growth rate 的缩写,其计算方法为总增长率百分比的 n 次方根,n 等于有关时期内的年数。可见 92% 的 CAGR 是相当高的速率数据。

有人估计,2014 年内的互联网就超过了长距离通信的流量,2015 年互联网的器件数目是全球人口数目的两倍,2017 年每月的信息流量将达到 1.206×10^{20} 比特/月。这个结果还是比较保守的,实际的发展常常超出预期。可以肯定地说,大容量信息是 21 世纪的时代特征。

21 世纪处在高速信息化的浪潮中,以"云计算"、"物联网"和"大数据"为代表的新型信息化技术的出现,使人们对于高速率,低成本,低功耗的数据处理与传输技术有着更为迫切的需求和期待。正是在这样一种社会需求的强力推动下,光子集成应运而生,通过分立的半导体光子器件(激光器、探测器、光开关/调制器、AWG 等)同 CMOS 工艺相结合,以光作为信息的载体,在同一芯片上实现大容量信息数据的高速处理和传输将成为可能。

图 13-2 为全世界的发电量和互联网的功耗随时间的变化关系图。可以看出:①现在用户比特速率的年增速为 40%;②到 2015 年,在信息系统中通道的功耗中占主要地位;③全球的发电总量的年增长速率为 3%,远低于通信的增长率;④如果技术水平依然维持在 2010 年水平,到 2023 年互连的功耗将超过发电量。数据中心的功耗从 2010 年的 34GW 增长至 2012 年的 74GW。这一功耗是世界上最大的核电站(the Kashiwazari-Kariwa 电站)的发电量的 9 倍。这就说明,在未来十年内,我们将面临两个挑战:信息量增加的挑战和能耗的挑战。信息社会要求传输更大容量的信息,而这些信息又会带来功耗的增加。仅仅依靠增加发电站已经无法解决这两个难题。出路何在?答案就是光子集成。

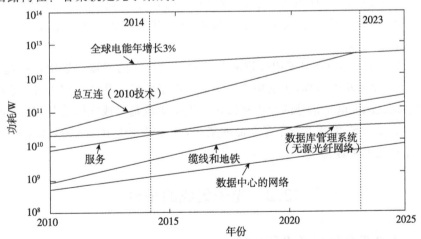

图 13-2　全世界的发电量和互联网的功耗发展趋势图

如图 13-3 所示,常规的集成电路工作在 10Gb/s 左右,各个器件之间的距离在 1cm 时的速率只有 5Gb/s 或者更低。如果要获得更快的速率,就必须使互连的长度小于 1cm。由于电子器件的固有特性、系统的分布电感和电容等的限制,要进一步提高电子器件的工作速率是非常困难的。与此形成对照的是,现在的光子器件,包括激光器、探测器、调制器等,都已经实现了 60Gb/s 以上的高速率工作,光速是最快,光波不带电、不受电场的影响,因此采用光子器件能够提高速率和增加传输信息的容量。

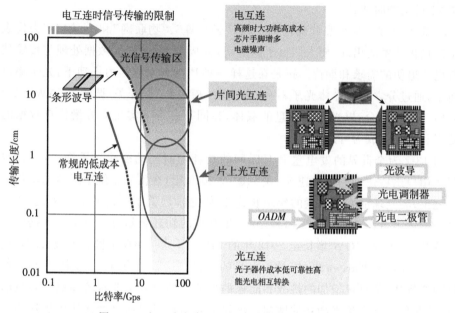

图 13-3　电互连和光互连的传输长度同速率的关系

虽然分立的光子器件能够在速率、容量等方面大大改进信息的传输过程,然而依然不能够降低功耗和进一步提高速率。为此,光子集成就成了大容量、高速率、低功耗传输的必然选择。

集成(integration)就是采用先进的工艺技术将分立的元器件集中在一起,产生联系,构成一个有机的整体,实现功能的集成。电子集成是集成电路芯片,其关键在于解决系统之间的电学信号的互连和操作。光子集成是集成光路芯片,将分立的光子器件集成在一起,实现光学信息功能的集成,其关键在于解决光源、光探测和系统之间的光互连等问题。

13.2　光子集成的平台

13.2.1　InP 平台和 Si 平台的比较

"高楼万丈平地起",电子回路集成在硅衬底上。最早的晶体管是用锗制成的,同样地,最早提出的电子集成概念是以锗为衬底,稍后才提出硅基电子集成。究其原因在于人们最初对锗更了解一些,不过很快就发现,硅具有资源丰富、纯度高、工艺成熟、器件特性好等优点,超过了锗,于是形成了现在的硅工艺流程和十分优异的

CMOS 生产线。

至今,选择何种材料作光子集成的平台还在探索和争论之中。最初提出的光子集成的平台是Ⅲ-Ⅴ族半导体材料,后来比较倾向于硅,它们各有优缺点。

表 13-1 比较了 Si 和 InP 的材料、器件、加工和集成等各种同光子集成相关的特性,试图探寻哪种材料适合作光子集成的衬底。作为光子集成,人们首先想到的是激光光源问题。显然,Ⅲ-Ⅴ族中直接带隙的 GaAs 和 InP 最早进入人们视线的,然后才是硅和 SOI(绝缘体上的硅)。

表 13-1 Si 和 InP 的特性比较

	材料	Si(SOI)	InP
材料特性	能带结构	间接带	直接带
	工作波段	红外	光纤通信波段
	偏振敏感性	敏感	不十分敏感
	非线性	非常低	高
	热导性	好	较差
	折射率差 Δn	Si 同 SiO_2 之间 Δn 大	InP 同 InGaAsP 之间 Δn 小
	硬度	材料坚硬	材料易脆
	自身氧化	非常容易氧化	自身氧化不好
器件特性	光源	不能制作激光器	有很好的激光器
	探测	能制作探测器	能制作探测器
	暗电流	中等	低
	光限制作用	很强	一般
	单模传输尺寸	很小,亚微米量级	较小,微米量极
	同光纤的耦合	困难	较容易
加工特性	衬底尺寸	大	小
	微纳加工	成熟	较难
	同 CMOS 工艺相容性	相容	不相容
集成特性	集成度	高	低
	成本	便宜	昂贵
	功耗	较低	低

依据光纤通信的经验,其工作波段是由光纤的性质决定的。由于光纤的损耗在 1.55μm 处最低,因此这成为优先的波段。1.3μm 波段的损耗比较低,与此同时,光纤在此波段的色散为零,因此该波段也常用于光通信。

对于光子集成来说,首要考虑的依然是波段和光源。显然长波长的 1.55μm 和 1.3μm 波段都有潜在的优势,这样可以借用光通信系统的许多研究成果和技术优势。InP 基的 InGaAsP/InP 异质结激光器已经实用化，相应地波导材料可以使用 InP。然而 InGaAsP 同 InP 之间的折射率差比较小，由此设计的光波导的尺寸比较大，通常为几个微米。这样一来，整个集成光路的尺寸就比较大，集成度就不可能提高。最致命的不足是Ⅲ-Ⅴ族器件的制作工艺流程同 CMOS 工艺线不相容，无法在现有的生产线上流片，这大大限制了 InP 基的光子集成的发展。

采用 GaAs 作光子集成基片也具有许多优点，AlGaAs/GaAs 非常适合作光源，在其上淀积氮氧化硅，以此作波导层和波导器件是一种可行的选择。进一步研究表明，器件尺寸依然较大，同 CMOS 工艺不相容，因此 GaAs 基光子集成的研究进展缓慢。

在各种方案遭遇阻力之后，硅基光子集成再次被提了出来。近年来，随着硅光子学研究的深入，硅基光子集成也获得重大进展。采用硅作基片具有一系列的优点，硅的带隙宽度为 1.11eV，对应的波长为 1.17 μm，因此对红外波段是透明的。就像光纤通信的波导是由光纤决定的一样，光子集成的波段应该先由传输波导的材料来决定。硅的自身氧化非常容易，Si 同 SiO_2 之间的折射率差很大，对光的限制作用非常强，可以设计制造出亚微米量级的光波导，因此大大提高了集成度，商用硅片的尺寸已经大到 18、24in，可以将大量的光子器件集成在同一硅片上。最为重要的是，硅基光子器件的制作工艺同 CMOS 工艺相容，因此可以利用现有的集成电路工艺线，这大大加速了硅基光子集成的开发与生产。

13.2.2 SOI

SOI 是英文 silicon on insulator 的缩写，意指绝缘体上的硅。SOI 是一种新型的集成电路和光子集成材料。在绝缘体上的一层很薄的硅常常被称为"器件层"(device layer)，在此薄层上可以制备出各种电子器件和光子器件。基于 SOI 结构的器件有许多新特点，包括小电容、低漏电流、高的开关速度和小的功耗等，因此 SOI 被称为第二代硅。

制备 SOI 的方法很多[5]，包括键合-背面腐蚀法、注入氧分离法、注氢智能剥离法、注氧键合法等，国内外都有制造 SOI 的公司，已经有多种型号的 SOI 商品，这为硅基光子集成提供了坚实的材料基础。

SOI 具有一系列的特点：①具有硅的材料性能，间接带隙；②制备工艺成熟，通过光刻等工艺能够制造出线度为 10nm 的精细图案；③同 SiO_2 等一起构成很好的光学折射率分布，适用于各类有源和无源的光子器件；④具有好的热导性，器件的温度稳定性高；⑤抗辐射，SOI 上制作的器件既能够在地球上使用，也能够在大气层之外的太空中使用；⑥最为重要的是 SOI 上的各种器件工艺都同 CMOS 工艺相容，这为批量生产提供了设备和技术基础。

作为光子集成的衬底基片，SOI 有许多不足：①SOI 是间接带隙材料，缺乏性能好的光源;②SOI基光波导器件的调制效率不如Ⅲ-Ⅴ族波导器件;③非线性光学效应非常低,至今还没有研制出光学逻辑元器件;④SOI基器件的尺寸太小,只有光纤芯的三百分之一,同光纤的耦合非常困难。

综上所述,在各类光子集成平台中,各有优缺点,性能各有千秋。但是从集成的总体角度考虑,如同光纤决定传输波长一样,光子集成首先考虑的是传输波段,无疑红外的优势大一些。其次,任何集成都需要通过大规模的生产线来完成,能否同CMOS工艺相容是一个决定性的因素。再次,光子器件的尺寸大小影响集成度,高折射率差能缩小器件尺寸、提高集成度。综合比较了各种平台后可以看出,SOI为光子集成提供了一个很好的平台[6],因此,SOI上的光子集成成为当前国内外的研究热点。

在各种平台中,有关硅基的平台研究最多,即使如此,有关平台的问题还会继续讨论下去,至今依然没有统一的定论。目前倾向认为,尽管有一些不足,但是硅基和SOI基至今是光子集成平台的首选。

13.3 光子集成的关键技术

光子集成有单片光子集成、立体光子集成、混合光子集成,涉及的技术有外延生长、微纳加工、键合、封装和测试等。显然外延生长、微纳加工和键合技术是难度大、技术含量高的关键技术。

13.3.1 外延生长技术

依照器件设计的要求,利用 MOCVD、UHV/CVD 和 MBE 等设备,在单晶衬底上生长、与衬底晶向相同的、晶格匹配的一层或者多层单晶层,这种在原来的晶体向外延伸出新的单晶层的技术称为外延生长。

为了满足器件的需要,外延层应该具有不同型号和不同浓度的掺杂,并且需要精确控制外延层的厚度,以便在载流子注入、光波模式和波导的控制的功能上满足设计要求。因此,外延生长是一种人为的材料工程,也是能带工程,可以成功地控制材料组分、晶体结构、外延层厚度、掺杂型号以及许多其他的物理和化学特性,从而制备出高性能的电子和光子器件。

生长外延层的方法很多,包括液相外延、气相外延、分子束外延等。图13-4给出了三种大型外延生长设备。(a)为金属有机物化学气相沉积(metal organic chemical vapor deposition,MOCVD)系统,(b)为分子束外延(molecular beam epitaxy,MBE)系统,(c)为超高真空化学气相沉积(ultra high vacuum/chemical vapor deposition,UHV/CVD)系统。这是中国科学院半导体研究所联合沈阳科学仪器公司一起设计和制造的国产设备,对在硅基上外延生长 SiGe 和 GiSn 合金起到了重要的作用。

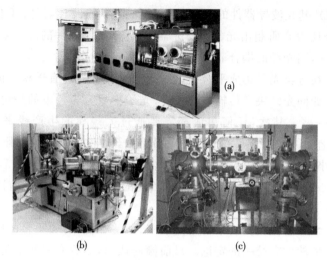

图 13-4 各种外延生长设备的照片
(a) MOCVD；(b) MBE；(c) UHV/CVD

MOCVD 是研究和生产 III-V 族异质结构和器件的最好设备,已经被广泛应用。近年来又大力研究和开发在硅基上外延生长 III-V 族材料,特别是南昌大学的相关研究获得重大进展。MOCVD 可以生长各种 III-V 族的多层异质结构,也能够在硅基上生长 III-V 族材料,这为硅基光子集成提供了十分喜人的条件。

MBE 是在超高真空腔中进行外延生长的技术,将需要生长的单晶物质按元素不同分别放在喷射炉中,每种元素加热到适当的温度,使其以分子流射出,在处于超高真空中的衬底片子上生长极薄(甚至是单原子层)的单晶层和几种物质交替的超晶格结构。MBE 是一种能够高度控制组分和厚度的生长技术,特别适用于研究工作,但是设备昂贵,样品尺寸有限,不适宜批量的生产,因此不能够在生产线上使用。

UHV/CVD 综合了 MBE 和 MOCVD 两种设备的优点,是一种气态源的 MBE 设备,既是化学气相沉积法生长,又是在超高真空中进行的,因此能够生长出超薄的硅基异质结构,但是其生长的材料范围有限,目前还未能在生产线上使用。

至今的外延生长技术中,应用最多的还是气相外延。硅基气相外延时,将硅烷(SiH_4)或二氯氢硅(SiH_2Cl_2)等引进置有硅衬底的反应室,在反应室进行高温化学反应,使含硅反应气体还原或热分解,所产生的硅原子在衬底硅表面上外延生长。气相外延生长常使用高频感应炉加热,衬底置于包有碳化硅、玻璃态石墨或热分解石墨的高纯石墨加热体上,然后放进石英反应器中。此外,也有采用红外辐照加热的。为了制备优质的外延层,必须保证原料的纯度。对于硅外延生长,氢气必须经过钯管或分子筛进行提纯,使露点在 -70℃以下；系统必须是严格密封的,尽量防止微量水汽或氧泄漏的影响；为了获得平整的表面,衬底必须严格抛光,并且防止表面有颗粒或化学沾污；外延生长前,在高温下用干燥氯化氢、溴或溴化氢对衬底进行原位抛光,以减少层错缺陷。为了获得重复均匀的厚度和掺杂浓度分布,还须控制温度分布和选择合适的气流程序。

已研究出多种外延生长工艺来提高外延层的质量,例如减压外延可以有效地减少自掺杂;低温外延能减少衬底杂质向外延层的自扩散、生长出突变结;采用$He-SiH_4$分解、SiH_2Cl_2热分解以及溅射等方法都可明显降低温度;通过制作掩模在衬底上的制作图案,再进行选择外延,在图形衬底上生长外延层,用于制备某些特殊器件。

综上所述,外延生长能够生长不同层厚、不同掺杂、不同图案的异质结构,是光子集成的关键技术,现在还不能完全满足光子集成的要求,因此还在研究和发展之中。

13.3.2 微纳加工技术

光子集成的高集成度要求器件尺寸尽可能地小,其图案的线度都在亚微米的量级。为了获得量子效应,加工线度甚至要求达到10nm量级。与此同时,在波导中传输的光波会受到界面的散射,其散射损耗依赖于界面、表面和侧面的平整度,这对于电子集成回路的影响不太大,而对于光子器件至关重要。因此,微纳加工是制造光子集成芯片的关键技术。

1. 电子束曝光

电子束曝光是采用聚焦到纳米量级的电子束照射高分子聚合物抗蚀剂,直接在其上面写出微纳尺寸的精细图形,能够制作出小于10nm的精细结构。

电子束曝光系统包括电子光学系统、束流检测系统、反射电子检测系统、工作台系统、计算机图形发生器、真空系统和高压电源等。电子光学系统由电子枪、电子透镜系统和电子偏转系统组成,用于控制电子的运动。束流检测系统测量到达样品表面的电子束流的大小,反射电子检测系统用来观察曝光样品表面的对准标记,工作台系统用来放置和移动曝光样品,计算机图形发生器用于将设计图形的数据转化成控制偏转器的电信号。

在电子束曝光过程中,需要把所有的曝光面积分成由矩形构成的"写场",控制电子束的偏转对写场内的图形进行曝光。完成一个"写场"后,移动样品台到下一个"写场"上,进入电子束的偏转范围内,曝光该写场的图形。如果样品台的移动方位存在偏差,就会使曝光图形偏离设计的位置,从而前后两个写场之间的曝光图形会出现偏差。如果扩大写场,又会导致电子束偏转角度过大,使曝光精度降低。

至今还没有彻底解决写场拼接误差的问题,为此采取许多技术手段来进行改进。一方面尽可能精确地调节电子束到理想的工作状态;另一方面,尽量用普通光刻完成跨写场的图形,或用其他结构替代,比如加宽拼接处的波导宽度,降低对电子束曝光的要求,以便保证关键区域的精度。

电子束曝光的另一个问题是邻近效应(proximity effect)。由于电子在抗蚀剂中的前向或后向散射,导致未曝光的区域中也发生了电子能量沉积,使得图形的曝光剂量与设计值不同,从而造成图形的大小或形状发生改变。电子邻近效应的原理与光学光刻中的邻近效应不同,但造成的后果是类似的,对于小尺寸、密集图形的曝光来说,由于受电子散射的不同影响,不同的图形区域会发生不同程度的改变。

为了克服邻近效应,提出了一些有效的方法,最经典的是采用双高斯函数。其中一个高斯函数代表电子的前向散射,另一个高斯函数代表电子的后向散射。先计算出电子沉积于抗蚀剂上的能量分布,从而计算出不同区域的曝光剂量,再根据显影剂量阈值模拟出图形显影后的结果,根据该结果迭代修正曝光条件,直到模拟出的显影结果满足实际要求。

抗蚀剂的厚度对电子束曝光产生较大的影响,抗蚀剂厚度越薄时,邻近效应校正所对应的空间通带范围越大。这是由于抗蚀剂越薄时电子的前向散射越小,因此邻近效应较弱。在实验中应采用较薄的抗蚀剂,更容易满足小尺寸图形所要求的高分辨率。

2. ICP 刻蚀

通过电子束曝光把设计的图形确定在抗蚀剂上,再把图形转移到芯片材料中的工艺就是刻蚀。由于半导体的各向异性,不同晶向的刻蚀速率可能是不同的,因此刻蚀可以分成各向同性刻蚀和各向异性刻蚀。采用化学腐蚀溶液进行的湿法腐蚀常常是各向同性刻蚀,而采用等离子体、反应离子束的干法腐蚀常常是各向异性刻蚀。由于干法刻蚀控制精度高,大面积刻蚀均匀性好、污染少,因此获得了广泛的应用,而其中应用最广的是电感耦合等离子体-反应离子刻蚀(inductively coupled plasma-reactive ion etching, ICP-RIE),简称为 ICP 刻蚀。

ICP 刻蚀是在 RIE(反应离子刻蚀)的基础上发展起来的新技术,其工作原理为,系统中有两套独立的射频源,第一套射频电源通过电感耦合使刻蚀气体辉光放电,产生高密度的等离子体,这些等离子体在第二套射频电源的作用下对样片进行定向物理轰击,该过程中同时发生物理溅射和化学腐蚀,从而完成刻蚀。

传统 RIE 技术中,离子流的密度不高,刻蚀速率也不高。为了提高刻蚀速率就需要增大加速离子的电压,这就引进许多缺陷。刻蚀速率和缺陷相互牵制,两者不能同时兼顾。ICP 刻蚀的成功之处在于,采用两个分立的射频电源分别控制等离子体密度和离子轰击能量,从而有效地解决 RIE 的刻蚀速率与刻蚀损伤的矛盾。

选择 ICP 刻蚀参数时应考虑如下几点:根据掩模材料与被刻蚀材料刻蚀机理不同,选用合适的刻蚀混合气体及其配比,以获得高选择性;利用离子的定向轰击对化学反应的增强作用和侧壁钝化层抑制刻蚀的各向同性,以获得高的各向异性;调节轰击粒子的能量,保持较高的刻蚀速率以减小被刻蚀材料暴露在等离子体中的时间,以使刻蚀对材料造成的损伤减到最小。总之,ICP 刻蚀的工艺参数需要在各向异性、选择性、表面损伤和刻蚀速率等方面综合权衡。

13.3.3 键合技术[7,8]

键合(bonding)是指通过各种物理和化学作用将两个或多个衬底(例如硅片或者玻璃片)连接在一起的一种制备技术,共同构成新型的异质材料。这一技术已经广泛用于微电子机械系统(MEMS)、CMOS、光子器件和三维集成的研究与开发中。

键合的方法很多,包括共晶键合、阳极键合、熔融键合、玻璃浆料键合、金属扩散键合等。

共晶键合:采用两个非常平坦的清洁晶面,经过仔细的清洁处理后,在真空环境中相对放置在一起,然后再在适当温度下加以适当的压力,两个晶片借助范德瓦尔斯力(van de Waals force)的作用重新结合在一起,原来样品表面的悬键重新配对构成稳定的共价键或者离子键,形成一块新的完整晶体。虽然不是单晶,但是除了有一个键合的界面外,其他的性能几乎同单晶没有多大差别。共晶键合利用了共晶材料的特殊属性,像焊接一样使两个晶片在低温下也能键合在一起。共晶键合需要精确定量键合力以及均匀分布的温度,以便能够控制整个共晶材料键合在一起。

图13-5给出了两张键合之后的扫描电子显微镜的照片,左边的照片是Al同Al键合后的原子排列的照片,Al原子在界面处重新再构,形成了新的价键,没有出现很多的位错缺陷。上图右边的照片是硅同砷化镓的键合照片,还标出了不同的晶向。虽然有悬键、位错的存在,但是已经是很好的异质结构了。

图13-5 Al/Al和GaAs/Si键合后的界面SEM照片

至今已经成功地在硅片上键合InGaAsP激光器等有源器件,这为光子集成的发展提供了非常有力支撑。

13.4 硅基光子集成

13.4.1 硅基光子集成方式[9,10]

硅基平面工艺是集成电路的基础。利用平面工艺将开关管、晶体管、电感和电容等有源和无源器件全部制作在同一硅片上,使其具有整流、开关、放大等各种功能,能够对电学信号进行各种处理,构成独立的信息处理的系统。

从平面工艺开始,发展了多层布线等新工艺,于是出现了多层的立体集成,利用不同功能的不同集成电路安装在同一电路板上构成混合集成,形成多器件、多功能、多应用的各种集成电路,满足对电学信号的接收、处理、放大、输出等各种需要,实现了许许多多的从低频到高频、从短距离到长距离、从小功率到大功率的应用,构成完整的信息系统。

借鉴集成电路的上述成功经验,光子集成也有单片集成、立体集成和混合集成等不同方案。单片集成就是将一些器件集成在同一基片上,具有高度的集中性,完成一定的功能。立体集成是通过多层布线的方式,将不同的电学层和光学层组合在一起,形成一块整体的功能模块,可以直接应用。混合集成是将不同功能的单片集成芯片或者立体集成芯片安装在同一个电路板上,不同集成片完成各自的功能,再相互连接和组合在一起完成复杂的光电功能,既降低了集成工艺的难度,又实现了光和电的复杂功能,因此常常被采用。

图 13-6 为单片硅基光子集成回路的结构示意图,是一个有源模块。该集成模块将电子器件、光子器件和光波导无源回路集成在同一硅片或 SOI 片上,电子器件包括 SiGe 量子器件、异质结双极型晶体管、双极型互补金属氧化物半导体晶体管、射频器件、隧道二极管等,光子器件包括激光器、探测器、光开关、光调制器等,这些不同的电子和光子器件集成在一起,构成具有特殊光电性能的光子集成回路,可用于光通信、光互连和光计算。

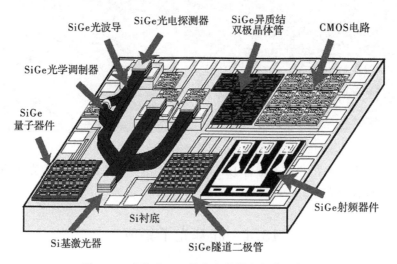

图 13-6　硅基或 SOI 基光电子集成电路示意图

图 13-7 给出了 SOI 基集成回路的立体结构示意图,左边为光电子集成的立体结构,包括本底层(local layer)、互连层(inter layer)、上电学主体层(global layer)和光

学布线层(opticalwiring layer);右边为光子集成的立体结构,包括本底层、互连层和光学布线层,在光学层中有光调制器、探测器和光学波导等不同光子器件。这两种结构中,都是采用立体多层布线的方式来提高集成度,其主要区别在于有没有电子器件。在光子集成中,完全依靠光子器件之间的互连来实现集成和信息处理的功能。

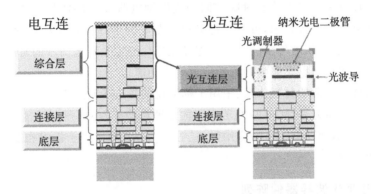

图 13-7　SOI 基光电子集成和光子集成的立体结构示意图

根据具体的器件功能和应用目标,光子集成可划分为无源阵列、发光阵列、探测阵列、开关阵列和存储阵列等。近年来,硅基光子器件的研究取得飞速进展,已研制出高灵敏度的锗硅探测器[11-13]、谐振腔增强型的锗硅光电二极管[14,15]、硅量子点激光器[16]、多孔硅发光二极管[17]、基于受激拉曼散射(SRS)的硅基激光器[18]、硅和Ⅲ-Ⅴ族半导体材料键合在一起的混合型激光器[19]、高速率硅基调制器[20-22]、硅光子晶体功能器件[23]、硅基阵列式波导光栅(AWG)[24]、硅基光开关阵列[25]等。这些器件展现出了硅基光子器件的巨大潜力。

在各种光子器件有了突破性进展以后,就可以将它们集成在同一平台上,构成光学层,再同电子集成的存储层和程序处理层叠起来,构成立体的光电集成的芯片,如图 13-8 所示。这种结构的优点在于各层的功能十分明确,各层相对独立,各自的制造工艺是相容的,彼此之间依靠垂直方向的电互连或者光互连相连接,阻抗匹配等难题容易解决,整个模块工作时产生的热量通过下面的平板散热,因此立体方式的集成

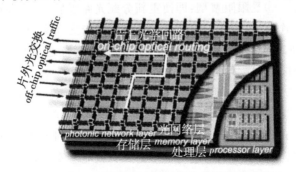

图 13-8　不同功能光电集成的立体结构示意图

将是未来实际产品的一个很好的方案。

混合型硅基光子集成所要实现的功能目标与立体的硅基光子集成基本相似,但所用材料通常为多个不同的衬底,且往往包含不同体系的材料,如Ⅲ-Ⅴ族半导体材料、铁电体材料、有机聚合物、液晶等,早期曾采用低熔点金属或合金焊料将不同规格和尺寸的芯片分别焊接在公共衬底或同一块印刷电路板(PCB)上,而近年来已逐渐开发出各种类型的键合技术,可直接将多种已制成的半导体芯片从物理结构上组合为一个整体,通过内部的传输波导和互连导线进行光信号和电信号的对接,从而实现异质薄膜材料的转移以及完整的光学信息处理功能。

由于结合了复杂的材料体系、采用了标准化的微电子制造工艺,硅基混合光子集成具有独特的生命力,除实现各类光学信息处理功能外,还可研制成太阳能发电、发光照明、信息显示和存储等多种应用模块。因此,硅基单片光子集成和混合光子集成都具有实用价值。

13.4.2 硅基光波导器件阵列

至今的硅基光子器件中,硅基波导器件是最为成功的,相应地出现了光开关阵列、复用解复用器和上下载光路、调制器阵列等许多独立功能的单片硅基光子集成芯片。

1. 光开关阵列

光开关阵列是一种已经成功研制出来的光子集成回路,能够同时传输、分配不同波长、不同来源的光波,并且通过控制能够实现光波的定向输出,进入指定的光路。从光开关单元扩展到光开关阵列,不仅仅是简单的开关数目的叠加,还需要设计拓扑结构,尽可能地提高器件的功能。

依照功能划分,光开关阵列的结构可以分为完全无阻塞型、重排无阻塞型和受限阻塞型三类。①完全无阻塞型:从任何一个端口输入光波信号,在不中断沿途光路的情况下,能够同任何一个输出端口进行连接,因此是一种严格意义上的无阻塞阵列。②重排无阻塞型:可以连接任何一个输入端口和输出端口,但连接不同光路时需要对光路进行重新分配。③受限阻塞型:即使重新分配光路以后,仍然有输入端口和输出端口之间无法实现连接,只能在一定的输入和输出端口之间实现互连。

完全无阻塞型阵列的拓扑结构很多,主要有交叉直通型(crossbar)[26]、树型(tree)[27]、网格型(lattice)[28]。

图 13-9(a)为 4×4 完全无阻塞网格型阵列结构[29]。$N \times N$ 的网格型阵列需要 N^2 开光单元,阵列级数为 N 级,每一条光路上有 N 个开关单元。这种阵列有很多优点:交叉波导较少、完全无阻塞、控制算法简单。光开关阵列工作时,与任一输入端口和输出端口连接时,只需要加电控制其中一个开关就能够实现,这大大降低了阵列的功耗,是一种低功耗的光开关阵列,但是传输损耗同光路相关。

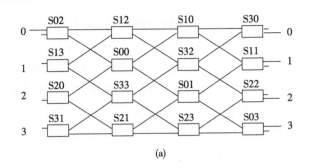

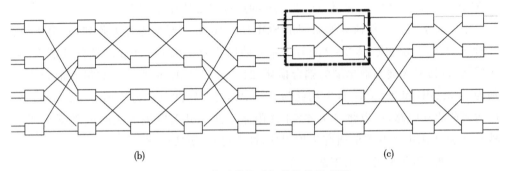

图 13-9 光开关阵列拓扑结构示意图

(a)完全无阻塞网格型光开关阵列;(b)重排无阻塞拜尼兹(Benes)型光开关阵列;(c)阻塞型光开关阵列

重排无阻塞型光开关阵列[30,31]所需的开关单元和互联级数少,交叉波导的数目小,阵列的尺寸紧凑,对应的网络结构简单,因此近年来有了较大的发展。图 13-9(b)是 8×8 重排无阻塞拜尼兹(Benes)型开关阵列网络结构[32]。

一个 $N\times N$ 拜尼兹型开关阵列,需要 $(N/2)(2\log_2 N-1)$ 个开关单元,互联级数为 $(2\log_2 N-1)$。8×8 阵列由 20 个开关单元、5 级互联而成,而 16×16 阵列需要 56 个开关单元和 7 级互联。这种开关阵列比较简单,传输损耗同光路相关,主要缺点是当 N 较大时的交叉波导也较多,这会增加不同光路间的串扰。

光开关阵列的主要性能如下。

(1)附加损耗:$EL=-10\lg(P_1/P_0)$,其中 P_1 为光开关的输出功率,P_0 为输出功率。

(2)串扰:$CT=-10\lg(P_1/P_2)$,其中 P_1 为接通端口的功率,P_2 是另一端口的功率。串扰是光开关工作时对相邻输出端口的光功率比值的一种量度。

(3)消光比:$ER=-10\lg(P_{off}/P_{on})$,$P_{on}$ 和 P_{off} 分别为开关在两个状态的输出功率。消光比为同一输出端口在导通和非导通情况下光功率的比值。

(4)功耗:光开关阵列完成一次状态切换所需要的驱动功率。光开关阵列的功耗等于各个开关单元功耗之和,即 $P=\Sigma P_i$。

(5)响应时间:光开关阵列完成一次状态切换所需时间。响应时间是光开关阵列处理数据能力的体现。

1991年G. V. Treyz采用Y分支型MZI结构,制作出SOI光波导开关,调制深度40%,功耗30mW,开关时间50μs[33]。2003年英国Bookham公司报道了2×2的MMI-MZI热光开关,功耗400mW,响应时间10±2μs,消光比23.5dB,附加损耗1.0dB[34]。2004年芬兰赫尔辛基大学采用数字信号处理器和简单的电子回路驱动,利用差分控制技术研制出开关时间小于1μs的2×2 MZI热光开关[35]。2005年日本NTT公司报道了完全无阻塞型16×16光开关阵列模块[36]。波导芯层折射率差增加到1.5%,器件尺寸85mm×45mm,最大插入损耗7.2dB,消光比46.3dB。一个MZI单元的功耗0.15W,任意16×16的连接需要功耗4.8W。

中国科学院半导体研究所研制出SOI 16×16阻塞型热光开关阵列,它由4级、32个光开关单元组成,其2×2光开关单元的尺寸为0.6cm×20μm,器件性能为,插入损耗(包括输入端和输出端的耦合损耗)21.7～27.1dB,最小串扰和最大消光比分别为−33.2dB和22.3dB,开关功耗为200mW,开关时间分别为2.1μs和2.3μs。采用适当的驱动电路,可以将SOI 4×4无阻塞型热光开关阵列开关时间降低至亚微秒[37]。近年来电光开关的研究进展很快,性能更好,更实用化。

2. 复用/解复用器和上下载光路

为了提高通信容量,常常采用波分复用技术,因此如何进行合波和分波就变得非常重要,只有光子集成能够在同一基片上完成这一功能。

(1) 微环的波分复用以及上下载光路

图13-10(a)为微环复用/解复用器的SEM图片[38],它由4个微环和5根输入/输出波导组成,不同微环之间的圆周长相差10%。微环谐振腔通过消逝场把入射光波按不同波长耦合到波分复用波导总线中。每个微环谐振腔就像一个具有洛伦兹线型的滤波器,允许不同波长的光波通过或让其在输入波导中继续传播,直到从另一端输出为止。这些滤波器的品质因数Q约为5000,其下载效率接近100%。微环的自由谱宽(free spectral range, FSR)随着微环的圆周长的减小而增加,它决定着上下载信道的选择。通过改变环的圆周长可以优化上下载的性能。

(2) 布拉格光栅复用/解复用器

采用马赫-曾德尔干涉仪与布拉格光栅相结合的结构,具有复用/解复用的功能[38],从而实现光波长信号上下载。如图13-10(b)所示,将两个相同的布拉格光栅对称地安装在马赫-曾德尔调制臂上,布拉格光栅的工作波长为1530～1560nm,其一阶周期为225nm,通过严格控制光栅的周期准确地实现上下路功能。

(3) 阵列波导光栅复用/解复用器

阵列波导光栅(AWG)[39]与有源器件集成,可以组成功能优异的光信号处理、交换和发射/接收模块。目前,基于SOI纳米光波导的AWG器件极其紧凑,长度仅有几百微米。日本横滨大学报道了尺寸为60μm×70μm、通道间隔为11nm的硅纳米

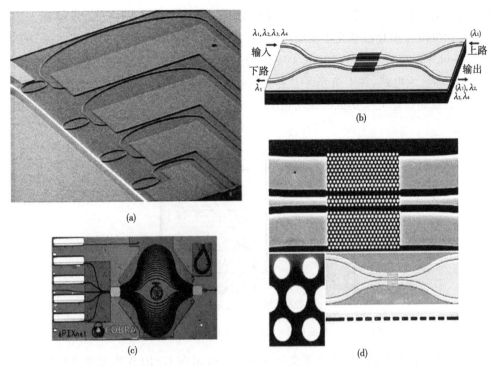

图 13-10　四种复用/解复用器和上下载光路
(a)微环的波分复用以及上下载光路；(b)布拉格光栅复用/解复用器；
(c)阵列波导光栅复用/解复用器；(d)光子晶体复用/解复用器

线 AWG，器件插入损耗小于 1dB，串扰为 -13dB。比利时 Ghent 大学制备出了 16 通道、通道间隔为 200GHz 的硅纳米线 AWG，平面结构如图 13-10(c)所示，芯区面积为 $200\mu m \times 500\mu m$，插入损耗为 3dB，串扰为 $-15 \sim -20$dB。

(4) 光子晶体复用/解复用器

光子晶体具有独特的色散特性，在极小面积内实现并行解复用的能力，这有利于提高单片硅基光子集成的集成度。这些紧凑的波长解复用器可用于分离多个不同波长的光学信道，具有高分辨率和低串扰特性。平板型二维光子晶体的超棱镜解复用器如图 13-10(d)所示，光子晶体区域的尺寸小于 $50\mu m \times 100\mu m$。在器件的输出端面，每个分离出的波长信道对应于两个输出波导，输出光斑尺寸较小。波长间隔 8nm 的 4 个信道在这个器件中几乎被完全分离，信道隔离度大于 6.5dB。采用相同原理，$4mm^2$ 的光子晶体结构可作成 64 信道解复用器。

3. 调制器阵列

事实上，光开关和调制器在结构上有很多共同之处，只是在特性和使用要求上有一些差别，采用上述光开关阵列的发生同样可以构成调制器阵列。

经过最近几年设计上的突破之后，硅基光波导调制结构成为性能更加优越的集成单元。GHz 以上速率的调制器先后研制成功,而美国 Luxtera 公司在此基础上发布了 4×10Gb/s 单片硅基光子集成芯片(图 13-11)。该芯片采用 130nm SOI-CMOS 工艺,在单片内集成了 4 个 10Gb/s 马赫-曾德尔干涉型电光调制器、AWG 复用器、驱动电路和收发电路,在 1 条光纤上实现 40Gb/s 的光传输,误码率为 10^{-12},功耗为 120mW。这是硅基光子集成的成功范例之一,并为单片硅基光子集成打下了良好的基础。

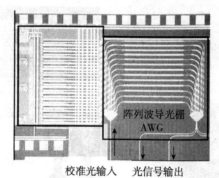

图 13-11 集成的 4×10Gb/s 调制器的光传输芯片

在上述工作的基础上,2008 年美国 Luxtera 公司在 GFP(Ⅳ族基光子学国际会议)上报导了 4×40Gb/s 调制器阵列的实用模块[40],图 13-12(a)为混合集成模块照片,在同一印刷电路板上安装了发射器 MZI、WDM 复用器/解复用器、4×40Gb/s 调制器阵列、Ge 探测器同 TIA/LA(实验接口组件/行信号放大器)一起组成的接收器、控制电路,共同构成一套能够对高频光波进行复用/解复用、光调制、传输与接收的一个实用的混合收发集成模块,实现了四个波长、调制速率达 4×40Gb/s 的光学系统。因此这是光子集成的一个良好的开端,自那时以来,硅基光子集成的发展变得更快了。

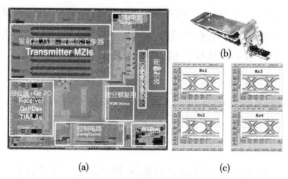

图 13-12 4×40Gb/s 调制器的(a)混合集成模块照片;(b)安装在系统插件上的照片;(c)4×40Gb/s 调制器的输出眼图

13.4.3 硅基光子集成的光源和探测

1. 硅基光源

由于硅是间接带隙材料,发光效率很低,至今还没有研制出用硅材料本身制作的激光器。为了解决光子集成的光源这一至关重要的科学难题,人们进行了广泛而又深入的研究,虽然还没有根本解决这个难题,但是至少是已经有了三个解决问题的途径:①硅衬底上外延生长Ⅲ-Ⅴ族激光器结构;②采用键合技术将Ⅲ-Ⅴ族激光器键合在硅基芯片上;③通过硅基上的光栅耦合器或者锥形耦合器将光纤中传输的激光耦合进硅基光波导中。

2014年硅基激光器的研制获得了突破,如图13-13所示,英国伦敦学院大学(University College London,UK)和美国阿肯色州大学(University of Arkansas,USA)成功地在硅基衬底上外延生长出Ⅲ-Ⅴ族的量子点结构,合作研究出硅基InGaAs/GaAs量子点激光器[41],他们以硅为衬底,采用InGaAs/GaAs应变超晶格作缓冲层,对来自衬底与Ⅲ-Ⅴ族材料之间的缺陷进行过滤,大大减少在硅基上外延生长的Ⅲ-Ⅴ族半导体的位错密度,生长出高质量的InGaAs/GaAs量子点激光器的结构,实现了室温下电泵浦的激光发射。器件的主要特性为:发射波长$1.3\,\mu m$,阈值电流密度$200 A/cm^2$,输出功率100mW,工作温度可以高达111℃。他们预言,在未来十年中,这种激光器有可能成为硅基光子集成的光源。

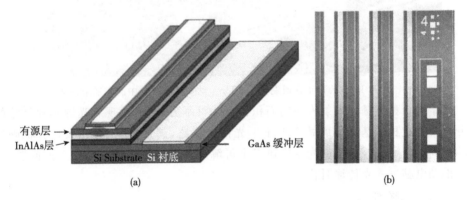

图13-13 硅基激光器的(a)结构示意图和(b)照片

比利时Ghent大学研制出图13-14(a)所示的硅基激光器+波导的模块。采用MOCVD法外延生长InGaAsP面发射的激光器结构,分成单个激光器后键合到带有波导结构的硅基芯片上,键合后的照片如图13-14(b)所示。该激光器发射出的激光耦合进入Si波导中,提供了整个光子集成芯片的光源。

2005年Intel公司同加州大学圣芭芭拉分校报道了世界上第一支Si-AlGaInAs/InP混合激光器,采用键合技术实现两种材料的完美结合,在同一硅片上制作出不同

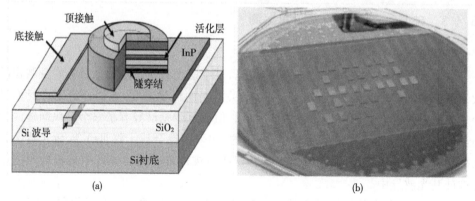

图 13-14 采用键合技术制备的硅基激光器的(a)结构示意图和(b)照片

输出波长的激光器阵列,并可批量生产出包含其他光子、电子器件的高集成度硅光子芯片。图 13-15 左边为键合在硅片上的激光器阵列的照片,右边为由 25 路 Si 基 AlGaInAs/InP 混合激光器+调制器阵列+波导复用/解复用器+光纤在一起构成的混合集成的模块结构图。

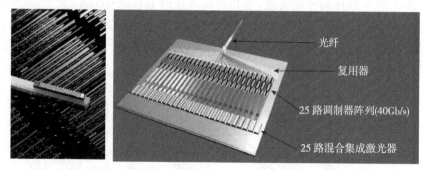

图 13-15 Intel 公司正在研制用于 1Tb/s 光子互连技术中的光发射模块

这个混合型硅基光发射模块的面积仅仅几百平方微米,是现有光源芯片尺寸的十分之一。这种硅基光源可做成 1Tb/s 光信息链路,满足 CPU 和相关计算机硬件的芯片间数据通信。这样的光源模块将来可解决超级计算机提出的光互连问题,或者说推动电脑进入光传输时代。

2. 硅基光探测

法国 IEF 研究所采用选择外延生长技术,将 Ge 生长在 SOI 波导末端,制备出与 Si 波导集成的 Ge 金属-半导体-金属(MSM)探测器,在 $1.55\mu m$ 波段、25GHz 和 6V 偏压下探测效率为 1A/W。Intel 公司则报道了工作频率达 40GHz 的 Ge-on-SOI 长波长探测器。美国麻省理工学院林肯实验室利用离子注入技术在 Si 中形成双空位复合物缺陷的光吸收,研制成功全 Si 横向 pin 波导结构长波长探测器,其工作波长为 $1.27\sim1.74\mu m$,$1.55\mu m$ 处的响应度为 800mA/W,3dB 带宽为 $10\sim20GHz$ 的微纳结构硅探测器。

有效的光电探测器/波导耦合是实现大规模硅基光子集成的基本要求。把 Si 基光电探测器和无源 Si 波导集成在一起的典型方案可以分为两大类：对接耦合（轴向辐射耦合）和消逝耦合（图 13-16）。在对接耦合中，光电探测器串联在波导上，可提高光子的吸收比例。但精确的对接耦合需要复杂的高精度制造能力。此外，还需要通过抗反射涂层来抑制探测器/波导界面处的后反射。

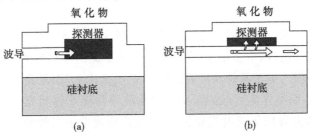

图 13-16　波导与光电探测器集成时的耦合结构示意图
(a)对接耦合结构；(b)消逝耦合结构

在消逝耦合结构中，探测器放在波导的上端，通过波导的消逝波进行耦合。当波导及探测器都通过外延方法生长 Si/Ge、Si/SiGe 或者Ⅲ-Ⅴ族半导体材料时，消逝耦合方法提供了可控的波导/光电探测器界面的单片集成工艺，并且不再需要精确的侧面对准，这样就可以生产出满足集成需求的耦合结构。

Ge 和 Si 同为Ⅳ族元素半导体，Si、Ge 和 SiGe 合金同 CMOS 工艺相容，因此在硅基上外延生长 SiGe 合金、同时利用它们的异质结特性，能够制作长波长探测器。图 13-17 给出了德国斯图加特大学的研究结果，在 Si 基上成功地外延生长 SiGe 量子阱，其探测层正好同波导层相对接，来自波导的激光能够完全进入量子阱，完成光电转换的功能[42]。这种非常紧凑的器件结构提高了波导同探测器的光学耦合、降低了它们之间的分布电容，有利于提高探测器的响应度和工作的速率。事实上该研究小组于 2009 年就报导过 49Gb/s 的高速 SiGe 红外探测器（图 13-17）。这些研究成果有可能在未来的硅基光子集成中得到应用。

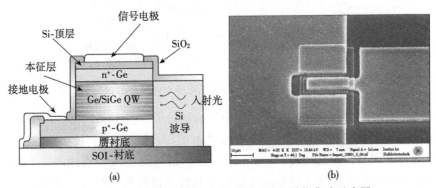

图 13-17　Si 基 SiGe 量子阱探测器同硅波导结构集成示意图

显然,硅基的波导器件已经为光子集成提供了很多有益的结构和特性,而硅基发光和探测器件依然处于探索阶段,有待深入的发展。未来十年将是这些器件发展的上升期,制造出真正的硅基光子集成回路指日可待。

13.5 光子集成的发展趋势

过去 60 年来,电子集成回路完成了从提出概念到深入研究、再到大批量生产的快速发展的过程;过去四十多年来,光子集成完成了提出概念到研制分立的光子器件并开始集成的历程。电子器件和集成回路建立在硅片上,而激光器和探测器建立在直接带隙的Ⅲ-Ⅴ族半导体上,近 20 年来硅基波导器件才得到充分的发展。正如图 13-18 所示,硅超大规模集成电路和Ⅲ-Ⅴ族化合物光电子器件的发展是建立在材料生长和微纳加工的进步的基础上的。因此从这张发展趋势图中可以看到,随着时间的推移,材料生长和加工尺寸由 100nm 精细到 1nm 量级,电子器件、光子器件、电子集成和光子集成从独立器件到各类集成,从 VLSI 和 OEIC 的发展轨迹来看,二者正在走向融合,其应用也相应地获得了发展。因此,光子集成是材料科学、电子学、光子学、微纳加工技术、信息工程应用同期发展的必然结果。

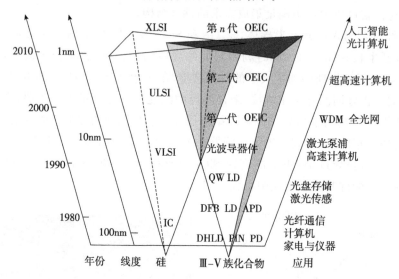

图 13-18 硅和Ⅲ-Ⅴ族化合物半导体的电子和光子器件的发展趋势图

进入 21 世纪之后,光子集成的发展明显地加快了。图 13-19 给出了不同时期光子集成的发展趋势。2000~2010 年是光子器件的深入研究时期,该十年的进展证明了硅基分立光子器件的适用性;2010~2015 年为硅基混合光子集成的发展期,已经成功地利用键合技术将激光器和高性能的硅基波导器件集成在同一衬底上,实现了高速处理和传输信息的功能,显示了硅作为光子材料的潜在优势;从 2015 年起,我们

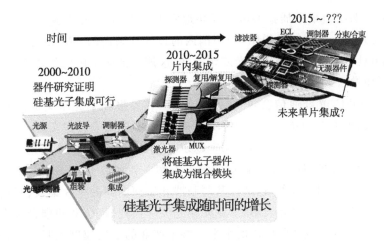

图 13-19　光子集成的发展趋势图

就进入了硅基单片光子集成时期,虽然要求很高,困难很多,但是前景非常美好。

电子集成回路已经发展到近乎完美的程度,近年来硅基光子集成成为国内外的热点课题。对硅基光子集成的关键技术(外延生长、微纳加工、键合、封装)、关键器件(硅基激光器、探测器、光波导、调制器、光开关、耦合器)、同 CMOS 工艺的兼容性、平面和立体集成方案的研究都已经获得重大进展。

作为光子集成的平台,Si 在晶片尺寸、机械强度、成本价格、折射率差、微纳加工、同 CMOS 兼容等方面具有无可争辩的优势,同其他材料相比较,硅同 CMOS 工艺技术兼容是极为重要的特点,别的材料无法比拟。因此至今普遍认为,Si 是光子集成的优选材料。然而至今没有硅激光器,硅的光学非线性差、对偏振敏感,这些缺点大大限制了硅基光子集成的进展。

近十年来硅基外延生长 GeSi 和 Ge 量子结构(包括量子岛和量子点)取得关键性进展[43,44],量子点尺寸已经在 10nm 范围内,密度高达 $10^{11}cm^{-2}$。非平面衬底上,可以生长出尺寸小、分布均匀、密度高的量子点,这将为光发射提供能够在两个能级间发生激射的人造新材料。

键合技术将晶格失配问题集中解决在键合的界面处,这将是解决硅基激光器的有效方法。

硅基光波导器件,包括光调制器和光开关阵列、AWG(阵列波导光栅)、硅基 Ge 探测器[45]都已经达到适用化的阶段。利用将 InGaAsp 面发射激光器键合在已经做好的波导结构的 SOI 晶片上,输出光直接耦合进光波导中,效率高、尺寸小,构成有影响的光源。利用 MBE 外延技术在 SOI 衬底上生长 GeSi(QW)量子阱结构,在长波长范围实现探测。该结构是在 SOI 光波导间生长而成的,在制作探测器的同时,也实现了探测器同光波导的直接耦合。

MZI 和微环两种结构都能够制成 SOI 光调制器和光开关[46],中国科学院半导体研究所 SOC 课题组采用插指型电极成功地实现了 70Gb/s 的高速调制和百皮秒量级的高速光开关。这些结果说明，采用国内的设计和国内的 CMOS 工艺线，能够成功地制造出具有先进水平的硅基光波导器件，这侧面证明了国内的研究和加工技术实力，也更加增添了我们的自信心和竞争力。

2014 年 OFC(光纤通信会议)上，国际上工业界报导了光子集成的重要突破。Acacia 公司做出了 100Gb/s 相干光单片硅基收发集成，藤仓公司实现了 110Gb/s 硅基相干调制器。Kotura 演示了 4×28G QSFP 收发模块。泰克、安捷伦、安立等厂商提出了 4×28G QSFP 硅光收发模块的测试方案。新加坡 IME 和 OPSIS 联盟联合提供硅基光子器件加工服务，包括硅基调制器和锗探测器的单片集成、双层电极、热电极等完整工艺。这些报导表明，工业界在光波导损耗、耦合器的耦合效率、调制器的调制速率都已经达到实际应用的水平。整个产业的发展速度表明，硅光子芯片是下一代光子集成的可行方案。

半导体光子集成研究中，现在到了对集成的衬底材料、微纳加工技术、工艺相容性、关键光子器件、二维和三维集成技术、功耗和性能等进行认真思考和做出正确选择的关键时刻，这将对今后 5～10 年的研究方向和工作重点产生重要的影响。

可以认为，半导体光子集成的发展趋势如下。

传输波长的选择：光子集成的波段由光波导的波长来优选。因此光波导的材料、结构和特性将在光子集成中处于决定性的位置。显然，$1.55\mu m$ 和 $1.3\mu m$ 波段具有许多优势。依据光学性能、价格成本、加工精度、工艺相容性、应用前景等因素进行综合考虑，Si 和 SOI 适合作为光子集成的衬底。

超高速率的要求：光子集成的速率必须超过电子集成的速率，这样才有意义。目前电子集成的速率为 10～20Gb/s，并行运算的计算机整机的速率已达 10^{15} b/s 的高速率。因此对光子集成的需求是 100Gb/s 的超高速率。光互连的超高速率目标为，2015 年和 2022 年总的 I/O 速率将分别达到 82Tb/s 和 230 Tb/s。

低功耗的要求：信息网络中，10^{15} b/s 量级节点的年耗电量将超过 1000 亿度。为了在足够低的芯片能耗下实现高比特率，要求片外总能耗为 50～170fJ/b，器件能耗为 10～30fJ/b，片上总能耗为 10～30fJ/b，器件能量为 2～6fJ/b。

集成技术的途径：成熟的 CMOS 工艺提供了极好的技术基础，Si、SOI 和 SiGe 等晶片同 CMOS 工艺兼容，因此应用 CMOS 工艺制造光子集成回路应该是最佳的选择和必由之路。

我们认为，硅既是微电子材料，也是光子材料。Si、SiGe、SOI 和 Si 上键合Ⅲ-Ⅴ族化合物是硅基光子学的好材料。硅基集成电路已经发展到近乎完美的程度，并为硅基光子器件的研究和发展提供了非常成熟的 CMOS 工艺，奠定了坚实的技术基础。CMOS 和光通信为硅基光子集成的研究和发展奠定了坚实的技术基础。硅基光子集成必将具有非常美好的前景。

总之，光子集成的研究、开发和应用将在新世纪大显身手，为信息化时代的发展作出重大贡献。有人说"光子将取代电子"，21 世纪是"光子的时代"，此说难免有夸大之嫌，但至少可以肯定"光子"与"电子"将携手共建绚丽的 21 世纪，光子独特功能的运用和电子集成的成熟必然为信息时代和人类社会带来巨大的进步。

参 考 文 献

[1] 余金中. 硅基光电子集成技术的进展//王大珩. 现代光学与光子学的进展. 天津：天津科学出版社，2006：89-118

[2] Yu J Z. 1st IEEE International Conference on Group IV Photonics，2004

[3] 李智勇，余金中. 硅基光子集成//余金中. 硅光子学. 北京：科学出版社，2011：404-426

[4] 何赛灵，戴道锌. 微纳光子集成. 北京：科学出版社，2010

[5] 林成鲁. SOI-纳米技术时代的高端硅基材料. 合肥：中国科学技术大学出版社，2009：59-198

[6] 余金中. 硅基光电子材料和器件的进展和发展趋势//林成鲁. SOI-纳米技术时代的高端硅基材料. 合肥：中国科学技术大学，2009：33-41

[7] Suga T，Miyazawa K，yamagata Y. MRS internal meeting on Advanced Materails，Material Research Soc.，1989，8：257-262

[8] Suga T，Fujiwaka T，Sasaki G. European Hybrid Microelectronics Conference，9th，1993：314-321

[9] 李智勇，余金中. 硅基光子集成//余金中. 硅光子学. 北京：科学出版社，2011：404-426

[10] 何赛灵，戴道锌. 微纳光子集成. 北京：科学出版社，2010

[11] Yu J Z，Yu Z，Cheng B W，et al. Science Foundation in CHINA，1999，7(7)：40-43.

[12] Li C，Yang Q Q，Chen Y H，et al. Appl. Phys. Lett.，2000，77(2)：157-159

[13] Hsu B-C，Chang S T，Chen T-C，et al. A high efficient 820nm MOS Ge quantum dot photodetector. IEEE Electron Device Letters，2003，24(5)：318-320

[14] Li C，Yang Q Q，Chen Y H，et al. Appl. Phys. Lett.，2000，77(2)：157-159

[15] Hsu B-C，Chang S T，Chen T-C，et al. IEEE Electron Device Letters，2003，24(5)：318-320

[16] Hitz B. Photonics Spectra，2006，40(1)：121-122

[17] Canham L T. Appl. Phys. Lett.，1990，57(10)：1046-1048

[18] Rong H，Jones R，Liu A，et al. Nature，2005，433：725-728

[19] Internet Link：http://www.intel.com/research/platform/sp/hybridlaser.htm. 2007-7-20

[20] Liu A S，Jones R，Liao L，et al. Nature，2004：427，616-618

[21] Liao L，Samara-Rubio D，Morse M，et al. Optics Express，2005，13(8)，3129-3135

[22] Irace A，Breglio G，Cutolo A. Electronics Letters，2003，39(2)：232-233

[23] Yu H J，Yu J Z，Sun F，et al. Optics Communication，2007，271：241-247

[24] Fukazawa T，Ohno F，Baba T. Jpn. J. Appl. Phys.，2004，43：L673-L675

[25] Li Y P，Yu J Z，Chen S W. IEEE Photon. Technol. Lett.，2005，17(8)：1641-1643

[26] Granestrand P，et al. Electronics Letters，1986，22(15)：816-817

[27] Earnshaw M P. Electron. Lett., 2001, 37: 115-116
[28] Nishi T, Yamamoto T, Kuroyanagi S. IEEE Photonics Technology Letters, 1993, 5(9): 1104-1106
[29] Ordal M A, et al. Applied Optics, 1983, 22: 1099-1119
[30] Keil N, et al. Electronics Letters, 1994, 30(8): 639-640
[31] Keil N, et al. Electronics Letters, 1995, 31(5): 403-404
[32] Duthie P J, Wale M J. Electron. Lett., 1991, 27(14): 1265-1266
[33] Treyz G V. J. Electron Lett., 1991, 27: 118-120
[34] House A, Whiteman R, Kling L, et al. Opt. Fibre Conf., 2003, 2: 449-450
[35] Harjanne M, Kapulainen M, Aalto T, et al. Photon. Technol. Lett., 2004, 16: 2039-2041
[36] House A, Whiteman R, Kling L, et al. Opt. Fibre Conf., 2003, 2: 449-450
[37] Harjanne M, Kapulainen M, Aalto T, et al. Photon. Technol. Lett., 2004, 16: 2039-2041
[38] Sheng M Z, Chang Y F, Poon A W. 1st IEEE International Conference on Group IV Photonics, 2004
[39] Fukazawa T, Ohno F, Baba T. Jpn. J. Appl. Phys., 2004, 43, L673-L675
[40] Pinguet T, et. al. (Luxtera, Inc. CA, USA), 2008 GFP, Paper FB1 (invited paper)
[41] Chen S M, et al. Electronics Letters, 2014, 50(20): 1467-1468
[42] Kasper E. 4th International Conference on Group IV Photonics, 2007
[43] Grutzmacher D, et al. NanoLett., 2007, 7: 3150
[44] Ye H, Yu J Z. Sci. Technol. Adv. Mater., 2014, 15: 024601
[45] Kasper E. 4th International Conference on Group IV Photonics, 2007
[46] Xiao X, et al. Opt. Express, 2012, 20: 2507-2515

索　引

DFB 激光器,12,177,199
DH 激光器,181,199,221
Kerr 效应,258,262
LOC 激光器,181
MSM 光电二极管,279,297,307
pin 光电二极管,279,286,290
Pockels 效应,258
RCE 光电探测器,294
SCH 激光器,168,181
SOI 光调制器,12,395
VCSEL 激光器,12,199,226
爱因斯坦关系式,106,117,315
安德森能带模型,47,52,73
暗电流,288,301,316
半导体光放大器,168,199,229
半导体光子材料,21,44,134
半导体光子学,3,11,18
半导体异质结,14,28,47
倍增因子,253,291,300
表面复合,113,159,298
波导模,75,87,237
玻尔兹曼分布,65,138
玻色统计,5
玻色子,4,111
薄膜匹配法(FMM),237,241
布拉格光栅,175,199,214
布儒斯特角,79,103
掺杂超晶格,200
超辐射发光二极管,18,136,279
超晶格,12,199,380
超注入现象,71,171
衬底模,75,87,103
窗口效应,47,64,72
垂直横模,102

带间本征光吸收,283,307
带间复合,108,145,199
带隙宽度,21,47,106
单量子阱,203
单模条件,12,18,237
等电子陷阱复合,108,110
等离子色散效应,221,257,260
电光效应,258
电互连,376,385
电子亲和势,24,54,321
调制特性,164,193
对称波导,80,92
多层介质膜反射器,176,225
多量子阱,15,203,368
多声子跃迁,111
俄歇复合,111,161,188
发光二极管,18,40,107
法布里-珀罗谐振腔,12,167,213
反常群速度,347
反射率,26,77,150
非辐射复合,29,107,162
非晶硅薄膜太阳能电池,327
非线性光学,255,283,379
费米-狄拉克统计,5
费米黄金准则,122
费米子,5
分布反馈(DFB)激光器,12,168,199
辐射复合,14,29,106
辐射模,75,103,269
负折射率,345
高亮度发光二极管,136,153,165
高注入比,47,64,171
功函数,54
功率效率,168,188,212

古斯-汉欣位移,100
固溶体,7,14,22
固体光子学,7
光波耦合理论,218
光电二极管,15,279
光电流密度,316,330
光电转换效率,161,296,317
光调制器,12,44,72
光伏效应,310,342
光辐射,106,113,134
光互连,225,276,372
光开关,3,15,44
光滤波器,237,251
光耦合器,237,269
光吸收,18,106,279
光吸收系数,120,134,280
光学限制因子,173,205,231
光增益,129,219,232
光栅耦合器,269,391
光子带隙,346,362
光子集成,15,237,251
光子晶体,18,154,214
光子晶体定向耦合器,364
光子晶体分束器,363
光子晶体滤波器,364
光子收发模块,12
光子学,1
硅基光子集成,269,378
硅太阳能电池,311,323,333
过剩噪声,233,304
黑体辐射,113,134,313
横模,97,102
缓变异质结 47,61,168
激射,106,156,189
激子,108,263,282
激子复合,109
极限效率,319
界面态,29,47,73

界面态复合,113
晶格常数,21,113,206
晶格匹配,22,113,204
晶格失配度,29,113
净受激发射,120,134
矩形介质波导,97
聚光多结太阳能电池,311,333
棱镜耦合器,272
粒子数反转,64,119,130
量子点,153,180,196
量子阱,12,167,180
量子阱激光器,18,168,193
量子线,180,199,233
临界厚度,29,206
临界角,79,103,150
罗兰圆,246
麦克斯韦方程,5,75,237
模式指数,102,220
摩尔定律,7,16,374
纳米波导,243
内量子效率,31,187,298
能带图,35,50,112
偶阶 TE 模式,93,173
耦合波理论,12
碰撞电离,111,291
偏振依赖,80,347
平板介质波导,71,88,100
平面波,75,92,102
普朗克黑体辐射定律,114
奇阶 TE 模式,96
迁移率,6,21,41
全反射,42,75,103
全通滤波器,252
缺陷局域态,347
热光效应,257
热阻,34
三元固溶体,32,145,206
色散效应,44,81,221

索 引

闪锌矿结构,24,154,214
生物光子学,3
时域有限差分法(FDTD),237,353
受激辐射,13,113,149
受激辐射速率,120,129,134
受激吸收,13,106,156
束传播法(BPM),237
数值孔径,269
双异质结,12,31,63
水平横模,102
太阳能电池,18,279,310
态密度,29,106,115
条型激光器,173,180,216
同型突变异质结,62
透射率,77,150,230
外量子效率,188,298,337
外微分量子效率,188,217
外延生长技术,207,334,379
微环谐振器,251
微纳加工,15,345,360
吸收系数,72,82,106
相速度,84
响应度,291,323,342

响应时间,297,369,387
效率特性,185,319
谐振腔,30,102,114
信息光子学,3,7
信噪比,232,298
薛定谔方程,5,122,371
雪崩光电二极管,15,279,290
雪崩效应,291
异型突变异质结,57,67
异型异质结,47,56,62
应变,29,206,391
应变量子阱,206,224,232
跃迁几率,117,122
载流子限制作用,22,43,64
增益波导,173,185
折射率 6,22,42
折射率波导,173,185
阵列波导光栅,18,98,245
驻波,91,219,252
自发辐射,113,147,233
自由载流子光吸收,284
纵模,102,163,181
组分超晶格,200